室内设计与定制家具

沈海泳　李军　武思彤　著

机械工业出版社
CHINA MACHINE PRESS

本书致力于探索室内设计与定制家具的紧密联系，为读者提供系统的理论知识与实用的设计技巧。本书的主题涵盖了从基础的室内设计原理到高级的定制家具制作技巧，旨在帮助读者在美学与功能之间找到平衡，创造出既美观又实用的居住和工作空间。本书分为基础理论与设计实践两大部分，让读者对室内设计与定制家具有一个全方位多角度的理解。本书第1~5章在理论层面对室内设计与定制家具的发展历史、设计原理、人体工程学理论、设计流程进行了较为详细的论述与分析；第6~12章在微观层面对客厅、厨房餐厅、卫浴、衣帽间、卧室、书房及茶室空间的室内设计与定制家具进行了详细的设计分析与设计实践。本书通过深入剖析室内设计的基本原则和定制家具的制作工艺，为室内设计师及定制家具设计师提供全方位的理论支撑和设计实践指导，同时满足读者全面了解室内设计和定制家具的需求。

本书适合家具设计与室内设计相关专业教师和学生阅读，也可供设计学类、家具工程类从业人员及室内装修业主参考。

图书在版编目（CIP）数据

室内设计与定制家具 / 沈海泳, 李军, 武思彤著. 北京 : 机械工业出版社, 2024. 10. -- ISBN 978-7-111-76671-1

Ⅰ. TU238.2；TS664.01

中国国家版本馆CIP数据核字第2024E227V6号

机械工业出版社（北京市百万庄大街22号　邮政编码100037）

策划编辑：时　颂　　责任编辑：时　颂　刘　晨

责任校对：韩佳欣　李　杉　　封面设计：王　旭

责任印制：刘　媛

涿州市般润文化传播有限公司印刷

2024年12月第1版第1次印刷

184mm × 260mm · 18.5印张 · 399千字

标准书号：ISBN 978-7-111-76671-1

定价：99.00元

电话服务　　网络服务

客服电话：010-88361066　　机　工　官　网：www.cmpbook.com

010-88379833　　机　工　官　博：weibo.com/cmp1952

010-68326294　　金　书　网：www.golden-book.com

封底无防伪标均为盗版　　机工教育服务网：www.cmpedu.com

前言

长期以来，室内设计师与家具设计师存在着设计理念的差异。一方面，室内设计师的工作侧重于整体空间的美感、功能性和舒适性，注重色彩搭配、空间布局和光线利用；家具设计师则更专注于单件家具的美观性、实用性及其与特定空间的契合度。这种不同的设计焦点导致双方在合作过程中出现分歧。另一方面，室内设计师通常面向整体家装市场或商业空间设计市场，客户追求的是整体空间的美观和功能；而家具设计师的客户往往更加注重家具本身的独特性和个性化。这种市场定位的差异导致双方在设计思路和客户服务上存在明显的不同，难以形成统一的服务体系。

随着现代生活方式的不断演变，人们对居住环境的要求也日益提高。传统的家居装饰已经无法满足个性化、多样化的需求。定制家具因其独特性和灵活性，成为室内设计中的重要元素。无论是新房装修还是旧房改造，定制家具都能为整体空间增色添彩。客户在选择室内设计方案时，往往希望设计师能够提供一站式的解决方案，包括家具在内的所有设计和布置。而在选择定制家具时，客户更倾向于根据自己的具体需求和偏好选择独特的家具设计。如何在满足客户个性化需求的同时，兼顾整体空间的和谐与统一，是定制家具设计师需要面对的挑战。定制家具设计师需要根据室内整体空间布局、色彩搭配和功能需求，量身定制符合特定空间和风格的家具，从而实现设计的高度一致性和个性化。本书正是诞生于这样的时代背景下，旨在回应市场对高品质、个性化室内设计和定制家具设计的需求。本书的第1章、第6~12章由沈阳建筑大学沈海泳老师撰写；第2、3章由沈阳建筑大学李军老师撰写；第4、5章由沈阳建筑大学武思彤老师撰写。沈阳建筑大学设计艺术学院研究生耿嘉悦参与撰写了约2.5万字的室内设计相关内容。

在快速发展的设计行业中，了解最新的设计趋势和技术至关重要。本书不仅关注经典设计原则的传承，更强调创新和实践的结合，力求在理论与实际操作之间架起一座桥梁。通过阅读本书，读者可以学会如何将自己的设计理念转化为现实，创造出具有独特风格和实用功能的居住和工作空间。本书致力于为读者提供一个全面、系统的学习路径，帮助他们在室内设计和定制家具领域建立扎实的基础，提升设计能力和专业素养。无论是刚刚入门的初学者，还是已经有一定经验的设计师，本书都能提供有价值的参考和指导。

本书的出版得到了辽宁省教育厅2023年度高校基本科研项目（JYTMS20231590）、2023年教育部产学合作协同育人项目（230704459265153）和贝壳找房（北京）科技有限公司贝壳教育的资助。感谢沈阳建筑大学设计艺术学院研究生刘思茹、孙凤彤、郎加乐、林璐瑶、吴岚、李钰娟、魏创新、马竹君、陈毅欣、张欣、徐希康等同学，为本书的编写收集整理了大量的资料和素材。感谢沈阳建筑大学设计艺术学院为本书的出版提供的大力支持和帮助。

限于作者水平，书中难免存在不妥之处，敬请广大读者批评指正。

作　者

目 录

第1章
室内设计与家具历史

1.1 西方室内设计发展历史

★小贴士★

在高度城市化的现代社会中，室内设计已经超越了单纯的空间布局与装饰，成为影响人们工作、生活、学习、休闲娱乐等各个方面的重要因素。现代社会普通人的大部分时间都生活在室内，室内空间设计的作用已经远远超越了创造美观舒适的环境这一简单功能。精心设计的室内空间（图1-1）不仅能够营造健康宜人的生活环境，还能够直接影响人们的心理状态、社交关系，并激发创意。室内设计是一门能够深刻塑造人们生活方式、情感体验的综合性学科。

图1-1 西方室内设计布局与装饰

人类最早的室内设计可以追溯到原始社会居住的洞穴或搭建的建筑。尽管这些居所非常简陋，但人们在创造舒适、安全的生活环境方面已经体现了室内设计的基本元素。原始社会人类很早就居住在天然的洞穴中。在这些洞穴内，人类会通过堆放草、树叶或动物皮毛来制造一个相对舒适的睡眠区域。部分原始社会人类还搭建了简单的临时住所，如用树枝、兽皮或其他可获得的自然材料建造的帐篷或棚屋。在这些搭建的建筑中，人们通过地面的铺设、物品的布局及简单的隔断来实现基本的室内空间划分，以满足睡眠和生活的基本需求。室内设计不仅为原始人类提供了一个抵御寒冷和动物袭击的空间，还通过地面的平整和物品的摆放方式来实现一些基本的空间组织。火塘是原始社会人类聚集在一起的场所，成为社交和沟通的中心。原始人类通过设置火塘空间的位置，组织和构建了原始社会人类的社交和沟通空间。人们围绕篝火交流、分享经验、讲述故事，促进了社群之间的联系和沟通，使得原始人类形成更加紧密的社会结构。

室内设计的历史可以追溯到古代文明，但其在现代社会中的演变和重要性是在工业革命以后才凸显的。工业革命带来的技术、经济和社会变革深刻地改变了人们的生活方式，这也影响了室内设计的发展方向。在工业革命之前，室内设计主要受到贵族和富人的影响，其表现形式更多的是奢华、繁复的装饰风格，反映了社会阶层的差异。然而，随着工业革命的兴起，制造业的发展使得大众能够获得更多的产品，社会结构发生了变革，这也催生了对于室内空间更实用、功能性的需求。工业革命后，新材料、新技术的应用使得室内设计更加注重实用性和效率。简约、功能主义的设计理念开始占据主导地位，建筑和室内空间的设计更加注重人的需求和生活方式。这一时期的现代主义运动强调“形式追随功能”，强调简单、清晰、实用的设计原则。随着社会的不断发展，室内设计逐渐从纯粹的实用性演变为一门综合性的学科，融合了美学、心理学、社会学等多个领域的知识。现代社会中，室内设计不仅关注空间的布局和装饰，还注重环保、可持续性，以及对个体需求的细致体贴。工业革命以后，室内设计逐渐从精英阶层的奢华表现演变为服务于广大人群的实用性与舒适性的追求，成为现代社会中不可或缺的一部分。

工业革命为建筑和室内设计带来许多技术和理念的深刻变革。首先，工业革命在建筑行业引入了许多新的技术和材料，如钢铁、玻璃、混凝土等，这些材料的使用改变了建筑和室内设计的方式。钢铁结构使得更大、更开放的空间成为可能，而大面积的窗户使用玻璃提高了自然光线的利用。其次，工业革命导致了大规模的城市化和人口迁移，城市的建筑需要适应新的需求，这促使了室内设计的演变，以满足不断增长的城市人口的住房需求。再次，工业革命改变了人们的生活方式，家庭结构发生了变化，这也影响了对住宅空间的需求。工业革命时期的建筑和设计风格在现代室内设计中留下了独特的烙印。工业风格强调实用性、原材料的裸露、简洁而坚固的设计，这些特征在现代室内设计中仍然具有影响力。

1.2　20世纪起中国室内设计与家具的发展演变

20世纪是中国室内设计与家具发展历史上发生了巨大变革的时期，经历了传统文化的冲击、社会制度的变迁和全球化的影响。以下是20世纪中国室内设计与家具发展的主要阶段。

1.2.1　早期阶段（1900年—1949年）

★小贴士★

在这一时期，中国室内设计与家具受到传统文化的影响，主要以传统的家居布局和家具风格为主。清朝末期到民国初年，西方的现代设计思想逐渐传入，引入了一些西式家具和设计元素。然而，由于社会动荡和经济压力，室内设计与家具制作的水平相对有限。

1840年鸦片战争迫使清政府签订了一系列的不平等条约，一些城市成为通商口岸。广州是中国最早对外开放的通商口岸之一。广州一直是外国商人在中国进行贸易的主要地点，即使在鸦片战争之前也有一些贸易活动。1514年葡萄牙人的商船抵达广州并开始与中国开展贸易，广州的“十三行”商馆建筑即是在这一时期建造的西式建筑。“十三行”商馆主要采用了欧洲的建筑风格，尤其是巴洛克和新古典主义。建筑外观常常呈现出对称、雕刻精致的特点，与当时的欧洲商馆建筑相似。商馆的建筑结构主要采用石质材料，如花岗岩和砂岩，这不仅赋予了建筑稳固的结构，也增加了建筑的气派和豪华感。商馆的屋檐常常采用飘檐设计，具有独特的线条和雕刻，这些雕刻常常展现了欧洲文化和商业特色。屋檐上的雕刻可以是花卉、人物、动物等各种图案。商馆的入口通常采用拱形门廊，这是巴洛克和新古典主义风格的典型特征之一。这种门廊设计既为建筑增色，也凸显了建筑的正式性。“十三行”商馆的建筑风格既融合了欧洲的建筑元素，又在细节上融入了中国传统建筑的特色，形成了独特而富有魅力的建筑风格（图1-2）。

图1-2 早期广州“十三行”商馆建筑

广州的“十三行”商馆建筑在室内设计与家具方面通常融合了欧洲和中国的元素，体现了当时西方商人在中国的生活方式和商业文化。商馆的室内设计通常采用欧式的装饰风格，如巴洛克和新古典主义，包括丰富的雕花、壁画、挂毯等元素，营造出高贵而豪华的氛围；同时在欧洲风格中融入中国传统文化元素，如中国式的家具、屏风、瓷器等。这种融合创造了独特的室内氛围，体现了两种文化的交流和融合。商馆的家具常采用欧洲传统的木质家具，如实木桌椅、柜子和床等，这些家具通常呈现出雕花精致、线条流畅的特点，反映了欧洲的手工艺传统。商馆的室内常常摆放有来自中国和其他亚洲地区的瓷器和艺术品，这些物品既强调了东西方文化的融合，也反映了当时的国际贸易和文化交流。商馆内采用了精致的照明设计，包括吊灯、壁灯等，这些照明设备既提供了充足的光线，也成为室内装饰的一部分。总体而言，广州“十三行”商馆建筑的室内设计与家具呈现出中西文化的交融，展示了当时商业交流和文化互动的特殊历史时期的独特魅力。

上海于1843年成为第一个开放的对外通商口岸。最初，上海在外国租界内实行“华洋分居”的政策，规定除原有居民外，其他中国人不得随意进入租界居住，后来受到战乱的影响，大批中国人进入租界。1870年以后，租界当局取缔了木板简屋，租界的房地产开发商开始建造砖木结构的里弄出售给中国人。上海石库门里弄房屋（图1-3）得名于

图1-3 上海租界建筑立面及室内家具陈设

其外墙采用的灰色花岗岩石块，这种建筑风格是20世纪初期上海独有的特色。石库门里弄房屋在建筑上常常具有欧式风格的门廊和窗棂，展现了上海在不同时期受到的西方建筑影响。里弄通常呈现出纵横交错的弄堂布局，狭窄而曲折，连接着各个房屋。这种布局形成了独特的社区氛围，使得居民之间有更多的交流和邻里关系。

大部分石库门里弄的房屋是两层楼的结构，一楼通常用于商业或作为庭院，而二楼则是居住空间。这种结构设计既适应了城市狭窄的地块，也符合了当地人的居住需求。石库门里弄的窗户和门常常采用木制，呈现出传统的上海民居风格。一些窗户可能会有雕刻和装饰，展现了当地居民对于生活细节的关注。里弄房屋的室内设计通常体现出简约而灵活的布局，以充分利用有限的空间，每一处都被设计得紧凑而有序。居民通常会选择传统的中式家具，这些家具设计简洁，适应了狭小空间的需求。由于空间有限，居民通常会选择多功能性的家具，如折叠桌椅或储物家具。居民常常利用有限的空间进行巧妙的装饰，在窗台上摆放植物、书籍以及一些手工艺品，突显个性化和温馨感。

1.2.2 新中国成立初期（1949年—1978年）

随着中华人民共和国的成立，当时国家实行计划经济，室内设计与家具制作受到政治、经济和文化的影响。这一时期强调实用性和功能性，设计和制造都受到中央计划的指导。家具风格以简洁朴素为主，反映社会主义精神，重视集体生活和公共空间。

1. 上海曹杨新村

新中国成立后，上海开始建造工人新村，专给工人阶级居住，这些住宅也被称为“老公房”。早期的“老公房”只有2~3层楼高，20世纪70年代起才开始建造高层住宅。新中国成立后工人地位提高的同时，上海城市居民，尤其是城市工人家庭面临着严重的住房短缺：100万的产业工人（连同家属约 300 万人）住在条件简陋的棚户、厂房和旧式里弄，人均居住面积不到4m^2，恶劣的居住环境严重影响了工人的生活与社会主义生产。1951年，时任上海市市长陈毅亲自批准了曹杨新村的选址和建设。它是新中国成立后建立的第一个工人新村，是上海工人之家的摇篮。入住的第一批居民中，许多是劳动模范、先进工作者，因此，曹杨新村也是远近闻名的“劳模村”。它是一个时代独特的记忆，具有重要的社会和文化价值。曹杨新村的住宅外观设计借鉴了苏联农庄和上海新式里弄的风格，“白墙壁、红屋顶，石子路”可以说是当时最时髦洋气的建筑（图1-4）。路旁栽种法国梧桐，环滨上还有一座座风格迥异的小桥，如枫桥、桐柏路桥、杏山路桥、花溪路桥等。

图1-4 上海曹杨新村的住宅

2. 沈阳工人村

1952年5月7日为了改善沈阳产业工人居住条件，沈阳市决定在铁西区兴建设施齐全的新型住宅，后被称为“工人村”（图1-5）。“工人村”所有住宅都是三层楼房，每间房内都设有寝室、厨房、厕所、电灯、上下水管道、暖气、煤气等。“工人村”配套设施齐全，包括托儿所、幼儿园、小学、公共浴室、诊所、电影院、图书馆、食堂和游泳馆。住宅里提供统一配置的木床、桌椅、碗柜、壁橱等家具。

图1-5 沈阳工人村住宅室内陈设

1.2.3 改革开放时期（1978年—2000年）

随着改革开放的推进，中国经济逐渐走向市场经济，对外开放也带来了国际化的设计潮流。室内设计与家具制造逐渐摆脱了计划经济的束缚，开始注重创新和个性化。西方设计思想和风格在中国得到了更广泛的传播，中外文化的融合使得设计和家具风格更加多元。

1. 初期阶段（1978 年—1990 年）

在改革开放初期，中国对外开放，引入了西方的设计理念和技术。这一时期的室内设计主要受到国外设计潮流的影响。 由于当时资源相对匮乏，设计师们通常需要在有限的条件下进行创作，这促使了创意和创新的发展。20世纪80年代普遍的家庭还是保持简单实用的装修风格，没有过多的摆设，海报等装饰也只是用糨糊或透明胶带粘贴到墙上，多使用木制家具。经济条件较好的家庭会使用布艺装饰，或者使用质感好的地板和家具，让整体家装不会显得过于单薄简陋。由于技术受限，墙壁、地板的装潢需要请装修师傅来处理。20世纪80年代，国内家具企业也开始引进机械设备，进行流水作业。板式家具轰然出世，引领了整个行业的风潮。20世纪80年代末，组合家具也悄然面世。具有象征性的组合沙发、组合柜开始畅销，人民的生活质量提升了一个大台阶。到了20世纪90年代之后，国外的室内设计理念也开始进入人们的生活，随着可支配收入的不断增加，人们意识到提高生活品质的重要性，闲暇时间大都在讨论装修，也让传统的装修行业到达兴盛时期。但此时一般都会聘用装修团队，而非通过室内设计师进行定制化的装修。因此，风格更偏向欧式宫廷建筑设计。

2. 市场经济崛起（20 世纪 90 年代中期—21 世纪初）

随着中国市场经济的崛起，人们的生活水平提高，对于居住环境的需求也不断增加。室内设计逐渐从传统的住宅领域扩展到商业和办公空间。商业化和品牌建设开始成为设计的重要考量，绿色环保材料和可持续的设计理念开始发展。

1983年中央工艺美术学院首个成立了室内设计系，我国开始系统地培养职业室内设计师，这标志着我国系统化的室内设计教育开始建立。同时，室内设计的相关理论体系也逐渐形成和发展。从1995年开始，市场对于室内设计师的大量需求，国内高等院校陆续成立了室内设计相关专业，为社会输送了大批设计师，经过长期的探索与研究，室内设计市场趋于规范化和专业化。

3. 21世纪初至今

当代中国室内设计与家具制造呈现多元化、国际化的趋势。随着科技的发展，一些先进的技术被应用到家具设计与制造中，创新材料和工艺逐渐成为主流。同时，设计师们更加注重个性化和定制化，追求独特性和艺术性。传统文化元素也重新被融入设计中，形成独特的中西结合的风格。

总体而言，20世纪中国室内设计与家具的发展历程反映了国家政治、经济和文化的变迁。从传统到现代，从计划经济到市场经济，从国内封闭到国际开放，这一过程中设计理念、风格和技术都经历了巨大的变化。如今，中国的室内设计与家具行业正在积极融合传统与现代、东方与西方的元素，呈现出丰富多彩的发展面貌。

1.3 定制家具概念与室内设计发展

定制家具是根据个人喜好和实际空间对家具进行整体设计和制造的一种方式，它注重客户的个性化需求，逐渐成为家居行业的消费趋势和行业主流。

我国定制家具的发展历史可以分为以下几个阶段。2001年前，定制家具主要集中在橱柜、衣柜等领域，品牌较少，市场规模较小。国家相关部门的大力倡导、房地产市场和民间装修热潮的发展等因素是促使定制家具产业形成发展的主要力量。定制家具于20世纪80年代末由香港传入广东、浙江、上海、北京等地，并逐步向全国渗透发展，起初以整体橱柜的形式为主，出现了欧派、德宝西克曼等一大批橱柜定制企业。同期，国家建设部也提出了民用厨房整体化的研究等相关课题，又推动了行业的发展。

2001年—2010年，定制家具行业迎来了快速发展期，出现了索菲亚、百得胜、好莱客等全国性品牌，以及深圳、北京、云南、上海、广州等地的地方性品牌，定制家具范围也从厨房、卧室拓展到书房、客厅等全屋领域。定制橱柜和定制衣柜企业在各自领域重点发展的同时又相互渗透，并形成了庞大的定制产业市场，成为家具产业的重要发展方向。名称也由最初的“定制橱柜”“整体橱柜”“定制衣柜”“整体衣柜”“入墙衣柜”“步入式衣帽间”“壁柜”等转变成“定制家具”。2008年，“定制家具”和“全屋定制家具”概念被连续提出。此后几年，定制家具行业发展越来越迅速。

2011年—2020年，定制家具行业进入了成熟期，市场规模不断扩大，行业竞争加剧，品牌差异化和渠道多元化成为企业的核心战略，同时也面临着产能过剩、环保标准提高、消费者需求升级等挑战。2015年，由全国工商联家具装饰商会发起，索菲亚家居、广州欧派集成家居、卡诺亚、德中飞美家具等家居品牌共同起草的《全屋定制家居产品》行业标准出台，在一定程度上又助推了定制家具行业的健康发展。时至今日，定制家具被越来越多人熟知并接受，随着与互联网的结合，大大缩短了定制家具从设计到生产的时间，极大地提高了生产效率，呈现一派欣欣向荣的发展趋势。

2021年至今，定制家具行业进入了转型升级期，线上线下融合加速，智能化、绿色化、个性化成为行业的新方向，同时也受益于全球市场的复苏和中国市场的增长。未来定制家具的发展趋势主要有以下几点：

（1）市场需求持续增长　随着人们对生活品质追求的提高、对家具消费理念成熟，以及住房结构和居住空间的变化，定制家具能够满足消费者的个性化和功能化需求，市场潜力巨大。

（2）行业集中度逐渐上升　随着行业规范化和标准化的推进，以及资本市场的介入，优质品牌将脱颖而出，形成规模效应和品牌效应，行业集中度将逐渐提高。

（3）产品创新不断深化　随着科技的进步和消费者需求的多样化，定制家具企业将不断推出融合新材料、新工艺、新设计等创新要素的新产品，产品的附加值和竞争力不断提升。智能化、绿色化、个性化将是未来产品创新的主要方向（图1-6）。

图1-6　定制家具设计

（4）服务模式不断优化　随着线上线下融合的加速和对消费者体验的重视，定制家具企业将不断优化服务模式，提供更便捷、更专业、更贴心的服务：从量尺设计到生产安装，从售前咨询到售后保障，都将实现服务标准化和服务差异化。

第2章
室内空间设计

2.1 室内设计与建筑

室内空间的起源可以追溯到人类文明的早期阶段。在人类进入定居生活、开始建造简单住所的时候，室内空间就已经存在了。最初的室内空间可能是简单的洞穴或帐篷，用来保护居住者。伴随着人类社会的发展，室内空间的内容和形式也发生了演变和发展，古代文明中的室内空间展现了各种不同的风貌和特点。古埃及的室内空间通常豪华而壮观，如法老的宫殿和陵墓，它们反映了埃及社会的权力结构和宗教信仰。古希腊和古罗马的室内空间则更注重功能性和美学，如雅典的公共建筑和古罗马的公共浴场等，它们体现了城市生活的繁荣与活力。中世纪的室内空间受到了宗教信仰的影响，教堂成为了重要的室内空间，其建筑风格和装饰风格反映了当时的宗教文化和社会秩序。文艺复兴时期，室内空间开始注重个人生活和文化追求，贵族府邸和艺术家工作室成为重要的室内空间，反映了当时社会的阶层分化和文化繁荣。现代室内空间的发展受到了工业革命和科技进步的推动。随着城市化和工业化的发展，人们对室内空间的功能性和舒适性提出了更高的要求，建筑材料和技术的进步则为室内设计提供了更多的可能性。

★小贴士★

20世纪以来，现代主义运动对室内设计产生了重要影响，提倡简洁、功能主义和先进的技术手段，这对室内空间的理念和设计方法产生了深远的影响。

当今，室内设计已经成为一个独立的学科和行业，它不仅注重空间的功能性和美学，更关注人们的生活方式和情感体验。现代室内空间既包括了住宅、商业场所、办公空间等实用性场所，也包括了博物馆、艺术馆、图书馆等文化场所，这些空间为人们提供了学习、工作、休闲和娱乐的场所，丰富了人们的生活体验。从整个人类的营造历史来看，自从有了建筑构建活动，就有了室内设计用于装饰。室内设计一直是建筑设计中不可分割的部分，由建筑师或工匠同时完成。室内设计作为一个独立的专业，在20世纪50年代以后在世界范围内才真正确立。在独立出来的这几十年中，室内设计在实践上有了大量的成果，出现了大量的专业空间设计师，也有了许多理论性的研究。但与建筑相比，室内设计的年龄还很轻，相关的理论研究还不够成熟，尚未构成系统而完整的理论体系。

2.1.1 中外建筑空间发展概况

1. 西方建筑空间发展

西方建筑空间发展的历史横跨数千年，见证了文化、技术和社会制度的变迁（表2-1）。从古希腊古罗马时期到现代，西方建筑经历了多个时期的演变，形成了丰富多彩、富有创意的建筑传统。西方建筑的演变是一个动态而复杂的历史过程，其发展变化受到包括文化、技术、社会和思想等多重内在因素的影响。

表2-1 西方建筑空间发展的历史

时间	代表样式	建筑造型特征	建筑功能特征	地域和国家
公元前3000年以前	原始建筑	自然材料、简单结构	生存、庇护	全球原始人类社群
公元前3000年—公元前500年	古代建筑	金字塔、柱廊、石制建筑	宗教、住宅、公共建筑	古埃及、古希腊、古罗马、美索不达米亚
公元前500年—公元500年	罗马建筑	门、穹顶、圆形剧场	城市建设、宗教、政治	罗马帝国
公元500年—公元1500年	中世纪建筑	尖塔、拱顶、飞檐	宗教、城堡、城市防御	欧洲
14世纪—17世纪	文艺复兴建筑	古典柱式、穹顶、装饰繁复	宗教、宫殿、文化中心	欧洲
18世纪—19世纪	新古典主义建筑	对称、比例、古典元素复兴	宫殿、政府建筑、文化机构	欧洲、美国
19世纪末—20世纪初	工艺美术运动、艺术新派	手工艺、自然主义、艺术表达	艺术、手工艺、个性化住宅	欧洲
20世纪初至今	现代主义建筑	极简主义、功能主义、平面化	住宅、工业建筑、公共设施	德国、荷兰、法国、美国
20世纪60年代至今	后现代主义建筑	反传统、多样性、非线性结构	多功能、抽象、个性化	全球
21世纪至今	当代建筑	绿色建筑、智能建筑、创新设计	可持续发展、科技融入、多元化功能	全球

2. 中国建筑空间发展

中国建筑的演变是一个源远流长、丰富多彩的历史过程，其发展变化深受多种内在因素的影响（表2-2）。首先，中国建筑的发展受到深厚的中国文化传统影响。中国古代建筑注重天人合一的理念，追求人与自然和谐相处。儒家、道家、佛家等哲学观念在不同程度上影响了中国建筑的设计理念。例如，在传统的儒家文化中心——孔庙，通常采用严谨的布局和对称的设计，以体现社会和道德秩序的重要性。传统文化中对家庭、礼仪和宗教仪式的重视也在建筑中得以体现，如庙宇、园林和祠堂的建设。其次，中国历史上的不同社会制度和政治权力对建筑的发展产生了深刻的影响。封建时代的帝制体制决定了宫殿、城墙等政治性建筑的兴建。再次，中国古代建筑工艺的独特性对建筑形态产生了深远影响。木构建筑、榫卯结构、青砖黛瓦等传统技术和材料被广泛应用，形成了中国古代建筑的特有风貌。最后，中国广袤的地理环境和多样的自然气候也对建筑的形式和功能提出了独特的要求：南方多雨，建筑需要考虑防水排水；北方寒冷，建筑需要保温隔热；山区和平原地区的建筑也呈现出不同的特色，适应了各自地理环境的需求。

表2-2 中国建筑空间发展的历史

时间	代表样式	建筑造型特征	建筑功能特征	地域
公元前21世纪—公元前16世纪	先秦古建筑	祭祀台、宫殿、城墙	宗教、政治、居住	陕西、河南
公元前206年—公元220年	秦汉建筑	宫殿、寺庙、城墙、陵墓	政治、宗教、墓葬	陕西、河南
3世纪—6世纪	魏晋南北朝建筑	佛寺、宫殿、园林	寺庙、宫廷居所	全国各地
6世纪—10世纪	唐代建筑	大型宫殿、寺庙、城市规划	宗教、政治、都市文化	陕西、河南
10世纪—14世纪	宋代建筑	木质结构、庭院营造、亭台楼阁	文学艺术、居住、园林	全国各地
14世纪—17世纪	明代建筑	皇宫、寺庙、园林、明清建筑风格	政治、文化、居住	全国各地
17世纪—20世纪初	清代建筑	故宫、庙宇、园林、府邸	政治、宗教、居住	全国各地
20世纪初—21世纪初	民国建筑、现代建筑	欧洲式建筑、现代主义建筑	政府建筑、商业建筑、现代住宅	全国各地
21世纪至今	当代建筑	折中主义、创新设计、绿色建筑特征	商业、文化、居住	全国各地

2.1.2 室内设计与建筑

★小贴士★

建筑从人类文明的发端一直扮演着关键角色。建筑不仅满足了人类居住、庇护、安全的基本需求，还为人类社会组织的形成、集体生活和文明的初步发展奠定了基础。

古代的宫殿、神庙等建筑不仅为人们提供了居所和聚集场所，更重要的是塑造了社会结构与文化认同，促进了人们的交流与合作，奠定了文明的基础。从原始住所到现代居所，室内设计与建筑之间存在着密切的关系，二者相辅相成，共同构建了空间的功能性、美学性和人性化。

1. 室内设计与建筑的天然联系

室内设计师有意识地营造理想化、舒适化的内部空间，满足人们生产、生活对于空间的需求；同时，室内设计是建筑设计的有机组成部分，是建筑设计的深化和再创造。

首先，室内空间设计是根据建筑所处环境，创造出功能合理、舒适美观、满足人们物质和精神生活需要的室内空间环境的一门实用艺术。室内设计将“满足人们物质和精神生活需要”作为设计宗旨，体现了以人为本的室内空间设计目标。其次，室内空间设计既是建筑设计的有机组成部分，也是对建筑空间进行的第二次设计，是对建筑设计在微观层次的深化与延伸。在与建筑整体环境设计的融合中，现代室内空间环境设计体现出强大的艺术生命力。最后，室内设计在空间中营造良好的人与人、人与空间、人与物、物与物之间的关系的同时，还表达设计的心理及生理的平衡与满足。

2. 室内设计与建筑之间的辩证的关系

室内设计与建筑二者相辅相成，共同构筑着人们生活的空间环境。建筑是空间的外在形式，室内设计则关注空间的内在体验，二者相互交融，形成了一个有机整体。首先，建筑作为空间的外在表达，它为室内设计提供了基础和框架。建筑的结构、形状、材料等元素直接影响着室内设计的可能性和方向。建筑师通过空间规划、立面设计等手段，为室内设计创造一个扎实的基础，为室内空间的功能性和美学提供支持。建筑的外观与室内的布局、风格应当相辅相成，共同为居住者或使用者提供愉悦的生活环境。其次，室内设计在建筑的基础上进行深化和细化，关注人们在空间中的实际体验。室内设计师通过色彩、材质、家具布置等手段，创造出符合人体工程学和心理学原理的空间。室内设计不仅要考虑实用性和功能性，更要追求美感和舒适感。因此，建筑和室内设计的辩证关系在于，建筑提供了外在的形式，室内设计则通过精心的布局和装饰，使空间更加贴近人的需求和期待。同时，建筑与室内设计的辩证关系还体现在其相互影响的过程中。建筑师需要了解室内设计的需求，为其留出足够的空间和灵活性，以便后期的室内设计能够更好地融入整体。反之，室内设计师也需要理解建筑的结构和限制，以确保设计方案的可行性和协调性。在这个相互合作的过程中，建筑与室内设计形成了一种辩证统一的关系，为人们提供了功能完善、舒适宜人的居住和工作空间。

2.1.3 室内设计

室内设计是在建筑设计的基础上，按照建筑空间设计的功能，进一步处理好空间划分与衔接的关系，重新筹划空间的构造、家具设施等的布置，并利用现代建筑设计的理论方法，解决好原空间设计功能对人心理、生理上的影响，让人感到空间过渡自由、流通与封闭合理。室内房屋的装饰设计主要指对顶棚、墙体、地板、台阶、窗户等房屋结构的设计，主要是利用造型法则解决建筑结构的材料质感、形状颜色及其他技术问题。室内装饰主要涉及相应区域的艺术品、工艺品、灯具、织物及绿化植物的装饰。室内是相对室外而言，是供人们居住、生活和工作的相对隐蔽的内部空间，室内不仅仅是指由墙面、地面、顶棚等构件所围合的建筑物内部，还应包括火车、飞机、轮船等交通工具的内部空间。其中，顶棚的使用使其与外空间有了质的区别，因此有无顶棚往往是区分室内外的重要标志。室内设计已逐渐成为完善整体建筑环境的一个组成部分，是建筑设计不可分割的重要内容，它受建筑设计的制约较大，是对建筑设计的延续、深化、发展及修改和创新，它综合考虑功能、形式、材料、设备、技术、造价等多种因素，注重视觉环境、心理环境、物理环境、技术构造和文化内涵的营造，是物质与精神、科学与艺术、理性与感性并重的一门学科（图2-1）。

图2-1　室内设计涉及的专业

建筑物的各类系统形成了室内空间的基本形态，如何有效地利用空间、如何根据使用者的个性化要求进行调整和改造，是室内设计最重要的内容。因此，室内空间设计是建筑空间的深化和再创造过程，室内设计师既要考虑其建筑特色，又要考虑潜在的改造和增建的可行性。根据室内空间的具体功能和形式特征，室内设计师既可以改变原有建筑空间的边界，通常包括去除或增加墙壁，以改变空间的形状并重新安排现存空间的样式或分割出新的空间；也可以对建筑空间进行非结构性的改善和调整，包括利用色彩、灯光、质感来调节空间氛围等。建筑设计与室内设计对空间的关注、考虑问题的角度与处理空间的方法有别，建筑设计更多地关注空间大的形态、布局、节奏、秩序与外观形象，而不会面面俱到地将内部空间一步设计到位。室内设计与建筑设计是相辅相成的，是对建筑设计的延续和发展。建筑设计形成的室内空间是室内设计若干程序的设计基础。

★小贴士★

室内设计的演变不仅是技术与美学的发展，更反映了人类文明的变迁。历史上的宫殿、教堂、城堡等建筑都承载着当时社会的权力结构和文化价值观。随着城市化和工业化的兴起，室内设计在商业、办公、居住等领域的应用不断扩展，对人类社会的组织结构和生活方式产生了深远的影响。

2.1.4 室内设计和建筑设计的关系及设计案例

1. 室内设计是建筑的延伸

室内设计是基于建筑内部空间规划设计和建筑内部设备设计之上的对室内的居住、活动空间的适宜性的美化。设计师通过对材料、油漆、瓷砖和板材的运用，调整室内空间的格调和配色，达到对建筑内部优化和装饰作用，这是室内设计重要的意义。室内装饰与建筑之间的联系十分密切。日本著名建筑大师安藤忠雄曾说过："建筑设计的本质其实就是空间的设计。"这一理念在他的最负盛名的代表作"光之教堂"中得到了完美的诠释。"光之教堂"是安藤忠雄20世纪80年代的代表性作品之一，位于日本大阪一片安静的居民居住区中，教堂的设计以与原有的建筑应用为基础，并以光为主题（图2-2）。

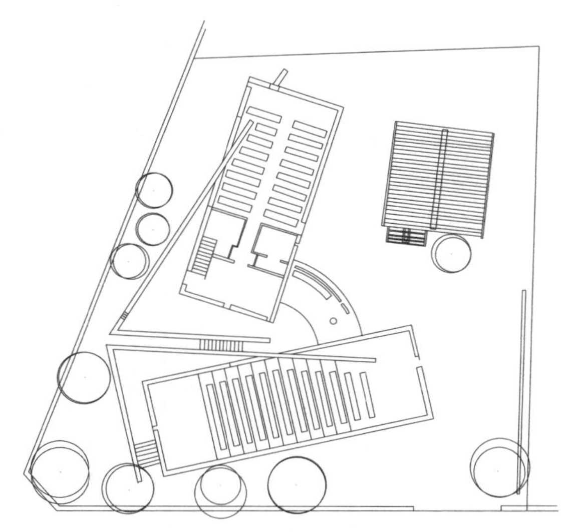

图2-2 "光之教堂"外部规划

该教堂的外形为一个素混凝土长方体（图2-3）。这个长方体块被一片完全独立的L形墙体以15° 切成大小两部分。大的为教堂主体，小的为入口部分。在这个墙体上有一个高5.35m、宽1.6m的开口，通过这个开口，就进入了教堂内部。地面为台阶状，后高前低直到讲坛，讲坛后面便是墙体上留出的垂直的和水平方向交叉的开口。阳光从这里渗透进来，从而形成了一个十字形的光带，即著名的"光的十字"（图2-4）。

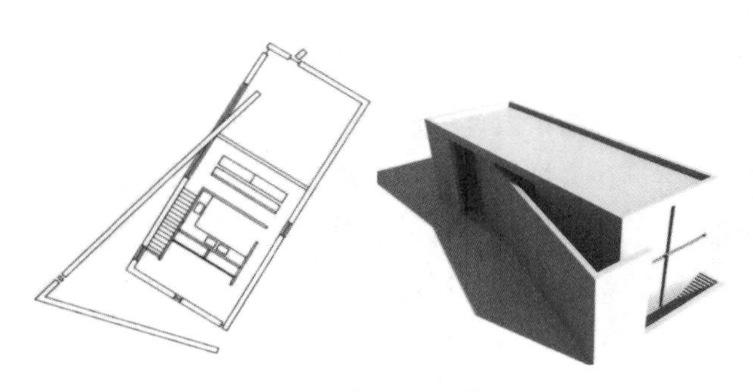

图2-3 "光之教堂"外形

图2-4 "光之教堂"内部

整个建筑的精彩之处就在讲坛后面的"光的十字"上，它不同于以前的宗教建筑的圆形、拱券形的彩色玻璃窗，而是一种看似很自然、很简单的开窗方式，只因有光的存在，这个十字架才有了真正的意义。白天的阳光和夜晚的灯光通过十字形开口射进来，在墙上地上拉出长长的阴影。在这里，光的作用已不仅仅局限于照明，而是有了象征的意义。通过观察还可以发现教堂的南立面并不是完全朝南的，而是与东西方向的轴线呈30° 的角。这显然是建筑师经过规划的。这片与东西轴线呈30° 角的墙是和教堂主体的矩形平面呈“平行”关系的。同时，十字光线也随着阳光入射角的变化在室内呈现出不同的位置，也暗示了时间的变化。“光之教堂”实际上是一座体积颇小的教堂，仅可容纳约100人，但置身其中，却能使人感觉到它所散发出的圣洁和威严。教堂的视觉中心是一条空气十字缝，将沉重的清水混凝土外墙打碎为四部分。光可以通过空气十字缝隙天然地渗透，使教堂的空间设计得以被重新定义。也正是有了光的参与，空气十字缝隙的含义才开始有了改变，强烈的视觉对比效果映入眼帘，光由此转变成了一种精神上的体验，形成独特的光影效应。安藤忠雄大胆地使用了混凝土材料，造型简洁大方，不加修饰，但利用光影与空间使得内部的空间设计变化丰富，给人以奇特的审美体验。在安藤忠雄的设计中大量充斥着光影与空间的完美结合，他巧妙地利用混凝土材料，将其完美融合于室内空间环境中。考虑经济的因素，大胆运用简单、直接的几何造型，实现建筑外观设计与自然环境、地理环境的有机结合，建筑与室内空间设计的统一，室内空间与人的心理、生理的和谐，从而实现了房屋建筑的一体化、整体化，在满足建筑稳定性的同时，也大大提高了其中所蕴含的美学价值。

2. 室内空间设计与建筑外观的统一

室内空间设计与建筑外观的统一，就是现今建筑界最倡导的建筑设计与室内设计一体化的设计原则。虽然许多建筑史的书籍往往仅附建筑物外观的照片，但建筑史上真正伟大的建筑物无不具有杰出的室内空间设计。卢浮宫是世界上最大的艺术博物馆之一，其建筑本身就是一项艺术杰作。贝聿铭先生曾经说过，我一生面临的最高考验，同时更是最高的骄傲，那便是对卢浮宫新馆的创造。

法国卢浮宫美术馆始建于1204年，至今已有800余年的历史，收藏的艺术珍品丰富，是法兰西文艺复兴时代最宝贵的建筑之一。该馆的扩建工程举世瞩目，由贝聿铭所负责建筑的水晶金字塔灵感来自于埃及金字塔。作品选择了新几何形态，并大量使用了钢筋、玻璃等新材料，系统性地克服了其作为地下博物馆的采光困难问题，使现代建筑设计和古老艺术形态相结合，完成了从古代宫殿转型为现代博物馆设计的巨大飞跃。现代设计的简洁在这里获得了充分表达，它和传统的卢浮宫建筑互为衬托，交相辉映，室内设计既保留了历史建筑的庄重与美感，又在展览空间中融入了现代化的元素。每个展览厅的室内设计都旨在最好地展示和保护收藏品，同时提供舒适的参观体验。用现代主义建筑设计的理念赋予其全新的意义，该作品取得了极大的成功，并享誉世界（图2-5）。

图2-5　法国卢浮宫水晶金字塔

贝聿铭所设计的水晶金字塔地下室设有一座约20000m²的地下室大楼，包括宽大的贮藏空间，运送艺术品的电车，设有约400个席位的视听室、会议厅，一间书店和气氛良好的咖啡馆。贝聿铭计划一共增加了82000m²的展示空间，而且内部设计灯光闪亮，最关键的是一切都位于卢浮宫最古老的建筑内部。参观者可顺着辐射形的地下通道走上3栋翼楼，了解陈列收藏品的所有场馆。玻璃金字塔跟卢浮宫博物馆整体的灯光、氛围、建筑风格相呼应，增加了采光面积，降低了照明成本，此外，法国卢浮宫博物馆也成了水晶金字塔的天然室内环境设计。游客可以透过地下顶层金字塔天窗的玻璃看到卢浮宫外不断变幻的天空，在游览展品的同时，还能感受卢浮宫浓厚的历史和艺术气息。贝聿铭的建筑是以光、影和运动为闪光点。因为玻璃自身最大的特点就是透明与反射，来自自然的光线穿过透明的玻璃材料流淌到室内，带给室内温暖和灵动之感，网状钢结构不仅起到了支撑、承载的作用，也赋予了玻璃一种力量与特别的艺术美。透明玻璃不遮挡原建筑的立面，从视觉上、空间原理上使原有建筑群的感觉不被削弱，同时设计者的建筑思想还能充分体现，加上人的运动与光线的变化，整个空间充满了活力（图2-6）。

图2-6　水晶金字塔天窗

随着社会的不断进步，室内设计逐渐演变为一门综合性的艺术和科学，涵盖了空间规划、色彩心理学、材料科学等多个领域。

3. 室内设计是建筑的深化

建筑的室内空间结构设计支撑建筑外部设计，建筑设计对室内设计起到了保护的作用。虽然现在的室内设计大多基于建筑设计方案，但并不是说室内设计就只能被动服务于建筑。优秀的室内设计师可以做到在一套科学的室内设计方案中有效地规避和改善建筑设计方案的不足之处。

（1）有时候，建筑设计可能无法满足使用者的具体需求，如空间利用不合理、功能布局不合理等，但通过精心设计的室内布局和装饰，室内设计师可以最大限度地利用空间，提升功能性，使得建筑空间更符合人们的实际需求。例如，如果建筑设计中存在过于狭窄的房间或者布局不合理的走廊，室内设计师可以通过合理的家具摆放和空间划分来改善室内的使用体验，使得空间显得更加开阔和舒适。

（2）室内设计可以提升建筑空间的美观性和舒适性，即使是最优秀的建筑设计，如果室内设计不合理或者装饰不得当，也会给人带来不适。良好的室内设计可以通过色彩搭配、材质选择、光线利用等手段，营造出温馨舒适的居住环境。例如，在一个设计简约的现代风格建筑中，室内设计师可以选择简洁明快的家具和装饰，搭配柔和的灯光，营造出时尚、舒适的居住氛围，使得建筑空间更加具有吸引力和魅力。

（3）室内设计可以提高建筑的实用性和可持续性。随着人们对环保和可持续发展的重视，室内设计也越来越注重节能、环保和可持续性。通过合理的材料选择和布局设计，室内设计师可以降低建筑的能耗，减少对环境的影响。比如，选择可再生材料、提高采光和通风效果等手段，不仅可以提升建筑的实用性，还可以降低运营成本，实现可持续发展。

2.2　室内空间设计基础

室内空间的空间构成要有一定的物质基础和手段，地面、墙体、屋顶、柱体及开设的门、窗等这些建筑构件，在建造中采用的物质材料和技术手段，都是为了营造人们所利用的空间。没有它们，也就不会有合乎人们需要的空间。物质性的空间体现在该空间必须满足人们的功能需要。在建筑中，人们通过各种方法来围合、分隔和限定空间，其意在形成不同的室内空间，以满足人们的不同功能需要。

对于室内设计师而言，通常以图形的方式将空间在平面上的合理布局绘制成平面图。平面图几乎是一种完全脱离实物的抽象划分，然而却是整体地了解建筑及其内外环境的第一手资料。平面图是确定建筑空间及其周围环境设计艺术性和美学价值时最重要的原始凭证。

2.2.1　平面图

平面图表示从上向下看到的场地或建筑不同平面的布置情况。柯布西耶在《走向新建筑》中写道："平面是一切的开端，没有平面便没有目标的宏伟，没有外在风格，没有韵律、体量，甚或凝聚的力量，平面可启发设计者无限的想象，平面图是决定一切的关键。"平面的设计不仅是墙与开口的组合，也暗示了包含在整体环境空间的设计中应会有的家具、装饰等（图2-7）。

在构思平面图时，设计者可以从两种方式出发来设计平面。第一种是平面的"限制"，在室内设计中，条件限制是指在设计过程中存在的各种限制性因素，这些因素可能来自于客户需求、预算限制、空间限制、法规要求等方面。虽然这些限制看似束缚了设计师的思维，但实际上也激发了设计师更加创造性和灵活性的思考方式。首先，"限制"迫使设计师更加深入地思考问题。面对各种限制，设计师需要仔细分析每一种限制因素，探索其背后的原因和影响，从而更加全面地理解设计任务。这种深入思考有助于设计师找到合适的解决方案，并在有限的条件下实现最佳的设计效果。其次，"限制"激发了设计师的创造性思维。当面对各种限制时，设计师需要寻找突破传统思维的

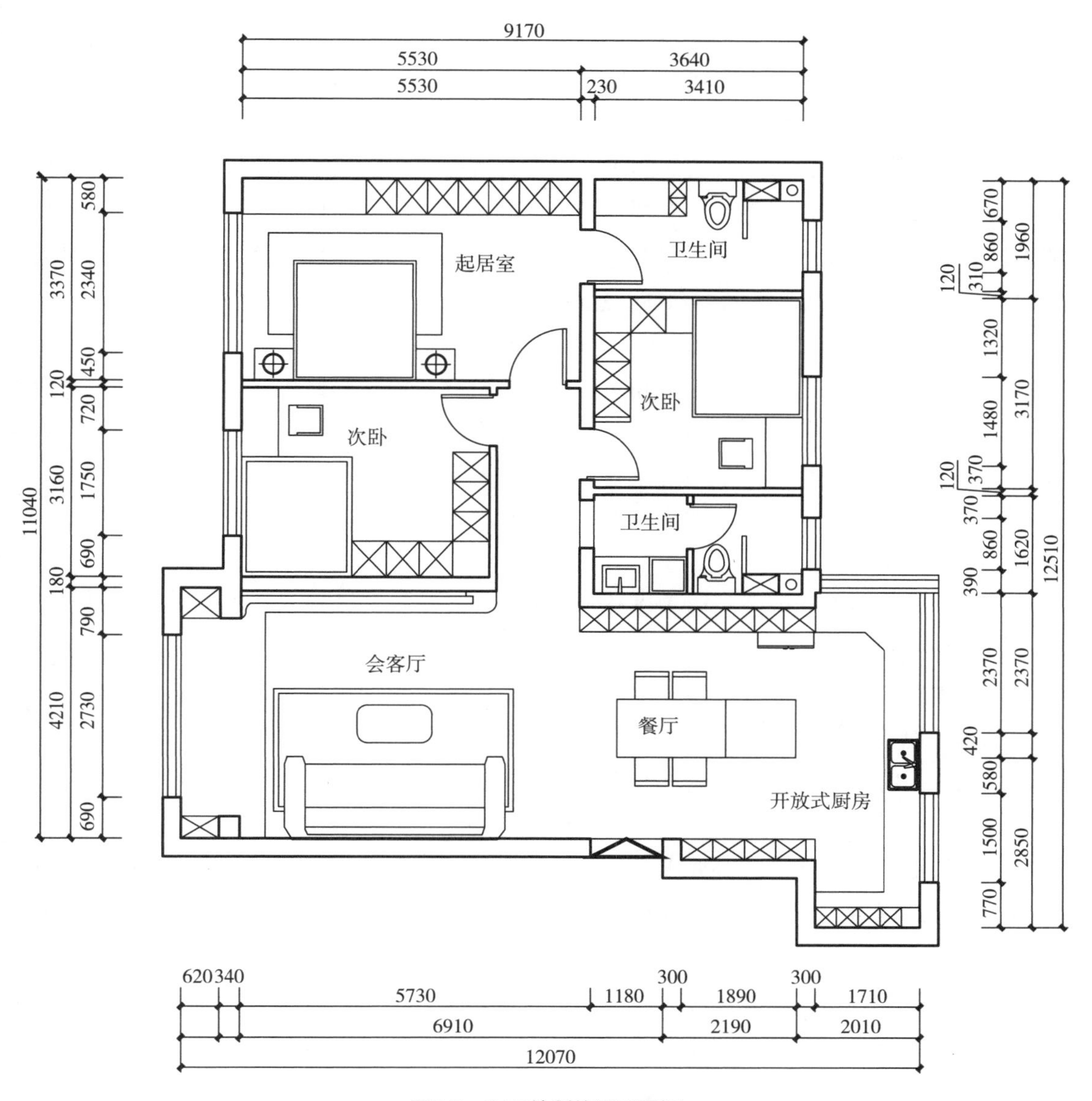

图2-7 CAD绘制的平面图纸

方法，提出新颖的设计理念和解决方案。例如，如果设计师面临空间狭小的限制，可以通过巧妙的空间利用和创意的设计手法，打破传统的空间布局模式，创造出独特而舒适的室内空间。最后，“限制”促使设计师更加灵活地思考设计方案。在设计过程中，可能会出现各种意外情况或者客户需求的变化，这时设计师需要及时调整设计方案，以适应新的条件限制。灵活的思维方式使得设计师能够快速做出反应，并找到最佳的解决方案，确保设计项目顺利进行。通过克服各种限制，设计师可以创造出符合客户需求、创新而又实用的室内设计作品。

另一个思考方式是“功能”，一个成功的室内设计必须满足“功能”上的需求。路易斯·沙利文所提出“形式跟随功能”，弗兰克·劳埃德·莱特将此话解释为：其实形式和功能二者是一体的[一]。至于沙利文自己的解释来自于他观察自然的结论，根据其著作《一种理念的陈述》中所述："综观一切生物，它的外形往往便表达了它的能力，橡树的外形来自橡树的内在功能，松树的针形树叶外形同样也与它的功能有着深刻的联系。"在室内设计中，形式与功能的统一是设计师需要不断追求的目标。形式是指设计的外观、风格、美学特征等，功能则是指设计的实用性、适用性和舒适性等。形式与功能的统一意味着在设计过程中要同时考虑空间的美观性和实用性，使得设计既能满足人们的审美需求，又能实现其基本功能。这种统一是室内设计成功的关键所在。

首先，形式与功能的统一要求设计师在设计过程中注重空间布局和功能性。一个好的室内设计应该以满足用户需求和功能要求为首要目标，因此设计师需要深入了解用户的需求和习惯，合理布局空间，确保各个功能区域之间的流畅性和便利性。例如，在设计居家空间时，设计师需要考虑家庭成员的日常活动习惯和生活方式，合理划分起居区、用餐区、休息区等功能区域，使得空间布局既符合用户的实际需求，又能保持整体美观。

其次，形式与功能的统一要求设计师注重材料和装饰的选择。材料和装饰不仅影响着空间的外观和风格，还直接影响着空间的实用性和舒适性。因此，设计师在选择材料和装饰时需要考虑其功能性、耐久性和易清洁性等因素，以确保设计既美观又实用。例如，在选择地板材料时，设计师需要考虑其防滑性、耐磨性和易清洁性，以满足用户的功能需求，同时也要考虑其颜色和纹理是否与整体风格相符，以保持空间的统一感和美观度。

最后，形式与功能的统一要求设计师注重细节处理和空间的整体感。细节是决定设计品质的关键因素之一，它不仅体现了设计的精湛技艺，还直接影响着空间的舒适性和美观度。因此，设计师需要在设计过程中注重细节处理，从家具的选择、灯光的布置到装饰品的搭配等方面，精心设计每一个细节，使得整体空间既具有统一的美感，又能满足用户的功能需求。形式与功能的统一是室内设计成功的关键所在，通过合理的空间布局、材料选择和细节处理，设计师可以实现形式与功能的统一，创造出既美观又实用的室内设计作品。

平面图有很多种，其中最有效的分类方式便是用动线来分类，这样的分类方式概括为三种。

（1）第一种平面是能将笔直的动线引导到目的地的平面。这种平面通常有特定的起点与终点，如传统长方形平面的"巴西利卡[二]"式教堂的动线朝向祭坛（altar）；埃及神庙的平面或是中国传统民居由公共空间逐渐过渡到私密空间的动线方式。这种动线方式的平面不一定是对称或是轴向性的，而动线本身不一定是从平面的一端开始，也不一定会是直线。阿尔瓦·阿尔托（Alvar Aalto，1898—1976，芬兰建筑师）为麻省理工学院设

[一] 史坦利·亚伯克隆比.室内设计哲学[M].赵梦琳，译.天津：天津大学出版社，2009.6-11.

[二] 巴西利卡（basilica），古罗马一种大型的长方形建筑。

计的贝克学生宿舍楼（Baker House dormitory），便是一个著名的例子（图2-8）。

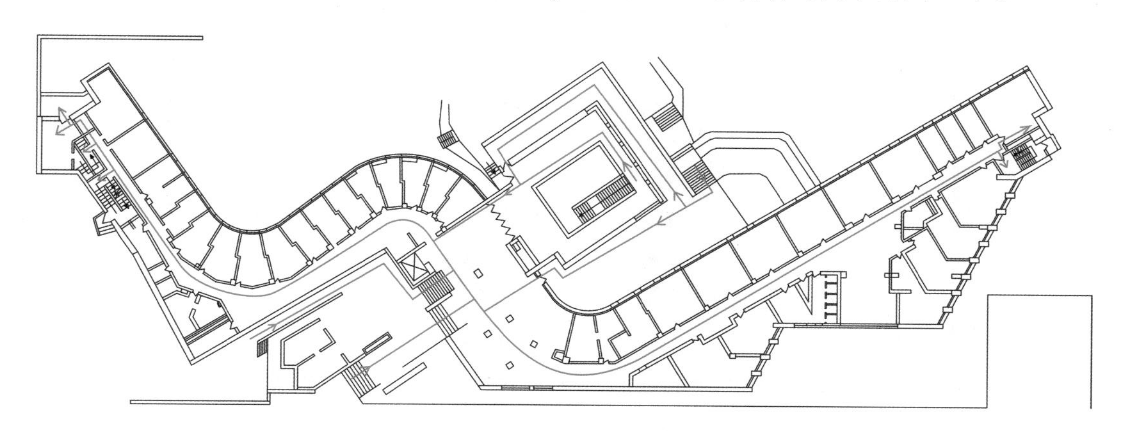

图2-8　麻省理工学院设计的贝克学生宿舍楼

（2）第二种平面是集中型动线。这种平面的动线由各方向集中到一个中心空间或者活动场所，许多大型宗教空间的平面安排便是如此。例如，古罗马的万神殿（Pantheon）、尼泊尔的舍利塔（Stupa）、路易·康（Louis Kahn）为罗彻斯特（Rochester）唯一神教堂（First Unitarian Church）做的初步设计。非宗教性建筑也可以采用这种平面形式，例如，贾科莫·维尼奥拉（Giacomo Vignola）在卡普拉洛拉（Caprarola）设计的法尔尼斯别墅（Villa Farnese）则向中庭集中（cortile-centered）（图2-9）。

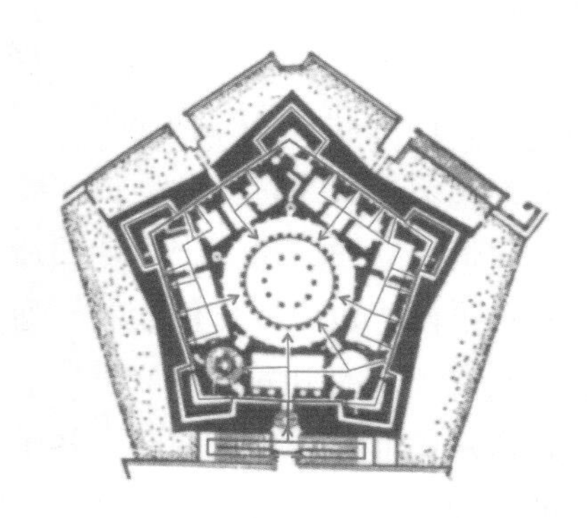

图2-9　卡普拉洛拉设计的法尔尼斯别墅

（3）第三种平面是自由动线型平面。建筑史上的例子为古希腊、古罗马时期的广场。但在现代建筑中这种例子更多，如火车站、市场、展览厅或其他大跨度的空间。另一个著名的例子便是传统日本式建筑［由于拉阖门（fusuma）的使用，使得隔间完全具有弹性）及密斯·凡·德·罗在芝加哥伊利诺斯理工学院（Lllinois Institute of Technology］设计的皇冠大厅（Crown Hall）（图2-10）。这种平面存在短暂的景象上的自由，而这种自由其实是时间上的自由，用餐的空间到晚上可能便成为卧房。

上述三种平面都会一再地在建筑史上重现，但只有第三种，即“开放式组织”似乎特别受现代人的青睐。

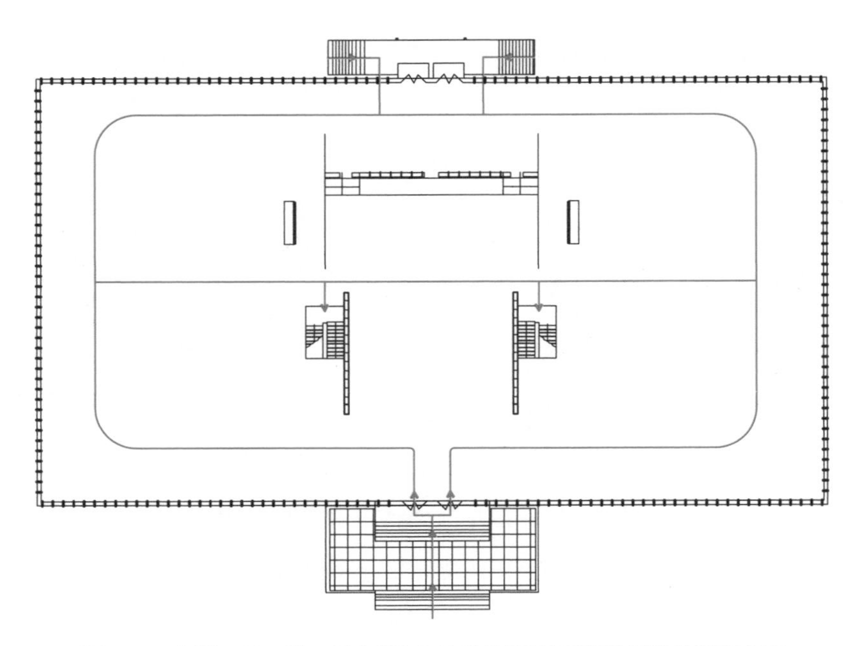

图2-10　密斯·凡·德·罗在芝加哥伊利诺斯理工学院设计的皇冠大厅

2.2.2　立面图

室内立面在整体空间构架中起着分隔室内空间及承重的作用，同时要符合吸声、保温、防火、防潮等功能。在整个空间界面中，立面是人们视觉接触最多的界面，材料选择种类丰富。随着材料的更新与工艺水平的进步，室内立面已经不单纯局限于分隔室内空间，与其他建筑立面相同，已经向功能属性开放化、复合化的方向发展，在某些特定功能的室内空间，其立面已发展成为多功能复合系统。例如，具有照明功能的室内立面、与置物架相结合的室内立面，实用与美观兼顾。

室内造型立面图是表现内墙面造型的一种手段，也要按比例绘制。通常标注尺寸，一般以mm为单位。立面图是显示墙面的内外装修图，各个方向的立面图一般均应绘制完整。外立面图除了表示建筑外表面的装修材料和装修尺寸、位置的关系，还要注明室外楼梯、阳台、栏杆、台阶、坡道、雨篷、烟囱、门窗、雨水管和空调机位等。内立面图需要显示固定家具或墙面的设计内容（图2-11）。要说明的是，如果立面图上绘有画框或装饰品，不是指要挂这类艺术品，而是要注意墙面的内部结构要有一定的握钉力，便于后期悬挂。

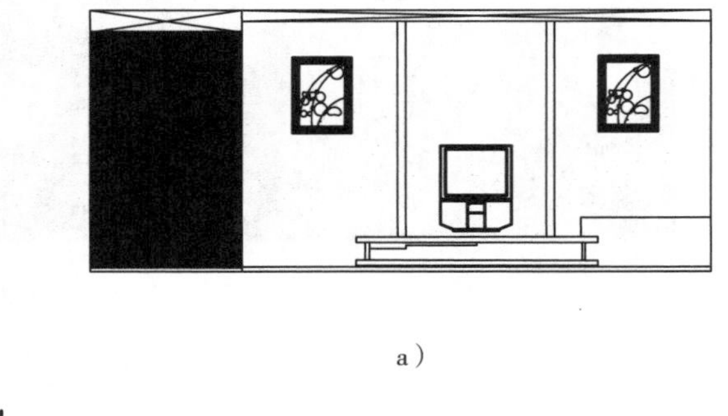

a）

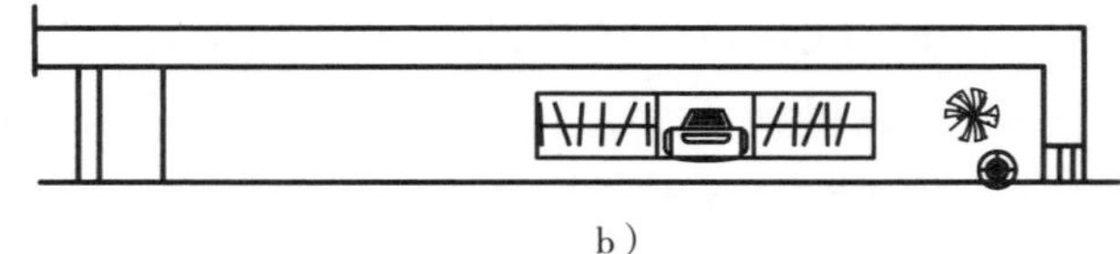

b）

图2-11　电视背景墙的平、立面设计
a）立面图　b）平面图

2.2.3 家具布置

室内环境是外部建筑的延伸，家具是建筑与人类联系的纽带，是建筑产生价值的关键。家具自产生之日起就与其依赖的环境——建筑密不可分，并始终伴随着建筑的发展而发展。家具是建筑空间功能表现的重要载体，通过家具把建筑空间消化，转变为居住、办公等场所。家具是室内环境设计的重要组成部分，家具起源于生活，又服务于生活。随着人类文明的进步和发展，家具的功能类型、材料、结构等在不断发生着变化。

图2-12 莱特手绘的拉金大厦

我们可从三位现代主义大师——弗兰克·劳艾德·莱特、密斯·凡·德·罗和柯布西耶的作品来观察，他们对平面图和家具布置有着各自的诠释。

莱特以独特的方式打破传统住宅的密闭空间，他第一次实践这样的观念是他于1904年所设计的拉金大厦（Larkin Building）。后续的作品亦如此，如联合教堂（Unity Temple，1906年）、约翰逊·万克斯总部办公大楼（Johnson Wax headquarters，1939年）；最甚者，便是在古根海姆博物馆（Guggenheim Museum）。莱特在1931年写道："拿掉门，墙不隔死，房子变得较有生气，室内房间也逐渐出现曙光。"但在他大部分的住宅作品中，他似乎更着力于将动线集中于某一特定焦点。这焦点可能是房子的壁炉，也可能是一群壁炉，而其他空间环绕着这一焦点以一种愉悦之姿自由排列，但人们的注意力仍会被引回这个焦点上。这些壁炉仿佛是房子的心脏。至于室内的家具，则大部分依房子的结构而设，尽量让家具成为建筑墙体结构体的一部分（图2-12）。莱特年轻时曾写道："最令人满意的公寓，应是大部分或全部家具都是嵌入式的（built-in）作为原始草图的一部分，尽量使它成为建筑的一部分。"

密斯·凡·德·罗的开放式平面设计是现代建筑中的经典范例，突破了传统房间布局的束缚，以创新的方式重新定义了空间体验。他倾向于消除房间之间的界限，创造出通透且流畅的空间（图2-13）。在他的设计中，墙壁不再是划分空间的主要元素，而是被简化为纯粹的结构支撑。通过大面积的玻璃墙壁，室内与室外的界限变得模糊，自然光线得以充分利用，室内空间也因此获得了更加开放和通透的感觉。这种开放式设计不仅使得空间显得更加宽敞，也促进了人们之间的交流和互动。房间之间的流畅连接，既使活动空间更加灵活多样，也强调了空间的连续性和一体感。通过消除传统房间布局所带来的隔阂和局限性，密斯·凡·德·罗的开放式平面设计为现代建筑注入了新的活力和灵感。它不仅改变了人们对空间的认知，更重要的是，为人们创造了更加开放、自由和舒适的居住环境。

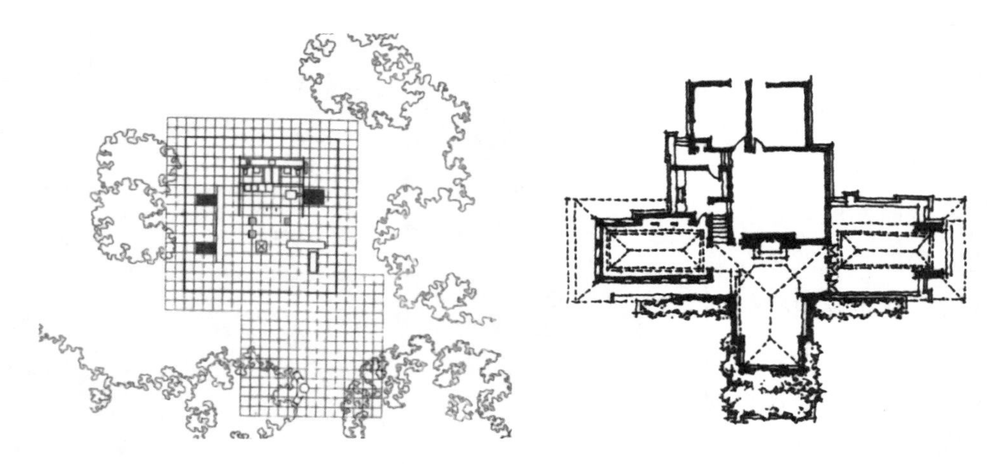

图2-13　密斯·凡·德·罗1951年设计的住宅

柯布西耶的自由平面设计是现代建筑领域的里程碑之一，代表了他对建筑空间的革新性思考和实践。他通过创新的设计理念，打破了传统的空间布局模式，为建筑赋予了更大的灵活性和功能性。柯布西耶的自由平面设计强调了空间的流动性和多功能性。他充分利用了现代建筑材料和技术，采用了无柱式结构和开放式布局，消除了传统的墙壁和隔断，创造出了通透而灵活的空间。在自由平面设计中，房间之间的界限被大幅度削弱甚至消除，取而代之的是灵活的动线和开放的空间结构。这种设计风格不但使建筑内部的功能区域之间产生了更为紧密的联系，而且为用户提供了更多的选择和自由度。柯布西耶的自由平面设计在功能上也非常注重实用性和舒适性。他通过精心的布局和设计，确保了空间的各个功能区域之间的协调和平衡，使得用户能够更加便利地利用空间，提升了建筑的使用价值和舒适度。总的来说，柯布西耶的自由平面设计是对传统建筑空间布局的革新性尝试，通过创新的设计理念和实践，为现代建筑注入了新的活力和灵感，为人们创造了更加开放、灵活和舒适的居住和工作环境。爱德华·法兰克（Edward Frank）曾写道："柯布西耶不会如密斯·凡·德·罗一般大量使用玻璃，或如莱特一般设计如此大胆的高挑阳台，在柯布西耶较具庇护感的室内空间中，似乎残留着远古祖先们对建筑的定义。"现代室内空间的平面布局借鉴了设计大师理念的同时，在长期实践中也总结形成了一些通用的设计规则：一般情况下，家具的占地面积为室内面积的35%~40%。

1. 明确室内空间功能

办公室、家庭居住、休闲娱乐场所分别为三种不同类型的室内空间环境，并且这些室内场所都需要家具的存在。例如，办公室家具的设计要求功能全面，设计中应尽量减少不必要的人体动作，更大程度地节省劳动力，以此提高人们在办公室的工作效率。家庭居住空间的家具大多数的设计都符合人体工程学要求，其主要功能就是在更大程度地增加人们在室内的舒适度。休闲娱乐场所的家具要求具有方便清洁、灵活且不占用空间的特点（图2-14）。不同的室内空间所配置的家具种类各有千秋，这往往能够折射出使用者使用该空间的目的，所以家具在室内空间设计中，不仅仅能够明确室内的空间功能，还能最大限度地增强室内空间的可识别性。

图2-14　易于清洁的沙发

2. 分割与调节室内空间

★小贴士★

室内设计发展之初，为了增强室内空间的灵活度，大多数设计师都会优先利用墙壁来进行室内空间的分割，但是运用这种方法的弊端就是室内空间的使用性能很低，缺乏灵活度。

随着时代进步与发展，在室内空间设计中，部分设计师优先选择利用柜体家具、屏风及一些其他的艺术装饰品来分割和组织室内空间，这种方法不仅能够增强室内空间的灵活性，还能够烘托室内空间环境的氛围。例如，户型面积比较小的居家空间，为了体现其室内空间的通透，设计师通常会选择避免设计任何的阻碍物，直接把客厅和餐厅的两个空间打通。如果设计师利用墙体把室内空间进行分割，则整个室内空间会呈现出拥挤的现象。在户型面积比较小的室内空间中，合理而适当地运用家具，对其进行分割和组织，不仅能够起到视觉上的分区效果，还能够从根本上满足小居室的室内所需要的功能。在户型面积比较大的室内空间中，为了使整个室内空间充满温馨感、减少空旷感，首先要利用家具与室内中的其他陈设品来进行组合搭配，如家具可以与地毯、绿植等相互组合，成为一个单独的区域，以满足休息、会客等需求；然后利用家具与室内其他艺术品进行组合，形成一个具有特色的室内空间环境，从而使整个室内空间更加的灵活、生动；最后还可以利用家具与隔断或屏风相互组合，形成一个半遮挡的室内分割空间（图2-15）。

图2-15　沙发组合与餐桌组合分隔调节室内空间

3. 提升格调与氛围营造

在室内空间中，家具的体积明显而且占地面积大，其作用不仅仅是满足使用者在室内的功能需求，还可以提升整个室内空间的格调和氛围（图2-16）。天然材质的家具，不仅能够让居住者充分感受到室内的高雅、温馨与舒适，也能让使用者在视觉上感受到室内空间更多的活力；色彩明亮、趣味性比较强的儿童家具，能够更多地吸引孩子们的关注；颜色略微深沉的古典家具，能够让使用者充分感受到室内的沉稳气息。

图2-16　提升格调与氛围营造的室内空间

4. 调节室内空间的色彩

在室内空间设计中，选用合适的色彩搭配是整个室内空间设计过程中重要的组成部分。对家具的色彩选择，最应该考虑的是与整体空间大环境的色调统一，尽量选用同色系的颜色或者是以一种颜色为主再搭配几种相近的颜色调配。颜色过多，居住者长时间观看会产生视觉疲劳，所以为了营造一个轻松、干净、舒适的居住环境，客厅大多都选择了和家具同色系配套的色彩，这样才能够更加协调统一整个的室内空间环境，给居住者带来一种视觉上的和谐体验。家具是室内空间色彩调节的重要元素，其色彩与墙面、地板等元素相互配合，构成整体色彩风格。适当选择明亮或深沉的家具色彩，能够平衡空间色彩的对比，营造和谐氛围。同时，家具色彩还能够突出或平衡室内色彩的重点和强调区域，为空间增添个性与魅力（图2-17）。

图2-17　调节室内空间色彩的家具与绿植

2.2.4　室内空间人体尺度

人体工程学是研究人类与环境之间的交互关系一门学科，以提高工作效率和人类舒适度为目标。在室内设计中，人体工程学的应用可以通过优化人与室内环境的互动方式，提高室内空间的功能性。

1）可以根据人体尺度和人体工效学原理，合理地设置家具设施，以便使用者能够轻松、自然地进行操作。例如，设计符合人体工程学原理的办公椅和工作台，提供舒适的工作姿势。

2）可以利用先进的技术和智能系统，为室内空间提供智能化的控制和管理。例如，通过智能家居系统，可以实现对照明、温度和安全等方面的智能控制，给人们以便捷、高效的使用体验。

3）可以考虑人的行为和使用习惯，在空间布局和功能设计中考虑人们的活动流程和需求。通过研究人们的行为模式和工作流程，设计师可以为室内空间提供更符合人们习惯的布局和设置，提高使用者的满意度和工作效率。

独栋住宅平面图通常按照1：25或1：50的比例绘制。建筑平面图对设计师来说很重要，它明确了墙壁、门、窗和其他内部设备设施（如橱柜、嵌入式书架、楼梯、厨房电器和浴室设备）的位置。建筑规范规定了墙的类型和材料，楼梯通常作为一个空间视觉焦点进行设计。楼梯是平面图上常见的组成部分，需要明确具体位置。楼梯由水平部分（称为踏面）和垂直部分（称为踏高）组成。踏面的深度应容纳整个脚的长度（通常为260~300mm）。在住宅中，踏步上往往通过铺设地毯来提高安全性。住宅楼梯踏高不应超过175mm，常用数值为 150mm，每层踏面深度、踏高的尺寸应保持一致，便于人们行走的习惯。楼梯踏面与上层楼板应最少保持2030mm 的净空高度，避免头部碰撞。室内楼梯栏杆扶手高度不宜低于900mm。扶手的直立支撑部分称作栏杆，栏杆间距必须小于110mm，以防止幼儿从中间坠落。

★小贴士★

窗户的位置也是极其重要的，一般住宅建筑中，窗的高度为1.5m，加上窗台高0.9m，则窗顶距楼面2.4m，还留有0.4m的结构高度。

在公共建筑中，窗台高度为1.0~1.8m，开向公共走道的窗扇，其底面高度不应低于2.0m。窗的高度则根据采光、通风、空间形象等要求来决定，但要注意过高窗户的刚度问题，必要时要加设横梁或“拼樘”。此外，窗台高低于0.8m时，应采取防护措施。窗宽一般由0.6m开始，宽到构成“带窗”，但采用通宽的带窗时，要注意左右隔壁房间的隔声问题及推拉窗扇的滑动范围问题，也要注意全开间的窗宽会造成横墙面上的眩光，这对教室、展览室都是不合适的。

★小贴士★

对于供人通行的门来说，高度一般不低于2m，也不宜超过2.4m，否则会有空洞感，门扇制作也需特别加强。

当有造型、通风、采光需要时，可在门上加腰窗，其高度从0.4m起，但也不宜过高。供车辆或设备通过的门，要根据具体情况决定，其高度宜较车辆或设备高0.3~0.5m，以免车辆因颠簸或设备需要垫滚筒搬运时碰撞门框。至于各类车辆通行的净空要求，要查阅相应的规范。如果是体育场馆、展览厅堂之类大体量、大空间的建筑物，需要设置超尺度的门时，可在大门扇上加设常规尺寸的附门，供大门无须开启时人们的通行。现今建筑内各种设备管井的检查门较多，这类门不是人们经常通过的地方，所以一般其上框高可与普通门一样或再低一些，下边还留有与踢脚线同高的门槛，其净高就不必拘泥于2m，1.5m左右即可。一般住宅分户门宽0.9~1m，分室门宽0.8~0.9m，厨房门宽0.8m左右，卫生间门宽0.7~0.8m，考虑到现代家具的搬入（出），多取上限尺寸。公共建筑的门宽一般单扇门为1m，双扇门为1.2~1.8m，再宽就要考虑门扇的制作，双扇门或多扇门的门扇宽以0.6~1.0m为宜。

2.3 室内设计程序

室内设计程序的意义在于，提供了一种有条理的、系统化的方法来完成室内设计任务。室内设计程序为室内设计工作提供了组织结构和规范流程，使设计工作更加有序和可控，有助于提高工作效率和质量。

2.3.1 设计准备

1. 构思设计方案

对建筑图纸及相关资料进行分析，了解工作内容和基本条件，并进行现场测量，使设计切合实际。方案设计主要是在准备阶段的基础上，进一步推敲、分析、讨论构思立意，制定初步方案，并对其进行反复研究和修改，使方案能够最大限度地贴近理想效果。这一阶段为后续设计工作提供了基本的思路，在一定程度上决定了后期工作的总体方向，需要认真对待。

2. 明确设计任务和需求

在进行室内设计时，尤其要注意以人为本的设计前提，在做方案之前要主动了解清楚使用者对室内功能的要求。除了室内物理环境、家具、陈设、绿化、美学等基本因素，经济和人文等相关影响也需要一并考虑。相对于室外，室内空间环境相对静止，人们停留的时间较长，因此经常在使用过程中出现各种问题。例如，装修材料是否环保，电气照明设施陈列位置是否合适，家具的尺寸是否符合人体工程学的要求等。使用者的需求是动态的、持续发展变化的，因此在做设计时还要了解其潜在需求。

2.3.2 图纸设计

1. 草图构想

在设计前期，草图的表达方式比较直观和形象，比口头表达更具直观性。在明确用户基本需求的基础上，优秀的设计师可以简单快速地勾勒出室内空间的布局、家具布置、软装陈设、立面造型等。在这个过程中再根据反馈意见对初步设计方案进行深化落实和修订，经过沟通确认之后敲定最终的设计方案。徒手勾画草图属于图示思维的设计方式，它有助于设计师把设计初始阶段形成的模糊或不确定的意象记录下来，以便做进一步的分析修改。对设计师脑海中一些一闪而过的灵感发现，可加注文字说明。草图勾画过程不在乎画面效果，而在于发现、思索，强调脑、眼、手、图形的互动（图2-18）。对设计的各种要求及可能实现的状况，以图纸（平面图、立面图及效果图）和设计说明等形式讨论并达成共识。

2. 平、立面图及效果图设计

平面图作为设计最重要的设计成果，是反映设计构思和评价方案优劣的核心图纸。平面图是设计总体布局图，通过恰当的图示语言（线条、色彩、模式化图形）表现室内空间布局的一种手段，包括平面布置图、顶棚平面图、地面图、水电分布平面图等，按照一定的比例绘制，表示出室内空间布局和空间关系（图2-19）。

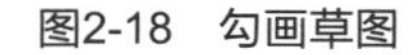

图2-18　勾画草图

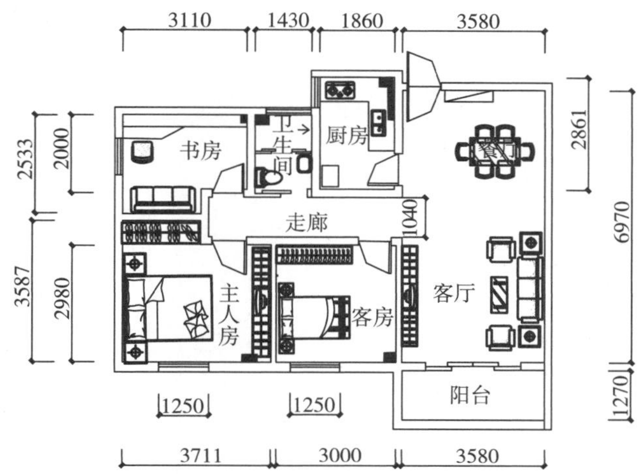

图2-19　表示室内空间布局和空间关系的平面图

室内效果图是设计思维语言的图形表达，是设计者将设计意图传递给业主的手段。业主通过效果图可以直接看到最终的设计效果，并据此与设计者交换意见而使其更加完善（图2-20）。

3. 施工图设计

施工图设计的内容包括对房屋内的构造尺寸和材料的明确标注，必要时还包括水、暖、电等配置设施设计图纸（图2-21）。施工图绘制好后，施工方即可按施工图做工程预算。当实际市场供应价与定额指导价中供应价格存在差价时，要与业主磋商并取得认同。

图2-20　室内效果图

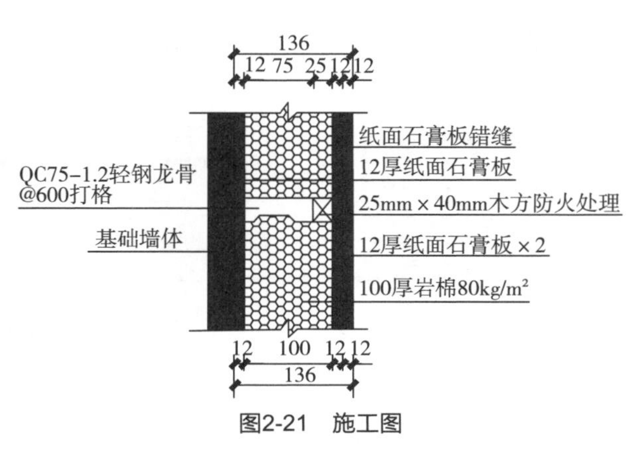

图2-21　施工图

4. CAD 制图中的常用规则

CAD制图中的常用规则如图2-22所示。

图层线型规范

BS	所有的平面系统图纸上均要显示的图层
基础图层	

图层名称	线型	颜色	打印色	打印线宽	应用
BS-柱	——	5	黑色	0.35	建筑柱、剪力墙
BS-墙	——	7	黑色	0.3	墙体
BS-完成面	——	1	黑色	0.13	墙面完成面
BS-窗	——	3	黑色	0.18	建筑窗户
BS-门套	——	60	黑色	0.13	门套
BS-固定家具（落地到顶）	——	40	黑色	0.20	固定家具（到顶到地）
BS-固定家具（不落地到顶）	--------	81	黑色	0.18	固定家具（到顶不到地）/上方开洞轮廓
BS-消火栓	——	1	黑色	0.13	消火栓
	▮▮▮▮	1	黑色	0.13	防火卷帘（PL线全局宽度100） 备注：显示及打印为粗虚线
BS-常规填充		250	黑色	0.10	新建墙体填充
BS-深灰填充		251	对象色	0.10	剪力墙、柱子、结构墙体实体填充
BS-浅灰填充		254	对象色	0.10	非设计区域实体填充
BS-备用	——	按需	黑色	按需	不好归类的内容可以放置在备用图层 备注：可在此层设置不同颜色以控制线宽

图2-22　CAD制图中的常用规则

（1）图例

1）墙体图例。

墙体图例如图2-23所示。

图例	名称	图例	名称
	原建筑墙		剪力墙、结构柱
	轻质砌块墙		轻钢龙骨墙
	钢架结构隔墙		

图2-23　墙体图例

2）地坪图例。

地坪图例如图2-24所示。

	起铺点		地漏
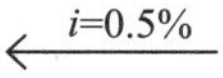 i=0.5%	找坡		地灯
	地面疏散指示灯		

图2-24　地坪图例

3）顶棚图例。

顶棚图例如图2-25所示。

	装饰吊灯		吸顶灯
	嵌入式射灯		轨道射灯
	嵌入式筒灯（防雾）		嵌入斗胆灯
	暗藏灯带		格栅灯
	明装荧光灯		浴霸
	顶喷花洒		投影仪
	投影幕		壁灯

图2-25　顶棚图例

4）暖通图例。

暖通图例如图2-26所示。

U	顶面喷淋（上喷：U）		墙身安装消防疏散广播
	消防水炮		温度感应器
	消防疏散广播	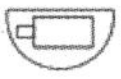	半球型式摄像机
	可燃气体探测器		防火卷帘
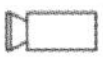	枪式摄像机	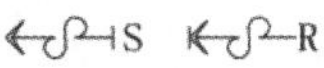 S R	侧面风口
	消火栓	 R	条形风口
	挡烟垂壁	 R	方形风口
	墙面喷淋	 R	圆形风口
	顶面安装烟雾感应器	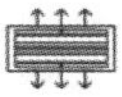	双面出风吸顶式空调

图2-26　暖通图例

	检修口		旋流风口
	顶面消防排烟口		四面出风吸顶式空调
A/C	设备外机	E	排风口
S	条形风口	SM	墙面消防排烟口
S	方形风口	送风：S　回风：R　排风：E	
S	圆形风口		

图2-26　暖通图例（续）

5）灯控、开关图例。

灯控、开关图例如图2-27所示。

	单极单控开关（普通/防水）	一般底边距地1.3m/床头为0.65m
	单极双控开关（普通/防水）	一般底边距地1.3m/床头为0.65m
	双极单控开关（普通/防水）	一般底边距地1.3m/床头为0.65m
	双极双控开关（普通/防水）	一般底边距地1.3m/床头为0.65m
	三极单控开关（普通/防水）	一般底边距地1.3m/床头为0.65m
	三极双控开关（普通/防水）	一般底边距地1.3m/床头为0.65m
C	窗帘控制开关	一般底边距地1.3m
DS	柜门联动开关	安装于家具内
M	主控制开关（插卡取电）	一般底边距地1.3m
S	声光控自熄开关	一般底边距地1.3m
W	地暖控制开关	一般底边距地1.3m
GY	人体感应开关	安装于顶棚、墙壁、柜内

图2-27　灯控、开关图例

（2）符号

各种符号表示如图2-28~图2-40所示。

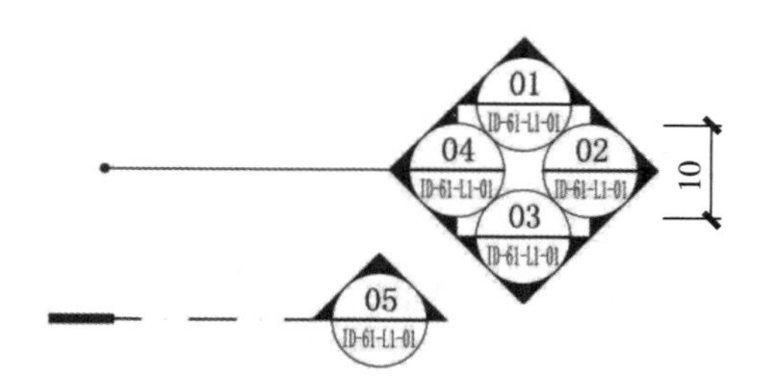

01
ID-61-L1-01
04
ID-61-L1-01
02
ID-61-L1-01
03
ID-61-L1-01
10
05
ID-61-L1-01
引线点直径：1mm
索引框直径：10mm
立面序号高度：2.5mm
图纸编号高度：2mm

图2-28　立面索引号

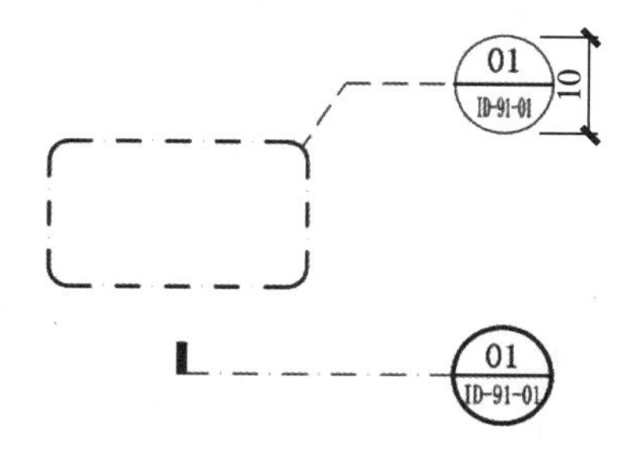

放大索引线宽：0.3mm

索引框直径：10mm

放大编号高度：2.5mm

图纸编号高度：2mm

剖切索引线比例：5

图2-29　大样及剖切索引号

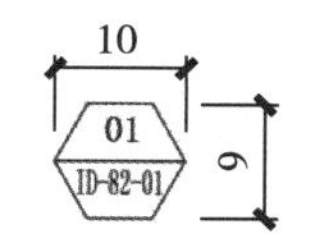

门表编号高度：2mm

图纸编号高度：2mm

门表索引框直径：10mm

图2-30　门表索引号

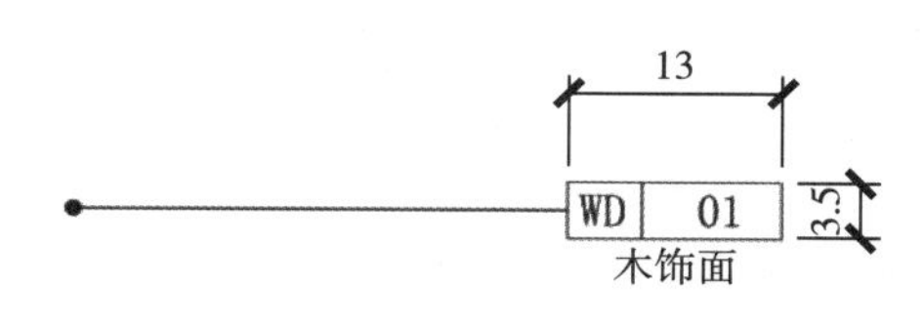

引线点直径：1mm

外框高度：3.5mm

中文高度：2mm

英文高度：2mm

数字高度：2mm

图2-31　材料标注

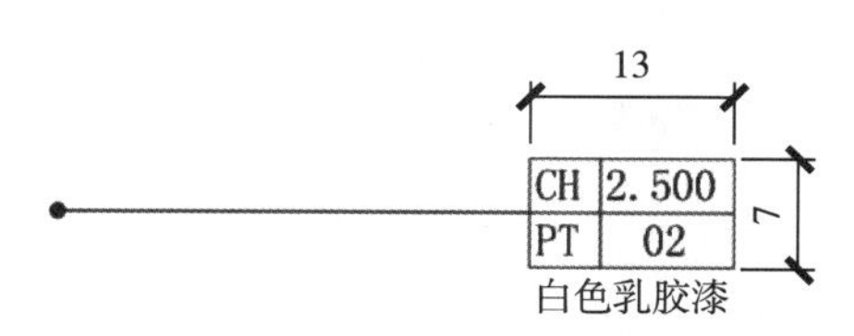

引线点直径：1mm

外框高度：7mm

中文高度：2mm

英文高度：2mm

数字高度：2mm

图2-32　顶棚标注

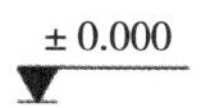

三角形高度：2.5mm

图2-33　地坪标高

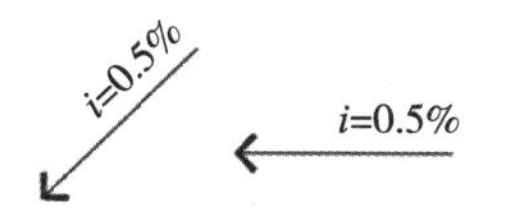

石材铺设倾斜向地漏

线型比例：1

注释高度：2mm

图2-34　找坡（散水）符号

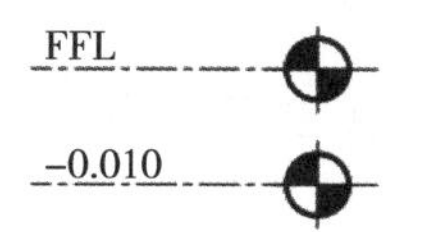

2.400 AFFL

2.400 AFFL

数字高度：2mm

英文高度：2mm

图2-35　立面标高

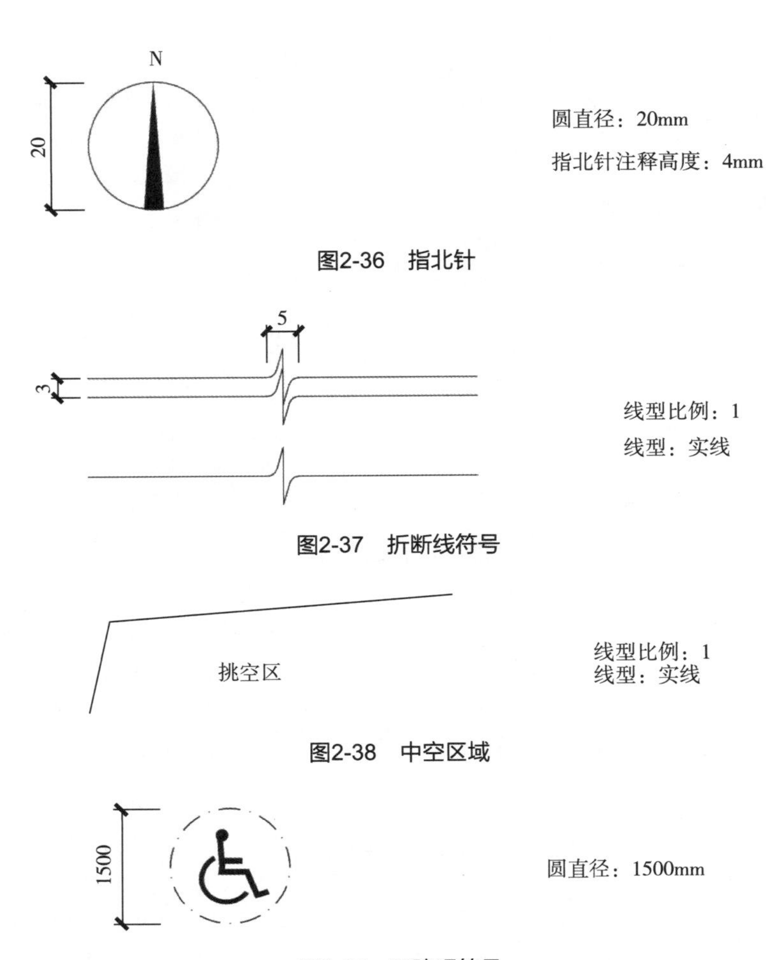

图2-36　指北针

图2-37　折断线符号

图2-38　中空区域

图2-39　无障碍符号

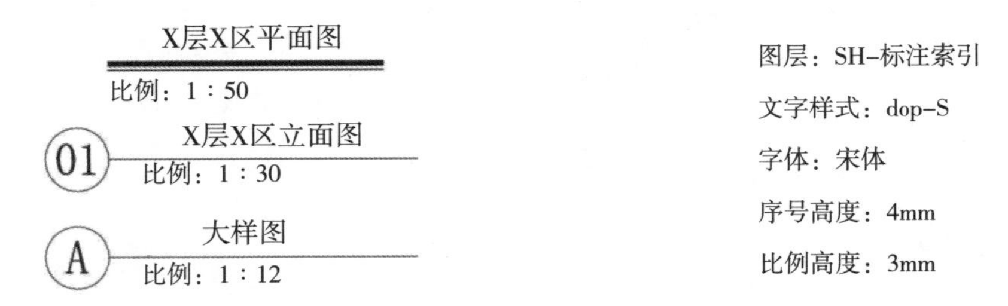

图2-40　平立剖图名

（3）图框

1）图框要能够按照比例完整地输出、呈现。

2）正规的施工图框（需要有资质的设计单位签字、盖章）和不需要正规出图的图框（图2-41）的格式有所区别，后者自由性更大。

注意：

1）设计图框时，图框边界不能完全按照图幅尺寸满布，需要预留边距，因为不同的虚拟打印机对页边距的初始设置都不相同。

2）要养成按图纸比例输出施工图的习惯。

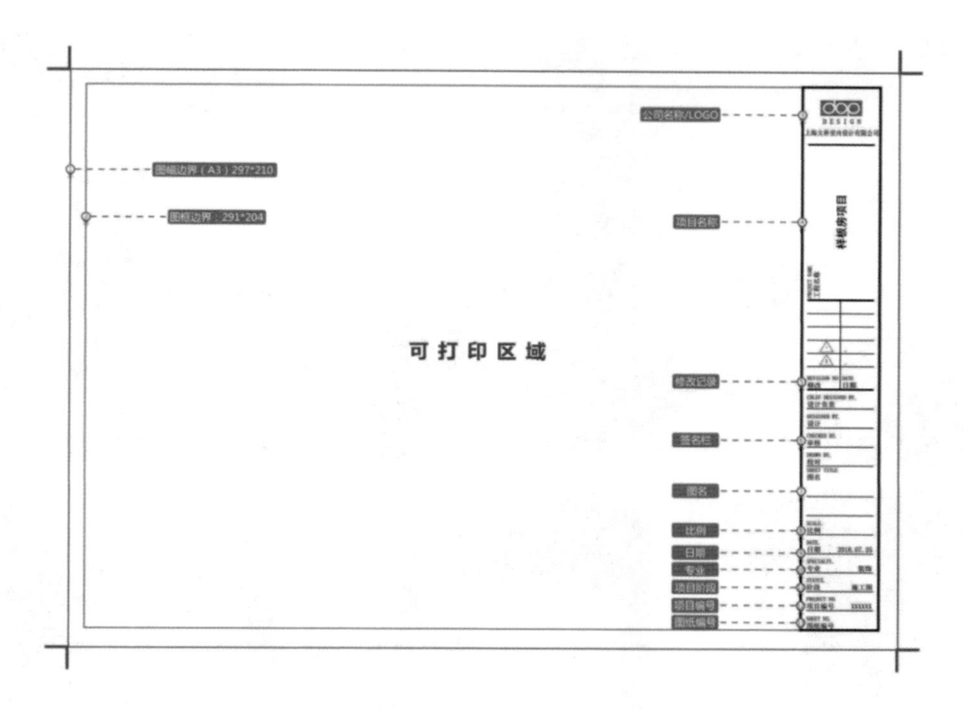

图2-41 图框打印示例说明

（4）设计案例

本例屋主是一位独居女性，平日里忙于工作经常加班，想要在工作之余寻得与生活的平衡，给情绪一处安放，给身心一份滋养，给倦怠一方空间。在136m²的户型中，构筑契合屋主审美和对于美好生活状态的一切想象：安静、古朴且艺术的空间氛围，打开家门的那一刻，便可尽情感受沉浸式的舒适、休闲和放松（图2-42、图2-43）。

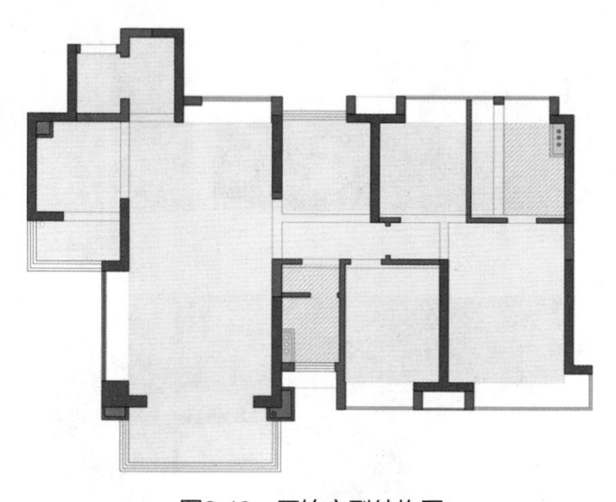

图2-42 原始户型结构图

客厅区域窗户较多，拥有极佳的视野和采光，且承重墙少，格局可灵活调整（图2-44）。

厨房开放式布局，增加空间灵活性和自由度；增设岛台与西餐区域，餐厅向窗边位移，使客、餐厅与西餐区域整合为一个空间，形成LDK一体化（图2-45）；客卫采用干湿分离，将洗手台与家政区结合，用盒体的形态穿插在空间中，打破客餐厅空间横向布局，形成中心环绕动线；

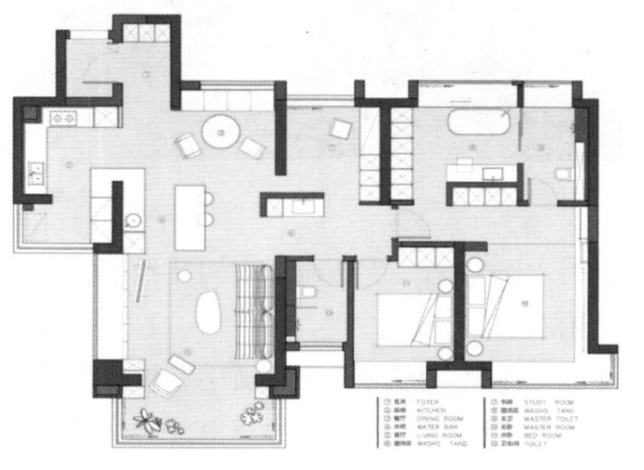

图2-43 设计平面图

图2-44 客厅效果图

图2-45 餐厅效果图

扩展主卧功能，重新梳理空间动线及客户需求，增加衣帽区及洗漱干区，让空间更贴近使用需求。

将原始空间内突兀的横梁、承重柱体，运用天然木板包裹，置入一个个体块，让梁与顶面之间悬空，空间形态由此发生质的变化，重新描述空间所追求的生活轮廓。整个空间运用了极简的设计手法，隐去多余的装饰，材质选择了艺术涂料、微水泥、天然的胡桃木，凸显造型体块的雕塑感和肌理感。

客厅、餐厅在布局上打破了传统空间的闭合形式，让空间连接与断裂之处开放式交互，满足日常休闲与社交属性，形成沉静、自然、连续的生活切面。

卧室运用素雅天然木调，使得空间更加纯粹和宁静，自然和质朴。木饰面采用适配度和颜值高的骨骼线设计，不刻意装饰，强调质朴的内在犹如天然生长出的几何线条，在视觉上整齐排列（图2-46~图2-49）。

图2-46　主卧效果图

图2-47　次卧效果图

图2-48　主卫效果图

图2-49　客卫效果图

第3章
室内空间组织

★小贴士★

室内空间与人的活动有着密切的关系。设计室内环境时，要充分考虑人类行为、需求和心理的相互影响。这种关系涵盖了空间的功能性、舒适性、安全性和美感等方面。

通过合理的空间规划和设计，可以创造出符合人体工程学的空间布局，提供舒适的居住、学习或工作环境。

3.1 室内空间组织的概念和功能

3.1.1 室内空间组织的概念

室内空间组织是指对建筑物内部空间进行规划和布置，以创造一个适合人们生活、工作和休息的理想环境。这包括调整空间的尺度和比例，解决好空间与空间的衔接、对比、统一等问题。在室内空间组织中，需要考虑不同元素之间的排列和组合方式，包括墙面、地面、顶棚、家具、陈设品等。这些元素通过不同的组合和排列，可以产生不同的空间氛围和功能。室内空间组织的目的是使空间更加舒适、美观和实用。通过合理的室内空间组织和设计，可以提高空间的利用率，增强空间的视觉效果，使空间更加符合人们的审美和生活需求。室内空间组织是一项非常重要的工作，它需要考虑多个因素，包括功能需求、美学原则、材料选择等。专业的室内设计师会通过深入分析和思考，制定出符合业主需求的室内空间组织方案，实现舒适、美观和实用的室内环境。

3.1.2 室内空间组织的功能

室内空间组织的功能体现在物质、精神、美学、文化和可持续性等方面，旨在满足人们的生活需求和审美需求，提升人们的生活品质和工作效率。

1. 物质功能

设计师通过室内空间的物质功能合理组织、布局、设计和装饰等手段，满足人们在空间内的基本生活需求和功能需求。它包括提供舒适的居住环境，如合适的温度、通风和光线，以确保空间使用者的健康和舒适感。同时，它涵盖了储存和使用物品的功能，即通过合理的空间规划和家具摆放，确保空间使用者可以有效地管理和利用空间内的物品。

（1）室内温度　室内温度和湿度是影响室内舒适性的重要因素。一般而言，人体感觉最舒适的室内温度在22~25℃。在这个温度范围内，人们不会感到过热或过冷，从而提高了工作、学习和休息的效率和舒适度。要控制室内温度，可以采取多种方法。从供暖的角度，常见的为室内提供热能的方式有：

1）中央空调供暖系统。通过集中供热的方式，利用空调系统的热水循环或空气循环，将热能传输到各个室内区域，实现整体供暖。

2）暖气片/地暖系统。利用热水或电能在房间内的暖气片或地板下安装加热设备，通过辐射热的方式提供舒适的室内温度。

3）电暖器。独立的电暖器可以直接提供局部供暖，适用于需要临时加热或只需部分区域加热的情况。

4）壁炉/火炉。传统的壁炉或火炉可以通过燃烧木柴、煤炭或其他燃料来产生热量，提供温暖的氛围和供暖效果。

5）太阳能供暖系统。利用太阳能集热板或光伏板收集太阳能，转换为热能或电能来供暖室内空间。

6）辅助性保温措施。包括使用窗帘、门帘、地毯等辅助性保温措施，减少室内外温差，提高供暖效果。

★小贴士★

在选择供暖方式时，需要考虑室内空间的大小、结构、所在地区的气候条件、能源成本和环保性等因素，以及用户的需求和偏好。综合考虑这些因素，可以选择最适合的供暖方式，为室内环境提供舒适的温暖。

（2）室内通风　室内空间通风对于人们的健康、舒适和生活质量至关重要。良好的通风可以有效排除室内的污浊空气、异味和湿气，保持空气清新，减少细菌、病毒和有害物质的滋生，有助于预防呼吸道疾病和其他健康问题。此外，良好的通风还可以调节室内温度和湿度，提升人们的舒适感，改善睡眠质量，提高工作和学习效率。实现室内良好的通风环境，可以采取以下几种方法：

1）自然通风。充分利用室内外自然气流，通过合理设置窗户、门和通风口等，使空气得以自由流通。在设计过程中应考虑建筑朝向、窗户位置和大小等因素，以最大限度地利用自然气流。

2）机械通风系统。采用通风扇、空气净化器、新风系统等机械设备，通过强制空气流动，快速排出室内污浊空气，引入新鲜空气。机械通风系统可以根据需要调节通风量和空气质量，保持室内环境的稳定性和舒适性。

3）智能化控制。利用智能化技术，如传感器、自动控制系统等，监测室内外空气质量和温湿度情况，自动调节通风设备的运行，实现精准控制和节能效果。

4）绿色植物。室内摆放适量的绿色植物可以吸收二氧化碳、释放氧气，净化空气，改善室内环境质量。

5）室内装饰材料选择。选择环保、无污染的装饰材料和家具，减少有害气体的释放，保持室内空气清新。

★小贴士★

在实现良好的室内通风环境时，需要综合考虑建筑结构、设备设施、装修材料和居住习惯等因素，确保通风系统的有效性、安全性和舒适性。通过合理的设计和科学的管理，可以创造出宜居、健康的室内空间，满足人们对于健康、舒适生活的需求。

（3）室内采光　室内空间采光是设计中至关重要的考虑因素之一，对于人们的健康、舒适和生活品质有着深远的影响。良好的采光能够提供充足的自然光，使室内环境明亮、开阔，有利于调节人们的生物节律、提高注意力和工作效率，同时也能够改善空间的视觉感受和美观度。实现室内良好的光环境，常用的方法有：

1）合理布局。在设计过程中，应根据建筑结构和朝向，合理布置窗户、门和天窗等采光设施，最大限度地利用自然光资源。在布局上应避免遮挡物阻碍光线的进入，保证室内各个区域的光线均匀分布。

2）选择透光材料。在室内装修中，选择透光性好的材料，如玻璃、亚克力、透明塑料等，有助于光线的传递和扩散，增加室内的明亮度和通透感。

3）利用光的反射。利用墙面、地面和顶棚等表面的反射能力，将阳光或室内光线反射到室内较暗的区域，增加光照强度和均匀度。

4）采用智能化光控系统。通过智能化的光控系统，根据室内外光照情况自动调节窗帘、百叶窗或灯的开关，实现光线的合理利用和节能效果。

5）绿色植物装饰。在室内摆放一些绿色植物，可以通过吸收部分光线、释放氧气和增加视觉舒适度的方式，改善室内的光环境。

好的室内光环境不仅可以提升人们的生活品质和工作效率，还可以节约能源、减少对人造照明的依赖，降低能源消耗和环境污染。

★小贴士★

在室内设计中，应充分重视采光问题，通过科学合理的手段和方法，创造出舒适、健康的光环境，满足人们对于美好生活的向往和追求。

2. 精神功能

室内空间不仅是人们生活的场所，也是人们精神寄托的场所。空间组织需要考虑人们的心理感受和精神需求，营造出舒适、和谐、愉悦的室内环境，提升人们的生活品质和幸福感。通过合理的空间组织和设计，可以创造出美观、舒适、和谐的室内环境，满足人们的审美需求。美学功能通过艺术性的设计和装饰元素，如精美的壁画（图3-1）、雕塑、艺术品等，以及对光影、比例和空间感的精心处理，提升空间的审美价值和艺术品位。它不仅能够增强居住者的生活品质和幸福感，还能够反映居住者的个性和生活态度，成为室内空间的独特魅力所在。

绘画在室内装饰中扮演着重要的角色，不仅仅是美化空间的手段，更是表达情感、塑造氛围、增添个性的有力工具。

图3-1 原北京机场候机楼瓷砖壁画《森林之歌》

（1）壁画 壁画是一种直接在墙面上绘制的大型绘画作品，可以是抽象的、写实的，也可以是叙事性的。壁画艺术在室内设计中可以为空间增添独特的视觉效果，创造出丰富多彩的氛围。

（2）装饰性绘画 装饰性绘画包括但不限于花卉、动物、风景等主题，它们可以是单幅作品，也可以是组合成系列的装饰品。这些绘画作品常常用于点缀空间，增加色彩和生气。

（3）艺术壁纸 艺术壁纸是一种将绘画艺术与壁纸或贴纸结合的装饰形式，可以定制各种图案和风格，为墙面带来独特的装饰效果，也可以作为空间的重要亮点。

（4）油画 油画作为一种传统的艺术形式，常常具有高度的艺术价值和审美意义。它的独特的色彩表现力、质感和光影效果能够为室内空间注入艺术气息，提升整体的装饰品位。油画常常以丰富的色彩和层次感来表现画面，通过光影的处理和透视效果，能够为空间增添深度和立体感，使得空间更加开阔和丰富。

绘画作为一种艺术表现形式，能够为室内空间增添美感和艺术氛围，使其更加优雅、温馨。选择不同风格和主题的绘画作品可以表达居住者的情感和个性，使空间更具个性化和亲和力。

★小贴士★

绘画的色彩、主题和构图都能够影响空间的氛围和情绪，通过选择合适的绘画作品，可以营造出轻松、愉悦、典雅或者活力四射的氛围。

3. 文化功能

室内空间组织还承担着传承和展示文化的功能。通过将传统文化、地域特色等融入空间组织的设计中，可以传达出一定的文化信息和价值观念。设计师可以通过选择特定的装饰风格、艺术品、传统元素或当地特色，将文化因素融入室内空间中。文化功能还包括对历史、传统和地域特色的尊重和保护，以及对当代文化和时尚趋势的反映和诠释。通过室内空间的文化功能，设计师可以创造出具有独特文化氛围和个性化特点的空间，激发人们对文化的认知和情感共鸣，促进文化交流与传承。这种文化功能不仅丰富了空间的内涵和表现力，也为居住者提供了身心愉悦和文化体验的机会。

在室内设计中体现地域文化是一种重要的手段，它可以通过多种方式来实现，从材料的选择到装饰风格的运用都能够体现地域文化的特色和魅力。体现地域文化的方法：

（1）材料选择　选择具有地域特色的材料是体现地域文化的重要途径。比如，在中国的室内设计中，可以选用具有中国传统文化特色的材料，如青砖、红木、竹子等，这些材料不仅具有独特的质感和色彩，还能够传达中国传统文化的历史底蕴和精神内涵。

（2）装饰元素　利用地域特有的装饰元素来丰富室内设计的内容，如中国传统的绘画、雕刻、瓷器等艺术品，或者是地方特色的工艺品，这些装饰元素能够为空间增添独特的地域氛围和文化韵味。

（3）色彩运用　地域文化往往与特定的色彩有关联，因此在室内设计中运用地域特色的色彩是体现地域文化的重要手段。可以通过墙面涂料、软装配饰等方式运用地域特有的颜色，如中国的红色、黄色、蓝色等，来营造出具有地域特色的色彩氛围。

（4）建筑风格　地域文化往往与特定的建筑风格密切相关，因此在室内设计中可以通过模仿或借鉴地域特有的建筑风格来体现地域文化。比如，在中国的室内设计中可以采用传统的中国庭院、四合院等建筑形式，或者是借鉴中国古典建筑的风格和元素，来体现中国传统文化的独特魅力。

（5）文化符号　地域文化常常与特定的符号和象征相关联，因此在室内设计中可以运用地域特有的文化符号来体现地域文化。比如，在中国的室内设计中可以运用中国传统的文化符号，如龙、凤、麒麟等，来营造出具有中国传统文化特色的空间氛围（图3-2）。

图3-2　苏州拙政园室内空间

3.2　室内空间限定

3.2.1　室内空间限定的概念

室内空间限定是指在室内空间中，通过使用不同的物质手段，如墙壁、门窗、隔断、家具等，对空间进行分隔、包围和创造，从而形成具有特定属性和功能的空间。这种设计手段的主要目的在于满足人们的使用需求、创造出更加舒适的环境，以及实现特定的设计理念和风格。室内空间限定的效果受到多种因素的影响，如空间的大小、形状、色彩、照明等。不同的限定手段可以创造出不同效果的空间，比如开放感、封闭感、舒适感、艺术感等。同时，空间限定也要考虑其实际使用功能和人的行为心理等因素。通过有效的室内空间限定，可以实现更好的空间规划和设计，提升空间的舒适度、美感等，从而提高人们的生活质量和工作效率。

3.2.2　室内空间限定的方式

室内的空间限定往往是多次的，也就是同时用几种限定方法对同一空间进行限定，例如在围合的一个空间中又加上地面的肌理变化（如石材、地毯等），同时顶部又进行了覆盖或下吊等，这样可以使这一部分的区域感明显加强。室内空间限定方式主要有围合、设立、覆盖、抬起和下沉，可以根据具体的需求和场景选择适合的室内空间限定方式。

1. 围合

围合是最为典型的空间分隔形式和限定方法。这种方式的范围大小会有所不同，全包围的空间的私密性是最强的，但限定感较强；反之，围合界面减少，限定感会不断减弱。中国传统的屏风就是典型的分隔形式，它可以将一个空间分为书房、客厅及卧室等几部分，划分了区域也装饰了室内空间（图3-3）。

图3-3 利用屏风限定空间

2. 设立

这是限定的一种简单形式，通过在空间中分布限定元素，并运用到另一个空间，使得两个空间既有关联又有区分。这种方式的限定感较弱，比较抽象，并没有将空间划分出来，起着烘托空间气氛和强化空间特色的作用。例如将相同材质、形式但不同功能的家具分布在家庭空间中的各个小空间中，通过联想各个家具的功能来辐射整个家庭小空间的功能，比如茶几和矮柜应该放在客厅，床头柜应该放在卧室，不同尺寸的立柜应该放在餐厅或者衣帽间等，达到限定空间的作用。再如，运用同一种材质，贯穿整个室内空间中（图3-4、图3-5）。

★补充要点★

图3-4 不同材质的运用限定空间

★补充要点★

图3-5　相同材质限定空间设计

3. 覆盖

在自然空间里有了覆盖就可以挡住阳光和雨雪，就使内外部空间有了质的区别，与露天的感觉完全不同。如果在室内再用覆盖的要素对空间进行进一步的限定，可以形成不同的空间效果，产生许多心理效果。利用顶棚吊顶来限定空间，每个区域内的顶棚都会有明显的框架。例如，客厅和餐厅之间的顶棚吊顶可以明显感觉到两个空间，运用不同的吊顶方式将两个区域进行划分，但从总体看仍然处于一个整体（图3-6）。另外，厨房空间一般都是用铝扣板来做吊顶设计，这样从生活的角度对该空间进行限定，这处于人们的认知以内，容易达成共识（图3-7）。

图3-6　客餐厅吊顶限定空间

图3-7　厨房吊顶限定空间

4. 抬起和下沉

抬起（图3-8）是将空间抬高以强调特定空间，并与其他空间区分开来。下沉（图3-9）是让某一局部低于周边区域，使空间显得含蓄和安定，常用于引导性空间的设计。

这种限定是通过变化地面高差来达到限定的目的，使限定过的空间在母空间中得到强调或与其他部分空间加以区分。对于在地面上运用下沉的手法限定来说，效果与低的围合相似，但更具安全感，受周围的干扰也较小。特别是在公共空间中，人在下凹的空间内心理上会比较自如和放松，所以有些家庭起居室中也常把一部分地面降低，沿周边布置沙发，使家的亲切感更强，更像一个远离尘世的窝（图3-10）。抬起与下沉相反，可以引起人们的视觉注意。

图3-8 抬起效果

图3-9 下沉效果

图3-10 乌克兰艾米丽酒店大堂下沉式设计

3.2.3 室内空间限定的作用

（1）划分空间 通过限定不同区域的空间形态、大小、高度等，可以将整个空间划分成不同的功能区域，使得不同的活动能够有明确的界限和区隔。

（2）突出空间特色 对于特别重要的部分，采用限定手法可以让其在整个空间设计中更加突出。

（3）提高空间层次感和美感 通过合理的限定手法，使得整个空间更加有层次，富有变化，更具有艺术感和美感。

（4）便于空间管理 例如，在一个博物馆或者展览馆等展示空间中，通过有规律地布置天窗或者利用楼梯的位置等，可以帮助游客更加顺畅地参观和管理整个空间。

（5）满足使用功能和人的行为心理需求 例如，满足人的生理（行为习惯）和物理（家具、设备陈设）要求，以及人的心理要求，如听觉、视觉、嗅觉等。

3.3 室内空间的组合与分隔

3.3.1 室内空间组合

室内空间组合是指根据室内空间的设计需求和功能要求，将不同的空间进行合理的搭配和组合，以达到创造舒适、美观和实用的室内环境的目的。

室内空间组合的方式有很多种，可以根据需求和具体条件进行选择。可以将公共空间（如客厅、餐厅等）与私密空间（如卧室、书房等）进行合理搭配，以达到动静结合的效果；或者将开放式空间（如开放式厨房、通透的客厅等）与封闭式空间（如独立书房、卧室等）进行结合，以营造出多样化的空间感受。在进行室内空间组合时，需要考虑多种因素，如空间的大小、形状、采光、通风等物理因素，以及使用者的需求、生活习惯和审美观点等人为因素。通过对这些因素的综合考虑，可以设计出既符合使用者需求又具有独特魅力的室内空间组合。

1. 室内空间组合的方式

室内空间的组合主要是指复合空间的组合。从精神要求看，室内空间艺术的感染力并不限于人们静止地处在某一个固定点上，或从单一空间之内来观赏它，还体现在人们在连续行进的过程中不断感受它。从功能要求的角度来看，人们在利用室内空间的时候，不可能把活动仅仅局限在一个空间之内而不牵涉别的空间；相反，空间与空间之间从功能上讲都不是彼此孤立的，而是互相联系的。一般来说，空间组合可分为集中式组合、线式组合、放射式组合和组团式组合。

（1）集中式组合　集中式组合是一种特定的向心式的构图，它由一定数量的次要空间周围绕一个大的、占主导地位的中心空间构成（图3-11）。它的主要特点是在一个中心主导空间周围组合一系列次要空间。在这种组合中，居于中心地位的统一空间一般是规则的形式，并且尺寸要足够大，以使许多次要空间集结在其周边。组合中的次要空间，它们的功能形式、尺寸可以彼此相当，形成几何式规整。次要空间的形式或尺寸也可以相互不同，以适应各自的功能要求，表达它们之间相对的重要性或者对周围环境做出反应。在家庭空间组织中，所有空间以客厅为中心进行排列，各次要分区之间功能相似但也有一定的差异。

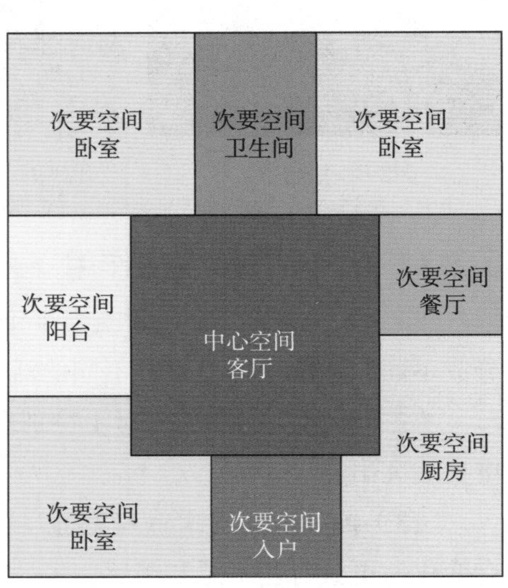

图3-11　集中式组合空间平面构图示例

（2）线式组合　线式形式可以是直线的、曲线的、弯曲的或断离的，以适应基地的地形。线式空间组合实际上就是重复空间的线式序列（图3-12）。这些空间既可以直接逐个连接，也可由一个单独的不同的线式空间来联系。线式空间组合通常由尺寸、形式和功能都相同的空间重复出现而构成；也可将一连串形式、尺寸或功能不相同的空间，由

主要空间客房	主要空间客房	主要空间客房	主要空间客房	主要空间客房	主要空间客房	主要空间客房	主要空间客房	主要空间客房
走廊								
主要空间客房	主要空间客房	主要空间客房	主要空间客房	主要空间客房	主要空间客房	主要空间客房	主要空间客房	主要空间客房

图3-12　线式组合空间平面构图示例

一个线式空间沿轴线组合起来。具有功能上或象征上重要性的空间可以位于线性序列的任何位置，并通过其大小和形式来表达其重要性。例如酒店设计，在平面规划上呈线式结构，平均排列的客房组织大小、形式和功能具有相似性。

（3）放射式组合　放射形式包括多个线式形状，将线式空间从一中心空间辐射状扩展，即构成放射式组合（图3-13）。在放射式空间组合中，集中式和线式组合的要素兼而有之。集中式组合是内向的，趋向于向中心空间聚集；而放射式组合则是外向的，它通过线式组合向周围扩展。正如集中式组合那样，放射式组合的中心空间一般也是规则的形式。以中心空间为核心的线式组合，可在形式、长度方面保持灵活，可以相同，也可以互不相同，以适应功能和整体环境的需要。放射式空间组合和线式空间组合一样，同样受到建筑造型及结构形式的制约。例如办公空间的设计中，呈四周放射式围合组织，形成一个内部流动的动线，在视觉上具有流通性。

（4）组团式组合　位置接近、具有共同的视觉特性或共同的关系组合的空间，可称为组团式空间（图3-14）。组团式组合通过紧密连接来使各个空间之间互相联系，一般由重复出现的格式空间组成。这些格式空间具有类似的功能，并且在形状方面也有共同的视觉特征。当然，组团式组合也可在它的构图空间中采用尺度、形状和功能各不相同的空间，但这些空间要通过紧密连接或通过诸如轴线等视觉上的一些规则手法来建立联系。因为组团式组合的造型并不来源于某个固定的几何概念，所以它灵活多变，可以随时增加或变换而不影响其特点。例如在家庭结构组织中，每个空间的尺度、形状具有差异，分布不同的使用功能，各个功能区之间通过特定的家具、植物与装饰等物体进行联系，使室内空间过渡自然。

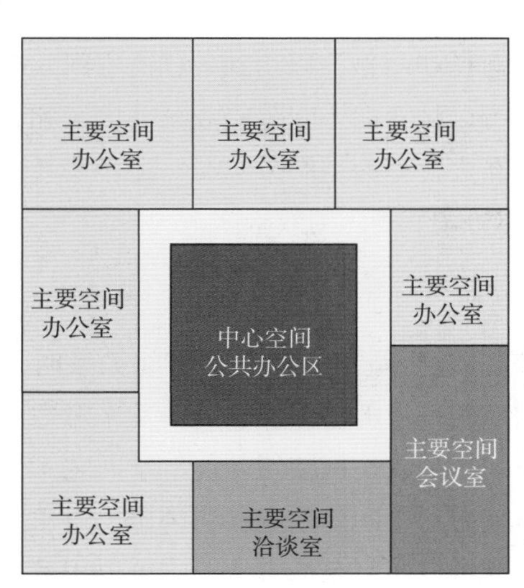

图3-13　放射式组合空间平面构图示例

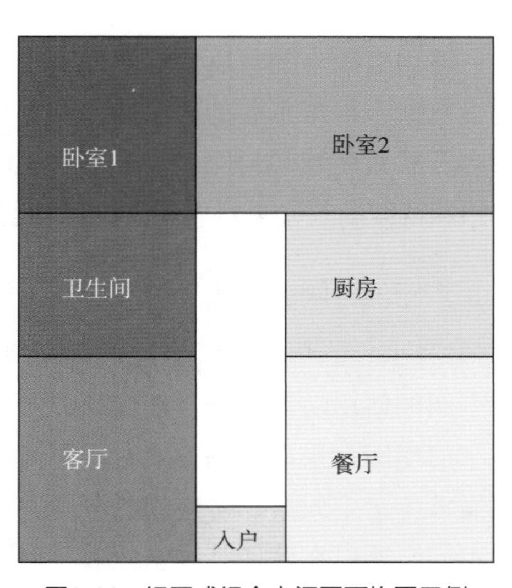

图3-14　组团式组合空间平面构图示例

2. 室内空间组合的作用

（1）提高空间利用率　通过对室内空间的合理组合，可以更好地利用空间，使其发挥出最大的作用。例如，采用开放式厨房设计，可以在有限的空间内实现厨房和餐厅的双重功能，提高空间的使用效率。

（2）增强空间舒适度　室内空间组合可以根据人的生活习惯和行为方式进行设计，从而创造出更加舒适和人性化的室内环境。例如，合理的布局可以减少动线的交叉和重叠，提高居住的舒适度。

（3）创造美的感受　通过合理的空间组合创造出美的视觉效果，增强室内的艺术氛围和审美价值。例如，利用色彩、材质、线条等元素，可以营造出不同的空间氛围和风格。

（4）满足不同功能需求　室内空间组合可以根据不同的使用需求进行设计，如家庭、办公、休闲等。通过对空间的合理组合，可以满足各种不同的功能需求，提高居住或使用体验。

（5）提升空间价值　合理的室内空间组合可以提高空间的价值。例如，通过空间改造和装修，可以将原有的普通住宅变成具有特色的豪华住宅，从而提升空间的市场价值。

总之，室内空间组合是一项综合性很强的设计工作，需要考虑多种因素，包括物理因素、人为因素等。通过合理的空间组合，可以创造出更加舒适、美观、实用的室内环境，提高人们的生活质量和工作效率。

3.3.2　室内空间分隔

室内空间分隔是对室内独立空间或组合空间进行重新分隔组合，以寻求空间形象的进一步丰富和实用，也就是更有效地利用空间。这种分隔不是简单地将空间用天盖、地载或其他界面分割成各自独立的区域，而是对整体空间进行有机规划后的分隔。在实际应用中，室内空间分隔可以根据具体需求进行选择和调整，以达到最佳的空间效果和使用体验。例如，根据不同的使用功能和需求，可以将室内空间分隔成公共区域和私密区域，或者开放式区域和封闭式区域等。同时，在进行室内空间分隔时，还需要考虑空间的流动感和视线的赏心悦目等因素，以达到整体协调和美观的效果。

1. 室内空间分隔的方式

室内空间的分隔其实也是为了更好地对空间进行重组。在处理空间关系时，除了要考虑空间的使用功能之外，还要从周边室内空间环境的整体性和统一性来考虑。由此可见，室内空间在采取分隔方式时，要考虑空间特征、空间使用功能、空间艺术性和人的心理需求等诸多元素。对空间的分隔其实也就是对空间的限定和再限定，由于“限定度”的不同，所以在营造某种空间效果时，才既可以用复杂的方法，也可以用较简练的示意性方法。

（1）建筑结构与装饰构架　利用建筑本身的结构和内部空间的装饰构架进行分隔。此种分隔虽然在视线上没有有形物的阻隔，但在心理上形成一种象征性的区域划分。此种分隔特点是以简练的点、线、面等要素组成通透的虚拟界面（图3-15、图3-16）。

图3-15 建筑结构吊顶分隔空间

图3-16 装饰构架分隔空间

（2）隔断与家具　利用各种隔断和家具进行分隔。隔断以垂直面的分隔为主，家具以水平面的分隔为主，家具中的桌、椅、沙发、茶几、高低柜，都能够用来分隔空间。隔断不具有实际的承重功能，所以造型的自由度很大，设计应注意高矮、长短和虚实等的变化统一。隔断是一种非功能性构件，所以材料的装饰效果可以放在首位。隔断的颜色搭配是整个居室的一部分，颜色应该与居室的基础部分协调一致。因此，隔断的材料需要根据设计的造型和肌理进行选择，从而实现形象塑造和颜色搭配。在隔断布局中一定要注意采光问题。采光在隔断式家具布局中非常关键，解决不好采光问题，隔断设计得再好，分隔出来的空间也是一片昏暗。隔断的分隔特点：具有领域感，容易形成空间的围合中心，并且具有装饰性，空间充实，层次变化丰富（图3-17）。

（3）利用基面或顶面的高差变化分隔　高差变化分隔空间的形式限定性较弱，只靠部分形体的变化来给人以启示、联想而划定空间。空间的形状装饰简单，却可获得较为理想的空间感。常用方法有两种：第一种是将室内地面局部提高（图3-18），在效果上具有发散的弱点，一般不适合于内聚性的活动空间，在居室内较少使用；第二种是将室内地面局部降低，在效果上内聚性较好，但在一般空间内不允许局部过多降低，较少采用。顶面高度的变化方式较多，可以使整个空间的高度增高或降低，也可以在同一空间内通过看台、挑台、悬板等方式将空间划分为上下两个空间层次，既可以扩大实际空间领域，又丰富了室内空间的造型效果（图3-19）。

图3-17 隔断与家具分隔空间

图3-18 室内高差变化分隔空间

图3-19 搭建方式分隔出上下两层

（4）光色与质感　第一种，利用色相的明度、纯度变化，材质的粗糙平滑对比，照明的配光形式区分，达到分隔目的。如果客厅足够大，墙壁的色彩也可以根据不同区域来变化，但要避免给人杂乱无章的感觉。这种设计应在统一的大色调下，做到整体协调，不可对比太过突兀。像墙面、地面、顶棚都可以采用此种方法。第二种，利用不同的地面材料来区分，如在会客厅铺地毯，在餐厅铺木地板，通道处铺防滑砖等，这也是分隔的一种形式，虽然没有用实物分隔的方式，但这种由材料带来的不同质感起到分隔作用的同时会令空间更加协调统一。第三种，利用灯具对空间进行划分，挂吊式灯具或其他灯具的适当排列并布置相应的光照，也会形成区域分隔的作用（图3-20）。

图3-20 灯具分隔空间

2. 室内空间分隔的作用

（1）空间划分 通过对室内空间的分隔，将大空间划分成若干个小空间，从而满足不同的功能需求。例如，将客厅划分为用餐区和工作区，或者将卧室划分为休息区和衣帽间等。

（2）创造层次感 通过空间分隔，可以创造出层次感和立体感，使空间更加有趣和富有变化。例如，在开放式厨房中设置岛台或吧台，就有一个很好的空间隔断，可以增加空间的层次感。

（3）满足个性化需求 每个人都有自己的生活习惯和需求，空间分隔可以更好地满足个性化需求。比如，有的人需要一个安静的书房，有的人则需要一个宽敞的客厅，通过空间分隔可以满足这些不同的需求。

（4）提高空间利用率 通过对空间的合理分隔，可以提高空间利用率，让每一个角落都得到充分的利用。例如，将阳台设置为洗衣区或储物区，可以充分利用空间。

（5）增强私密性 空间分隔可以使不同的区域相互独立，增强空间的私密性。例如，将卧室与公共区域隔离，可以保证卧室的安静和私密性。

（6）组织人流和视线 通过对空间的分隔，可以组织和控制人流的方向和视线。例如，设置玄关或屏风可以引导客人进入客厅的方向，避免直接看到卧室等私密区域。

3.3.3 设计案例

1. 垂直式 Loft 室内空间组织

Loft室内空间组织更像是一种开放的审美趣味，带来新的生活方式，受到单身独居文艺青年的欢迎。Loft的可用面积比公寓大，上下双层的复式结构可以分隔出居住、工作、社交、娱乐等各种功能空间。风格定位：极具个性的Loft并非适合所有风格，室内设计师经常使用的风格有纯粹自然的北欧风、极致简约的极简风、粗犷复古的工业风格等。Loft开阔的空间给人居家随性的感觉。对Loft户型来说，空间是比较紧凑的：第一层是公共区域（图3-21），划分出厨房、客厅、卫生间等，形成一个有序的动线结构；第二层是私人区域（图3-22），多半是卧室，形成一个独立的私密空间，这样合理的多功能性划分，提升了房间的舒适度。

上下层的复式结构，巧妙的楼梯设计也能增加空间利用率。在楼梯的下面做储物空间设计，这样不仅显得空间宽敞还拥有收纳功能（图3-23）。

图3-21　Loft一层效果图

图3-22　Loft二层效果图

图3-23　Loft楼梯设计

2. 放射式办公空间组织

放射式办公空间组织是一种空间布局方式，其特点是有一个核心开放空间作为主导，向外辐射扩展多个线式空间。这种布局方式具有很强的动感，同时兼具集中式空间的向心性和独立性，以及线性空间的私密性。在放射式办公空间中，各个部门或团队围绕核心开放空间布置，便于沟通和协作。同时，核心开放空间可以作为公共活动或会议的场所，也可以设置一些共享设施，如咖啡厅、休息区等，以增加员工之间的交流和互动。

如图3-24中的办公空间设计，以公共办公区为中心，周围分布总经理室、办公室、档案室、办公区、入口区、卫生间等空间，形成一圈的环绕动线，具有流通性。因此，办公空间设计理念以人性化、功能化、舒适化为出发点，创造一个高效、舒适、环保、便捷的现代办公环境。通过合理规划布局，满足企业办公需求，提升员工工作效率和企业形象（图3-24）。

★补充要点★

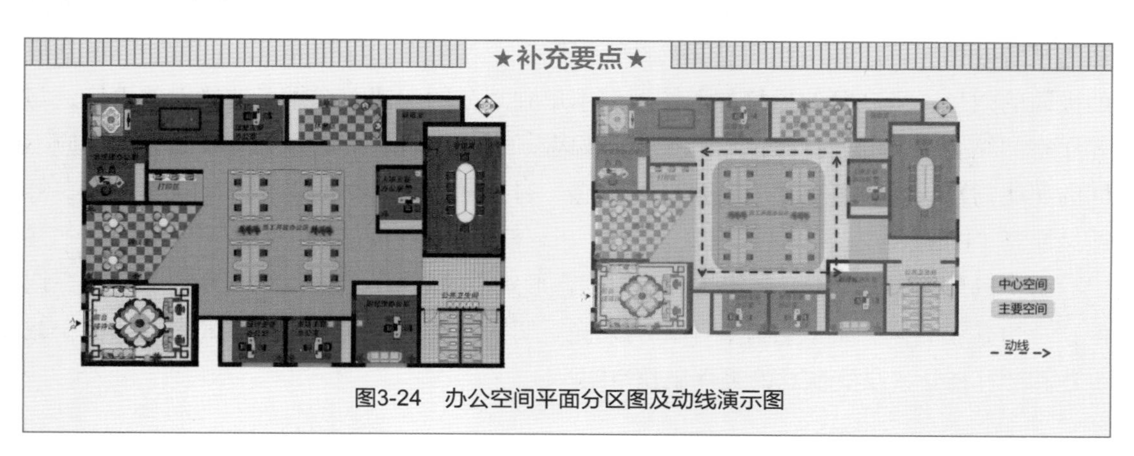

图3-24　办公空间平面分区图及动线演示图

办公空间布局遵循开放式办公理念，采用共享空间的设计，以提高空间的利用率和灵活性。根据企业职能需求，划分为不同功能区域，包括办公区、会议室、休息区等，以满足员工日常办公、会议、休息等需求。同时，采用开放式办公桌和灵活的办公隔断，营造出宽敞通透、高效协作的办公环境（图3-25）。

图3-25　办公空间效果图

总体来说，放射式办公空间组织能够提供一种开放、动态、互动和高效的工作环境，有助于提高员工的工作效率和合作能力。这种设计理念也符合现代企业对于创造力和团队协作的追求。

3. 家庭线式空间组织

家庭线式空间组织是指根据家庭成员的生活习惯和需求，将家居空间按照流线组织起来，使得家庭成员能够在空间中便捷地移动，提高生活效率。图3-26表达的家居空间平面规划就是根据家庭成员的不同需求，将空间划分为不同的功能区域，有客厅、活动空间、储物间、入户玄关、餐厅、厨房、卫生间、衣帽间、卧室等主要功能分区。其中，从入户玄关的位置开始，将整体空间分为三个线式空间序列，第一线式空间有厨房、卫生间、卧室三个功能区，第二线式空间有入户玄关、储物间、餐厅、衣帽间、卫生间五个功能区，第三线式空间有活动空间、客厅、两个卧室四个功能区，整个空间形成线式序列布局，最大限度使住户在家中能够便捷地移动，减少不必要的重复和交叉，并提高空间利用率（图3-27）。

将空间联动的设计融入其中，阳台不再是一个单独划分的区域，显示出更开阔更舒适的视野效果。客厅整洁而明亮，简约而又随意，尽可能地保持布局中的“空”所形成的极简的效果，呈现简约风格的美。把原本单独划分的空间布局做了功能上的更换，与客厅空间结合在一起，让整体空间明亮且温馨。餐厅中可调节的灯具可以很好地适应不同的照明需求，木质餐桌椅自然清新的质感，衬托出令人向往的质朴乡间自然情调，舒适又惬意（图3-28）。

厨房以岛台作为界限，将中厨和西厨进行形式上的隔离。如图3-29所示，一边是烹调区，一边是备餐区，动线合理，不影响采光。厨房与整体空间保持统一的布置风格，减少违和感，能让人享受惬意的美食制作空间。

★补充要点★

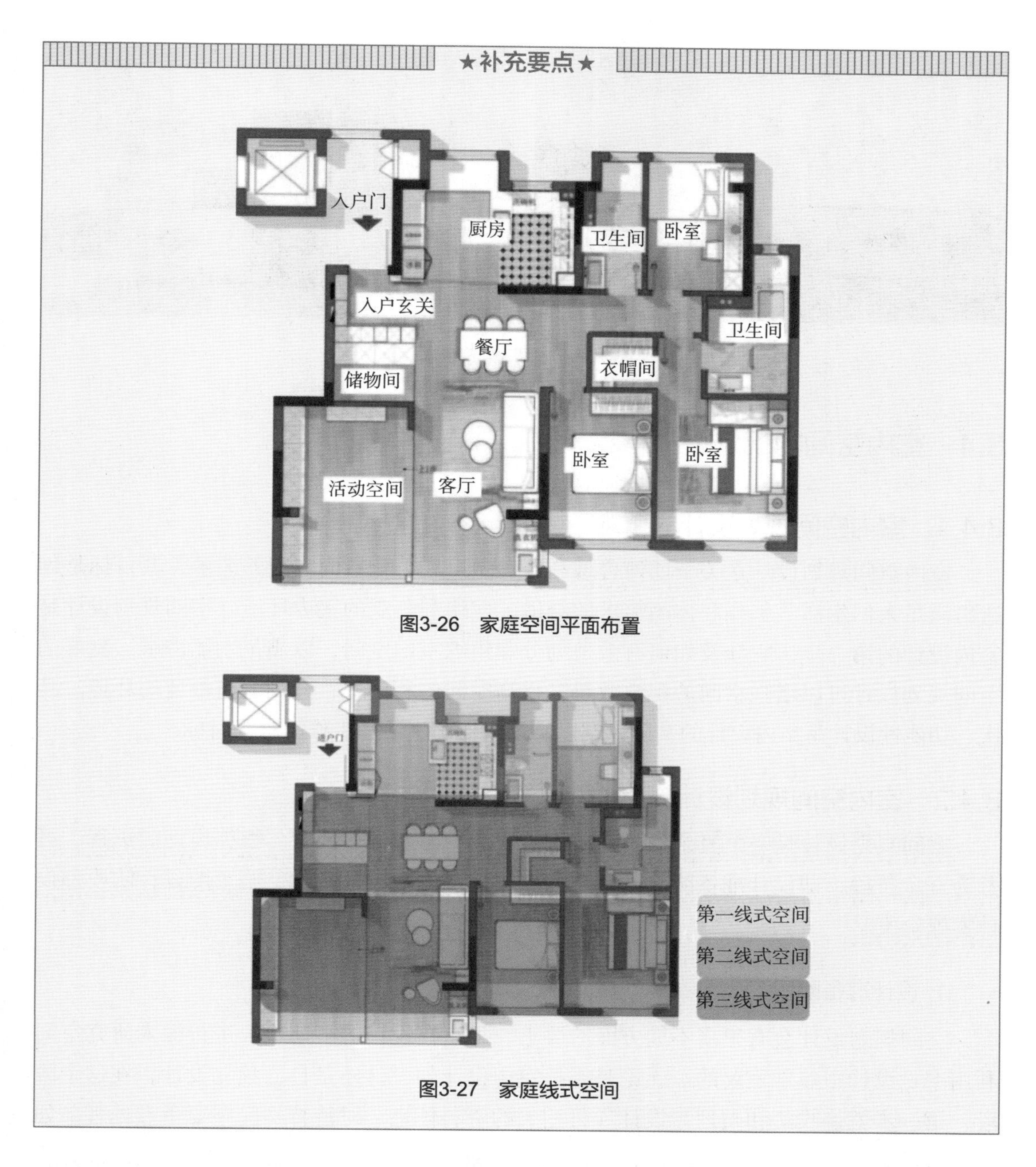

图3-26　家庭空间平面布置

图3-27　家庭线式空间

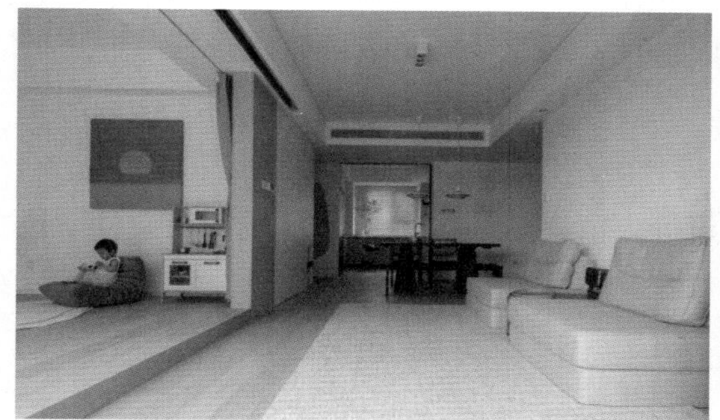

图3-28　客餐厅空间效果图

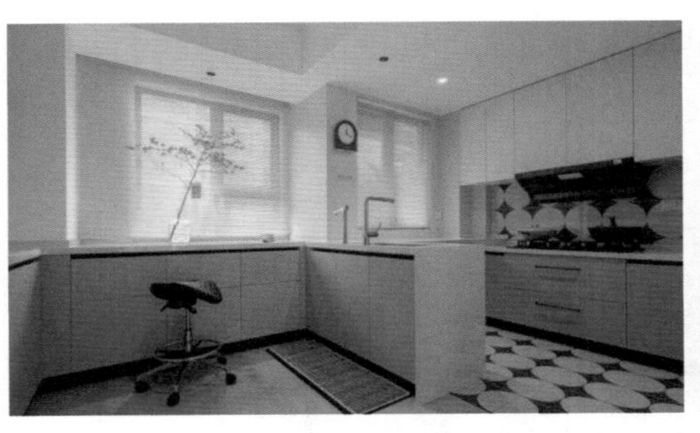

图3-29 厨房空间效果图

3.4 室内空间的规划设计

3.4.1 室内空间规划设计的概念

室内空间规划设计是关于如何合理利用、塑造和美化室内空间的艺术。其目标是创造出满足人们生活、工作和休闲需求的舒适、实用和美观的室内环境。空间规划设计是室内设计的第一步，它涉及如何有效地划分和组织室内空间，以满足功能需求。良好的空间规划设计可以增强空间的视觉效果，提高空间的利用率，并创造出舒适的环境。其次，功能性设计是室内设计的基础，它以满足人们的生活和工作需求为目标。

3.4.2 室内空间规划设计流程

空间规划设计是一个复杂的过程，它需要我们考虑许多因素。根据设计的进程，可分为五个阶段，即设计准备阶段、设计分析阶段、方案设计阶段、施工图设计阶段和设计实施阶段。

1. 设计准备阶段

空间规划设计会有很多不同方面的要求，那么在设计的早期阶段进行深入研究空间利用率是设计中非常重要的。无论是委托室内设计师设计还是自己独立设计，在这个阶段，第一步就是收集和整理与设计项目相关的资料信息，对待特殊问题要重点处理，如无障碍设计、照度水平、光线的稳定性、温度和湿度的控制等，查阅所有相关的设计规范以及设计案例，掌握具有启发和参考作用的信息。第二步就是设计师要维持与业主的沟通和交流，了解业主的家庭结构、职业、兴趣以及经济状况，这些信息对于明确居室设计方案、设计标准至关重要，勘查现场这一环节必不可少，在现场能明确所设计空间的基本情况与细节，如立管位置、插座、风道等，清晰地了解现场情况后，在设计阶段就能有的放矢，得心应手。

2. 设计分析阶段

对收集的信息进行整理并分析，以此作为展开室内设计工作的基础。

（1）基础分析　既有的建筑空间包含着许多重要的信息，如主要朝向、景观方向、风向、内外噪声源、内部水平垂直交通情况等，它们都影响着室内设计的思路和具体处理。通过对建筑图纸的分析，室内设计师可以了解建筑的结构形式、限制程度、原有功能布局与交通流线的设置是否合理、水平与垂直交通体系的设置特点、空间的基本特征等。这些因素要分清主次，以便在设计中有针对性、有重点地考虑。

（2）面积分配　通过对每个空间的活动性质、使用人数、所需家具和设备的分析，可以估算出每个空间需要的面积。在对各部分空间面积分配时要仔细比较所有的可用面积，例如流通区、储藏区的大小等，及时调整各部分的比例关系。

（3）邻接关系　邻接的概念在室内设计中用来形容各个空间联系的密切程度、从近到远的关系。邻接等级由近及远包括相连、接近、中距、远距、无关系。设计人员通常根据设计经验、人们的行为习惯、相关资料，以及对未来使用人的调查确定邻接关系。

（4）竖向分析　大型室内设计项目有时会包含许多楼层，由于同时存在着水平与垂直交通问题，空间关系比较复杂。因此，首先需要确定每个楼层的主要功能，然后才能着手每个楼层内的设计工作。设计时先在垂直方向上确定固定设备设施在每个楼层的位置和占用的面积，再列出同一楼层内每个功能单元所需要设备设施的面积。特殊楼层，如底层、顶层、可用的屋顶毗邻空间等，应注意其空间特点，充分加以利用。此外，一些空间的特殊功能需要设置在特殊的楼层位置。通过空间相应邻接关系的研究，归纳出同一楼层的需要和邻接楼层的需要，竖向分析图完成后，每层楼的设计工作便可独立完成。

3. 方案设计阶段

★小贴士★

通过对设计准备工作、设计分析工作的充分收集，下一步开始对室内空间进行方案设计，在设计时需要时刻注意一些问题，如该空间是否具有特定的功能或需要特定的空间形式；这些空间在光线、通风、视野、可达性方面是否有不同的要求；任何空间都必须具有特定的安全性或隐私性；空间应该如何连接，哪些房间需要相邻，哪些房间需要分开，这些影响后续业主的使用问题。

（1）平面设计　平面设计是结合前期的设计分析以计算机软件呈现。在对厨房、浴室、卫生间等空间的设计要注重管道处的设计，该类空间管道设施较多，对空间的尺寸准确度要求较高，在整个建筑内的位置与尺寸的可变性是最小的。初步平面设计的第一步可以从这类空间开始。第二步是开始设计尺度较大的主体空间，主体空间对于整个室内空间的主题表达和功能协调至关重要。由于现有结构形式、尺寸的限制，主体空间可能只适合布置在现有建筑中的某几个位置，因此要及早考虑空间的尺寸、形式和出入口的位置。随后需要检查交通流线是否顺畅，尽可能压缩走廊以及其他交通空间的面积，避免交通空间过大。接下来要着手处理基本房间的分配问题。在整个平面设计过程中要牢记前期分析中的各种要求，合理安排动静区域，有些空间需要优先考虑自然光和自然通风，有些空间需要私密性，注意开门方向，避免与通道发生冲突。

（2）顶棚布置　顶棚布置是我们常说的吊顶装修施工，其目的就是让顶棚变得不那么僵硬和压抑，与室内格局相辉映，使整个居住空间增添一种温馨感。在设计时要遵循平面中的空间动线走向，划定功能区的分割等这些关系。除了平面中的墙体之外。影响顶棚很重要的一个因素还有“家具”，顶棚造型受到家具的影响，例如大尺寸到顶的柜体类家具是影响顶棚造型的重要因素。最常用的顶棚布置方式有无主灯大平顶棚吊顶、“双眼皮”顶棚吊顶、悬浮顶棚吊顶、回形顶棚吊顶。

无主灯的大平顶棚吊顶是指没有安装主灯，顶棚没有高低跌级的吊顶。平整的顶棚令视野开阔，让人感到非常舒适大气（图3-30、图3-31）。

★补充要点★

图3-30　大平顶棚吊顶结构示意图　　图3-31　大平顶棚吊顶效果图

“双眼皮”顶棚吊顶也称为“叠级”分层吊顶、分层顶棚，是指在墙边或单边出现的装饰吊顶，为了不单调，在阳角进行小角度分级装饰。这种吊顶空间没有压迫感，又可将各管道进行遮挡装饰，形成简单而不单调的装饰空间（图3-32、图3-33）。

★补充要点★

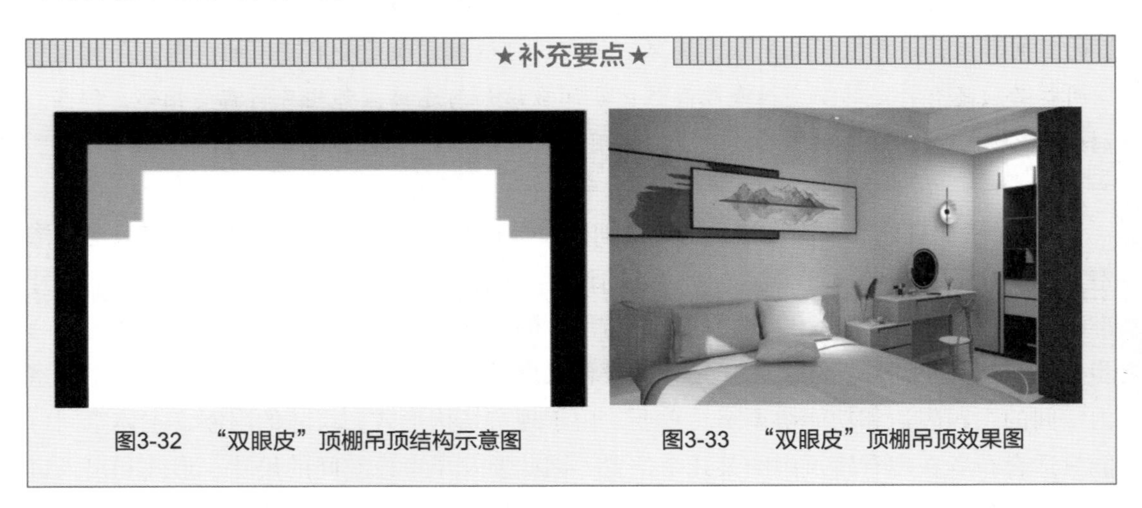

图3-32　“双眼皮”顶棚吊顶结构示意图　　图3-33　“双眼皮”顶棚吊顶效果图

悬浮顶棚吊顶是指在中间平顶，周围向内凹陷，在凹陷处做藏灯，达到悬浮的效果。在凹陷处暗藏线性灯，有视觉上提升层高的效果（图3-34、图3-35）。

★补充要点★

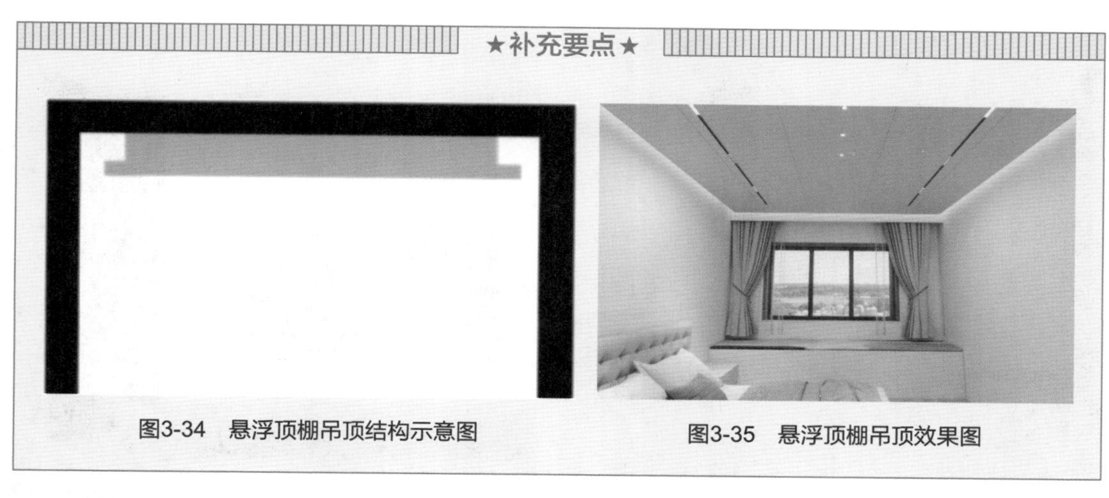

图3-34 悬浮顶棚吊顶结构示意图

图3-35 悬浮顶棚吊顶效果图

回形顶棚吊顶是指四边低中间高，四周可用作藏管线，安装筒灯、射灯，回形顶棚吊顶是最为经典、使用最多的吊顶之一。四周线性灯向上出光，回形光效大气高级（图3-36、图3-37）。

★补充要点★

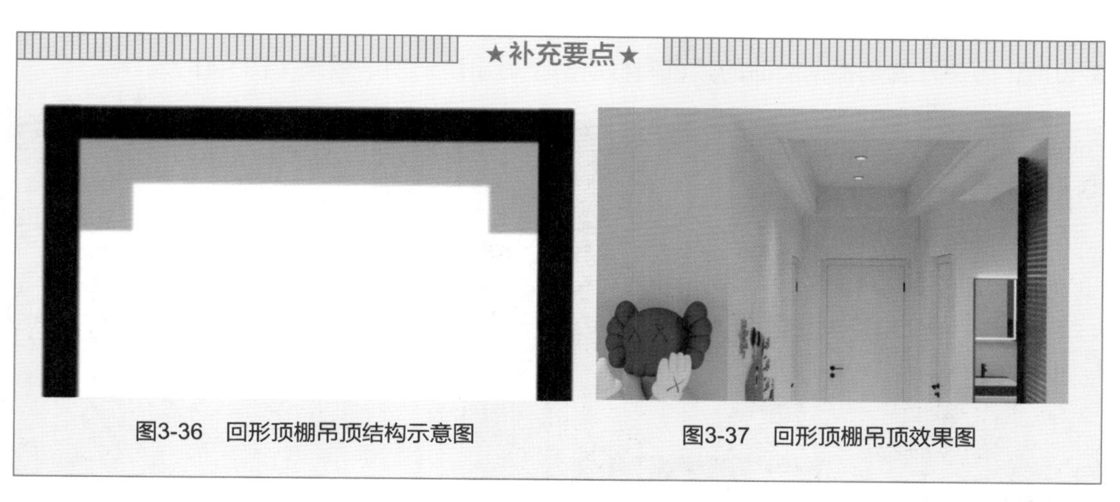

图3-36 回形顶棚吊顶结构示意图

图3-37 回形顶棚吊顶效果图

室内顶棚的功能大体上分为三点：一是隐藏顶面的复杂管线和突出的梁，使顶面看起来形成一个整体；二是限定空间，起到强化设计关系，划定功能分区的作用；三是艺术装饰，起到点缀空间、装饰空间的作用。

（3）立面设计 立面设计做的是墙面、某个节点的竖向布置规划，一般是综合性的，某面墙如果有门框门扇、窗框窗扇、家具、灯具、窗帘、挂画等都会一次性画上，所有物品都有前后关系表达。立面作为空间中占比最大的一部分，一个不好看的墙面会毁掉整个空间的审美效果。很多人的首选择是大白墙，这样显得比较简约，但有时候也会显得比较空。为了缓解这种空荡感，还有其他一些方法来进行立面设计，如壁龛、隔断、柜体、楼梯、门的处理，能够很好地融合室内立面空间。在墙面做柜体或者直接使用柜子代替部分墙的做法非常常见，造型材质颜色搭配得当，满墙柜体既实用又好看。当然，如果将柜体和其他设计形式相结合，例如壁炉、壁龛等，会让立面更加丰富，但同时要注意颜色的搭配要和谐（图3-38、图3-39）。

图3-38　墙面壁龛装饰

图3-39　墙面柜体设计

门的设计对立面的影响非常大。想让门在空间中不突兀，不影响空间审美效果，门的样式和颜色都很重要。门的选择一般有两种方向：一种是根据空间风格进行选择（图3-40）；另一种就是根据墙面的颜色和材质造型做出隐形门的效果（图3-41）。

图3-40　门的装饰

图3-41　隐形门

（4）家具布置　家具布置对家居生活有着最直接的影响，家居空间中家具的摆放要注意线条流畅、环境和谐、风格统一、色彩调和、布局合理、摆放均衡等方面。家具布置的流动美是通过家具的排列组合、线条连接来体现的。直线线条流动较慢，给人以庄严感。性格沉静的人，可以将家具排列得尽量整齐一致，形成直线的变化，使人感觉居室典雅、沉稳。曲线线条流动较快，给人以活跃感。性格活泼的人，可以将家具搭配的变化多一些，形成明显的起伏变化，使人感到居室内活泼、热烈。家具的线条还要与居室的线条相适应，如果居室较窄，可以将家具由高到低排列，营造出视觉上的变化，从而房间就会显得宽敞了（图3-42）。

图3-42 不同风格家具的摆放

家具的大小和数量应与居室空间协调。居室面积大的，可以选择较大的家具，数量也可以适当增加一些；家具太少，容易造成室内空荡荡的感觉，且增加人的寂寞感。居室面积小的，应选择一些精致、轻巧的家具；家具太大太多，会使人产生一种窒息感和压迫感。家具的面积占室内空间总面积的45%左右为宜。注意数量应根据居室面积而定，切记盲目追求家具的件数和套数。摆放家具要考虑室内人流路线，使人的出入活动快捷方便，不能曲折迂回，更不能造成使用家具的不方便。摆放时还要考虑采光、通风等因素，不要影响光线的照入和空气流通。要尽可能做到家具的高低相接、大小相配，还要在平淡的角落和地方配置装饰用的花卉、盆景、字画和装饰物，这样既可以弥补布置上的缺陷和平淡，又可以增加居室的温馨和审美情趣。

在方案设计阶段主要是围绕平面设计、顶棚布置、立面设计以及家具布置的整体把控，为业主讲解初步设计成果，再根据客户的想法实时调整设计方案，待方案敲定后再进行下一步。

4. 施工图设计阶段

施工图设计是继方案设计或扩大初步设计图后由设计到施工的一个过渡程序，也是将设计方案付诸实施的重要步骤。它是在方案设计或扩大初步设计图的基础上进行深入设计，以完成工程施工所需要的全部设计文件。施工图设计阶段主要包括以下两个方面：

（1）完善方案设计　施工图设计阶段首先要对方案设计进行补充和完善，使平面布局更加合理、功能更加明确、造型更加美观、工艺正确且施工便利。除此之外，还应与建筑、结构、设备和电气等专业充分协调，共同解决各种矛盾，完善设计方案。

（2）完成施工图文件　施工图设计阶段需要提供的设计文件包括施工说明、施工设计图和主要材料表。对于规模小或者设计简单的工程，对施工图的编制也可做相应的简化和调整。施工图应达到可据此编制施工图预算和施工招标文件的要求，并能在工程验收时作为竣工图的基础性文件。

5. 设计实施阶段

设计实施阶段也是工程的施工阶段。室内工程在施工前，设计人员应向施工单位进行设计意图说明及图纸的技术交底；工程施工期间需按图纸要求核对施工实况，有时还需根据现场实况提出对图纸的局部修改或补充；施工结束时，会同质检部门和建设单位进行工程验收。

为了使设计取得预期效果，室内设计人员必须抓好设计各阶段的环节，充分重视设计、施工、材料、设备等各个方面，并熟悉、重视与原建筑物的建筑设计、设施设计的衔接，同时还需协调好与建设单位和施工单位之间的相互关系，在设计意图和构思方面取得沟通与共识，以期取得理想的设计工程成果。

3.4.3 室内空间规划设计要点

1. 功能需求分析

在室内空间规划设计中，首先要明确空间的主要功能需求。例如，家庭居住空间、办公室空间、商业空间等，都有各自独特的功能需求。明确功能需求有助于确定空间布局家具配置以及设备安装等后续设计工作。

2. 空间布局规划

根据功能需求，进行合理的空间布局规划。要充分考虑空间的开放性与私密性，以及人流的动线设计。在保证空间美观的同时，应注重空间的功能性及实用性。在公共空间需特别考虑消防安全、疏散通道等问题。

3. 色彩与材料选择

色彩与材料的选择对室内空间的氛围和质感影响巨大。应根据空间的功能和风格，选择合适的色彩搭配。同时，材料的质感、耐用性、环保性等也需要充分考虑。例如，在选择地面材料时，应考虑到防滑、耐磨、易于清洁等因素。

4. 照明设计

灯光是室内装饰的重要组成部分，它能够影响室内氛围。照明设计是室内空间规划设计中的重要环节，应根据居室实际需求合理进行照明设计。合理的照明设计不仅能提供足够的亮度，还能营造出舒适的空间氛围。设计时需充分考虑自然光与人工光的结合，以及各区域所需的光照强度和色温。

5. 家具与陈设

家具与陈设是室内空间的重要组成部分。在选择家具时，应根据空间大小、功能需求和风格进行挑选。同时，还需考虑家具的耐用性、环保性和人体工程学因素。陈设品的选择则需根据空间的整体风格和主题进行搭配。

6. 节能与环保

随着人们环保意识的增强，节能与环保在室内设计中越来越受到重视。应优先选择节能型材料和设备，如LED照明、节能空调等。此外，合理的通风和采光设计也能有效降低能源消耗。

7. 安全防护措施

在室内空间规划设计中，安全防护措施同样重要，应考虑防滑、防火、防盗等方面的因素，并采取相应的措施。例如，在卫生间等易滑区域，应选择防滑地砖；在易见火源区域，应配置灭火器；同时，根据需要安装监控摄像头以提高防盗能力。

8. 人体工程学的应用

人体工程学在室内设计中具有重要意义，它关注的是人与环境的相互作用。在规划设计时，应充分考虑人的活动范围、身高、体重等生理因素以及人的心理需求。例如，办公桌的高度应适合大多数人的身高；走道宽度应满足多人同时通行的需求。通过合理运用人体工程学原理，可以提高室内环境的舒适度和使用效率。

9. 应用绿色环保装饰材料

传统室内空间装修过程中使用的装修材料往往会释放有害气体，完工后需要进行1~2个月的通风才能安全入住。即便如此，居室中仍然残存有害气体，对人体健康造成严重影响。探析发现，传统室内装修中使用的涂料含有一些有害气体，如甲醇和苯，这类废气在短时间内无法挥发，在改造完毕后很长一段时间内房屋仍然无法达到入住条件。所以，应该采用健康的装饰材料，以降低有害化学物质的含量。在选择绿色环保建材时，应当特别注意以下两点：一是天然无毒害性，如木材、砂石和天然石材等装饰材料本身几乎没有任何有害物质，而且经过加工后也不会对环境造成污染，因而可以有效降低对室内空间的不良影响；二是低毒、低排放型装修材料，如玻璃纤维板、涂料以及多层复合板等，此类材料符合国家相关标准，其有毒物质含量均在安全范围内，对人身体健康没有不良影响。

在室内装修设计中，应该尽可能选择天然、环保的建筑材料，以减少对环境的污染，并尽量减少采用苯融性的装饰建筑材料，以免出现危害类化学物质超标的状况。近年来，由于建材行业的快速发展，一些新型材料也被应用于施工场地。因此，在选择装修材料时，应当遵循绿色环保原则，确保室内装修的安全性和可持续性，从而获得优秀的室内装修效果。

10. 加强施工过程管理

装饰工程是一个复杂的系统工程，需要谨慎把握工程设计、实施、管理工作，以保证工程质量。在材料采购方面，应该严格把关，依据要求、材料价格、材料质量等因素，选择优质的供应商，以保障工程的顺利进行，避免出现问题。在建筑材料入库前，严格检查其质量，保证其符合国家有关技术标准的规定；一旦材料进场，应当实施限额领料制度，以保证物料的总量与工程需求保持一致，避免产生浪费，有效控制施工成本。另外，采用先进的、可靠的施工工艺，以减少施工人员的技术负担，同时有效地保证施工质量。如果采用新的工艺，应该提前进行工艺试验，并组织专业人员引导施工人员依照规定进行作业。在施工现场管理层面，应注重实施动态控制和即时评估，根据方案为各个项目的负责人分配合理的工作职责和时间，以保证项目的顺利进行。在房屋吊顶施工现场，设计人员需要对房间净高和设备标高做出精确测量，并结合实际情况，精确安排龙骨和吊杆的位置，以保证施工中的安全和稳定性。只有严格按照方案执行操作，才能保证吊顶装饰的质量和安全性。

3.4.4 室内空间规划设计对人的影响

室内空间的规划设计主要为人所使用，它的所有部分都与人类的活动有关。室内空间是一个有机的系统，人、人造物、环境是构成这个系统的三个要素，在这个系统中，三个要素是相互作用、相互依存的，是一个由若干组成部分结合成的具有特定功能的有机整体，而其中人是贯穿其他二者之间的主体，也是室内空间设计的目标对象，因而是系统中最重要的部分，其构成特点、生理、状态和行为方式构成了设计中的一种限制，设计师只有对使用者有清楚的了解，才能设计出合理的室内空间。一个室内空间设计的成败、水平的高低以及吸引人的程度，主要就看它在多大程度上满足了人在室内环境活动的需要，是否符合人的室内行为需求。“以人为本”“人性化设计”等时尚语言，不是商人手中点石成金的商业噱头，而是设计师的本分，是室内空间规划设计中应遵循的准则之一，是可以细化的设计方法。针对具体的设计类别，应该建立更深入的评价标准和更切实可行的设计要求，真正实现以人为本的设计。

3.4.5 设计案例

1. 室内照明设计

在建筑中，光的基本作用在于使人看清。无论是自然还是人工的方式，房间都必须有适当的照明，使居住者能够安全地居住，并进行日常生活。如果选择了正确的系统，光线也能够提高建筑整体的能源效率和可持续性。然而，除了显而易见的功能及环境方面的价值外，照明设计还可以强调纹理、强化色彩和定义体积，从而极大地影响室内空间的视觉舒适度及审美基调。因此，在室内设计的众多因素中，毫无疑问照明会对空间产生强化或破坏的作用，甚至影响到用户的舒适度，因而它本身就应被视为一个关键的设计元素。照明系统多种多样（直接、间接、散射、效果和重点照明），并不断随着新的设计趋势和技术发展而演变，有无尽的设计可能性供人选择。考虑到这些因素，为一个现代空间挑选正确的照明方式，同时强化其建筑并发挥创造力，可能很具有挑战性。

（1）雕塑式的照明　雕塑式的照明产品已经成为当代室内设计的一个趋势。它们常常以线性元素的形式附着或悬挂在顶棚上，并往往提供直接的聚焦光线。也就是说，发光体的位置与空间的一些使用情况相呼应，并且光线直接碰撞表面，在被墙壁和顶棚吸收之后散布到整个房间。这些抓人眼球的雕塑式产品有无限的形状可供探索，从而创造优雅和戏剧性的效果，为房间增添强烈的个性和审美价值。因此，它们是工作场所、大堂、餐厅和休闲空间这样的宽敞环境中的理想选择，在发挥功效的同时，又能够吸引人们的注意力（图3-43）。

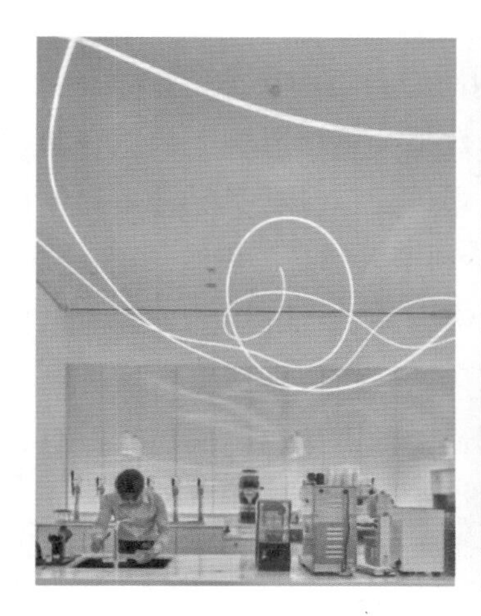

图3-43　雕塑式照明设计

（2）引人注目的吊灯　吊灯悬挂在顶棚上，高度可以调整，是控制光源位置最实用的方法，因此也是最受欢迎的直接照明系统之一。规律分布的吊灯可以使整个空间达到均匀的照明，而较少的局部灯具则可以强调某些元素，光线依然可以达到墙壁和顶棚。但是，如何确定多少吊灯才能满足空间的照明需求呢？总结起来有三个关键点：计算空间的平方面积，按房间类型计算需要的英尺烛光，以及所需的流明。

在确定这一点以后，吊灯系统提供多种风格、尺寸、电线和形状，具有高度的设计灵活性。因此，这些都可以根据项目的风格需求而或简单或复杂：从最繁复的机械雕塑来吸引眼球，到用一根线连接一个灯泡以达到极简的工业外观（图3-44）。

图3-44　吊灯设计

2. 室内空间色彩设计

色彩搭配是室内空间色彩设计的核心。在进行色彩搭配时，要注重色彩的和谐与平衡。通过巧妙的色彩组合，可以营造出舒适、温馨或活力四射的室内氛围。冷暖色调的搭配、对比色的运用、近似色的和谐过渡，都是色彩搭配中的重要技巧。主题色彩是室内设计的灵魂，它能够凸显出设计的主题和风格。例如，如果主题是自然、清新，那么可以选择绿色、蓝色等冷色调；如果主题是温馨、浪漫，那么可以选择红色、粉色等暖色调。主题色彩的使用有助于强化设计效果，提升室内空间的整体感。

（1）软装色彩搭配　家居空间中软装设计的颜色对人的情绪和心理状态具有极大的影响。对于需要长期生活的家居软装设计而言，色彩搭配的效果会直接影响人的感官和情绪，进而产生不同的心理影响。因此，软装设计中的“色彩搭配”具有举足轻重的作用，如果颜色搭配不当，不仅空间视觉效果会大打折扣，更不利于人的身心健康。

整体布局的色彩和局部布局的色彩也有着不同的功效。诸如纯白色的居室虽然清爽干净，但是看久了未免单调。要使整个居室更加热闹而不乏单调，可以在居室内增加一些地毯等温暖感的饰品，把软装饰中的沙发套更换成黑白色，搭配上黄色、橘色波浪纹的彩条窗帘和条纹图案的靠垫加以点缀，使房间明亮起来（图3-45）。

图3-45　软装色彩搭配

（2）陈设品点缀　陈设品色彩的多样变化能够影响人们的情感和空间的整体氛围。红色象征着热情、活力和爱情，常用于表达强烈的情感和氛围，可以用于点缀，增加空间的生动感，但过多使用可能会让人感到压抑。绿色象征着自然、生命和健康，在室内装饰中，可以用于营造轻松、自然的氛围。蓝色象征着平静、稳重和信任，可以用于创造冷静、舒适的氛围。白色象征着纯洁、和平和清新，可以用于营造简洁、明亮的氛围。不同的色彩体系能够营造出不同的氛围，因此，在陈设品的选择上，人们可以根据空间的整体风格和个人的喜好来选择色彩。如图3-46所示，在室内空间中，将挂画、摆件、绿植等融入，并注重色彩的搭配，能起到丰富空间的作用，凸显特定的空间氛围。

图3-46　陈设品点缀

（3）整体色彩　在进行室内空间整体色彩设计时，首先需要明确空间的功能定位。不同的空间功能对色彩的要求也有所不同。例如，卧室作为个人私密场所，通常根据个人喜好设计，或采用清新、自然的色彩搭配，又或采用温馨、舒适的色彩搭配（图3-47）；而厨房则更注重清洁、明亮的色彩，以体现其功能性（图3-48）。在确定了空间功能后，需要遵循一定的色彩搭配原则来进行设计。

图3-47　卧室整体色彩设计

图3-48　厨房整体色彩设计

综上所述，室内空间色彩设计是一个综合性、多角度的过程。从空间功能定位到色彩搭配原则，再到色彩心理学应用和材质协调等，每个环节都需要细致考虑和精心设计。只有这样，才能创造出既美观又实用的室内空间环境，满足人们的生活需求和提高其生活质量。

第4章
家具功能与尺寸

4.1 功能和人的因素

家具功能与人的因素密切相关，设计应考虑人体工程学、心理学和社会文化等因素。家具布局应考虑空间利用和人流线，促进互动和交流。同时，家具的形式、材质和色彩也会影响人的情绪和行为。因此，家具设计需要综合考虑人的身心需求，创造出功能性与美感并重的作品。

4.1.1 人体基本知识

家具设计人体工程学是研究家具与人体的关系，要了解人体结构及构成人体活动的主要组织系统。人体运动系统的主要结构是骨骼、肌肉和关节，它们的共同作用使人体能够将化学能转化为动能，承受物理力，并以同时具有动态、稳定、灵活和适应性的方式完成体力劳动。人类的身体会不断适应所承受的负荷和运动，通过变得更强壮、更稳定来更好地完成这些活动。但不合理的活动也有可能给身体造成负荷，从而磨损或破坏构成运动系统的结构。为了避免这种情况，并确保设计的工作系统能够让人体发挥出最强的性能，需要了解这些结构的形状、运动方式、对负荷的反应和再生方式。

1. 肌肉系统

人体有许多不同类型的肌肉，有不受我们控制的心肌和平滑肌，也有如在运动系统中起最大作用的骨骼肌。骨骼肌能将化学能转化为收缩力，从而使人体产生活动能力、稳定身体姿势、产生热量并帮助脱氧血液返回心脏。大多数骨骼肌都附着在骨骼上，专门用于移动骨骼。有些骨骼肌具有特殊功能，例如，姿势肌能在我们清醒时保持身体和头部的直立姿势，无须我们主动控制。虽然在极度疲劳的状态下，我们会失去对姿势肌的控制，这也是为什么人会出现“打盹”这种状态。

人体肌肉的数量多达数百个，占人体重量的40%~50%。许多肌肉的功能是成对的，称为拮抗肌，这意味着它们的收缩会导致相互抵消的运动。因此，当一个拮抗肌最大限度收缩时，另一个拮抗肌就会处于放松状态，比如膝盖或手臂的弯曲和伸直。对于高精度运动，身体会控制拮抗肌之间复杂而敏感的收缩和放松平衡。为了保持平衡，身体通常需要在拮抗肌之间发展同等的力量，例如，一些背部问题的症状实际上可能与胃部或核心肌肉薄弱有关，而不仅仅是背部肌肉。因此在家具设计中，要研究家具与人体肌肉运动的关系。

2. 骨骼系统

骨骼是家具设计测定人体比例、人体尺度的基本依据。成人人体骨骼大约由206块骨头组成，分别构成适合不同用途和负载情况的组合。人体骨骼的设计方式，包括直立的脊柱和具有不同宽度和大小骨骼的四肢，是人类生存和发展在结构强度、移动性和灵活性方面的进化要求的结果。例如，宽大的下肢骨保证了纵向的强度和稳定性，这极大地增强了人类站立、行走和奔跑的能力。相反，上肢由更小、更复杂的骨骼组成，具有最大的活动性和高预判性，但相对而言强度较低。这是因为人类的生存在很大程度上依赖于我们快速移动和承受大量站立和行走的能力，同时也依赖于我们将双手用作高精度传感器和工具的能力。

关节是连接骨骼与其他骨、软骨或牙齿的接触面的结构。有些关节只是负责连接两块骨头，并不能引导运动，而有些关节则是专门设计来配合运动的，或者至少存在一定的灵活性。由于关节非常复杂，而且有许多复杂而脆弱的结构穿过关节，因此关节对极端位置的物理负荷所造成的伤害尤为敏感。为了确保家具能够有效地配合人体的活动和姿势，在设计时必须考虑到人体各种姿态下的骨骼和关节的运动，以及人体与家具的互动关系。

3. 神经系统

人体神经系统通过神经元和神经传递物质传递和处理信息，并控制身体的各种活动和功能。神经系统分为中枢神经系统和周围神经系统。中枢神经系统由大脑和脊髓组成，负责处理和整合来自身体各部位的信息，并发出相应的指令。周围神经系统包括神经节、神经纤维和神经末梢，负责传递信息到和中枢神经系统。信息的传递主要通过神经元之间的电化学信号传导来实现。当感觉器官受到外界刺激时，会产生电信号，通过神经元传递到中枢神经系统。中枢神经系统对这些信息进行处理和解释，然后发出相应的指令，通过神经元传递到目标组织或器官，引发相应的生理反应或运动。神经系统还通过反射机制来调节一些简单的生理反应，例如皮肤的触觉反射或膝腱反射。这些反射是自发的，无须大脑参与，从而实现了对外界刺激的迅速响应。

4. 感觉系统

人类总是生活在具体的环境中的，良好的生活环境可以促进人的身心健康，提高工作效率，改善生活质量。而好的环境需要人体感觉系统负责感知外界的刺激和变化，包括触觉、视觉、听觉、味觉和嗅觉等各种感觉。它使人能够感知周围环境的信息，并做出相应的反应，从而保护身体免受潜在的伤害，同时也为人与外界交互提供了基础。人体感觉系统由感觉器官、神经传递通路和中枢神经系统组成。感觉器官分布在身体各个部位，包括皮肤、眼睛、耳朵、口腔和鼻腔等。当感觉器官受到外界刺激时，会产生相应的神经信号，通过神经传递通路传递到中枢神经系统，再对这些信号进行解读和整合，从而产生相应的感觉体验和认知。

5. 人体运动

人体动作形态与家具设计密切相关。当人体运动系统内的不同功能组织协同工作时人就会产生运动，对人体运动的研究被称为运动学。大多数人体运动由弯曲或扭转运动组成，这些运动会改变不同身体节段之间的关节角度。有些运动是耦合的，即成对的肌肉相互“做和不做”各自的运动。例如，弯曲和伸直手臂就是两块拮抗肌——肱二头肌和肱三头肌的工作。

人体运动中另一个关键的区别在于它们是静态运动还是动态运动。静态运动通常是指肌肉的运动单位长时间、持续地运动（或频繁地重复运动），而不进行休息和恢复，直到疲劳为止。静态运动在强度较低时尤其危险，因为这样很容易被忽视或被认为“负荷不大”。静态工作可能涉及身体部位保持不动、在工作时身体部位长时间小幅度运动或承受外部负荷。例如，工作时手臂长时间举过肩膀、长时间使用计算机鼠标等。另一方面，动态运动的特点是动作幅度大、变化快。虽然这种类型的运动可能会对运动组织造成更大的突然创伤风险（如肌肉或韧带撕裂），但这种类型的运动负荷也具有实时变化的特点，因此在不同肌肉轮流承受负荷时，可以相对频繁地进行休息和恢复。相比之下，静态负荷会因相同肌肉的持续负荷、相同身体结构的持续压力等因素而逐渐削弱运动能力。从健康的角度来看，家具需要能促进人体正确的工作姿势，以减少长时间维持同一姿势造成的静态疲劳，同时应提供足够的支撑和舒适度以减轻身体的压力和负担。

4.1.2 人体测量

★小贴士★

人体测量是对人的身体或骨骼进行测量的一种技术，它能够对人类在个人及进化发展过程中的测量特征的多样性和可变性进行准确和可比的研究。

人体测量是根据用户舒适度和产品功能属性设计工作区所必需的知识基础。应用这些测量出的人体尺寸，就能更好地设计可用空间，选择适当尺寸的家具及其部件，并提出这些家具与用户之间最有效的组合方式。

人体测量特征的概率分布一般呈正态分布（图4-1），因此，当设计师不可能为全部的人口设计家具时，通常建议采用与下百分位数（第5百分位）、上百分位数（第95百分位）和平均值（第50百分位）相对应的特征临界值。临界值决定了特定人群中位于特定范围内的人数，因此，第5百分位所定义的最低尺寸仅适用于人口的

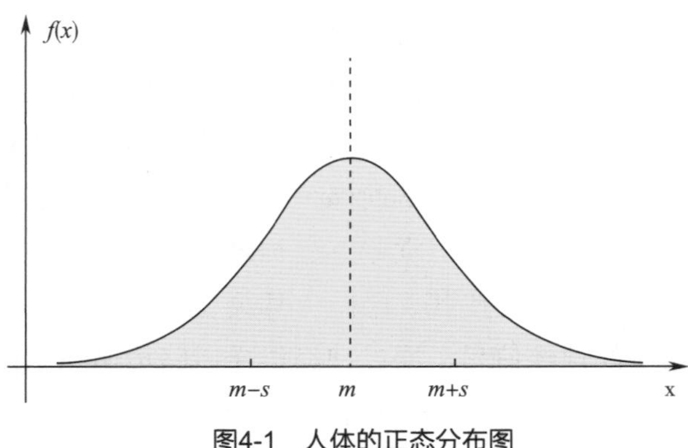

图4-1　人体的正态分布图

5%，而95%的人都包含在第95百分位以下。百分位数对称地将用户分为达到特定尺寸的用户和未达到该尺寸的用户。因此，一件设计合理的家具应考虑到与使用者尺寸相适应的尺寸，即至少90%的人的尺寸在第5和第95 百分位之间（图4-2）。通常情况下，假定与以下特征相对应的尺寸为：

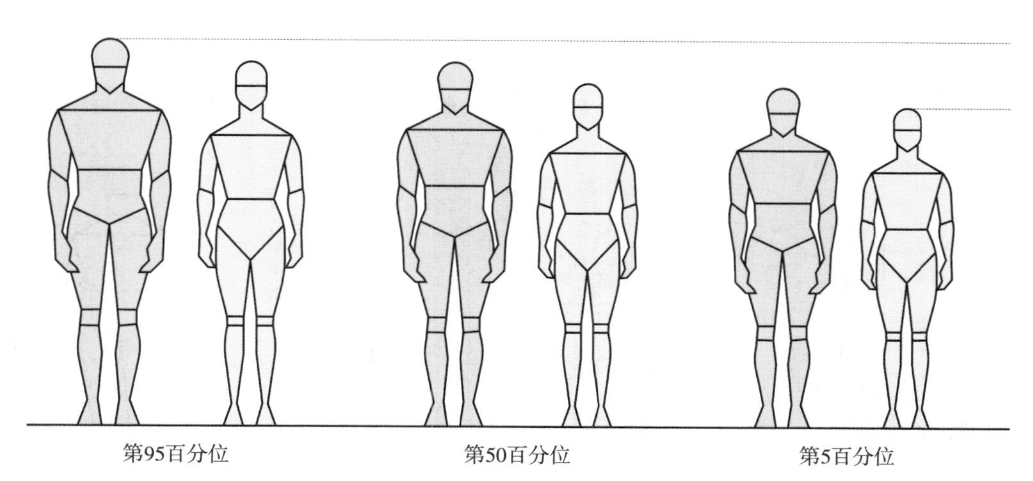

图4-2 家具设计中应取的百分位数示意

1）由人体某一部分的尺寸决定的物体，如腿长、臂长决定的座面高度和手臂能触及的范围，采用第5百分位。

2）由人体总高度宽度决定的物体，如家具内部尺寸、桌子下肢空间等采用第95百分位。

3）家具产品的目的在决定最佳范围时以第50百分位人体尺寸为依据，照顾到大多数人，如把手、开关的高度。

4）涉及安全、健康等特殊情况时，需要考虑更小范围的人群，采用第1百分位或第99百分位，如栏杆间隙、安全出口的宽度等。

因此，应根据第95百分位所代表的人群设计卧具，根据第50百分位的数值特点设计工作和用餐家具，以及根据第5或第50百分位设计储藏家具。然而在设计实践中，有一个根本性的难题，那就是个体间的尺寸差异，造成这种差异的原因包括人种、性别、身高、发育、年龄以及社会阶层。《中国成年人人体尺寸》（GB/T 10000—2023）为我国人体工程学设计提供了基础数据，标准给出了用于技术设计的我国成年人的人体尺寸，提供了52项静态人体尺寸和16项人体功能尺寸的统计值。为了方便使用，各类数据表中的各项人体尺寸数值均列出其相应百分位数。

人体测量有静态和动态两种测量形式。静态测量获取的是人体处于一个确定的不动位置时所测量的尺寸和数据，叫作人体构造尺寸，主要包括身高、眼高、坐高、腿长、臂长等。要确定一件家具的尺寸是多少才最适宜于人们的方便使用，就要先了解人体各部位的构造尺寸，虽然这些尺寸比较容易测量获得，但在设计时它的价值有限，因为人体在实际活动中很少会固定在一个确定的位置。所以我们需要进行动态测量，动态测量涉及人体运动时的尺寸数据，叫作人体功能尺寸，它能提供人体在进行相应动作时所需的必要空间的信息。获取和测量功能尺寸比构造尺寸更困难，因为许多测量涉及多个身体动作和运动的配合。例如，动态伸展可能包括向物体弯腰以及伸展手臂等多个动作，这使得人体尺寸测量变得相当复杂，因此在设计时要充分考虑人体动作间的协调关系（图4-3、图4-4）。

★补充要点★

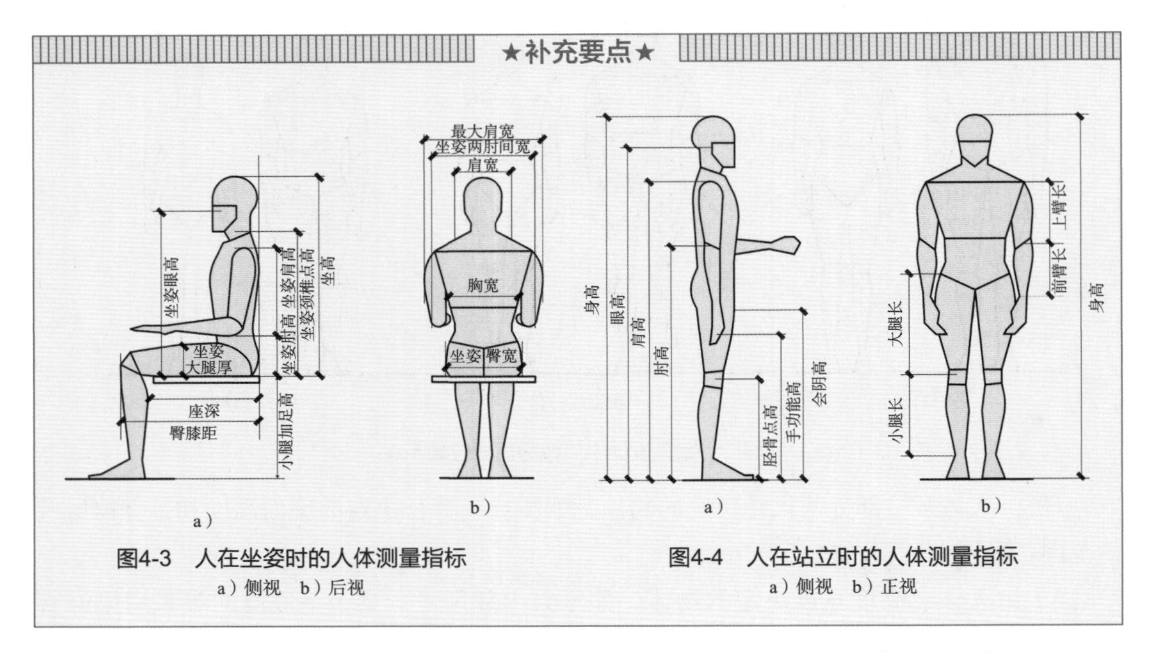

图4-3　人在坐姿时的人体测量指标

a）侧视　b）后视

图4-4　人在站立时的人体测量指标

a）侧视　b）正视

对大众来说，人体工程学这个词主要与舒适的办公椅、计算机屏幕的正确高度、计算机鼠标以及被贴上“人体工程学”标签的各类商品联系在一起。人体工程学（Ergonomics）一词是英国学者莫瑞尔于1949年提出的，它由两个希腊词根“ergo”和“nomics”组成，分别代表工作和规律，其本义为人的劳动规律。但总体而言，人体工程学是一个非常宽泛的术语，它包括从体力活动和工作要求，到人脑如何理解指令和界面，再到工作组织、团队合作如何影响人的福祉和效率。此外，它还可能包括在极端环境中如何工作（如消防）、如何使用防护装备（如防护手套、安全帽）等方面。总之，几乎所有涉及人类活动的工作都可以从人体工程学的角度进行研究。

任何负责一个生产系统的人都希望系统中的所有部件都能够尽可能轻松高效地协同运作。如果生产系统的一部分是人，整个系统的性能可能会根据工人的日常工作形式而有所不同，虽然人类具有为生产系统带来灵活性、创新性和解决问题能力的巨大潜力，但由于超负荷的体力劳动，人们也有可能患上与工作相关的肌肉骨骼疾病。这种不健康负荷的后果包括感到疼痛、无法工作以及公司需要支出的高成本（赔偿、生产率损失和人员更换）。此外，人的精神健康取决于是否有足够的身体支持和休息机会，如果没有这些健康因素，很快精神就会出现混乱、烦躁、误解和错误，从而可能造成物质或人身伤害。换句话说，研究人体工程学的目的就是设计一个能让人积极主动的工作场所，来消除可能受到的伤害、疼痛、不适、积极性降低的风险。

4.2 家具基本设计要求

家具是人类使用的最古老的应用型艺术品之一。过去的家具构造与如今我们使用的家具构造几乎没有什么区别。在图坦卡蒙王陵中发现的椅子、柜子，甚至折叠床与现代家具的构造非常相似（图4-5）。有些结合处，如榫卯，三千多年来的基本形状从未改变过。

图4-5　马斯塔巴浮雕中的椅子

★小贴士★

纵观家具的历史，一直存在着两种风格：民间风格和宫廷风格，它们之间的差异就像民众间的经济状况一样。

衡量室内家具质量的指标，除了与顾客对当前流行的时尚品位有关外，还与顾客的富裕程度和制造者的技术水平有关，这些家具大多是从他们的祖先那里继承下来的。另外，君主或其他富裕客户会委托艺术家为其新建的宫殿或住宅进行室内设计。而在民间风格中，平民的家具美学形式是以富人家的家具为蓝本的。通常，民间木匠会根据当地的材料和技术水平，结合新的外观和功能改变家具的造型。作为设计者和生产者的工匠完全了解客户和他们的品位，以及对尺寸的要求和设计期望，并能够自由调整以满足客户的全部需求。同时，工匠在当时技术和生产方法的限制内完善了家具的制造方法。直到19世纪，由于经济和社会的巨大变化，工业开始在家具制造业中占主导地位，能够为广大人民群众生产家具，才出现了匿名制造者，至此，家具将不再分为民间和宫廷风格。

随着家具用途的演变，家具的新分类逐渐形成，它开始分为家庭、办公室、学校、酒店、船舶、花园等许多类型，同时材料、配件和附加配件开始决定家具的价值。然而，在新家具的形成过程中，往往没有注意到人的重要性。在19世纪末到20世纪初，工业生产的强劲发展迫使人们将其与人体工程学设计的需要紧密联系起来。家具制造商开始意识到人性化的要求，他们也开始大胆地使用那些在设计产品时能体现出与用户紧密联系的设计方法，从而创造出了人机系统。这样一来，以人为本的要求就超越了其他技术和工艺标准。在开展了大量研究工作后，考虑到使用者的年龄以及人体测量特征，对家具进行了另一种划分。这种划分区分了为成人、青年和儿童设计的家具结构。在标准化进程中，还规定了许多家具的结构、尺寸和安全使用要求。

家具设计除了需要丰富的创意灵感外，还需要许多复杂的分析过程的支持，包括以下方面：生产者和消费者的市场，家具的目的、功能和特点，所用材料的特性、结构和制造技术，在运输过程中的保存方法、翻新方法，以及废旧产品的回收再利用。因此在设计中必须考虑所有已知的和未知的设计参数间的相互影响。在家具制造方面，如今几乎可以使用任何可用的材料，包括木材、木质材料、金属、玻璃、合成材料、岩石、织物、皮革、草、灌木等。在设计过程中，人们必须选择具有有效卫生和安全认证的优质材料作为家具的结构和表面装饰材料，以确保对使用者和自然环境无害。

★小贴士★

现代家具引发了与生态学相关的四个主要问题：

1）家具制造中所使用材料对人体和居住环境的影响。

2）辅助材料（如胶粘剂和涂料）对自然环境的影响。

3）家具处理过程中产生的废弃物的处理。

4）拆除或再利用废旧家具材料的可能性。

考虑到这些问题，可以确定以下关于生态家具的要求：

1）家具需要有较长的使用寿命。

2）使用生态的建造和装饰材料。

3）采用环保的家具包装方法。

4）提高废旧家具材料的再利用率。

在如今的家具制造中，除木材外，主要材料还包括刨花板、纤维板、中密度纤维板和胶合板等木质材料，这些材料中使用的胶粘剂会向空气中释放甲醛。由此可见，仅仅假设人们在设计家具时使用生态材料并不能解决家具的“绿色”问题。在设计和制造生态家具时，有机胶粘剂和饰面材料的应用也是很重要的因素。

1. 美学要求

家具设计是一项创造性的活动，旨在确定家具的外部特征，这些特征决定了结构和功能的关系。家具设计以艺术领域的元素为基础，这些元素以一种富有表现力的方式来表达美，通过保持比例、色彩和谐、声音、适当性、适度性和可用性而产生的一种积极的审美属性，并通过人体感官来感知到。

在古希腊，美的概念比后世要宽泛得多。这首先与善、灵性、道德、思想和理性的观念有关。有人认为，美主要是保持合适的比例的结果。几百年来，这一观点一直被认为是最贴切的。毕达哥拉斯派等人就主张，美在于出色的结构，是由各部分的比例、和谐的布局产生的。他们认为这是一种客观特征。亚里士多德认为，美是一种能引起积极情绪的东西。柏拉图认为，真正的美是超感性的，是与真理一样伟大的善。

公元前5世纪，诡辩家否定了感知这种价值的客观性，并将其概念局限于视觉和听觉所感知到的愉悦，斯多葛派以及启蒙运动时期的一些艺术家也与支持这一理论。普罗提诺则宣扬，决定美的不仅是比例和各部分的正确布局，最重要的是灵魂。

★小贴士★

文艺复兴时期，人们通过分析某些艺术家的作品，思考“完美”和“美”的重要性。彼特拉克和乔治-瓦萨里将“美”的价值视为一种客观价值，而其他美学概念，如“优雅”，则被他们视为一种主观价值。

如今，“美”和其他审美价值由哲学概念里的美学来处理，现代家具设计是一门跨学科的知识，家具设计的目的不应仅仅是赋予家具最吸引人的造型，还应制定与这种造型相关的商业战略，让消费者在市场上能识别到商品，并为生产这种商品的制造商树立品牌形象。因此，设计师有义务积极参与创造、塑造和发展新的消费需求，其应该对创造新的、更好的物质环境提供正面影响。

色彩是美感中不可或缺的组成部分，每个人对色彩的主观感受是不同的，家具的美感也受到色彩的影响，有些颜色通常会令人兴奋、刺激和活跃，而有些颜色则会使人疏远、平静、舒缓、集中精力、产生怀旧或忧郁的情绪。家具的颜色和周围环境的颜色对使用者的身心健康有重大影响。我们通常采用的原则是冷色舒缓，暖色活跃。

2. 功能要求

在决定一件家具产品的造型和结构前，需要先预设这款家具的使用功能，也就是决定家具的种类。每件家具都应满足特定的功能，并与其使用方法、特点和场所严格挂钩。在许多情况下，产品的功能是最能激发人们寻求新的造型和艺术表现形式的因素。千百年来，人类一直在完善家具的功能，这也影响了其结构形式和生产技术，比如我们现在坐在椅子上时肌肉放松，座面的形状与过去的形状有很大不同，尤其是座面与地面间的距离以及座面与靠背的角度发生了变化，这样就使椅子的尺寸比例发生了变化，包括家具的固定部件和活动部件的分布及其使用场所也发生了变化。通常认为，家具只具有一种被精心设计出来的功能，而近年来越来越普遍的多功能家具是随着居住条件的恶化和最大限度地利用住房空间的需要而出现的。然而，通过在一件家具中全面实现多种不同的功能来为用户提供舒适感是不可能的，因为这些功能之间会相互产生很大的限制。然而在这类家具中的结构确保了多种不同功能的综合，并将它们封闭在一个紧凑的空间中，这一点很有启发性。

现代家具的功能概念已经有了新的含义和要求，具有功能性的家具大多是融入电子和自动化技术的产品，多数是伴随着高品质的豪华家具，可以提高使用的质量、舒适度和安全性，并以现代的美学比例和设计线条呈现。

4.3 家具与室内空间组织

不同家具在我们日常生活中的应用都是基于特定的需求而被设计制造的，因此家具设计的首要目标应该是确保其功能合理，即在使用时舒适、便利、易于储藏和清洁，并能为生活环境增添装饰或乐趣。如何设计功能合理的家具，重点是使家具的基本尺寸能适应人体静态或动态的各种姿势变化，例如休息、交谈、学习、娱乐、用餐和操作等。这些姿势和活动主要通过人体的移动、站立、坐靠、拿取、躺卧等一系列连续的动作来实现。因此，家具功能设计必须以人体生理状态为基础，运用人体工程学原理设计出使用者操作方便、不易疲劳、不易出错且效率高的家具。家具功能设计的主要任务是客观了解人体尺寸和四肢活动范围，使人在休息或从事工作时能够达到预期目标，并由此产生正常的生理和心理变化。根据家具与人的关系，可以将不同环境中的家具划分为以下几类。

4.3.1 办公空间

办公空间家具设计需要特别注意个人和集体工作区域的合理布局。首先我们要考虑工作区域的可用性，即工作人员是否能够自由地出入工作区域。其次，结构和功能设计合理的家具对工作人员保持正确姿势有很大影响。办公空间是一个群体空间，合理地调整办公空间内的家具有利于提高工作效率和促进团队间更好的合作。办公家具的应用范围很广，可用于个人办公、团队工作、艺术工作、会议、客户服务工作等，根据不同的用途，每种家具都有不同的设计方案，以保证它的移动性或稳定性、造型和尺寸的可变性、足够的硬度和强度。在设计办公家具时，工作区域应根据第50百分位的成年男女的人体尺寸进行调整（图4-6）。如在站立状态下使用计算机时，也应考虑在键盘下和显示器下分别设置可调节的工作台的高度，这样也可以用于坐姿和跪姿工作。图4-7显示了坐姿、跪姿和站姿工作区域参数的规定范围。

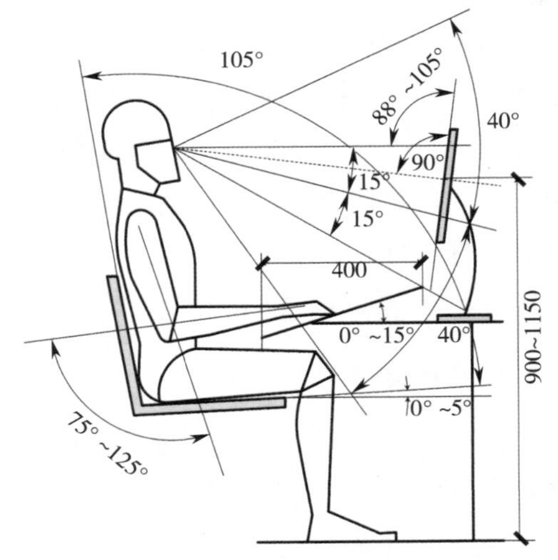

图4-6 办公区域的人体测量尺寸比例（单位：mm）

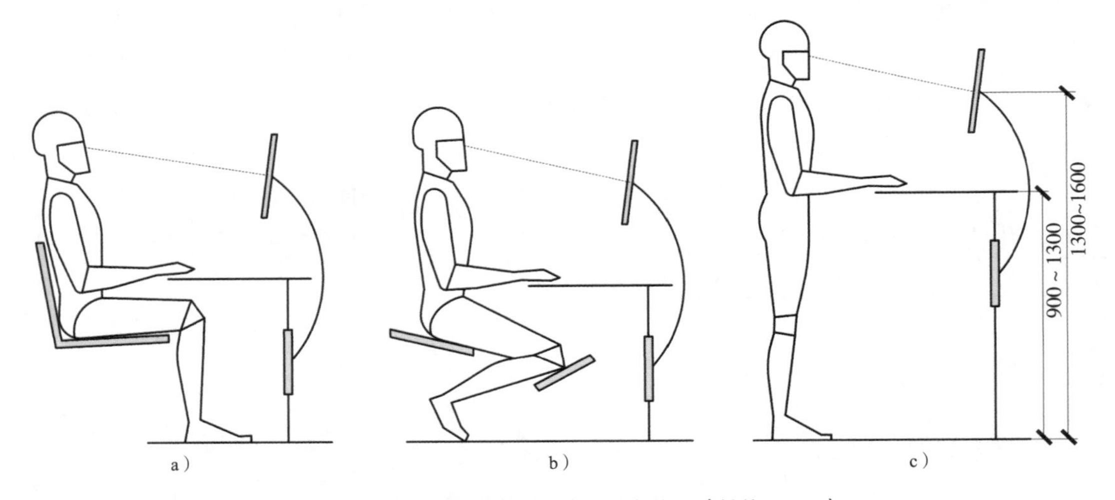

图4-7 不同姿势工作区域参数的规定范围（单位：mm）

a）坐姿 b）跪姿 c）站姿

★小贴士★

在设计座椅时，不能采用固定的解决方案，而应能够根据用户的个人需求调整座椅或扶手以确保身体的动态位置。因此，办公椅的特点应包括可调节座椅高度、座椅和靠背的倾斜度、扶手的高度和间距以及扶手的旋转角度。

如今高强度的工作需要越来越要求精确地规定座椅各个部件的结构参数，用来保证人的坐姿能使脊柱保持自然形状。在设计座椅时，建议靠背的长度应为55~60cm，其轮廓应能确保脊椎得到支撑，腰部的靠背应呈凸形，而在胸部高度的靠背则应略微凹陷。此外，座椅的深度应为40~45cm，宽度应能让使用者保持舒适的坐姿，并在进行任何活动时都能自由移动而不受限制。座椅的结构首先必须是静态的、稳定的和耐用的，在这个要求上适当加入可移动性，如座椅的底座可以安装一个带有滚轮的五臂框架。

★小贴士★

在设计桌子时，建议台面的最佳面积为0.96m²，最常见的是使用尺寸为120cm×80cm或160cm×90cm的长方形桌面。

如果桌子配有抽屉，在滑轨处必须设计挡块以防止抽屉脱落，并防止同时打开多个抽屉。办公桌的一个重要特点是可以调节桌面的高度，与可调节座椅配合使用，这种调节有助于工作人员自行配置一个舒适的工作区域，桌面高度还需要考虑到腿部的自由空间，推荐桌子可调节的高度为68~90cm。

办公空间家具与其他类型家具的区别在于它的使用性质和工作负荷。在考虑活动部件（如办公桌的抽屉）时，我们要注意它必须满足的要求，即与纸张或文件夹的整体尺寸相适应的容量、抽屉的数量和抽屉的高度。需要注意的是，由于抽屉的伸展量远大于其深度尺寸，因此我们需要给抽屉安装特殊类型的滑轮，尤其在高度较高、抽屉数量较多的箱体结构家具中，可能会存在因存放过多物品而导致柜体失去稳定性的危险。为了排除这种危险，橱柜和文件柜的结构中应配备限制用户同时打开所有抽屉的装置。

现代办公家具的设计非常复杂，有些家具还配备了电子机械装置以便于使用和优化利用办公空间。移动性是目前办公家具的主要优势之一，即一组有利于方便移动的结构特征。现代办公室内部的建筑理念体现了其不同特点。根据这一概念，办公空间的地面由技术层组成，在技术层之间安装有输出插座的完整布线。然后，计算机、固定电话或照明等办公设备通过专用插座连接到地板上的相应插座。

由于办公空间内部往往包含电子设备，办公家具除了符合规定的耐用性标准外，还必须满足一些特定的条件，比如如何将电源线从办公桌的台面引导到地面上的插座。一种解决方案是通过使用可伸缩的套管，将这种套管用于高度可调的办公桌，使杂乱的电源线和数据线隐蔽在套管内部，这样可以确保办公室的整洁美观。需要注意的是，涉及电线排布的办公家具结构必须保证能够安全地使用，相应部件应采用适当的绝缘材料，保证部件结构内不会产生静电或漏电。总体来说，无论办公家具出现何种新的功能、新的结构、新的造型，都必须符合实用性和耐久度方面的标准化安全规则。

4.3.2 学校空间

学龄儿童的特点是活泼好动，他们不受思维控制的运动性与需要他们长时间保持固定坐姿的课堂规则之间存在着一定冲突。头痛、膝盖痛、背痛和注意力不集中是久坐最常见的不良影响。近年来，学校为了降低这些负面影响，设计了多种形式的学生体育活动及课程。然而，由于儿童长时间使用设计不佳的桌椅，想要消除不良姿势所带来的影响，学校采用以上的补救措施是远远不够的。为了彻底解决学校家具功能的相关问题，必须加大力度制定创新的家具设计规则，尤其需要考虑设计的合理性和人性化。这就要求设计应考虑到的不仅是提升家具的外形，还应能确保儿童和家具本身都可以展现一定自由性和移动性。

★小贴士★

普遍来说，设计的学校家具座椅需要具备以下特征：

1）座面应大致呈水平状态，另外，还建议将座面向靠背倾斜，最大倾斜度为–5°、5°。

2）座面前后边缘建议做一个弯曲的设计，同时前边缘的圆角半径应明显大于后边缘的圆角半径。

3）靠背与垂直方向的夹角应为5°~20°。

学校家具中的桌子应具备以下特征：

1）桌面尺寸不应小于60cm×50cm。

2）桌面与水平方向的夹角应为0°~20°。

3）桌面下面的空间应能确保足够存放学生的书包和其他用具，且不会以任何方式限制学生的行动自由。

年龄越小的孩子，骨骼结构的发育越不完善，在学习活动中采取正确的姿势就越重要。因此，在设计学校家具时，还必须考虑七个主要标准（图4-8）。

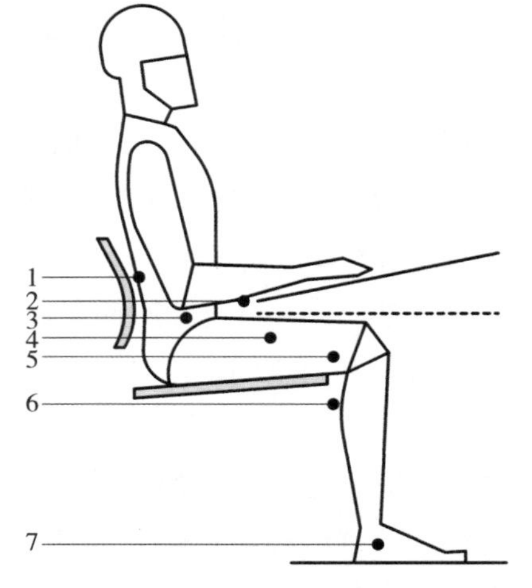

图4-8 学校桌椅尺寸标准

1）椅子的靠背应在腰部高度、肩胛骨下方的背部有一定支撑。

2）工作台前沿的高度必须与手臂自然垂直放置时弯曲前臂的高度一致。

3）为了保证活动自由，需要确定桌子边缘与身体之间的距离。

4）必须确保台面下表面与大腿之间的距离。

5）腿部靠近膝盖的部分不能对座椅前沿产生压力。

6）必须考虑小腿背部与座位前沿之间的空间。

7）脚必须能自然落在地面上，座椅和桌子的高度应根据鞋底的厚度进行调整，约为2cm。

学校家具的设计满足人体工程学的要求并不意味着它们就能直接被放置在教室里

使用，重要的是这件产品能够满足预期的使用要求，这需要考虑到教室的具体情况和学生、环境的特点。因此，在设计过程中，需要确保桌面表面采用耐高温、耐磨、抗刮擦、耐冲击和不会变色的材料，同时不会产生光反射，便于保持卫生清洁。此外，还需要注意学校家具的移动性，即使在很小的空间内也能堆放和存放家具。为了确保学生在使用学校家具的正面反馈，应避免使用会降低人体局部温度（手、前臂、大腿、膝盖）的冷材料，同时建议使用木材和木质材料。

任何与预期使用不符的学校家具都会有对学生造成伤害的危险。因此，在设计时需要能预见到不同于标准的结构负荷，并确保家具具有足够的实用性和稳定性。在这个阶段，通过将边角圆角化、合理设置配件和精选材料等方式，来消除不良影响对孩子造成伤害的可能性。

4.3.3 厨房空间

厨房家具主要是在厨房作为储存、做饭、洗涤等用途的家具，不但要方便美观，更重要的是要卫生、防火。一个理想化的厨房应该布置成一个近似无菌的车间，所有的工具都随手可得，同时又不会影响工作的进行。为了使厨房中的工作不需要跨越很远的距离，厨房家具应按照准备饭菜时的工作顺序排列。以这种方式划分的功能区形成了一个符合人体工程学的三角形，根据厨房的大小和形状不同，三角形的边长各不相同，这个三角形的顶点构成了厨房空间的三个基本区域。

（1）储存区　储存区分为食品储存和器物用品储存两部分。食品储存可分为冷藏和非冷储藏两种方式。冷藏通常通过厨房内的冰箱、冷藏柜等设备来实现。器物用品储存则是提供餐具、炊具、器皿等提供存放空间，储藏用具包括各种底柜、吊柜、角柜和装饰柜等。

（2）加工区和洗涤区　加工区和洗涤区包括加工食品用的台面、工具和器皿，冷热水供应系统、排水设备、洗物盆等。现代家庭厨房还会配备消毒柜、洗碗柜等设备。

（3）烹饪区　烹饪区主要包括炉具、灶具和烹饪相关的工具，比如电饭锅、微波炉、烤箱等。

★小贴士★

在厨房空间的各区域之间，应按以下参数进行设计：

1）从冰箱到水槽的距离为120~210cm。

2）从水槽到炉灶距离120~210cm（狭小空间内不小于80cm）。

3）从冰箱到炉灶的距离为120~270cm。

厨房空间内三角形的三个边上都不应该设置门，不过可以在其中一个设备的旁边，最好是在炉灶或灶具的前面，规划出备餐的主要工作台。为了确保行动方便，由区域或设备划分的三角形边长不能短于3m，也不能长于6m。

在加工区和洗涤区，应设计一个带切削工具托盘的抽屉，以及一个垃圾桶。垃圾桶应位于工作台的台面下，而不是在水槽下。这样，在准备好饭菜后，垃圾就可以直接扔进垃圾桶里。炉灶和烤箱通常是分开的，其中烤箱和微波炉一样，一般放置在橱柜中，距离地面不低于115cm。

图4-9显示了厨房家具的建议功能尺寸。建议底柜台面的高度应与橱柜的高度相适应用户的身高，以便于准备饭菜。通常为70~90cm。不过，底柜的最佳高度因工作类型而略有区别。炉灶的高度不应低于70cm，放置锅具的台面略高一些，为80cm，而用于准备饭菜的砧板则最高，甚至可以达到100cm。如果厨房中的工作区没有明显的分隔，工作台面不仅用于放置餐具，还用于准备饭菜，那么所有台面都应设计在同一高度。

在设计橱柜等厨房家具时，建议底柜台面与壁柜底部之间的距离为50~60cm，不过，炉灶和抽油烟机之间的距离应根据实际产品的情况大一些。电饭锅建议65cm，燃气灶建议75cm。根据厨房使用者的身高，悬挂高度的调整应使其能够轻松够到橱柜。一般来说，从地面到吊柜上沿的高度应为200~240cm。我们日常接触到的搁板高度为170~190cm，其他搁板最高也不应超过230cm。为了确保底柜的工作台视野良好，应适当增加吊柜的高度，但这样也会导致整体柜体高度变高，如果增加底柜台面的深度，尽管能保持足够的可视度，但也会大大限制吊柜中物品的可用性（图4-10）。

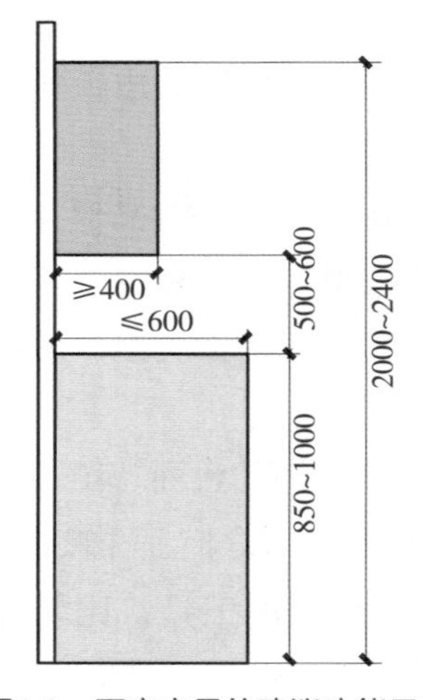

图4-9　厨房家具的建议功能尺寸（单位：mm）

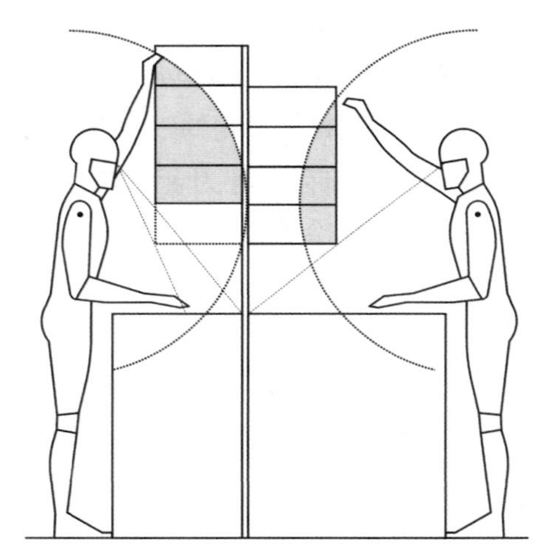

图4-10　吊柜的可用性取决于其悬挂高度和底柜深度

所以，吊柜的深度不应超过40cm，而工作台的深度不应小于60cm。吊柜的深度和悬挂高度对这一尺寸有很大影响。图4-11说明了台面的可用性取决于底柜的深度。

可以看出，为了确保台面的可用性，减小底柜的深度会导致吊柜的高度大大增加。比如，深度为40cm的吊柜的悬挂高度就比深度为20cm的吊柜要高。那么如何能在保证台面的深度的同时又能保证吊柜的高度呢？根据功能性厨房家具的要求去调整橱柜侧壁的形状，就可以解决上述不便之处。图4-12展示了一个增加底柜可用性和工作台可用性的例子。通过简单的技术处理，就能提升一套厨房家具的功能性。用户可以站在离家具更近的地方，轻松地将手伸向更远的空间，在那里存放器具或物品。另一种方法是用搁板取代底柜，用许多抽屉和容纳结构取代橱柜。

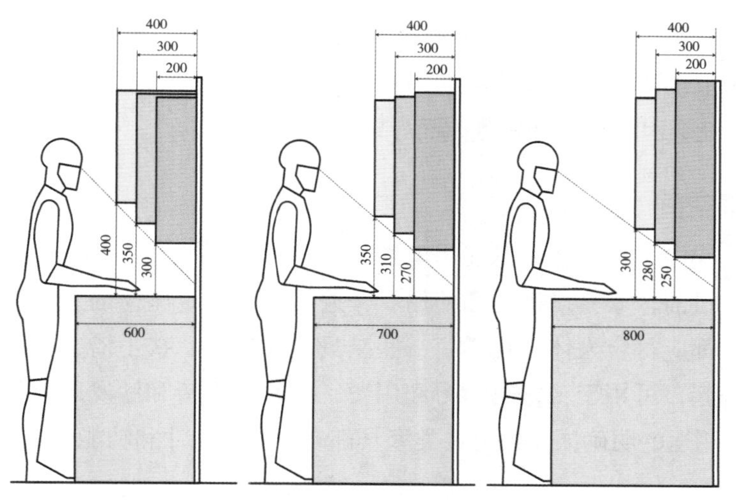

图4-11 台面的可用性取决于底柜的深度（单位：mm）

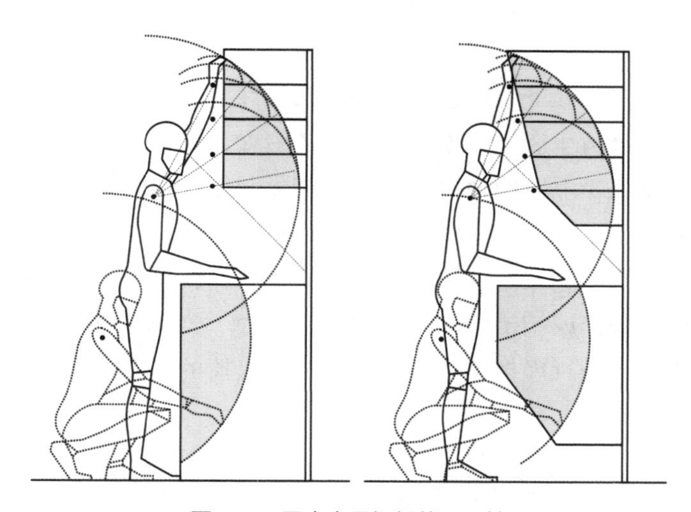

图4-12 厨房家具橱柜的可用性

在设计家庭、学校和办公家具时，操作空间可以随着家具的移动而自由发展，相比之下，设计厨房家具时需要考虑到它与建筑物墙壁密不可分的关系。因此，在设计厨房家具时，可能会面临各种问题，如必须解决墙壁不平整造成的问题，墙壁的垂直度、水平度和角度与项目中预设的数值存在偏差。低估这个问题最终会导致降低人体工程学价值、丧失功能性和无法安全安装家具。

尽管厨房空间内的墙体系统各不相同，厨房家具的布置大致可分为单列式、并列式两种。单列式是指家具按照直线的方式进行摆放，这种摆放方式清晰明了，但如果厨房家具太多，容易导致摆放长度过长，反而不利于使用。并列式是指只把家具并列摆放在两组作业台上，这种摆放方式方便操作，但使用者需要适应一段时间。除了这两种方式，根据墙体的布局，还可分为L形、U形摆放。L形是指把厨房家具沿着拐角进行布置，这种方式要注意分配长度。U形摆放则能更好地利用厨房空间，方便操作。

在设计时，设计师常犯的一个错误是没有考虑到窗台的高度，以及将水槽安装在窗户的采光处，这样可能会导致用户无法打开窗户。另外，厨房家具结构的设计正确与否，并不完全取决于墙壁的尺寸，如果在设计阶段没有考虑到橱柜之间的距离和柜门间的自由空间，就会因为把手互相碰撞而导致无法打开橱柜。

4.3.4 休憩空间

在休憩空间内，人们会大量使用坐卧类家具，这些家具与人体直接接触，起着支撑人体的作用。目前，家具设计者和使用者普遍认为，无论座椅的主观舒适度如何，坐卧类家具的设计都应符合人体工程学。一些坐具，如椅子、扶手椅、凳子等，与桌子、长凳或写字台一起，可用于工作、学习和用餐；而软扶手椅和沙发通常是放松和休息场所的家具。由于用途的明确区分，每一类家具都有不同的尺寸和功能要求。

1. 座椅的设计

与桌子配合使用的坐具中，不仅要考虑椅子和桌子单独的尺寸，还要选择这些家具之间适当的尺寸关系。由于下肢自由活动的需要，我们需要考虑膝关节弯曲后使用者下肢活动的空间和膝关节处下肢伸直的情况。在设计桌子时，尤其需要关注工作台的高度、台面宽度以及在舒适坐姿下方便伸展手臂的台面深度（图4-13），工作台或用餐桌台面的最佳尺寸也取决于上肢的伸展能力。在实际制作前提前制作桌椅模型能方便确定一套桌椅最合适的尺寸，并为桌椅划定符合人体工程学的空间。在设计阶段就建立桌椅的虚拟模型，并根据不同类型的人体模型调整其尺寸，就可以对正在制造的产品进行验证，并找出所采用的操作或结构解决方案的弱点。为了全面分析对象的功能，通过对许多可能的家具功能系统进行虚拟整合，可以分析出桌椅的框架与用户舒适度之间的潜在冲突。

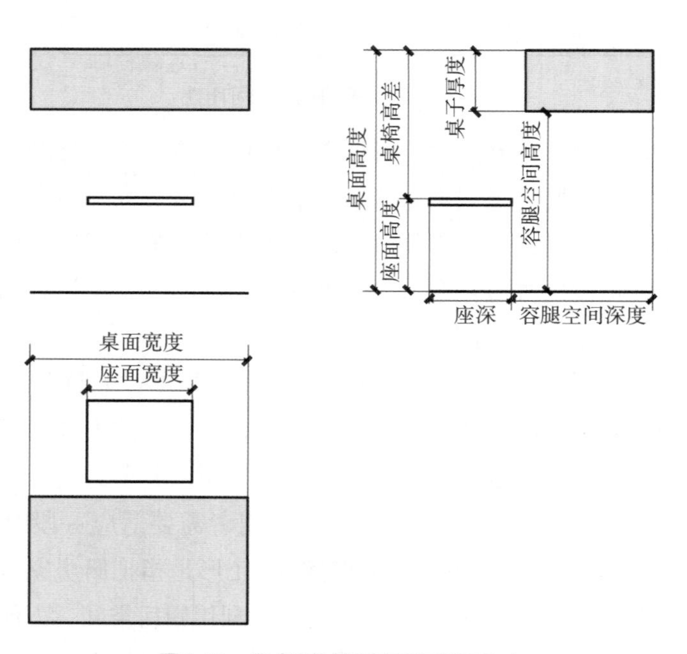

图4-13 考虑到肘部宽度的桌子尺寸

休憩空间的家具尺寸应与工作和用餐家具不同，表4-1根据家具的用途给出了座椅和靠背的首选倾斜角度。座椅的高度是坐卧家具的基本尺寸参数之一。无论在工作、学习或休息时采用何种姿势，座椅高度都应小于腘窝与支撑人坐下的底座之间的距离。人处于坐姿时，座椅高度应低于腘绳肌弯曲处3~5cm。座面过高的座椅（图4-14c）会对动脉造成压力，从而加重循环系统的负担。而座面过低的座椅（图4-14b）则要求人们收缩双腿，从而对内脏器官造成压力，并增加坐骨神经前庭的压力。腰部脊柱的负荷不正确也会对坐具使用者的健康产生负面影响，这通常是由于座面太深造成的（图4-14a）。因此，膝盖部分超出座面大概1/3是比较合适的座面深度。

表4-1 不同家具用途座椅和靠背的首选倾斜角度

倾斜类型	椅子的倾斜角度			
	会议用	观众用	放松用	旅行用
座面与水平面的夹角	4° ~8°	7° ~11°	10° ~15°	15° ~20°
靠背与水平面的夹角	105°	110°	115°	127°

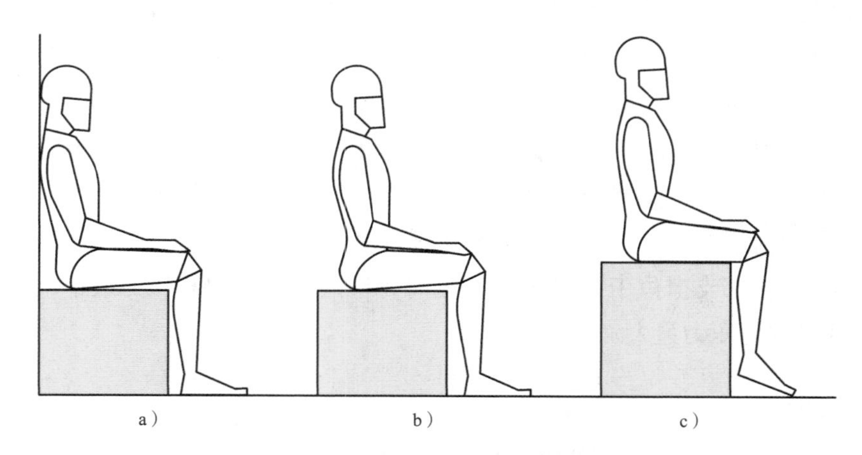

图4-14 座面高度和深度对人体的影响

a）座面过深 b）座面过低 c）座面过高

人体在坐姿时感到舒适的必要的两个基本条件是：

1）身体的重量在座椅和靠背间充分分布。

2）保持坐姿所需的肌肉张力越小越好。

所以要确定休憩家具的尺寸参数，需要收集以下方面的数据：

1）人体的结构尺寸。

2）人体的功能尺寸。

3）人体构造，即组织类型、分布和性能。

4）人体对外部因素影响的反应，包括循环系统、神经系统和骨骼系统。

5）坐具的结构和制作技术，即座椅结构的几何形状和尺寸比例，以及软体材料和所用材料的特性（硬度、强度、隔热性、空气流通性等）。

★小贴士★

对坐姿舒适度影响最大的因素如下：

1）座椅和使用者身体接触面的压力，以及软组织内部的应力值。

2）使用者的体型、体重、性别。

3）使用者坐姿维持的时间。

4）使用者坐的方式。

通常，人体与软垫之间的接触应力值会随着使用者体重的增加而增加，同时也取决于所用材料的硬度，当弹簧层的杨氏模量值与人体软组织的弹性相似时，软垫就能获得最佳硬度。

根据座椅的几何形状和结构方案，肌肉组织内会产生接触应力，从而限制循环系统的正常功能。通过平均动脉系统中的压力，可以计算出动脉系统的压力、我们得到的数值约为100mmHg，在毛细血管中约为25mmHg，而在静脉系统的最后部分，这一压力平均为10mmHg。表面压力的边界值为32mmHg，每个大于该值的压力都可能导致静脉和动脉管腔受限或关闭，从而减缓血流速度或停止血液循环，造成局部缺血。对人体施加压力的时间起着极其重要的作用，短时间内的巨大压力会导致肌肉组织的深度损伤。而数值较小但持续时间较长的应力则会对软组织造成损害，如果人体长期保持同一种的坐姿，就会出现这种情况。其后果可能是脊柱肌肉和臀部肌肉受到骶椎和坐骨神经痛的压迫，从而导致骨骼与肌肉交接处的肌肉僵硬度增加，表现为坐骨峡部的压痛或因缺血引起的所谓下肢针刺感。通过研究倾斜角度和靠背高度的变化对椎间盘压力的影响，当倾斜角度为120°、腰部支撑位于约20cm的高度时，椎间盘的应力和压力最小；当倾斜角为90°时，椎间盘内的压力最大。

2. 床的设计

睡眠和休息是每个人每天都进行的一种生理过程，是保证人能有更充沛的精力去进行人类活动的不可或缺的条件。在睡眠中，肌肉和骨骼系统会处于放松状态，神经系统和其他生理过程也会放松，所有这些过程的正常进行主要依赖于舒适、健康的睡眠，因此选择适合个人的、能给人提供安全感的、与睡眠质量息息相关的卧具就非常重要了。

在设计躺卧类家具时，应考虑到使用条件所需要的一些人体测量和生理规则。睡眠是一种神经系统的功能状态，与清醒状态相对，其本质是意识的暂时丧失。无论是人类还是高等动物，睡眠每天都有规律地发生，与清醒状态交替进行。睡眠由大脑中的睡眠中枢和诱导中枢进行调节，睡眠对机体和中枢神经系统的再生至关重要。关于睡眠本质的问题从古至今就一直存在：大约2400年前，希波克拉底建议晚上睡觉、白天活动，他声称睡眠是由血流抑制及其流向内脏器官引起的。20世纪初，对睡眠的科学分析开始引起人们的兴趣，当时伯杰进行了脑图研究，提供了睡眠时大脑功能的客观标准，勒让德尔和皮隆提出了睡眠是清醒状态下催眠毒素物质分泌增加的结果的假设。1937年，哈维、卢米斯和霍巴特对睡眠深度进行了划分，阿瑟林斯基和克莱特曼在1953年发现了睡眠在两种不同状态下的多样性：NREM睡眠（非快速眼动）和 REM睡眠（快速眼动）。

睡眠学（Somnology）是一门新的科学学科，涉及睡眠问题的方方面面，在设计符合人体工程学的睡眠家具产品方面也越来越重要。它提供了大量关于睡眠本质以及睡眠过程中受到干扰所产生的风险的信息。在设计不当的床铺上睡觉的用户经常会抱怨睡不着、背痛和头痛，这会使他们感到烦躁和疲劳，甚至导致失眠。睡眠从NREM开始，平均持续80~100min，然后是REM，持续约15min，这是人会做梦和肌肉完全放松的阶段。在成年人的睡眠中，这个周期会重复4~5次。随着睡眠时间的延长，最深的NREM阶段会缩短，而REM阶段的持续时间会延长，接近睡眠结束时通常会持续约40min。当人在这一阶段醒来时，就会回忆起刚才的梦境。剥夺睡眠中的人进入快速动眼期的机会会对健康，尤其是精神健康，造成特别大的风险。在经历几天睡不好觉后，人可能会产生妄想或陷入精神病状态。这种风险可能直接源于设计不良、结构不舒适的卧具。此外，睡眠障碍被归类为压力状态，这会破坏免疫系统和神经系统这两个系统之间的相互交流，进而可能对整体健康产生影响，比如免疫力下降等。

与坐具相比，卧具的人体测量决定因素要简单得多，主要涉及的产品是床垫。床垫长度和宽度的最小尺寸应考虑第50百分位的人群。此外，在确定宽度时，应估算一个人侧卧、双腿折叠、大腿与躯干成90° 时所占的位置。确定长度时，床垫的长度至少比使用者的身高长200mm，而宽度则为1400mm（单人床）。

在睡眠或休息时，人体会对接触面施加压力，反之亦然。所以床垫结构不当可能导致失眠、骨骼系统疼痛，甚至脊柱弯曲。睡眠时最大的压力来自髋关节和肩关节，所以床垫的结构要求与身体接触的面积最大，变形程度适当，这样人体重量所产生的力就能尽可能分散到最大的表面上。但是，结构简单、填充物不当的床垫并不总能适应各种人体体形，只能勉强为人体凸出的部位提供支撑。据统计，每个人的一生有三分之一的时间是在睡眠中度过的，为了获得更好的睡眠质量，应根据使用者的体重进行适当调整。仰卧时，身体的重量主要转移到肩胛骨和臀部，而没有支撑的腰部则向下倾斜。如图4-15所示，人体重量的荷载已用箭头标出，床垫的弹力也对其进行了部分平衡。可以看出，有些箭头并不处在同一垂直方向上，这表明存在剪切力、压缩力和弯曲力，影响着人体骨骼系统、神经系统和肌肉系统。

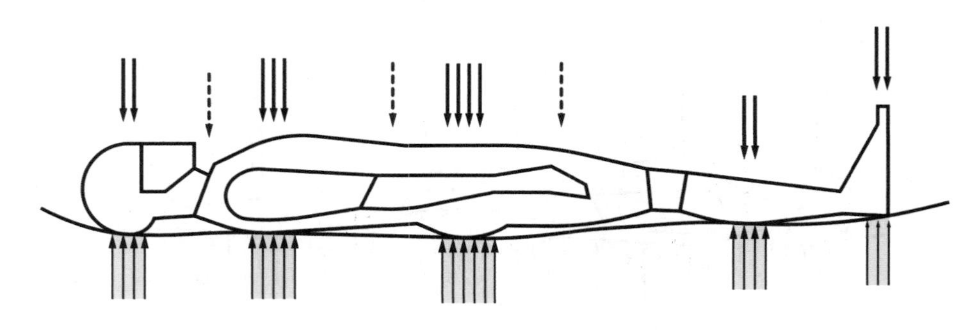

图4-15　仰卧时人体重量对床垫的影响

身体侧卧时也会出现类似的情况。在这种情况下，肩关节和髋关节的负担最重。腰部没有支撑，因此在身体重量的影响下位置会降低。在太软的床垫上休息时（图4-16），床垫在人体重量的影响下呈凹状，这可能会导致脊柱变形，长时间的不利应力的集中会加剧脊柱周围肌肉的反射应力。此外，颈椎的支撑力不足也会导致脊柱变形。脊柱变形会导致动脉血流紊乱，随之而来的是各种身体疼痛、偏头痛和睡眠障碍。前文中提到的卧具对人体的所有影响都会因床垫的硬度过高而加剧。睡在太硬的床上对人体的健康危害更大（图4-17），主观上也比睡在过软的床垫上更不舒服。硬床垫对身体凸面部位的影响更为明显，因为缺少弹性的支撑而使接触面承担了全部负荷。所以床垫软硬要选择得当、调整得当，这样才能保证身体各部位的负荷得到适当分配，减小脊柱和关节周围产生的有害压力（图4-18、图4-19）。床垫的合理弹性能在仰卧和侧卧时正确支撑腰部，这可以防止身体的这一部分向下弯曲，从而保持脊柱的生理弯曲。

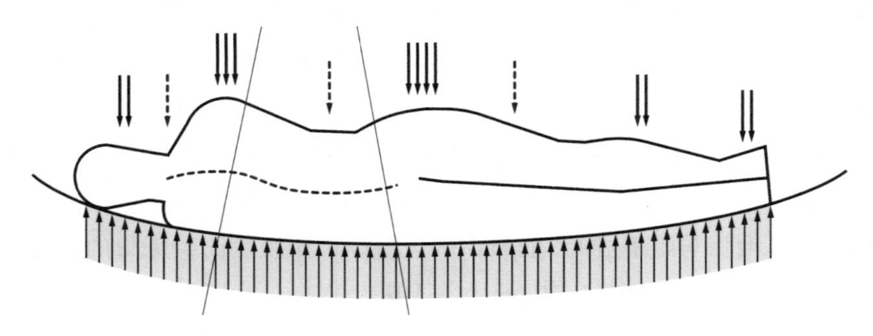

图4-16　侧卧时床垫太软对人体的影响

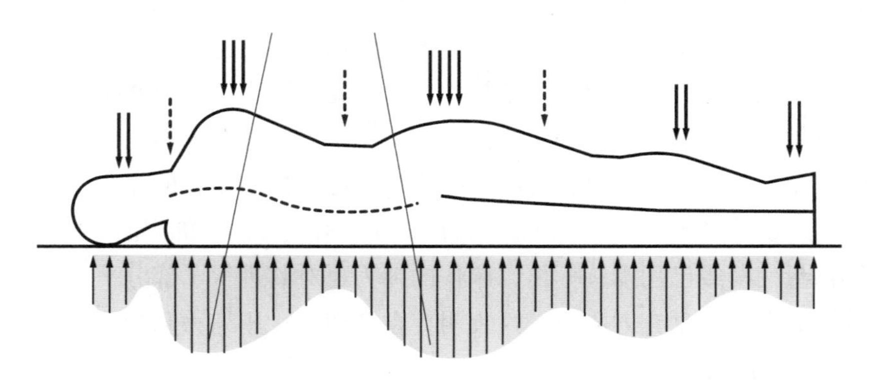

图4-17　侧卧时床垫太硬对人体的影响

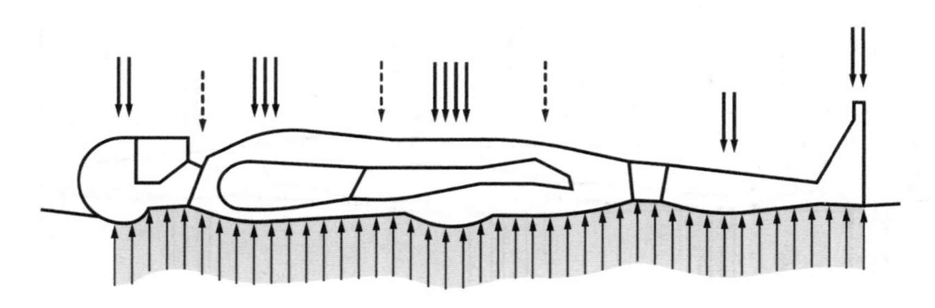

图4-18　仰卧时矫形床垫对人体的影响

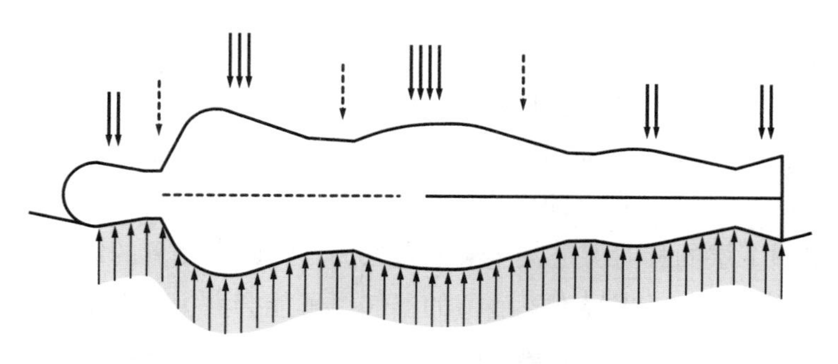

图4-19　侧卧时矫形床垫对人体的影响

静卧2~3h以上产生的压力会导致身体产生不可逆转的变化，躺在不合适的床垫上造成的过大的点压力会抑制甚至阻止骨原位上方皮肤的血液流动，导致细胞缺乏氧气和营养供应，从而缺氧死亡。在骨骼用力挤压组织的地方压力会增加，血管管腔会缩小，这会导致皮肤组织受损，此时外表面的应力比由此产生的内力小3~5倍。因此，必须适当降低32mmHg的压力极限值，在这个数值下毛细血管管腔会被关闭，将其降至6.4~6.5mmHg的水平，每当压力超过这个值，就会导致静脉闭合和动脉闭合，从而导致血液流速减缓或血液循环停止，严重还会造成局部缺血和坏死。

因此，家具设计师应考虑到上述影响，不仅要注重家具的形式，还要注重功能和结构的解决方案。床垫是为睡眠和休息而设计的产品，由多层结构组成，这些床垫可能由不同的材料制成，如海绵、草棕、弹簧、乳胶等，这些材料不仅在形状和尺寸上存在差异，而且在物理性能上也存在差异。因此，在规定床垫的特性时，应规定对睡眠质量有影响的参数，并考虑产品形状和材料特性方面的要求。

决定躺卧家具使用的舒适性和安全性的主要因素有空气流通、床垫表面温度、湿度循环、床垫柔软度和耐用性。在日常工作和活动中，当人处于清醒阶段时，每个有机体的正常运作都需要适当的物质条件。睡眠时也是如此，最佳的睡眠条件可以让人有足够长的睡眠时间，并得到治疗和放松。

（1）空气循环　床垫的通风由合适的底座和框架提供，其结构对塑造床垫的形状，尤其是床垫整体尺寸至关重要。基于弹簧系统的床垫通常能在其结构内部提供舒适的空气流通。床在使用者体重的作用下的变形可促进空气流通，使床垫使用起来更加清爽。泡沫材料通常具有多孔结构，一般情况下可以促进床垫内的空气流通。乳胶床垫则不透气，在生产过程中需要人为制造透气的通道。

（2）温度　不仅在人睡觉的房间里要保持特定温度，而且在身体附近（被子、毯子下面）保持特定的温度对人体来说也是非常重要的。研究表明，睡眠质量与人体的体温调节有关，当体温下降约0.15℃、表皮温度同时升高约1.5℃时，人就会开始感觉到困意。与此相反，处在高温下的人体会自己阻止进入睡眠。所以，理论上只有神经元刺激皮肤提高温度，同时向外排出热量时，才会激发日常的睡眠倾向。与不舒适的床垫相比，当睡在舒适的床垫上时，皮肤温度会保持在较高水平。睡眠时体内温度下降是正常现象，用户的体温在1.5h内下降约0.4℃，经过约8h的睡眠后会恢复到正常值36.6℃。无论室内温度如何，床的温度都会升高约2℃，并在4h内升至比初始温度高约10℃。床的使用者放出热量的能力或床接收热量的能力取决于产品内衬和覆盖层中所用材料的类型。因此，寝具应提供足够的隔热条件，能调节温度，以防止身体过热导致的昏昏欲睡，进而影响睡眠过程。

（3）水分循环　人在一夜之间会流失大约0.5~0.75L水，这导致床垫内的水蒸气含量大大增加，床垫中下层的相对湿度甚至会超过70%。因此，寝具的制作材料必须具有良好的吸湿和排湿能力。在适当温度下残留的湿气很可能会滋生各种细菌，影响人的身体健康。随着床垫厚度的增加，其隔热性能也会增加，不同材料的组合会显著影响睡眠时人体附近的微气候。尽管床垫内的湿气会变化，但室内空气的相对湿度不会发生明显变化。随着水分的流失，人会通过脱皮来去除废旧的角质层，这就导致床长期成为螨虫的理想栖息地，并产生一种强烈的过敏源——蛋白质酶。因此，有必要使用能防止微生物沉淀或至少能减少这种现象的材料。例如，具有抗菌和抗过敏特性的棕垫或泡沫。

（4）柔软度　人在睡眠过程中会改变身体姿势约40~50次，根据性别、年龄、身体素质和喜好，最多可改变21种姿势。这种不安稳的睡眠往往与床垫所用材料的柔软度不当有关。当接触面压力达到临界值时，人就会感到不舒服，并试图通过改变身体姿势来缓解这种不适感。人在睡眠时，神经肌肉活动处于较低水平，作用于身体的主要力是重力。在床垫上休息时，这种力会导致软组织变形。所以，使用舒适床垫的关键评估应包括人体脊柱线的形状、人体压力的大小和分布以及床垫的制造等级。研究表明，能使脊柱线形状与站立时保持的形状相似的床垫是最舒适的。形状差异越大，床垫就越不舒适。因此，结构合理的床应该以连续的方式支撑脊柱，床垫对身体的反作用力应在各种姿势下保持均匀分布，当改变身体突起的位置时，床垫应在小曲率半径上发生变形，同时支撑整个身体。在制造符合人体工程学的床垫时，不仅要在各种姿势下为身体提供适当的支撑，还要对床垫的硬度进行分区，帮助用户采用个性化的方法来选择床垫。这涉及底座产生的压力的不均匀分布。研究表明，最大的压力总是出现在肩部、臀部和肘部周围，最小的压力则积聚在膝盖和脚踝周围。

（5）耐用性　床垫的耐用性很大程度上取决于产品的使用程度和使用频率，也与所用材料的特性以及吸收和保留的水分数量有直接关系。据了解，床垫的耐用性估计为10年左右，但出于卫生原因建议使用约5年后进行更换。此外，通过给床垫建立不同压缩性的泡沫分层系统，可以调节聚氨酯泡沫软垫层的柔韧性，这种系统的调节程度取决于组成泡沫的压缩性多样化，多样化越大，调节程度就越高。系统的变形特性则取决于泡沫层的阵列、厚度和相互之间的位置关系。

（6）危险性　目前，弹性层填充物除了使用弹簧，泡沫材料的广泛使用也导致了一些与其化学性质有关的危险。研究表明，软垫材料，如羊毛、丝绸、亚麻、棉花和聚氨酯等，在燃烧过程中会释放出对人体非常危险的产物，如二氧化碳、一氧化碳、氰酸盐、异氰酸酯或氰化氢，而且根据材料的不同，燃烧时的温度可以达到185~340℃。因此，填充物要选择能最大程度降低着火风险和持续起火风险的材料，床垫的覆盖层必须绝对由具有阻燃效果的材料制成。

第5章 定制家具设计

在定制家具的设计过程中，需要考虑设计流程、设计原则以及定制家具服务设计这三个核心领域。定制家具设计的过程不只是简单地绘制图纸，更是将美观性、功能性和实用性完美结合。设计师在努力满足客户的各种需求时，也应思考如何让家具与空间更为完美地结合，从而增强整体的审美体验。对设计流程的进一步完善不只是提升了工作的效率，确保了设计的高质量和客户的满意度。科学的设计方法和个性化的定制服务构成了成功家具设计的关键支撑。为客户提供定制化的家具定制服务。

5.1 设计流程

全屋定制是集家居设计、定制、安装等服务为一体的家居装修行业，根据消费者的需求和喜好，按照一定的尺寸和风格，定制出满足个性化需求的家具。整个设计过程遵循“以人为本”的原则，满足消费者的个性化需求为根本目标。

★小贴士★

定制家具的设计流程一般包括以下几个步骤：

1）咨询与沟通。客户与设计师进行咨询，了解客户的需求、预算、空间、风格等，设计师提供专业的建议和方案。

2）测量与绘图。设计师上门测量客户的空间尺寸，根据客户的需求和喜好，绘制出平面图、效果图、施工图等，供客户确认。

3）签订合同与付款。客户与设计师签订合同，确定好家具的材料、颜色、款式、价格等，支付定金或全款。

4）生产与安装。设计师将图纸交给工厂，工厂按照图纸生产出家具，然后送货到客户家中，进行安装和调试。

5）验收与售后。客户验收家具的质量和效果，如有问题及时反馈，厂商提供售后服务和保修。

5.1.1 咨询与沟通

为客户提供全屋定制的咨询和沟通是至关重要的一步，这不仅关乎如何满足客户的独特需求，还涉及如何确保定制的最终效果能够满足客户的预期。

1. 进店前客户选择

品牌选择是消费者选购定制家具的第一步。不同的定制家具有其不同的产品优势，主要区别在于家具的价格、家具品质、家具设计效果、服务质量等。目前市面上全屋定制的品牌有很多，知名品牌有索菲亚、欧派、尚品宅配、顾家家居、好莱客、我乐等。消费者可在价格能承受的范围之内尽量选择知名品牌。选择产品时，消费者会根据自己家庭空间的具体情况，结合家装风格与收纳要求来进行。

2. 客户进店接待

当客户选择本店时，本店的销售人员作为终端销售的服务者，要求有礼貌地迎接，亲切地询问客户有何种需要，主要帮助客户了解全屋定制的相关内容，详细介绍所需家具各方面的内容，目的是让消费者了解家具商品是否符合自己所需，以辅助消费者做出决定，实现购买。一般的导购的内容主要有家具的形式、功能、品质、材料、构造等内容。当销售人员接待客户完毕后，店面会分配专业的设计师与客户进行沟通。

★小贴士★

设计师与客户进行初步交流。其次，与客户深入沟通，设计师能够更好地理解他们的生活习惯、家庭背景、独特的需求，以及他们的预算和时间安排等相关信息。设计师在明确了客户的核心需求之后，会为他们提供有针对性的建议，帮助他们达到更出色的个性化定制效果。比如说，设计师有能力根据客户的具体需求和财务预算，向他们展示品牌、产品以及相关的参考实例，进而激发他们的初步合作意向。

3. 用户画像

用户画像的本质是用户需求描述，一种刻画用户需求的模型（图5-1~图5-3）。

基本信息

- 姓名：××
- 学历：本科
- 年龄：30
- 地区：上海
- 性别：女
- 职业：市场营销专员
- 婚姻：未婚
- 月薪：1.5w
- 兴趣爱好：阅读和旅行，艺术展览

生活状态

- 毕业有几年了的白领，离开父母在大城市打拼，只有过年过节少数时间才能回家看看，好在家中父母身体健康，工作轻松，无生活和经济压力，收入还算可观。
- 经常线下购物，偏好国际时尚品牌，预算中高档。

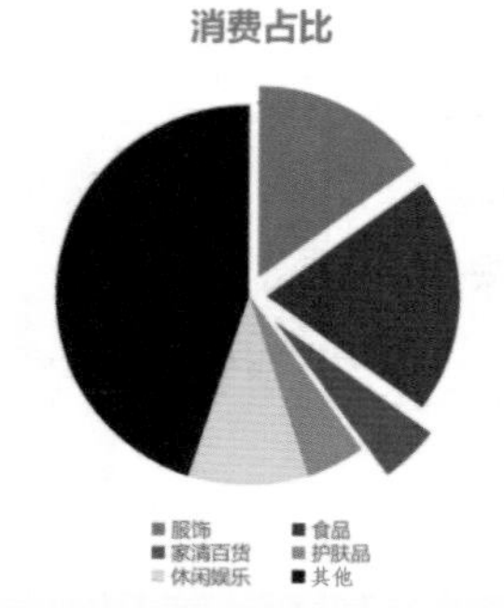

挑战与需求

- 日常挑战：工作压力大，时间管理困难
- 期望解决的问题：寻找更高效的工作和生活平衡
- 需求与期望：寻找健康生活方式的建议和工作管理工具

图5-1 用户画像

居家行动轨迹

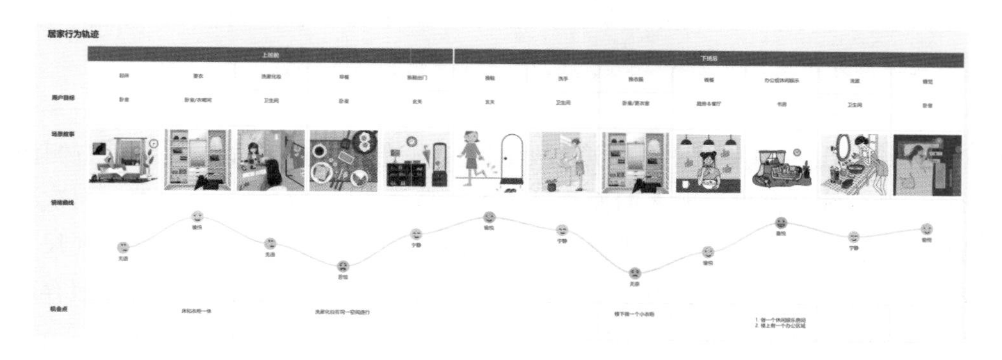

图5-2 居家行动轨迹

Design concept

设计理念：“她”时代

图5-3 设计理念

5.1.2 测量与绘图

在销售过程中，设计师或测量人员需要前往客户家中进行初步的测量工作，以便获取关于房间尺寸和布局的详细信息，这些信息将被应用于接下来的全屋定制个性化设计过程中。全屋定制测量与绘图是一个需要细致和精确的过程，需要专业的人员和设备来完成，以保证最终的定制效果符合客户的需求和期望。

1. 测量部分

当客户确定其购买的家具品牌及相关家具产品以后，需要由专门的设计人员上门进行量尺，详细确定家具每个方面的尺寸，以便设计出来的家具满足客户住宅空间的需要（图5-4）。量尺的内容主要针对客户所需的家具空间尺寸，包括家具墙面的长、宽、高，柱面的尺寸和位置，门窗的尺寸和位置，家具摆放的位置和尺寸等家庭空间尺寸。注意：量尺需现场简图速记。在没有开始签订合同之前，设计师只有一次量房机会，签订合同之后才能有一次复尺（再次核对现场尺寸）的机会，因此设计师需要把握量房机会，既要与消费者保持良好沟通，询问消费者对每一个房间的设计需求，又要快速、准确地完成量房工作。

★小贴士★

在测量室内尺寸时，采用先后顺序原则，以某个点为起点与终点，测量完毕后回到这个点位，才不会出现尺寸误差，也不会遗漏测量的尺寸。

首先，绘制出简易平面图，从进门处测量，一般从左侧出发，最终在右侧测量完毕，形成一个环线。其次，顺着墙面测量，不要越线或随意测量某个位置。再次，逐个房间测量，测量完一个房间才能进行下一个房间。最后，检查平面图上的重要尺寸是否测量完毕，对一些细节尺寸，可以引线出来，画出局部尺寸图，或用手机拍照存起来，方便其后精准画图时有据有依。

（1）卷尺测量　卷尺测量是指利用卷尺作为测量工具的测量方法。卷尺是日常生活中常用的工量具，钢卷尺（图5-5）常用于建筑和装修，也是家庭必备工具之一，另外卷尺还包括纤维卷尺等。

测量时，钢卷尺零刻度对准测量起始点，施以适当拉力（拉尺力以钢卷尺鉴定拉力或尺上标定拉力为准，用弹簧秤衡量），直接读取测量终止点所对应的尺上刻度。在一些无法直接使用钢卷尺的部位，可以用钢尺或直角尺，使零刻度对准测量点，尺身与测量方向一致；用钢卷尺量取到钢尺或直角尺上某一整刻度的距离，余长用读数法量出。

（2）测距仪测量　测距仪是一种测量长度或距离的工具，同时可以与测角设备或模块结合测量出角度、面积等参数（图5-6）。测距仪的种类有很多，通常是一个长形圆筒，由物镜、目镜、显示装置、电池等部分组成。它可以非常方便地测量距离、面积、体积和角度，给测量工作带来了极大的便利。

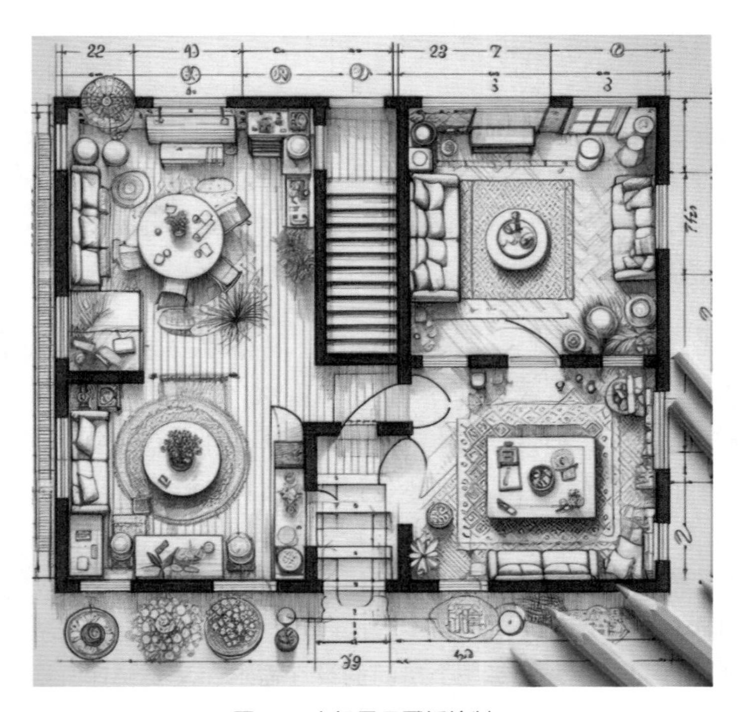

图5-4　上门量尺图纸绘制

图5-5　钢卷尺

图5-6　激光测距仪

初次测量需要绘制所测量房间的草图，包括平面图、立面图等。

1）测量房间的尺寸，包括房间的大小、长宽高、门窗位置等，以便确定家具的摆放位置和尺寸。

2）测量墙面的面积和形状，以便确定墙面定制的家具的尺寸和样式。

3）测量地面和顶棚的面积和高度，以便确定地板、地毯、吊顶等材料的用量和尺寸。

4）测量窗户、门和其他障碍物的尺寸和位置，以便确定家具的摆放位置和尺寸。

5）测量水电、设施位置，包括开关、插座、给水排水管道、电表箱、烟道、煤气管道的位置、尺寸、离地高度等相关数据，以及各种电器、设施及五金配件的尺寸。

最后，拍照记录整个测量的情况，以便后期检查尺寸。

★小贴士★

复尺注意事项：尺寸需精确到毫米级，角度需精确到分级；确定房间净高及墙体、梁、柱的尺寸和角度；检查管线、开关、配电箱的位置；确认是否有石膏线或顶棚造型；确认基材和踢脚线的高度、厚度、材质以及是否贴壁纸；确认中央空调的位置；确认衣柜是在铺地板之前还是之后安装。

2. 绘图部分

测量之前，首要工作是获取相对最准确的户型照片，最好找出购房合同附件页，可直接用手机拍照；保存好户型图照片，使用Sketch Up、AutoCAD或其他绘图软件制作无任何标记的等比例户型图，打印后备用。如果是临时量房，现场直接绘制的手绘户型图更需要拍照留存，一旦丢失原始手稿，后期绘制图纸将十分麻烦。

使用卷尺、激光测距仪等工具进行准确测量，并记录下来。注意测量包括居室面积、细节尺寸，特别是定制家具的部分，如异形和多边形的测量、吊顶高度、门套厚度等。

1）细节拍摄。在拍摄时，注意物品的摆放位置，尽量将它们拍进照片中，以便于后期制作人员判断家具的摆放位置和空间大小。

2）多角度拍摄。在测量各房间宽度时，如果使用了激光测距仪，需进行三次测量，即在距地约300mm、1000mm、1800mm高度处，可以从左往右、从右往左得到多个测量值，以便消除操作误差及评估墙体垂直度。毛坯房测量时可粗略按最小值记，如果是定制柜体，则必须逐点记录数据，以免出现因尺寸误差而导致安装失败。

3）重要尺寸拍摄存档。厨房需要记录的管线点位及相互关系包括但不限于：下水立管位置及距墙尺寸、水槽排水管定位尺寸、水槽排水管与下水立管的连接位置、地漏中心的定位尺寸、烟道方向及尺寸、地暖集分水器的三维尺寸、地暖集分水器与墙体或烟道之间的定位尺寸、燃气管道的定位尺寸、有可能放置冰箱的若干位置。

卫生间需要记录的管线点位及相互关系包括但不限于：排污口的定位尺寸（包括坑距）、下水立管的定位尺寸、洗面台盆水管的定位尺寸、地漏数量与各定位尺寸、浴缸预留排水管的定位尺寸、卫生间排风孔的尺寸及位置、卫生间窗户的定位及高度、卫生间门洞的周边尺寸。在实际设计中，做完以上这些基础整理工作，设计师还需要根据交付要求或者施工要求，整理出不同的图纸格式，方便查阅。

3. 方案设计

★小贴士★

在确定空间尺度以后，设计师会根据家庭成员构成（包括文化背景、个人喜好等）、家庭生活状态、生活习惯以及生活方式等基本情况，从专业的角度与客户的需求，对家具进行初步设计，再约见客户确定方案。

客户可以根据自己的需求提出修改意见，并与设计师进行沟通，完善方案。经双方多次探讨之后，确定最终的设计方案。

设计师会根据消费者提交的需求，综合尺寸、风格、材料等因素，结合消费者的意见设计方案。消费者对设计不满意的地方可以调整，最后予以确认。设计师需要与消费者沟通好定制家具的风格、款式，并确定家具定制所用的材料。全屋定制家具的设计图既是设计师对于设计方案构想、创意的具体体现，也是消费者、设计师、施工员三者之间沟通的有效工具。因此，设计师在与消费者确定方案的过程中，绘图是必须掌握的基本功。设计师不能单凭口头解说而造成无图纸施工。应以图式语言为主来表达设计意图。

（1）徒手绘制草图　徒手绘制草图多用于方案构思和方案介绍，是设计师表达设计方案的方法，具有快速方便、简单易懂的特点（图5-7）。在消费者对设计产生疑虑时，设计师可以将设计最大程度细节化，通过快速手绘的方式让消费者在短时间内明白设计的要点，这种方法适合与消费者面对面谈方案时使用。

图5-7　徒手绘制草图

（2）计算机制图　工具绘制一般用于正式的设计方案和施工图表达。而现在定制家具设计的绘图一般都用计算机完成，不仅可以绘制平面图，还可以绘制立体的彩色效果图，具有快速、方便和便于修改的特点（图5-8）。此时，有时还可以采用一些辅助的方法，如通过计算机三维动画、室内模型和材料实物样板等进行展示，在设计师接单时都可以起到很多好的作用。

依据测量获得的数据，进行基础平面图绘制，可直接向消费者索要购房附件中的原始平面图，打印出来即可使用。一些楼盘开盘后在网站上留有户型图，可直接下载，提前为量房做好准备。

1）原始平面图。首先，在AutoCAD中建立绘图模板，设置好页面尺寸数据。然后，结合现场测量尺寸，在AutoCAD中按步骤绘制出墙体、门洞、窗户的位置。接着，结合细节尺寸与拍摄照片，对图纸进行精改，保证每个房间的尺寸与测量数据基本吻合。最后，划分每个房间的功能，标注每个房间的面积与名称，对整个室内尺寸进行标注。

2）平面布置图。平面布置图是根据消费者的需求，在原始平面图的基础上进行布局（图5-9）。绘制方法如下：首先，确定好家具风格，从图库中选择合适的家具模型。然后，将需要定制的家具在图中绘制出来，如橱柜、衣柜、酒柜、书柜、展示柜等。接着，遵循消费者的使用习惯，将空间内的家具合理布局。最后，检查各个房间中家具与家具之间的尺寸是否合理，是否存在阻挡问题。例如，床与衣柜太近，人在站立时无法打开衣柜等问题将直接影响消费者的生活质量。

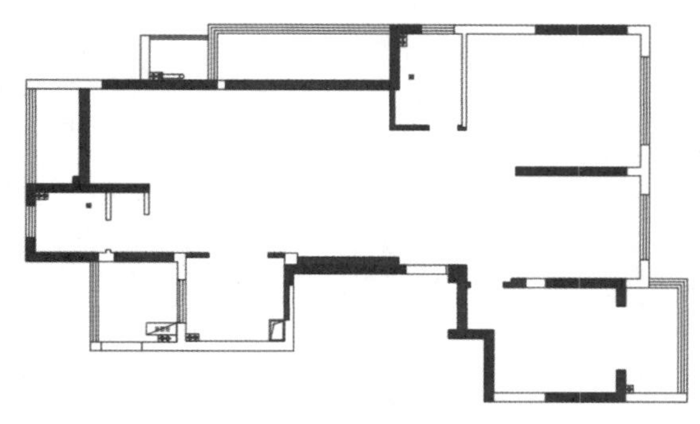

图5-8　CAD基础平面图绘制

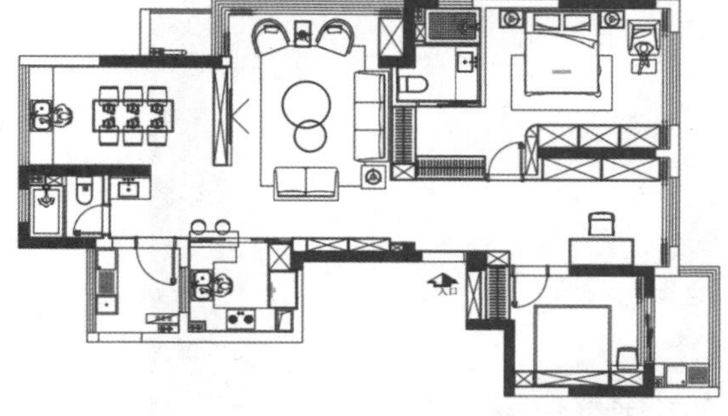

图5-9　平面家居布置图

3）定制家具尺寸图。定制家具需要绘制出家具的三视图（俯视图、侧立面图、正立面图）与局部细节构造图。在尺寸图中，需要准确标注出家具的长度、宽度、高度、深度、厚度等尺寸。以衣柜为例，深度一般为550~600mm；高度分为到顶与不到顶设计，一般为2200~2400mm，在设计中要标注清晰；长度依照墙面的长度来定；平开门柜门宽度一般为450~600mm。推拉门宽度一般为600~800mm，根据衣柜的长度来设定柜门的宽度与扇数。定制酒柜的深度一般建议在35~40cm之间，这样可以确保标准酒瓶能够轻松放置和取出。酒柜的高度通常不要超过180cm，以便于拿取酒瓶。每层的高度建议在30~40cm之间，以适应不同尺寸的酒瓶。宽度则可以根据存放酒瓶的数量和摆放方式来决定，一般在30~90cm之间。酒柜的开合方式有单开门、双开门、开放式等。选择哪种方式取决于你的使用习惯和空间布局。酒柜的材质通常包括实木、木板、不锈钢等（图5-10、图5-11）。

图5-10　定制酒柜效果图

绘制方法：首先，将平面布置图中的定制家具所在的位置复制到另一个AutoCAD模板中，将多余的墙、布局设计删除，保留家具倚靠的一面墙，依次为依据展开绘图；其次，将定制的家具在立面图中绘制出来，并指定家具材质、风格样式等；再次，按照平面布置图分别绘制出家具的三视图、局部细节图；最后，对绘制完成的家具进行尺寸标注与文字标注，绘制图框，家具尺寸图完成。

软件设计：目前，国内定制家具市场上常用的设计软件有圆方、华广、金田豪迈、2020软件、3D云设计系统以及酷家乐、三维家等。这些软件的模块功能基本相似，大致可以分为几大部分：家具设计模块、环境设计模块及图纸输出模块等。

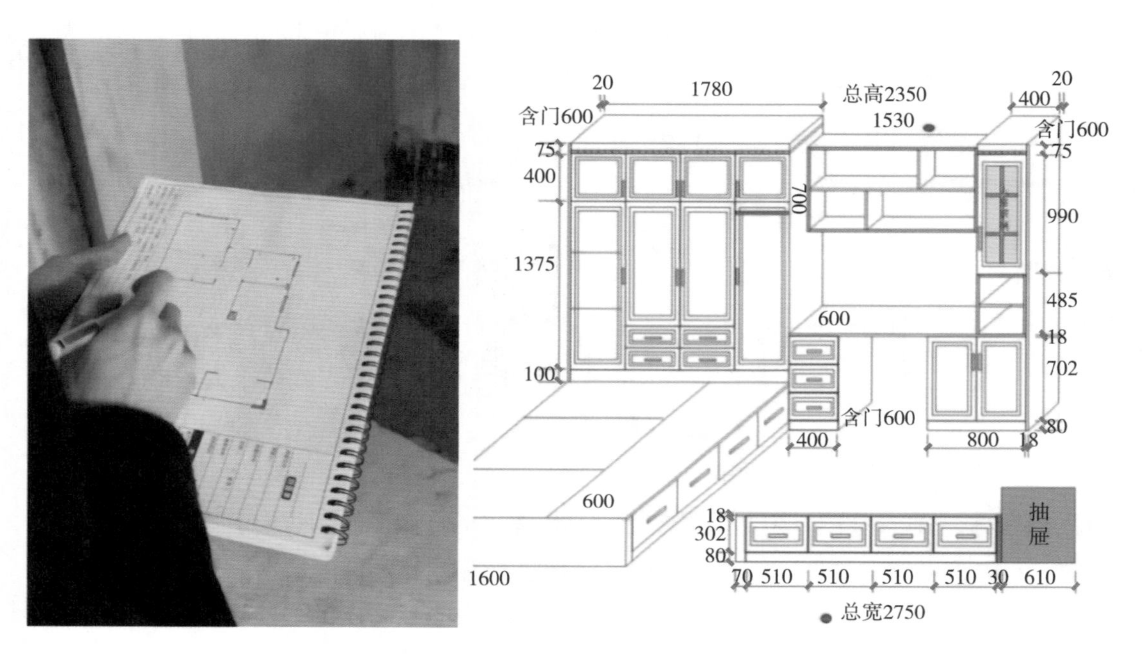

图5-11　现场尺寸测量与家具尺寸

5.1.3　签订合同与付款

全屋定制的签订合同与付款是一个需要仔细考虑和协商的过程，注意事项见表5-1。

表5-1　全屋定制注意事项

序号	大项	小项	注意事项
1	注明环保等级	注意细节	柜门、层板、隔板、背板的环保等级要分开写
			索要检测报告
		商家常见操作	1. 只写X基材，品牌名未见标注，后期若发现假板难维权
			2. 只写E0级，板材基材释放量X多少未标注，后期若发现甲醛超标无法维权
2	明确封边工艺	注意细节	柜门、柜体、背板是Eva封边、Pur封边还是激光封边，三者分开标注
		商家常见操作	1. 有些商家所说的Pur封边，指的是柜门Pur，柜体Eva，背板Eva封边甚至无法封边
			2. 有些商家所说的激光封边，但是使用的是手工封边

（续）

序号	大项	小项	注意事项
3	注意套餐陷阱	注意细节	开灯槽——是否收费？
			见光板——是否另外加钱？报价标准是按照柜门还是柜体来算？
			收口条——是否要另外加钱？按照什么标准收费？
			一门到顶——超高板是否要另外加钱？
			调整定制柜内部结构——增加/减少层板、竖板是否要另外加钱？
			换同花色或花色升级——是否要另外加钱？
		商家常见操作	1. 有些商家对层板数量没有限制，但是商家是有要求的，提前问清楚
			2. 套餐内柜门柜体背板可选花色没有重合的，不得不更换花色，需额外收费
			3. 收口条一般都不收费，但不排除个别品牌
4	问清增项内容	注意细节	常见增项有：拉直器、灯带、抽屉、拉手等
			不常见增项有：柜体深度、特殊工艺等
		商家常见操作	1. 套餐内衣柜深度只有500~550mm，去掉背板和柜门的厚度，柜体深度不够日常使用
			2. 合同一定要写上保证在送货到安装结束前没有其他费用增加
			3. 低价引流的报价只含最低配的五金和柜门柜体，后续增项多且贵
5	明确五金条款	注意细节	明确铰链、导轨、拉篮、首饰盒等五金的品牌、型号、数量、质保期限、单价、总价
			在合同上要写上正品保障，假一赔十
		商家常见操作	1. 五金品牌作假
			2. 套餐五金升级或更换，有些商家是补差价，但有些商家是直接收全款五金
6	确认图纸	注意细节	业主只对所选花色/款式确认，像具体尺寸、工艺等由商家负责
		商家常见操作	1. 商家给的图是黑白的，所选花色根本识别不出来
			2. 尺寸测量有问题、工艺出现问题在全屋定制中常发生，商家根本没有那么认真去负责
7	关于计价方式	注意细节	展开面积/投影面积/延米计价？
			按投影计价，包含多少抽屉/挂衣杆等?对层板竖板数量是否有限制？
		商家常见操作	1. 部分商家的报价单是展开面积混合着投影面积计价
			2. 部分商家抽屉/挂衣杆是额外收费，或者客户不主动提及不会告知
8	问清价格	注意细节	最终是否包含运费、上楼费、管理费？
			千万不要一次性付清全款！好的付款比例是：定金10%，下单50%，送货30%，尾款10%
		商家常见操作	1. 有部分商家要求全款才安排生产，一次性付清后就没那么殷勤用心或磨洋工克扣材料
			2. 运费和上楼费提前商议好，避免后期临时再加钱
			3. 管理费提前商议好，避免后期自己因延误工期，被商家收取场地管理费
9	确定日期	注意细节	明确送货日期、安装日期、交付日期
			并做好应对延期的措施
		商家常见操作	后期延期误工，根本催不动

（续）

序号	大项	小项	注意事项
10	关于质保期限	注意细节	明确质保范围：比如柜门变形，柜门倾斜脱落，铰链松动，翘边，柜门表面开裂，等等
			不要光听商家说质保是5年，合同中标明“质保年限+质保范围+超过质保如何处理”
			柜子、五金分开谈质保期限，时间越久越好
		商家常见操作	有些商家都是口头承诺
11	确定几个细节	注意细节	门板是通顶的还是露出封板？
			封板/见光板是否与柜门同色同质？
			确定好板材花色之后，拿块色板，后期板材进场可以对比看看
			五金数量是否可以多退少补？
			槽式+厚拉条还是三合一钉？
			如验收有假，假一罚十
		商家常见操作	1. 板材被偷梁换柱，花色、基材与订单不符
			2. 有些商家不会真正的一门到顶，尽管承诺通顶，但实际还是露出封板
12	隐藏关卡问题	注意细节	问清工厂运营年限
			安装团队是自有的还是外包的?团队是否固定？
			能否看商家本地近期在施工或已经完工的工地？
		商家常见操作	1. 皮包品牌，没有固定合作工厂或合作工厂太小，运营年限短不稳定，保不齐就倒闭了
			2. 安装团队是外包的，技术不稳定，素质难保证，磕着碰着维权又难
			3. 去商家工地可以发现很多问题，有些商家一般不太愿意
13	关于售后问题	注意细节	拒绝口头承诺，一切承诺内容都标注在合同里，白纸黑字抵赖不得
			验收时如果发现质量问题，返工或者更换所产生的费用由商家承担
			售后费用由商家承担，上门时间一周比较合适
		商家常见操作	小品牌直接联系不到人，或者推三阻四不愿意承担

5.1.4 生产与安装

设计师与客户签署了合同，并在客户完成付款后，设计师把设计图纸递交给工厂，在这个过程中，图纸将详细列出每一个部分和细节，作为后续生产和安装的指导。工厂依据设计图启动家具生产流程，选用的材料将按照最初的选择进行，并根据设计要求进行家具和门窗的个性化定制。

1. 定制家具设计

（1）设计方案　在接受到来自线上或线下门店的销售订单后，设计师会根据消费者的住宅尺寸进行方案设计，并在消费者同意其方案后将所设计的图纸作为订单方案提交到工厂。方案内容包括所选板材色彩、效果图、三视图等信息。

（2）方案审定　专业设计师的图纸方案在人体工程学、实用性等方面是没问题的，但是偶尔也会将定制家具的设计尺寸弄错，所以工厂一般都有审核图纸方案的技术人员。

（3）BOM清单　BOM清单即原材料明细表，包括五金配件清单、外协备件清单等。设计师应将产品的原材料、零配件、组合件予以拆解，并将各单项物料按物料代码、品名、规格、单位用量、损耗等依照制造流程的顺序记录下来，排列为一套综合清单。

2. 定制家具制作

无论是定制衣柜、电视柜还是酒柜等柜体，每件家具产品生产之前都要先经放样师放好样，确认无误后才能开料制作。

（1）下单生产　根据客户的需求和房间的实际情况，由设计师制定出详细的设计方案，包括家具的布局、颜色、风格、功能需求等。客户支付部分定金，确定订单。设计师根据客户所确定的订单，通过定制设计软件生成所需图纸发送给工厂进行订单的生产安排。工厂则需要30~45天的时间内生产好并发出。

（2）拆单　工厂专门的家具结构工程师会根据设计图和客户要求，将家具图纸进行技术分解、拆单，拆分为各个零部件，每一个零部件都有自己的编号，计算机系统根据编号再详细落实生产信息。

（3）图纸审核　全屋定制家具的设计图以及家具零部件图还需要定制家具工厂的技术审核员进行审核，确认无误后才能够下料生产。图纸绘制不规范、图纸结构绘制不清晰、分解拆单不严密，不但会影响技术审核效率，还会为排孔、立装和手工特制等工序造成较多的麻烦，影响生产效率，因而在正式下达生产任务之前，必须对图纸进行审核，确保不会出现失误。

（4）选料开料　选用的木材要纹理美观、重量适中、强韧度好；要注重木材质量，剔除死节、爆裂、发黑、发霉、树芯线等缺陷，体现良好的用材水准；每件产品都是按照图纸上的尺寸比例开好料，开好料的产品则拿到木工车间开始制作。根据设计图，使用切割机等设备将板材切割成相应的尺寸和形状，以备后续的组装和加工。

（5）封边　定制家具板件的封边与普通板式家具基本一致，为了适应小批量、多品种的要求，封边工序做了大量优化。定制家具主要采用自动封边机对家具板件进行封边，特点是美观、自动化、高效率和高精度。目前，该方法已经在国内定制家具生产企业得到广泛的应用。国内当今仅生产直线全自动封边机，曲线异形封边尚未涉及，因此，一些异形家具需要手动封边。全屋定制封边技术主要有EVA封边、PUR封边和激光封边三种：

1）EVA封边即传统热熔胶封边，是白色颗粒珠状物通过加热施胶，采用EVA进行封边一般会使用pur封边双倍的胶水，所以容易溢胶，会存在高温环境开裂溢胶的问题，不建议厨房使用。辨别方法：浅色柜胶痕比较明显，用火烤即开胶。

2）PUR封边采用的是德国的PUR液体胶水，黏性强，胶线比EVA细一点，使用量却不足EVA的一半，主要靠湿气固化，不易受温度影响导致开裂，稳定性非常强，而且耐潮耐热，也没有胶痕，美观度比EVA高。很多大品牌如索菲亚等柜门采用PUR封边，柜体采用EVA封边。PUR封边用火烤不会发生变化。

3）激光封边采用激光技术和专用封边条，因为机器昂贵，目前市场上很少，它是无胶水进行封边的，不会有绞线，平整度非常高，美观度好，环保性能是三种中最好的一种，当然也是最贵的。

总的来说，从品质与价格上来说，激光封边>PUR封边>EVA封边。如何选择就看大家的使用需求了。

（6）排孔开槽　全屋定制家具的排孔开槽大都是由机器完成的，即数控钻孔中心。数控钻孔中心只需对板件的条码进行扫描后，便可以在一台设备上对板件的不同位置、不同方向的排孔出进行钻孔、开槽、加工，效率高，差错率低。32mm系统是大规模定制板式家具的重要技术基础。避免了传统板式家具槽孔加工环节中多台设备调整复杂、工序繁多的缺点。

（7）家具立装　立装又叫试装，是将已经全部加工好的定制家具的所有零部件进行组装的一个检验环节。立装环节不需要操作机器，比较容易上手，但是要求熟练掌握定制家具的结构和工艺。在定制家具生产中存在的立装问题大多是因为立装遗漏细节所致，因此制定详尽的立装工序操作规程是减少立装工序差错率的有效手段。

所有的板材制作完毕后，需要进行预安装，这样的做法能够避免多发、漏发板件与配件，最重要的是，经过预安装能够快速发现板材是否存在质量问题，及时消除隐患，杜绝劣质板材流入市场，树立定制家具品牌的形象。

定制家具在送交消费者签收之前，会预先在生产车间进行组装试验，主要的目的是：复核家具尺寸，检查家具的钉眼位置、板块数量是否正确，核对收货地址信息。

（8）修补　定制家具工艺精湛，在各环节的运输过程中，难免会有少许的摩擦与碰撞，因这些极其细微的伤痕而直接报废板材显然不是明智的做法。破损的板件经过修补处理后，也可以呈现良好的效果。

★小贴士★

修补方式。

①制作腻子粉。将腻子粉加上颜料搅拌，调制成与板材相近的颜色，能够有效地遮住板材上的伤痕。

②修补划痕。将调制好的腻子浆涂在板件上，凝固后用砂纸打磨，让修补过的部位光滑平整。

分拣。当一个生产批次完成后，系统将订单依次从暂存位取下，通过条码识别，由输送系统分配到对应拼单口进行码垛、组盘，完成分拣、拼单的工作。完成组盘的订单托盘，在通过全方位外形检测和精确称重检测合格后可通过提升机及自动输送线进入智能仓库。

入库与出库系统：定制家具物料出入库系统主要是指通过库存情况的分析及订单要求进行物料采购，根据生产及非生产领料和成品及半成品的入库、出库管理，同时也包括企业内外发生的物料借入、借出管理以及库存进行盘点等。入库的具体内容包括家具零部件入库、实物入库等。所有物料的入库都是在建立物料信息编码库的基础上，将物料信息通过编码手段编入条码中，用条码技术的扫描或感应技术将条码信息采集并上传ERP做相关确认、处理。

（9）包装　预安装没有问题，检查板件没有磕碰受损后，就可以将板件包装，等待物流运输。为了保证板件在运输过程中不受损坏，一般都要先用珍珠棉包好家具的各个部位，再用硬纸皮进行包装，封好胶带，钉好木架保护。

（10）安装　设计师在跟客户确定方案后，将方案细化为下单图传至工厂，工厂会根据下单图将家具拆为零部件图，并将其进行排号、生产，然后打包运输至安装现场。家具的安装由专业人员进行拆包、安装和调试。家具安装完成后，由客户确认，并付清所有费用。全屋定制家具生产结束后，商家会联系消费者，同时约定上门安装的时间。

1）提货与检查。安装人员将家具送至客户家中，按照清单所注明包数清点、核对货品。然后开箱检查内部家具是否有磕碰或划伤等运输问题，以区分责任方。同时，客户应检查收到的产品的外观或颜色是否与下单时购买的产品一致。如果有玻璃制品，检查是否破碎。注意，在安装前与业主进行验收对接，确保家具部件完好无缺。

2）保护家居。在安装前，应在地面铺设大纸板或地毯，以防安装过程中划伤家具表面。同时，在安装过程中，要做好对家中其他位置的保护，尤其是地板、门套、门、壁纸、灯具等，避免划伤，同时也要防止衣柜本身受到损坏。

3）组装。按照设计图和计划，将家具板材、硬件等进行组装和固定（图5-12）。如有玻璃制品或塑料制品，一定要检查是否有破碎或者变形等情况。

4）验收。安装完成后，客户应检查产品是否损坏，是否符合需求，还要检查现场安装过程中是否有任何切断或不合规的情况。

图5-12　家具安装

（11）验收与售后　全屋定制的验收和售后服务是确保家居质量的关键步骤。在所有设备安装完毕之后，客户需要进行验收。确保所有的定制家具都符合合同和设计要求、质量合格。如有问题及时提出修改意见，并联系厂家解决；如果没有问题，则支付尾款。在使用定制家具过程中，需要按照厂家提供的使用说明进行操作和维护。如果出现问题，可以联系厂家进行维修或更换。

1）全屋定制的验收标准主要包括以下几个方面：

①外观：检查定制家具的外观是否符合要求，柜体表面是否损坏、磕碰、掉漆等痕迹。同时，饰面板的色差和花纹是否与要求一致，有没有腐蚀点、死节、破残、接缝等问题也需要特别关注。

② 封边处理：检查家具的封边处理是否严密平直、有无脱胶现象，表面是否光滑平整、有无磕碰等也是重要的验收环节。

③做工：检查各个构件之间结合是否合理牢固，抽屉和柜门开闭是否顺滑、灵活，四角是否对称等，有没有存在松动、划痕、裂缝等现象。

④结构：家具的结构是否合理，框架是否端正、牢固。用手轻轻推一下家具，如果出现晃动或吱吱嘎嘎的响声，说明结构不牢固。同时，家具的垂直度和翘曲度也需要符合一定的标准。

⑤板材：查看板材的环保检测报告，保证甲醛释放量在标准范围内。检查板材的颜色、厚度、花纹是否与厂家订购的款式一致。同时，还要注意板材表面是否光滑有光泽，有无起皮、气泡、皱纹等质量缺陷。

⑥五金件：拉手安装是否工整对称，上下左右距离无偏差，无松动。挂衣杆、拉篮、裤架、挂衣钩等是否需要调整安装高度，牢固无松动，左右平衡在同一水平线上。轨道抽拉是否顺畅，手感是否出现阻滞现象，旋转收缩镜在抽拉时是否顺滑自然、无响声。螺钉应无突出、不歪斜。同时，所有定制家具的五金配件都应该是统一的品牌和Logo。

⑦尺寸：检查定制家具的尺寸是否符合要求，特别是对于有特殊需求的定制家具，如衣柜、橱柜等，需要确保尺寸符合要求，才能满足使用需求。

以上是全屋定制验收标准的主要内容，在验收过程中需要仔细检查，确保每一项都符合要求。如果有任何问题，需要及时与厂家联系解决。

2）框架验收标准：整体外形左右对称，各部位之间连接协调、和顺，框架牢固；整体颜色搭配协调，无色差。

3）门板验收标准：柜体内部清洁，不得遗留任何安装的工具、小配件或螺钉，不能留有安装画线的痕迹，不能有胶痕或灰尘。趟门上下高度保持同一水平，推拉顺畅、自然平稳，无异常声音，上下导轨定位准确且与顶部、侧板边缘对齐；门板及台面表面光洁，无生产或安装过程中的画线或污垢，无胶水痕迹或杂质附在表面，靠侧板处无明显缝位；门板安装稳固，开启灵活顺畅，旋转触感无折动与响声，拉手与铰链开孔位置缺口现象；拉手安装工整对称，整体门板线条平直，门板之间的间隙左右方向小于2mm，上下方向小于3mm。所有产品安装完工后，地面或墙面不得留有任何工作垃圾和杂物；门板与阻尼器接触自然，关上门板与阻尼器接触时，有平稳收缩性；门板、抽屉面的表面无刮花擦伤现象，整体门板、抽屉面无明显的色差。

4）抽屉验收标准：抽屉与两侧板的缝隙距离必须相等，不可出现抽屉偏向一边的现象。组装完成后，要从产品外表的正侧两面观看，抽屉的线、面必须横平竖直，能形成垂直的延长线。抽屉部位的清洁，应注意导轨部位不得有碎屑或灰尘。所有五金配件的表面无灰尘、手印及螺钉突出的现象。

5）收口验收标准：收口板件的裁切尺寸要精确，裁切后的边缘与墙体之间的间隙要紧密且上下一致。收口板件裁切后的边缘要细腻，无明显的嘣口或弧线，打玻璃胶后胶水痕边要宽窄一致。

6）柜体验收标准：柜体组装的配件要连接到位，柜体结构牢固，背板与柜体插槽之间衔接紧密，组装后柜体正面的基准测误差小于0.2mm（横向面积小于竖向面积）。下柜侧板组装要牢固紧密，上柜与下柜之间基准面一致，整组柜体高度应在同一水平线上。表面打磨光滑平整，无波浪凹坑，无磕碰划伤。无颗粒、灰尘、桔皮、雾光，漆膜均匀，无堆积，无明显色差、色团，砂穿漏底。棱、角、边要求无磕碰、划伤、漆流挂、砂穿。棱角分明，线型顺直流畅，宽窄、深浅一致，颜色无混染。

7）配件验收标准：铰链安装时螺母不能突出或歪斜，同一件门板上两个以上的铰链的底座或铰杯垂直度必须在一条直线上。导轨安装时螺母不能突出或歪斜，左右导轨安装与柜体正面进深一致，且在同一水平线上；抽屉或拉篮、裤架、格子架、旋转收缩镜在抽拉时顺滑自然，手感无明显阻滞现象，来回出入无异常声响。挂件、衣通、领带夹所在安装位置应尊重客户使用习惯，安装后要稳固安全、左右平衡，在同一水平线上。

8）清洁验收标准：柜体内部清洁，不得遗留任何安装的工具、小配件或螺钉，不能留有安装画线的痕迹，不能有胶痕或灰尘。门板及台面的表面光洁，无生产或安装过程中的画线或污垢，表面无胶水痕迹或杂质。抽屉部位清洁，应注意抽屉导轨部位不得留有碎屑或灰尘，抽屉内部和底部无明显的施工痕迹或灰尘。所有五金配件的表面无灰尘、手印及螺钉突出的现象。所有产品安装完工后，地面或墙面不得留有任何工作垃圾和杂物。

9）售后服务：售后服务是家装产品正常使用的重要保障。在使用过程中，如果有疑问，可以电话联系公司客服，进行有效沟通。保修期内家具本身出现问题，公司会委派专业人员上门进行保修服务，解决问题。保修期外，公司可按照合同中的保修项目，提供义务咨询服务或适当地收费维修服务（图5-13）。

★小贴士★

目前，全屋定制产品的柜体保修1年，柜门和五金配件保修3~5年。每家企业的具体保修时间略有不同。

全屋定制的商家一般会自动启动售后服务，给出全屋定制家具的保养方法，并提供终身维护和服务。定期回访客户，询问家具的现状。可在客户生日、节假日、酬宾日对原有的客户关系进行定期维护，收集相关信息。

全屋定制家具安装服务验收单				
顾客		地址：		
服务流程	1. 接单后提前预约，按时到家（定位发群） 2. 安装前检查地板墙壁木门有无划伤（拍照发群） 3. 安装过程有破损及时反馈（拍照发群） 4. 安装结束柜子拍照填写验收单（拍照发群） 5. 安装离场关门关水关电（拍照发群）			
服务标准	1. 红外线调平 2. 玻璃胶收缝 3. 撕标签、扣合页扣，贴钉眼 4. 锯口整齐 5. 柜子清理，垃圾规整			
分类	项目	内容	得分	
外观验收	收口	柜子靠顶靠墙缝隙处理	总分10	
	拉手	高度、垂直、水平	总分10	
	门缝	缝隙垂直、水平、宽窄	总分10	
	吊柜	高度、水平	总分10	
	挂衣杆	高度、前后距离	总分10	
	挂衣钩	高度、水平	总分10	
	玻璃胶	玻璃胶处理	总分10	
功能验收	门板	门板闭合顺畅	总分10	
	抽屉	抽拉顺畅	总分10	
	反弹器	弹起功能	总分10	
	拉篮	抽拉顺畅	总分10	
完成度验收	安装正确	各种柜子位置是否安装正确	总分10	
	安装到位	各种柜子是否安装到位	总分10	
	安装完成率	各种柜子是否安装完成	总分10	
点评与建议				
安装组长：		业主：		

图5-13　全屋定制家具安装服务验收单

5.2　设计原则

定制家具产品满足客户的个性化需求。每一位定制家具的客户均可按照自己的需要，定制自己想要的家具风格、款式、规格等，以满足自己对装修的整体要求，使装修变得自由化和透明化。由于市场需求，定制家具还需满足大规模生产要求。定制家具在前期的研发设计和后期针对个体用户的个性设计都应满足一定的设计原则，以解决大规模生产和个性化定制所产生的矛盾。

5.2.1　功能性

定制家具要满足使用者的功能需求，比如收纳、展示、休闲等，要合理利用空间，提高空间效率，避免浪费和堆积。

随着人们生活品质的迅速提高，家居物品的数量也在持续增长，这对传统家具的储存功能提出了更高的标准。即便是未装修的房屋，人们也需要提前思考家具的储存功能。全屋定制家具设计不仅充分考虑了业主的需求，还特别强调了家具的收纳功能，从而体现了全屋定制家具设计的实用性。

（1）优秀的柜体可以弥补户型的缺陷　有些户型可能不是标准的矩形结构，存在角落或不规则区域。通过巧妙的设计和使用拐角书柜或衣柜，可以最大化提高这些空间的利用率，将其转变为视觉焦点，为居住环境增添美感。对于小型住宅来说，全屋定制提供了“小面积，大空间”的解决方案。

（2）充分利用室内空间　对于那些不规则或小户型的房间，可以充分利用室内空间，增加储存容量，并使整个空间看起来更整洁有序。随着互联网技术的不断进步，使用各种App进行在线购物已经成为人们的日常习惯，这就意味着我们的居住空间需要具备强大的储存功能。通过对垂直空间的合理设计，可以扩大室内的实际使用面积，提高空间的使用效率，同时，一个舒适且整洁的空间也将有助于增强整体的居住体验。

（3）提高收纳效果　注重收纳，保持房间东西少而精。

东西要有专门的收纳空间。如果家里有孩子，老人也会来常住，那么一排有较大容积的起居收纳柜，就是非常必要和重要的；当拐角空间较大时，合理设计的拐角收纳柜能够更好地利用这部分空间，便于物品的存取，增强实用性。收纳柜不一定就是衣柜，可以是电视柜、走廊柜、书柜、玄关柜、餐边柜等。家里整洁与否，就看家里有多少装物品的收纳柜了。优秀的柜体可以弥补户型缺陷。

5.2.2 美观性

随着人们在精神和文化生活方面的水平逐渐提高，除了对家具功能性的追求之外，对家具审美价值也产生了新的期望。如今，家居装修材料变得越来越丰富，设计风格多种多样，风格也在不断变化，这些都能满足消费者对家具审美价值的期望。为了体现全屋定制家具设计的审美价值，有几个关键问题需要给予足够的重视。

（1）个性化　定制家具的设计理念是以消费者为中心，设计师会根据消费者的喜好和需求来定制家具，以更好地满足他们的个性化需求。因此，在进行审美设计时，必须深入考虑到业主的审美偏好。例如，当业主对造型、板材和色彩有特定的需求时，设计师和业主之间需要进行深入的沟通和交流。在这种交流的过程中，设计师需要不断地调整自己的设计，以确保家具能够满足业主的审美标准。

（2）实用性　全屋定制家具的设计不仅要注重其实际应用价值，而且在审美设计过程中也应注重实用性。只有在实用性的基础上进行审美设计，才能更好地体现出全屋定制家具的审美价值。例如，在空间有限的情况下，床头柜的设计显得有些冗余，这不仅造成了空间的浪费，还缺乏审美价值。可以考虑将床头柜空间设计成一个可以连接衣柜的桌子，既可以作为床头柜使用，也可以作为书桌、化妆桌等，供业主使用。

（3）协调性　全屋定制家具设计能够使整体的居家空间环境协调统一，可以采用统一的艺术设计、形态和色调，体现出全屋定制家具的审美价值，这就要求必须根据居住空间的设计风格来进行设计。更具体地说，设计时需要考虑居住空间的布局、颜色、方向和面积等因素。只有这样，我们才能选择最合适的颜色、板材和形状，确保定制的家具与居住空间完美融合，从而增加空间的通透性和舒适度。

“颜值即正义”这一观点强调消费者在购买时更倾向于关注家居环境的外观和个性，这包括审美和功能的个性化，用这种方式来解释新的家居观念。

5.2.3　舒适性

定制家居产品的产生和发展一方面是由于人们生活质量的提高，在解决了“有的住”的基础上迈向“住得好”的阶段。全屋个性化的舒适度主要体现在以下几个关键领域。

1）注重人性化的设计，以满足家庭成员多样化的使用需求。在家居环境里，家具的使用频率相当高。过去，一些成品家具很少展现出人性化的设计思想，这经常给人带来使用上的不便。定制家具往往是基于“人本主义”这一核心思想来设计的。定制家具能够更好地满足人们多样化的需求，与之前的部分成品家具相比，它更能体现出人性化的设计理念。

2）强调根据客户的实际需求，运用人体工程学来进行功能的设计。例如，老年人不宜爬高或蹲下，因此家具的位置应该是合适的。考虑到老年人需要存放衣物，应该增加一些抽屉和搁板，放置的位置最好在下方。年轻一代的配饰和物品相对较多，设计师在确保衣物摆放得当的前提下，应额外设计一些格子，以摆放如领带之类的物件。在儿童房间的设计过程中，家具的高度可以根据儿童不同年龄段的身高进行调整，边角可以进行圆弧形的切边处理，吊顶和墙面可以根据儿童的心理需求进行艺术加工，从而设计出不同的主题墙面。

3）提供一站式的服务体验，包括全屋定制的咨询、设计、安装和售后服务，这使得整个装修过程变得更加轻松、省时、省力，不需要为琐碎的装修细节操心。

总体而言，全屋定制采用了人体工程学的人性化设计理念，以确保材料的颜色和纹理在视觉和心理层面都能带来愉悦的体验。除了满足家庭成员多样化的需求之外，还致力于使家居环境更具个性化、整洁、有序和舒适，从而提升居住体验的品质和舒适度（表5-2）。此外，这也是为了满足居住者在生理和心理上的双重需求。

表5-2　床和柜子的尺寸

家具	长/m	宽/m	高/m
单人床	1.80、2.00	0.90、1.10、1.20	0.25~0.45
双人床	1.80、1.86、2.00、2.10	1.40、1.50、1.80	
圆床	直径：1.86、2.125、2.424		
衣柜	0.60~0. 65	0.50~0.65	2.00~2.20
床头柜	0.50~0. 55	0.50~0.55	0.60~0.80

5.2.4 经济性

大部分的全屋定制设计公司都提供了为整个房间定制家具的服务。在设计家居空间的过程中，设计师能够准确地识别消费者对家具的具体需求，并据此制作出3D效果图，从而直观地展示定制家具的视觉效果，同时也能在工厂内直接进行生产和制造。这种方式确保了生产流程和产品的高质量，它不仅实现了生产的集约化、机械化和智能化，还在节约材料和时间的同时，展现了绿色生态的设计哲学。

家居产品都是严格按照套内尺寸进行设计和生产的。全屋定制设计公司拥有完备的生产和加工基地，确保产品直接面向消费者，从而消除了中间商的利润，并降低了装修的总费用。与传统的成品家居市场相比，为了给消费者提供更具视觉吸引力的体验，商家会推出各种不同设计风格的家居配件和装饰物。以卧室为例，一张具有现代设计风格的成品床上通常会配有简洁的床上四件套，旁边还会配有成品的衣柜、书桌等。这些产品分别来自成品家具企业、家纺企业、室内装修设计公司，每个企业都有自己的成本和利润。在全屋定制的过程中，制造商直接与消费者互动，所提供的产品都是企业通过合作或联盟形成的大型产品集合，具有完整的生产链条，这不仅减少了各种产品的销售环节，还降低了各种费用和成本。

因此，将全屋定制的设计理念融入经济适用房的装修设计中，不仅可以避免增加装修成本，还可以节省各种开支，打造出独特的居室环境风格。

5.3 定制家具服务设计

5.3.1 服务设计理论

1. 服务设计概念

★小贴士★

服务设计是一种以客户为中心的设计方法，把用户体验放在首位，设计出符合用户期待的服务。服务过程中注重效率，确保服务流程的顺畅和快速响应，提高用户满意度。同时，服务设计需要注重人性化，关注客户情感和体验，根据用户需求和反馈信息，不断改进设计，让服务更加温暖、贴心和个性化。

服务设计就是设计服务，通过设计来服务人类的过程。具体就是将各领域学科的方法、理论等融入服务流程中。随着时代的变迁，服务设计也随之变化更迭，需要不断创新地将新的设计及时地融入服务流程中。

服务设计通常不仅被认为是一种设计活动，还是一种极其重要的企业策略。可以帮助企业更好地理解他们所提供的服务，更好地满足用户需求，提高市场竞争力，创造商业价值和社会幸福感。

2. 服务设计原则

马克·斯蒂克多恩（Marc Stickdorn）在《这才是服务设计》一书中具体介绍了服务设计思维。斯蒂克多恩提炼出了服务设计的五大原则，以一种比较灵活的方式反映服务设计思维。理解服务设计的原则，并在服务设计实践中体现，有助于规范服务设计的过程，得到更好的服务设计结果。服务设计的五大原则包括以用户为中心、共同创造、有序展示、有形展示和整体性。在实际服务设计过程中，这五个服务设计原则结合使用。

（1）以用户为中心原则　以用户为中心的设计理念已经广泛使用在产品设计、交互设计等领域，在服务设计范畴内也没有例外。用户的参与使得服务系统形成闭环，以用户为中心、洞察用户需求，以优化整体服务的体验是服务设计的重要原则之一。

（2）共同创造原则　在服务设计中，以用户为中心需要考虑到用户群体的问题，不同的用户群体有着不同的需求和期望。

（3）有序展示原则　服务是某些特定时间里发生的一种动态过程，服务时间轴是设计的一个重要考虑因素，因为服务节奏对用户有很大影响。

（4）有形展示原则　在服务设计中，有形化是一个重要的原则。它强调的是将无形的服务有形化，通过实体化的物品来增加用户的感知和体验。

（5）整体性原则　服务设计需要从整体的角度出发，考虑到各个方面的因素，包括用户需求、业务流程、服务提供者等，以确保服务的整体性和连贯性（图5-14）。

图5-14　服务设计流程图制作

5.3.2　用户需求概述

1. 用户需求定义

全屋定制的用户需求是用户在自己的购买能力的基础上，对定制家具提出的色彩、材质、造型、功能等方面的个性化需求。在商业环境下，深入了解并满足客户的需求对于企业的持续生存和最终成功显得尤为关键。企业需要对客户的需求和期望有深入的了解，从而制定正确的产品和服务策略，提供满足客户需求的产品或服务。为了赢得更多消费者的喜爱并提升客户的满意度，必须始终以满足客户需求为核心，不断地优化业务发展策略。尤其在全屋定制家具的设计中，用户的需求占据了中心位置，使得产品或服务能够展现出独有的特色和需求。与此同时，用户在产品或服务的设计阶段积极参与，以满足他们的特定需求。

2. 用户需求特点

在开始收集用户需求之前，首先需要深入了解在实时用户定制环境下客户需求的各种特性，这样才能更精准地进行用户需求的收集、识别和分类等操作。

（1）用户需求的模糊性　由于普通用户在产品专业知识和认知能力方面的局限性，他们常常难以明确地表达自己的具体需求。从另一个角度看，消费者对产品的需求往往是模糊的、不标准和不具体的，他们经常使用如“实用”“美观”这样的模糊词汇，或者使用“大概”“差不多”这样的度量标准。

（2）用户需求呈现出丰富的多样性　这些需求覆盖了各种不同的行业、领域、文化背景和不同的群体。鉴于用户需求的多元性，产品设计必须能够满足各种用户的特定需求，并为他们提供定制化的解决策略。从用户需求的多个维度来看，他们对产品的个性化需求包括内部和外部的，功能和外观的，当前和未来的，以及设计、制造、技术和性能等多个方面。

（3）用户需求的动态性　随着时间的推移和社会环境的演变，用户的需求也会相应地发生变化。随着用户需求的不断变化，产品设计需要具备足够的灵活性和可调节性，以便更好地适应市场和用户需求的不断演变。

（4）用户需求之间的相似性　尽管用户需求具有多样性和变化性，但背后也隐藏着许多相似之处，这包括对产品或服务的相似需求，例如在功能性、安全性和性价比等方面的需求。由于用户需求具有高度的相似性，商家能够提供的大部分产品都是能够满足用户多样化需求的服务。

3. 用户需求分类

按照用户的表达来分类，将住户需求分为显性需求和隐性需求。显性需求指的是个体能够意识到并表达的抽象或具体的需求。例如，当表达“我想吃饭”或“我想跑步”时，每个人都有一个清晰的目标。隐性需求指的是个体在潜意识里没有明确表达出来的需求，而个体对于自己的具体需求目标并没有清晰的认识。隐性需求实际上是显性需求的进一步发展，尽管它们的目标是一致的，但它们的表达方式却有所不同。在显性的需求里，“我想要跑步”，而隐含的需求则是“我希望购买一双舒服的运动鞋”。在大多数情况下，显性的需求被视为外部的展现，而隐性的条件则是内心情感的呈现。

按照产品设计的层次结构，将用户需求分为功能需求、形式需求、外延需求以及价格需求。功能需求是指用户对定制产品的主要功能、辅助功能、扩展功能的需求，如定制家具不仅满足个性化定制而且实现了空间利用的最大化。形式需求是指住户对定制产品颜色、材质、尺寸等方面的需求，如用户可能希望定制家具具有简洁的外观、易于操作的界面、美观的颜色搭配等。外延需求是用户在定制家具时所期待得到的附加服务，如定制家具的运输、安装以及售后维修等是住户对定制家具的外延需求。价格需求则包括价位、性价比、价值比方面的需求。

4. 获取用户需求方式

根据美国俄亥俄州州立大学设计系Elisabeth B.N.Sanders提出的Sanders理论，其核心观点是：用户在设计过程中扮演着至关重要的角色，而设计师如何准确捕捉用户在体验中的情感需求，成为用户体验设计的决定性因素。其指出，用户的需求可以被划分为三个不同的层面：分别是表层的话语和思维，中层的行为和使用方式以及底层的认知、感受和梦想。用户需求特点和获取方式如图5-15、图5-16所示。

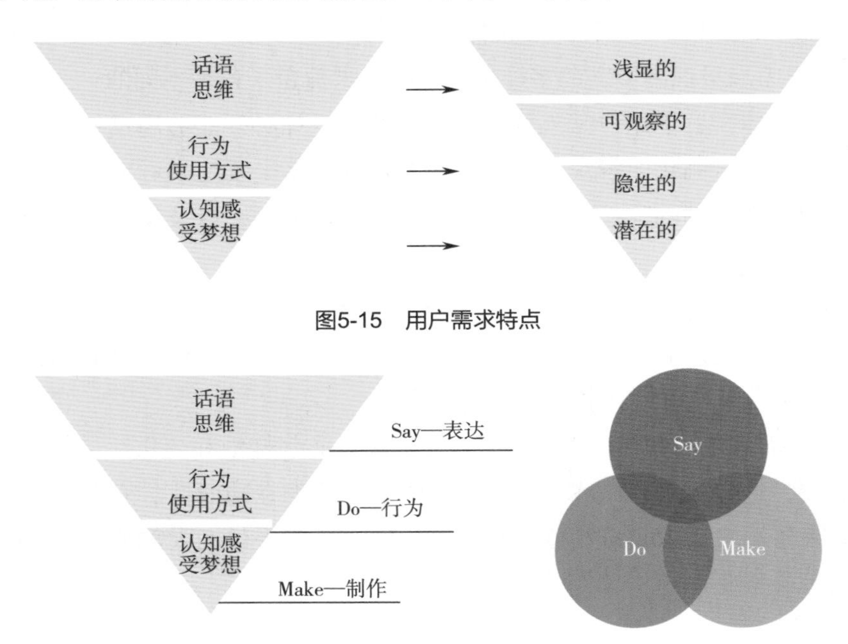

图5-15　用户需求特点

图5-16　用户需求获取方式

获取隐性和显性需求信息的方法是建立在Sander研究理论之上的。Sander对用户信息的收集方式进行了三种分类：

第一个层次——Say，通过语言与用户进行交流，倾听用户的意见，获得显性需求，即用户意识通过语言让他人感知到需求。

第二个层次——Do，通过对用户行为的观察和理解，特别是用户在使用产品时的行为模式，可以为设计师提供第二个层面来满足用户的具体需求。这一流程能够深入挖掘用户在使用产品时可能遇到的各种问题，如痛点和痒点等，从而协助设计师更好地理解用户的具体需求。

第三个层次——Make，用户可以参与到绘图或模型的制作中，从而满足他们对隐性需求的期望。这一部分是无法通过用户的语言和行为表达的，具有隐性的特点，同时也反映了用户对美好未来生活的向往。

（1）需求预判　需求预判的过程是基于住户的基础信息来对其需求进行评估，并据此进行模糊的分类（表5-3）。通过网络调查和市场研究两种途径，对不同年龄段的用户需求进行深入了解，并对收集到的信息进行整合和需求评估，这为后续精确绘制用户画像提供了坚实的基础。此外，这拉近了设计师和用户之间的距离，为之后的交流奠定了坚实的基础。在对住户需求进行预测的阶段，研究内容涵盖了个人资料、消费观念、生活状态以及家庭关系等多个方面。这些个人信息被进一步细分为性别、年龄、教育背景、职业、地域和兴趣爱好等多个维度，而消费观念、生活状态和家庭关系则被进一步细分为不同的维度。通过收集住户在多个方面的数据指标，并对每个维度的研究内容进行深入分析，最终对住户的需求做出了初步的预测。

表5-3 用户需求预判

调研内容	调研内容分类						调研分析	需求预判
个人信息	性别	年龄	职业	学历	地域	兴趣	受教育程度/职业	品质需求/个性定制
生活状况	日常生活	学习	工作	社交	休闲	娱乐	品质要求/风格偏好	品质追求高/简约风格
消费观念	穿着	化妆	食	住	行	消费方式	消费能力/产品偏好	装修预算30万/智能产品
家庭	有/无60岁以上的老人	有/无不到14岁的儿童	家庭人口	家庭收入	健康状况	家庭成员受教育程度	家庭结构	三代同居

（2）确定需求 Say——倾听用户叙述，了解顾客需求。用户作为全屋定制家具的实际使用者，对定制家具的使用习惯描述可以揭示其背后可能存在的需求。用户可以通过他们自己叙述的故事来表达自己在工作和生活中的体验，并对此给出自己的见解。故事被视为一种与用户互动的体验沟通手段。在与用户的访谈中，故事1、故事2和故事3被收集、记录并进行了排序。从故事中提取了关键词，并对这些关键词进行了整合和总结，以确定用户在使用定制家具时的主要问题，并据此进行了有针对性的改进设计。用“S”这个代码来表示。

关键词提取法在满足住户需求时的实际应用如下：访谈者1指出：“在我整理衣柜的过程中，我注意到衣柜的存储空间不足，存在过多的叠衣区。而且，衣柜内的空间无法容纳大衣类的长款衣物，如果大衣被折叠，可能会留下折痕。”访谈者2指出：“床头柜遮挡了柜门的开启。”从访谈者1的对话中，我们提取了几个关键词，如S1衣柜、S2叠衣区、S3大衣和S4布局。这些关键词表明用户希望有一个合适的衣柜分区。从S3大衣的描述中，我们可以看出衣柜的设计需要与人体工程学相符合。因此，有必要对衣柜的各项功能进行合理的布局设计，以适应不同类型服装的存储需求。从访谈者2的对话中，我们提炼出了关键词：S5床头柜、S6挡住。S5显示用户的床头柜是单独购买的，而S6则显示空间不足。因此，床头柜和衣柜可以一同定制，形成一个统一的整体，这样不仅解决了衣柜无法打开的问题，还提高了空间的美观度。利用关键词提取技术，设计师可以迅速识别问题的核心并寻求相应的解决方案。

Do——观察用户行为，了解用户习惯。通过观察和深入了解住户的行为模式，设计师能更精确地识别出行为背后的实际需求。居民的行为可以被划分为两大类：一是常规的，二是无意识的。无意识的行为是指在没有经过主观评估的情况下进行的活动。日本的设计巨匠深泽直人把他的设计哲学总结为“无意识的设计”。他在年轻时设计了一款台灯，这款台灯的底座是一个盘子，当你将钥匙放入盘子时，台灯会亮起，而拿起钥匙时，台灯会自动熄灭。他观察到，当人们走进家时，往往会不经意地将钥匙放置在某个地方。因此，我们应该重视无意识行为背后的内在驱动，深入探索人们最根本的内在需求，从而实现有目的的设计。

在与用户进行互动交流之后，用户有机会展示现有产品的使用效果，并详细记录用户在产品使用过程中的所有动作和定制家具关键部分的尺寸，这些都可以用“D”代码来表示。比如，在烹饪过程中，人们通常会先清洗食材，然后进行切割，最终再进行炒制。在这一系列烹饪步骤中，洗、切、炒的代码分别被设置为D1洗、D2切、D3炒。橱柜的高度需要根据烹饪人员的身高进行个性化调整，以确保提供最佳的舒适度。D1清洗、D2切割和D3炒制的流程将为用户带来便捷和高效的体验。在每一次的操作中，都涉及众多的动作，通过图像的形式来记录和分析这些动作，可以从中抽取有价值的信息。

Make——了解用户意图，邀请住户参与设计。在描述需求和观察行为无法准确理解住户需求的情况下，可以邀请住户参与设计过程。用户制作的最基本目的是让用户参与到产品内容（如产品属性、风格、功能等）的设计过程中，通过具体的案例来展示用户内心的模糊意图，从而实现具体化的呈现。设计师会基于初步的草图并结合他们的经验来评估其是否适合实际生产。如果条件允许，他们会进一步细化为模型和具体的尺寸。但如果认为不满足实际生产的条件，他们会继续进行头脑风暴，以防止在设计实施过程中出现重复的设计步骤。用“M”这个代码来表示。

邀请住户共同参与定制家具的设计是一场思维风暴，需要收集住户展示的参考图和手绘的示意图，并记录参考图和草图中的详细信息。这些信息涵盖了定制家具的风格、色彩、材质、功能，并将这些信息编码为M1风格、M2色彩、M3材质和M4功能。通过记录这四个维度的信息，可以更深入地了解住户对于定制家具的实际需求（图5-17）。

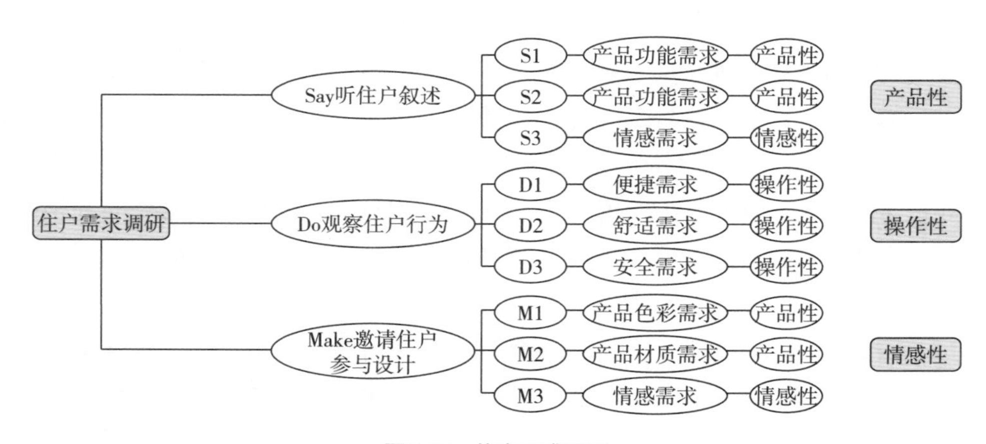

图5-17 住户需求调研

5.3.3 全屋定制服务设计的工具和方法

随着服务设计领域研究的不断深化，用于服务设计的各种工具也在持续地进行更新和丰富。在《这才是服务设计》一书里，服务设计的核心工具被细分为四大类：典型用户、旅行地图、系统地图以及服务原型。

1. 用户画像及故事情景版

用户画像代表了典型用户的虚构和个性化表达，它通过为用户赋予独特的个性和在特定环境中对真实反馈的响应，使他们的需求、愿景和期望变得可视化。从用户群体中提炼出的标准用户，其核心是一个描述用户需求的工具。本书详细描述了拥有独特身份的用户群体，并构建了一个与之相关的角色模板和需求情境故事板（图5-18）。它记录了用户在个性化体验中的情感波动阈值和所面临的需求挑战，为后续的用户个性化需求分析和相关服务流程设计提供了坚实的基础。所创建的虚拟角色是为即将步入婚姻殿堂的女主人设计的，并为她量身打造了特定的情节。

用户基本信息
姓名 Fiona
年龄 28
坐标 浙江
人设 准备结婚/考虑要小孩
日常 忙于工作/养猫
人物草图
Fiona与丈夫准备结婚，他们的兴趣爱好是看书、看电影和养猫。在未来准备要小孩，希望家中能够给予小孩健康成长的环境。
家居环境
入门即见到主人精致的生活以及生活品位，餐桌和茶几上摆放着鲜花和水果。然而家中的家居有猫抓过的痕迹。家中有个房间作为储存室，杂乱地摆放主人的衣服和日常用品。
产品追求
由于女主人衣服较多，希望定制的家具产品能够收纳衣服。家中养猫，希望定制家具产品能够适合猫的生活习性，延长家具产品的期限。未来准备要小孩，希望定制的家具能够考虑安全性，不对宝宝造成伤害，同时考虑孩子在成长过程中对家具使用需求的变化。

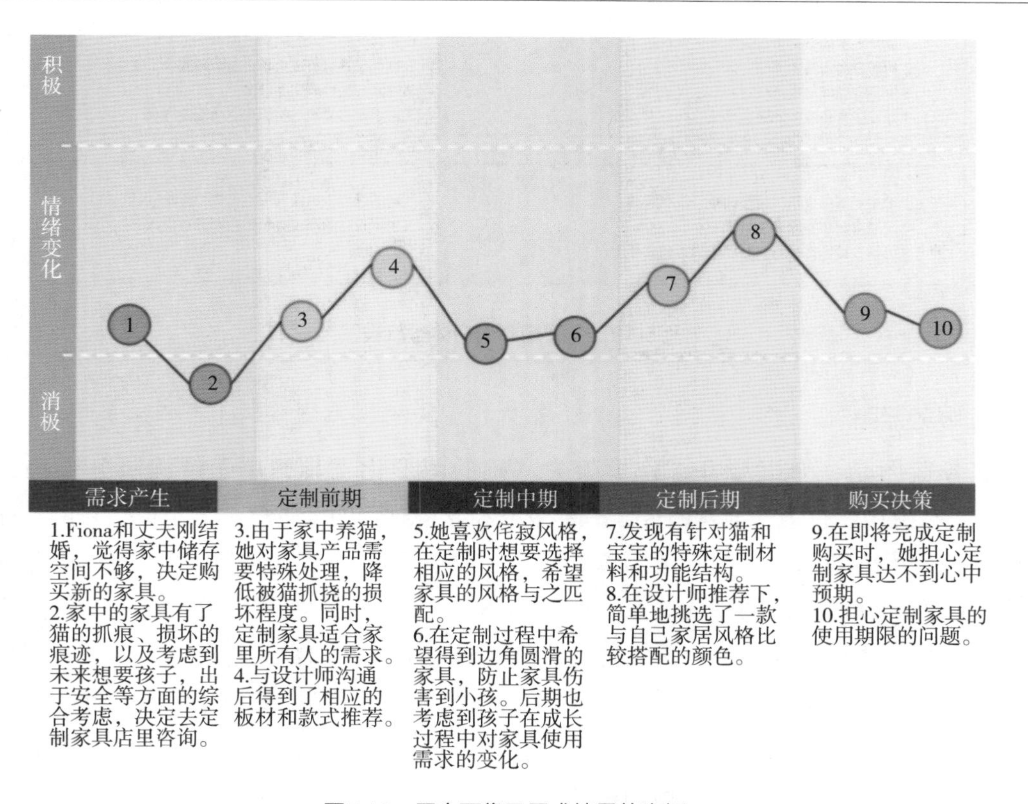

图5-18 用户画像及需求情景故事板

2. 用户体验旅程图

用户体验旅程图是基于流程中的各个步骤、服务接触点以及目标对象来进行深入分析的，它描绘了用户在特定环境下所面临的问题，从而对服务流程中的体验难题进行了全方位和系统的探讨，并寻找到了改进的机会（图5-19）。为了更好地体验个性化人群的居家生活流程，我们对用户在家中的生活状况进行了深入的分析，这有助于设计师为客户设计出更加个性化的家具。基于客户的具体需求，如痛点、痒点和爽点，深入挖掘客户在日常生活中的各种状态。以前文中即将步入婚姻殿堂的女主人的角色为出发点，绘制了她在家里的旅程图。

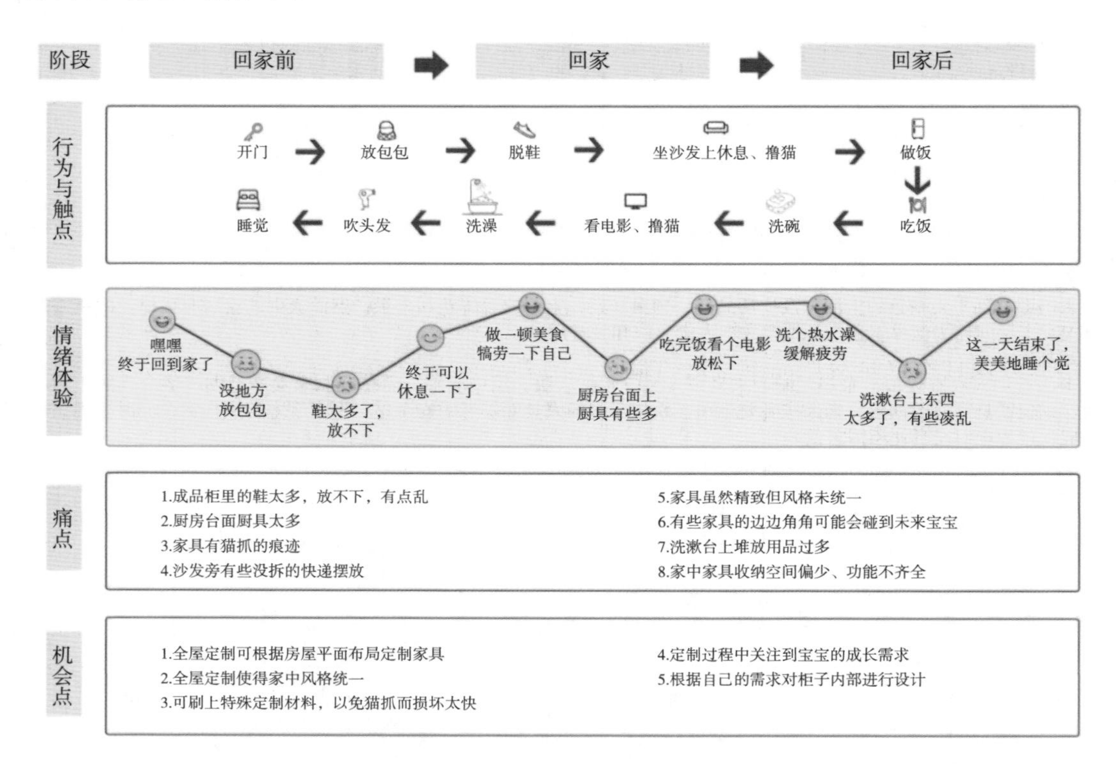

图5-19　全屋定制用户体验旅程图

3. 服务蓝图

服务蓝图是一个以服务工作框架为基础的图形化工具，用于解构服务流程（图5-20）。它由用户行为、前台服务、后台服务和支持过程四个主要部分组成，目的是在公开的服务过程中展示潜在的服务因素，即可见或不可见的行为，从而揭示整个服务系统过程中内部和外部互动的逻辑关系。根据具体需求，将定制流程划分为三个主要阶段：定制的前期、中期以及后期。设计师和客户从最初的咨询和交流阶段开始，一直到最终的安装验收阶段，整个流程都被以图形的方式详细展示了出来。这有助于组织对其服务流程有一个全面的认识，同时也能帮助它们识别并优化潜在的机会。通过对顾客体验的合理管理，旨在满足用户的预期体验，并持续进行优化。在个性化角色的情境故事版中，我们提取了用户在定制过程中对模式的特定需求，以及因特定身份而对家具的非功能性产生的个性化要求。

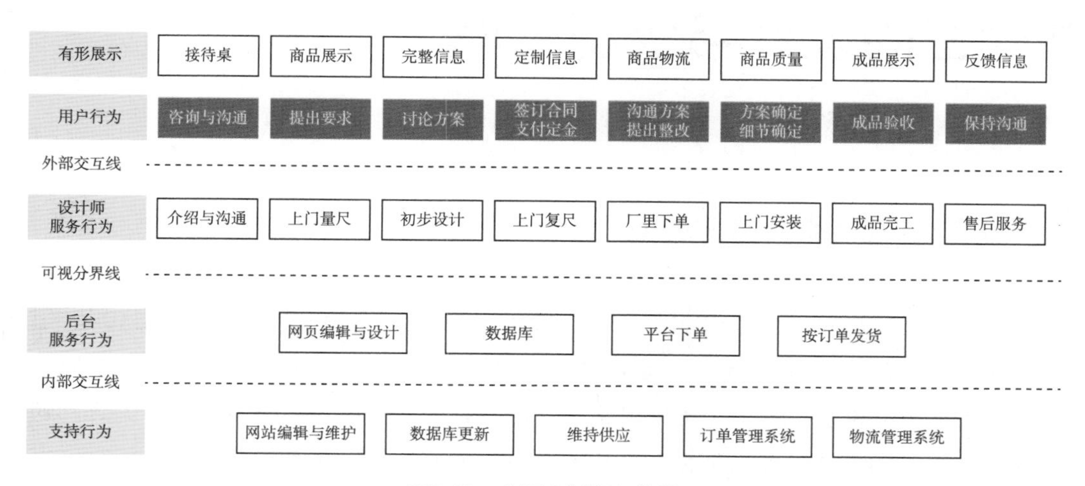

图5-20　全屋定制服务蓝图

服务设计的理念促使企业和用户的关系从传统的以产品为核心的销售模式转变为以满足用户需求为核心的服务模式，进而产生了一系列由个性化定制带来的服务机会点。服务设计不仅是对产品本身进行设计思考，还涉及产品的使用和购买策略的设计，乃至于用户在购买后的使用愿景的设想和实践。定制设计的核心理念是以用户需求为核心，并以提升用户体验为最终目标。在家具定制的过程中，用户的体验与服务设计有着直接的联系。作为服务的提供者，企业和设计师在客户有需求时，应当精心设计合适的场景以满足这些需求，从而为客户提供优质的定制体验，提升用户在定制过程的体验满意度。

第6章
客厅空间设计与定制家具

6.1 客厅空间功能与设计要素

★小贴士★

中国古代的生产和生活以家庭为单位，客厅通常是家庭聚会、待客和议事的场所。堂屋，又称为堂居，是传统中国民居中的一种特殊空间，起到类似于今天客厅的作用，这个区域在中国文化和礼仪中具有至高无上的地位，担负着祭祀、社交、教育等多重功能。

在现代，中国客厅已经成为家庭生活的核心空间，既是家人聚集交流的场所，也是展示家庭品位和生活方式的重要空间。现代客厅设计注重舒适、实用和美观，常常融合了中西方文化元素，体现了时代精神和个性化需求。

6.1.1 客厅的演变历史

古代客厅通常是主人与客人交流的场所，展示主人的地位和家庭的荣耀。客厅的设计常常反映了主人的身份地位和社会地位，包括家具、摆设和装饰等。工业革命使得现代公寓出现，客厅由原先的简单的会客功能逐渐演化为一种多功能的空间，用于吃饭、睡觉、工作和娱乐。现代客厅的主要功能是社交和放松休息。

早期西方客厅的装饰和家具比较简单，主要是木制的桌椅和床铺。到了中世纪，随着城市化和贸易的发展，人们的生活水平和社会地位也有所提高，客厅开始分离出来，成为一种专门用于接待客人的空间。客厅的装饰和家具也变得更加精致和奢华，有时还会摆放一些艺术品和收藏品，以展示主人的品位和财富。客厅的位置通常在房子的前面，靠近大门，方便客人进出。近代，随着工业革命和科技的进步，客厅的功能和设计又有了新的变化。客厅开始成为家庭的中心，用于休闲和娱乐。电视机、收音机、电话等新型的媒介和通信工具逐渐走进客厅，为人们提供了更多的信息和娱乐来源。客厅的装饰和家具也更加多样和舒适，有时还会有一些植物和地毯，增加了温馨和舒适的氛围。客厅的位置通常在房子的中间，与其他房间相连，方便家庭成员的互动和沟通。当代，随着信息化和全球化的发展，客厅的功能和设计又面临新的挑战和机遇。客厅不仅是一个用于接待客人和家庭休闲的空间，也是一个用于工作和学习的空间。智能电视、互联网、计算机和手机等现代智能设备，不仅丰富了人们的信息获取和娱乐选择，也极大地拓展了工作和学习的新领域。客厅的装饰和家具也更加现代和个性化，有时还会有一些虚拟现实和增强现实的元素，增加了沉浸和创意的体验。客厅的位置通常在房子的任意位置，与其他空间相融合，形成了开放式的布局，方便人们自由和灵活的生活方式。

6.1.2 客厅的核心功能

一般来说，客厅是家庭生活的中心，承载着多种功能，如会客、看电视、聊天、阅读、健身、娱乐等。不同的功能可能需要不同的空间布局和装饰风格，以满足家庭成员的需求和喜好。以下三个功能是现代客厅都应具有的核心功能。

1. 家庭聚会与社交场所

客厅作为家庭成员聚会和接待客人的场所，是亲情与友谊的交汇点。它既可以增进家庭成员之间的感情和沟通，为家庭活动提供舒适和愉悦的环境，也可以接待来访的亲友或邻居，举办一些聚会或庆祝活动。一方面，客厅是全家人团聚庆祝的地方，如过节、生日、纪念日等，因此需要有宽敞的空间和实用的家具，如餐桌、餐椅、餐具、酒柜等，以及明亮的照明。另一方面，客厅是主人与客人进行沟通、交流、商谈的地方，因此需要有足够的空间和舒适的家具，如沙发、茶几、椅子等，以及适当的照明、空调等设备，营造出温馨、友好、尊重的氛围。

2. 休息和放松的空间

现代人生活节奏快，客厅提供了舒适的环境，让人们得以放松身心。所以客厅的设计通常注重舒适性，以满足家庭成员的需求，如小憩、聊天、品茶等。因此需要有安静的空间和舒适的家具，如沙发、躺椅、茶几、茶具等，以及柔和的照明，营造出平静、温暖、舒适的氛围。软装饰和家具的选用通常以舒适和放松为宗旨，如柔软的沙发、地毯和温馨的照明等。

3. 娱乐和学习的重要场所

客厅因其配备的娱乐设施、舒适的学习环境、良好的亲子互动空间以及安静的阅读和工作环境等特点，成为娱乐和学习的重要场所。它不仅有助于增进家庭成员之间的互动和情感联系，也有助于提高工作和学习的效率。客厅作为一个适合学习的场所，需要有足够的空间摆放书桌、书架、计算机等学习用品，也可以容纳多人一起学习、讨论、互相帮助。客厅通常有较好的采光、通风、温度等环境条件，有利于保持学习的舒适度和效率。

6.1.3 设计要素

1. 布局

合理规划空间，使得家具摆放得当，动线流畅，营造出宽敞舒适的氛围。最常出现的客厅家具莫过于沙发、扶手座椅、茶几、电视柜等。为了营造和谐与个性并存的空间，家具的选择应考虑到功能性与美观性的平衡，以及与整体空间的协调。无论是追求对称的经典格调、优雅的曲线美，还是自由组合的现代感，家具的布置都应该围绕着主人的日常活动和空间特性来设计，以创造出一个既实用又有品位的生活环境（图6-1）。

★补充要点★

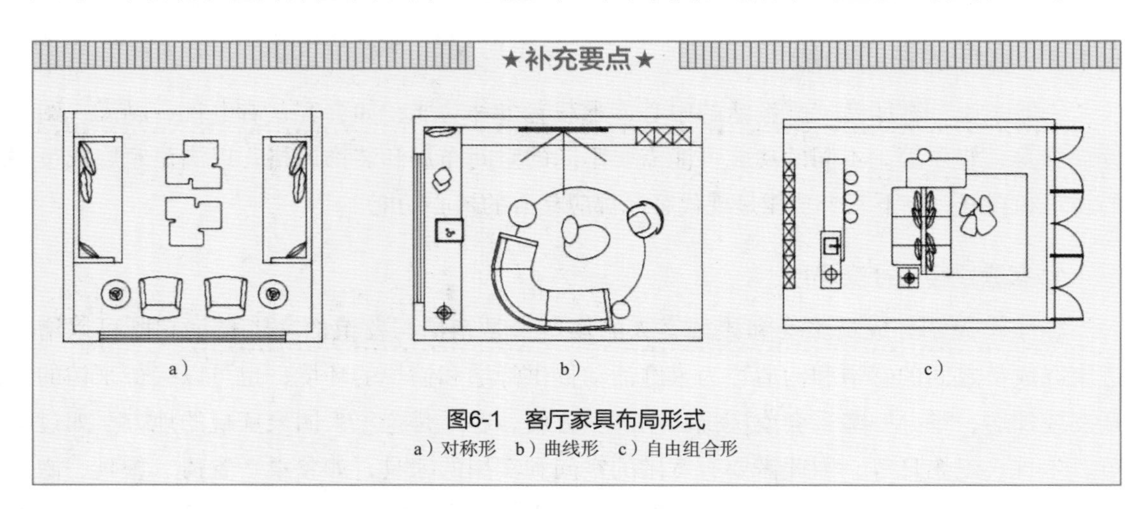

图6-1　客厅家具布局形式

a）对称形　b）曲线形　c）自由组合形

对于不同面积的客厅，家具摆放的方式也呈现出不同。

（1）小型客厅　沙发搭配茶几是最基本也是最经典的布置方式。这种简约的家具组合不仅节省空间，还能营造出一种简洁而温馨的氛围。而对于那些偏好多功能性的家庭来说，双人沙发配上茶几和边几则是一个理想的选择。双人沙发提供了舒适的休息空间，而边几的加入不仅增加了存储空间，其与茶几高度的差异也为小型客厅带来了视觉上的层次感，使得整个空间更加生动有趣（图6-2）。

图6-2　小型客厅家具摆放方法

（2）中型客厅　L形沙发布局是一种流行的选择，它通过将三人沙发与双人沙发或两个单人沙发相结合，创造出既舒适又多功能的休息区。这种布局不仅增加了客厅的视觉吸引力，还提供了更多的座位选择，适合家庭成员和来访客人。此外，一个三人沙发搭配茶几和几把独立座椅可以打造出一个既有序又灵活的空间，这样的配置既保持了整洁的线条感，又通过增加单独座椅来打破单调，满足了多样化的生活和娱乐需求（图6-3）。

（3）大型客厅　一种是围坐式摆法，这种摆法主要是将主体沙发搭配两个单体座椅或扶手沙发组合而成，形成一个聚集、围合的感觉，适合一家人在一起看电视，或者很多朋友围坐在一起；另一种是对坐式摆法，虽然不太常见，但这是一种很好的摆放方式，它将两个沙发对着摆放，尤其适合电视利用率不高的客厅（图6-4）。

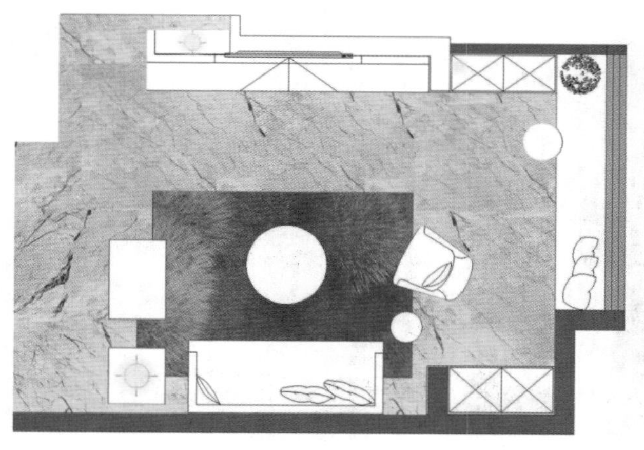

图6-3　中型客厅家具摆放方法

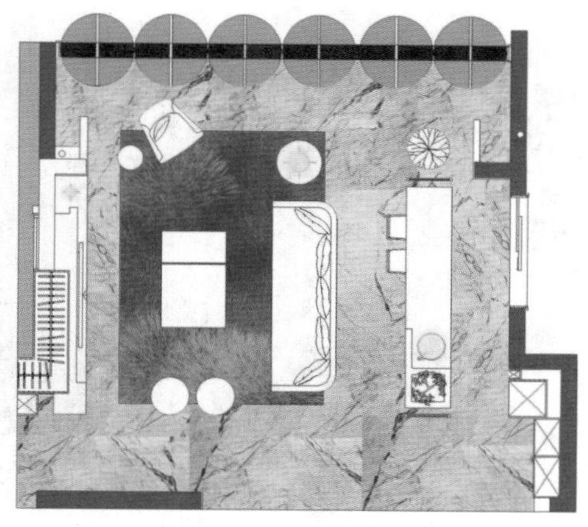

图6-4　大型客厅家具摆放方法

2. 色彩

色彩心理学认为，色温和色调的变化会影响人们的心情和情绪。每个人的性格不同，喜欢的颜色也不同，因此室内装饰时所用的色彩搭配也不尽相同。色彩分为“暖色”和“冷色”。在室内设计色彩心理学中，红、黄、橙属于暖色系，给人以温暖的感觉，如大自然中的阳光、温泉等；紫、蓝、绿属于冷色系，给人以清凉、舒适的感觉，如蔚蓝的天空、清澈的海水等；米色、浅灰色等介于冷暖色系的中间地带，称为“中性色”。选择温暖、自然的色调，营造出温馨、舒适的氛围，让人感到放松和宁静（图6-5）。

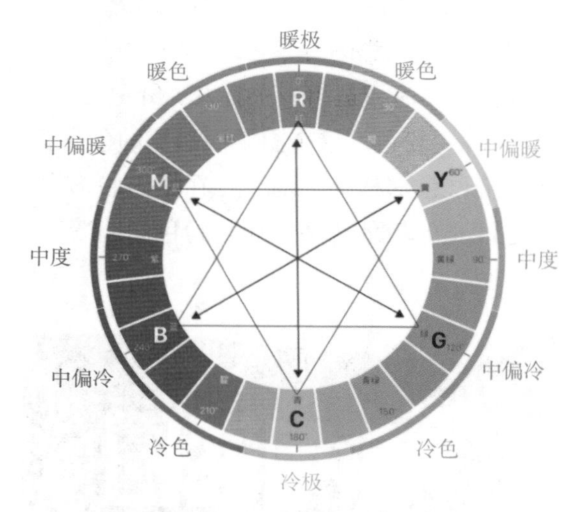

图6-5　区分冷暖色系的色环

在众多家居装饰元素中，色彩无疑对人们的视觉冲击力最为显著。因此，在进行室内设计时，人们往往偏好那些能够带来愉悦感的色调，例如宁静的蓝色、温暖的黄色、生机勃勃的绿色以及柔和的粉色等。

（1）蓝色　这个色彩如同深邃的海洋和广阔的天空，总能引发人们无限的遐想，唤醒内心深处的浪漫情感。作为一种典型的冷色调，它像轻柔的微风，能够平复人们的心灵，减轻心理的负担，带来宁静与和谐（图6-6）。

（2）黄色　这个明亮而温馨的色彩如同夏日的阳光，洋溢着健康与活力的气息。它能够唤起人们内心的欢乐，稳定情绪，并激发食欲。然而，过于鲜艳的黄色可能会令人眼睛不适，因此在室内设计中，选择柔和的米黄或淡黄色调，不仅能营造出一个洁净、清爽的空间，也能给居住者带来舒适和宁静的生活体验（图6-7）。

图6-6　蓝色系室内装饰

图6-7　黄色系室内装饰

（3）绿色　这个充满活力的色彩总能让人感到乐观积极。它是一种令人感到稳重和舒适的色调。在自然界中，绿色无处不在，我们的眼睛很容易适应它。因此，它成了室内设计中最理想的背景色之一。无论是清新的嫩绿、深邃的森林绿还是柔和的薄荷绿，都能为居住者营造出一个宜人、舒适的居住环境（图6-8）。

（4）粉色　这个温柔而甜美的色彩总能让人感到宠爱。它既带来热情和感官刺激，却不像红色那样咄咄逼人。在室内装饰中，粉色常常被用来营造浪漫、温馨的氛围。无论是淡雅的粉色花朵，还是粉色的墙壁、窗帘，都能为居住者带来一份柔和、愉悦的感受（图6-9）。

图6-8　绿色系室内装饰

图6-9　粉色系室内装饰

（5）橙色　这个色彩如同初升的朝阳，总是能够带来活泼与积极的气息。虽然明亮的橙色在视觉上可能较为强烈，但在客厅这样的公共空间中，采用柔和的浅橙色调，不仅能减少视觉冲击，还能增添一份温馨与舒适感（图6-10）。

（6）灰色　这个色彩如同一位睿智的长者，总能让人感到沉稳与考究。在室内装饰中，大面积使用灰色，不仅能提升整个空间的格调和档次，还能为居住者营造出一份宁静与内敛的氛围。无论是深灰的沉稳，还是浅灰的优雅，都能让人感到舒适而不失品位（图6-11）。

图6-10 橙色系室内装饰

图6-11 灰色系室内装饰

3. 照明

客厅作为家庭成员的主要活动区域，其照明设计至关重要。一个优秀的照明设计不仅能提供足够的亮度，使客厅看起来更加明亮、宽敞，还可以创造出温馨的氛围。在设计客厅的照明时，应该综合考虑以下四个层面：整体照明、局部照明、装饰照明、天然采光。这样的多元化照明布局能够满足不同的功能需求。

（1）整体照明　整体照明主要是为客厅提供基本的照明需求，确保整个空间光线均匀、充足。在设计客厅的照明时，常常采用吊灯或吸顶灯的方式。这些灯具可以安装在客厅的中央位置或顶棚的四角，从而为整个空间提供均匀的照明效果。在选择灯具时，要考虑灯光的色温和照度，以创造舒适的环境。

（2）局部照明　局部照明主要是为了满足人们在特定区域的照明需求，如阅读、看电视或进行其他活动。例如，在沙发或椅子上设置地灯或台灯，可以提供充足的局部光线，使人们能够在舒适的环境中阅读或进行其他需要集中注意力的活动。

（3）装饰照明　装饰照明主要是为了美化空间和营造氛围。可以通过在客厅设置壁灯、落地灯或装饰性吊灯等灯具，创造出特定的光影效果。这些灯具不仅能提供照明，还能成为客厅的装饰元素，提升整体的美感。

（4）天然采光　充分利用天然光是照明设计的重要一环。通过合理的设计，选择合适的窗户位置和大小，以及使用窗帘、百叶窗等调节光线的设备，可以使客厅获得充足的自然光线。天然光不仅环保，还能为室内带来舒适和自然的感觉。客厅如何选择合适的窗户位置和大小，主要取决于客厅的空间大小、形状、朝向、风格和功能等因素。窗户的位置应该尽量靠近客厅的中心或一侧，以保证充足的采光和通风，也可以增加客厅的视觉宽度和深度。窗户的大小应该与客厅的空间比例相协调，一般来说，客厅空间的窗地比（窗户面积与地面面积的比值）应该在1∶4到1∶6之间，以保证客厅的明亮和舒适。窗户的高度应该根据客厅的层高和窗台的高度来确定，一般来说，客厅的窗台高度应该在0.9m左右，以方便观赏窗外的景色，也可以避免小孩跌落的风险。窗户的顶部距离顶棚应该留有0.3~0.6m的距离，以保证客厅的层次感和美观性。

6.2 客厅风格与家具选择

★小贴士★

客厅作为家庭的核心区域，家具和装饰的选择对于整个家居的氛围和风格至关重要。选择家具时，首先要考虑的是整体的家居风格。常见的家具风格有现代简约、欧式古典、中式古典等。选择合适的风格有助于统一家居的整体视觉效果。

6.2.1 现代简约风格客厅

现代简约风格客厅家具的线条简单、流畅，色彩对比强烈，大量使用钢化玻璃、不锈钢、烤漆玻璃等时尚感强烈的材料。比如简单的沙发、茶几、电视柜等，尽量避免过多的装饰和复杂的图案。家具的形式应当服从其功能，从实用角度出发，避免过多的附加装饰。在选择家具时，可以考虑一些多功能的设计，例如带有储物功能的沙发或收纳柜，这样可以有效利用空间，让空间更加整洁和有序。家具的美感在于其与软装的和谐搭配。例如，沙发搭配精选的靠垫，餐桌铺上雅致的餐桌布，而床则通过窗帘和床单的相衬得以提升其舒适感和视觉效果。可以选择一些简约的布艺，比如浅色的窗帘、地毯、抱枕等，这些布艺能够增加空间的柔和感和舒适感。在选择家具时，注重营造一个宽敞明亮的空间感，力求打造室内外一体化的通透效果。在平面布局设计上，追求的是一种超越传统承重墙束缚的空间自由，以实现更加灵活多变的生活方式（图6-12）。

图6-12　现代简约风格客厅与家具

6.2.2 北欧风格客厅

北欧风格客厅家具以实用为主，多以简洁线条展示质感，具有浓厚的后现代主义特色。尤其注重功能性和人体工程学，不追求过多的装饰和繁复的线条，而是以简洁、明亮、温馨的风格打造舒适的居住环境。北欧风格的家具喜欢使用天然的材质，如木材、棉麻、皮革等，保留了原始的质感和色彩，体现了对自然的尊重和环保的理念。北欧风格的家具不拘泥于固定的形式，而是根据空间的大小和功能的需求，灵活地调整和组合，创造出多种可能的变化，展现出设计的创意和趣味。

北欧风格客厅的沙发一般采用浅色系的布艺或皮革，搭配颜色活泼的抱枕，营造出清新、淡雅和宁静的氛围。沙发的形状和尺寸可以根据空间的大小和布局的方式，灵活地选择和组合，如单人沙发、双人沙发、L形沙发、U形沙发等。北欧风格的茶几一般采用原木色或白色的圆形或方形的桌面，搭配木质或金属的细腿，形成简洁、轻盈、优雅的效果。茶几的高度和大小要与沙发相匹配，既方便使用，又不占用过多的空间。北欧风格的电视柜一般采用原木色或白色的长方形柜体，配有多个抽屉或柜门，提供足够的收纳空间，同时也展示出简约、实用、美观的风格。北欧风格的书柜一般采用原木色或白色的开放式或半开放式的柜体，结合多种形状和尺寸的格子，展示出丰富的层次和变化，同时也提供了大量的收纳和展示空间，可以摆放书籍、杂志、绿植、装饰品等，增加空间的个性和趣味（图6-13）。

图6-13　北欧风格客厅与家具

6.2.3　美式乡村风格客厅

美式乡村风格客厅的家具是一种体现自然、舒适和怀旧的风格，它源于18世纪的美国拓荒者居所，强调回归大自然，摒除繁复的样式和奢侈的设计，以自然、随意的搭配作为吸睛点。美式乡村风格的家具以实木作为核心材料，精心保留了木头的自然纹路和触感。有时还会特意进行做旧处理，以营造一种古朴而温馨的氛围，这种设计不仅彰显了家具的质朴与耐用，也体现了美式乡村风格独有的粗犷之美。

常用的木材有胡桃木、白橡木等。线条简单、体积粗犷，没有太多的雕琢修饰，突出家具的实用性和耐用性。家具的形制也比较简单，如方形的茶几、长方形的餐桌、直角的书柜等。色彩以自然色调为主，如绿色、土褐色、米色、白色等，给人一种清爽、通风的感觉。家具的油漆多为暗的哑光色，排斥亮面，期望家具显得越旧越好。配合布艺、铁艺、石材等其他材料，增加家具的质感和细节。美式乡村风格的家居装饰注重自然、舒适和温馨。在布艺的选择上，常使用天然纤维材料，如棉麻，以营造自然、质朴的感觉。铁艺、石材等材料则可以增加家具的稳重感和质朴感。

美式乡村风格的家具在客厅的搭配要遵循以下几个原则：

1）不使用成套的家具，将不同风格、不同年代的家具拼凑在一起，营造出一种随意、自由、有个性的氛围。

2）保持色彩的柔和，不使用过于鲜艳或过于暗沉的色彩，以免破坏美式乡村风格的清新和温馨。

3）充分利用空间，创造性地使用一些小物件，如烛台、摇椅、鹅卵石、花艺等，来装饰客厅的各个角落，让空间看起来更加丰富和有趣。可以在客厅的墙面上挂一些有乡村风情的画作，如风景画、动物画、花卉画等，增加客厅的艺术感。

4）融入一些现代元素，平衡古典和复古的风格，让客厅看起来更加时尚和舒适。可以使用一些现代风格的灯具、地毯、窗帘等，与古典家具形成对比，突出美式乡村风格的折中和多元（图6-14）。

图6-14　美式乡村风格客厅与家具

6.2.4 法式风格客厅

法式风格家具以其贵族宫廷的浓厚色彩、精致工艺和丰富的艺术气息著称。这类家具通常采用清新、简洁和自然的色调，富有浪漫情怀的法国人偏爱使用明亮的色系，如米黄、白色和各种原色。此外，法式家具强调手工雕刻的技艺与优雅的复古风格。法式风格家具的造型大气时尚，皮质软包设计彰显高贵与优雅气质，沙发顶部和底部的雕花设计，雅致且富有贵族气质。

法式风格客厅的家具和陈设以轻盈、优雅和舒适为主要特点，使用柔和的色调和华丽的细节，能够打造出典雅独特的法式风格（图6-15）。

图6-15　法式风格客厅与家具

1）布艺沙发。选择棕色、米色或奶油色的布艺沙发可以增加温暖和舒适感。布艺沙发可以搭配丝绒、蕾丝或刺绣的抱枕，增加空间的层次感和质感。

2）花边窗帘。带褶皱的窗帘，颜色通常以白色或淡紫色为主。花边窗帘可以营造出轻盈和优雅的氛围，也可以遮挡过多的阳光，保持室内的柔和光线。

3）繁复的灯饰。法式客厅应该使用繁复的灯饰，例如水晶吊灯或是华丽的台灯，可以创造出戏剧性的光影效果。

4）茶几和书柜。茶几和书柜可以提供一些实用的功能，也可以增加空间的温馨和文化气息。

5）地毯。选择花卉图案且颜色相对柔和的地毯，面积尽量大些。

6）仿古瓷器和各种雕塑。在客厅摆放一些珍贵的瓷器和大理石雕塑以及陈列品，可以提高整个居室的品位。

6.2.5 中式古典风格客厅

中式古典风格客厅家具造型简洁、线条流畅、比例协调，采用榫卯结构。用材十分广泛，包括红木、竹、牙、玉、石、珐琅、螺钿等，色泽沉稳、质感细腻，体现出高贵典雅的气质。

中式古典风格家具的种类有很多，常见的有以下几种：①桌类，有方桌、圆桌、八仙桌、书桌、案几、茶几等，用于放置物品、用餐、写字、品茶等；②椅类，有椅子、凳子、交椅、太师椅等，用于坐卧、休息等；③柜类，有书柜、酒柜、碗柜、鞋柜、药柜等，用于收纳书籍、酒器、餐具、鞋子、药品等；④架类，有博古架、花架、屏风、隔扇、挂屏等，用于展示古玩、花卉、字画、匾幅等，增加空间的美感和层次感。

中式古典风格客厅的家具布置可以从以下几个方面考虑：

1）颜色选择。中式古典风格的客厅一般以深色为主，如红木、黑漆等，以体现传统的质感和文化特色。可以适当搭配一些浅色的软装，如米色、灰色等，以增加空间的明亮度和层次感。

图6-16　中式古典风格客厅与家具

2）家具摆放。中式古典风格的家具通常具有线条简洁、造型优雅的特点。可以考虑使用典型的明清家具，如八仙桌、雕花屏风、红木柜等。家具的摆放应该注意对称和平衡，以达到稳健和庄重的效果。

3）装饰品选择。中式古典风格的客厅可以选择一些具有传统文化内涵的装饰品，如字画、瓷器、古玩、盆景等。

4）图案运用。中式古典风格的客厅可以运用一些具有吉祥寓意的图案，如龙凤纹、回纹等，以增加空间的艺术感和文化气息（图6-16）。

6.2.6　新中式风格客厅

新中式风格客厅家具是一种将传统中式家具的元素和文化内涵与现代设计理念和技术相结合的家具风格，既展现了传统文化的魅力和智慧，也符合现代生活方式和审美需求。

新中式风格家具的设计理念和工艺技巧主要有以下几个方面：

（1）简约而不失典雅　新中式风格家具倡导简洁与现代的设计理念，摒弃了传统中式家具中繁复的雕刻和装饰。它强调线条的简洁与造型的流畅，彰显出一种典雅而精致的气质。

（2）融入现代元素　新中式风格家具在传统中式家具的基础上，融入了现代设计元素，例如简约的几何形状、现代的材质和工艺，使其更符合现代生活方式和审美需求。

（3）自然和谐的色彩　新中式风格家具通常选用自然和谐的色彩，如温和的木色、淡雅的浅色或中性色调，这样的配色不仅突出了木材的自然质感和纹理，还营造出一种温馨而舒适的家居氛围。

（4）实用性和舒适性　新中式风格家具注重实用性和舒适性，追求舒适的坐感、合理的人体工程学设计，以及实用的储存空间和功能性，符合现代家居的实际需求。

图6-17　新中式风格客厅与家具

（5）传统与现代的融合　新中式风格家具在继承传统中式家具的基础上，融合了现代设计理念。它不仅保留了传统中式家具的经典元素和深厚的文化内涵，同时也引入了现代的审美观念和功能性，实现了古典与现代的完美结合。新中式风格家具的设计理念和工艺技巧体现了对传统文化的尊重和对现代生活的思考，它不仅满足了人们对美的追求，也展现了一种对传统文化的传承和创新，为现代家具设计注入了新的活力和内涵。它既保留了中式家具的文化底蕴和工艺精髓，又符合现代人的审美需求和生活方式（图6-17）。

6.2.7 欧式风格客厅

欧式风格客厅家具具有浓厚的历史和文化底蕴，可以让现代人感受到欧洲的传统和魅力。并且采用高质量的材料和工艺，可以保证其使用寿命和耐用性，满足人们的实用和经济需求。欧式风格家具有多种风格和分类，可以根据不同的空间和个性来搭配和选择，以满足人们个性化的需求。欧式风格家具还可以与其他风格的家具和装饰相结合，形成新的风格和效果。欧式风格的家具注重细节和装饰，运用雕刻、镶嵌、贝壳纹等手法，打造精美的花纹和图案，展现尊贵和优雅的气质；讲究对称和平衡，采用柱式结构、圆形拱顶、弧形线条等元素，营造和谐宁静的空间感；强调力度和动感，使用强烈的色彩对比、夸张的造型、浪漫的绘画等手法，表现激情和非理性的特点；追求实用性和舒适性，采用实木材质、合理的设计、舒适的布艺等，满足人们的生活和休息的需求。

欧式古典风格的装修以其精细的手工雕刻和裁切而闻名，常见的装饰包括镀金铜饰，使其结构显得简练而线条流畅。这种风格以富丽的色彩和强烈的艺术感，营造出一种华贵且优雅的氛围，给人带来庄重而高雅的感受（图6-18）。欧式风格家具的工艺技巧主要有以下几种：①手工雕刻，利用刀具在木材上刻画出各种图案和纹理，体现出工匠的技艺和灵气；②机械雕刻，利用机器在木材上雕刻出规则的图案和纹理，提高了生产效率和质量；③镶嵌，将不同颜色和材质的木片、金属、宝石等拼接在一起，形成复杂的图案和效果；④涂漆，将木材表面涂上油漆或者蜡，增加其光泽和保护性，也可以用不同的颜色来表现不同的风格。

图6-18 欧式风格客厅与家具

6.3 客厅家具的搭配

★小贴士★

客厅家具搭配选择至关重要，因为它直接影响到整个空间的舒适度、美感和功能性。合适的家具搭配可以营造出和谐统一的氛围，提升整个客厅的品位和格调。

6.3.1 沙发与茶几的搭配

沙发是客厅的主要家具，其材质、颜色和款式都会影响到整个空间的风格。在选择沙发时，应考虑沙发的舒适性、耐用性和风格搭配。茶几则应注重其实用性和风格搭配，可以根据沙发的风格来选择适合的茶几。

选择茶几时，尺寸的确定应以沙发为参照标准。专家建议，茶几的长度最理想的范围是沙发长度的5/7~3/4，宽度则应略大于沙发宽度的1/5。至于高度，茶几应略高于沙发，以便提供更舒适的使用体验。这样的尺寸配比能够确保实用性与美观的和谐统一。首先看茶几形状。茶几通常以长方形和椭圆形为主，圆形亦可，但带尖角的菱形茶几则不太适宜。若沙发前空间较小，可以考虑将茶几置于沙发侧边。对于长方形的客厅，将茶几放在沙发两侧不仅便于与客人交谈，还能有效利用空间。对于容纳三人的沙发，茶几的尺寸可选为120cm × 70cm × 45cm或100cm × 100cm × 45cm。如果沙发体积较大，或是两个长沙发并排放置，那么选择一款较矮的茶几会更合适。

6.3.2 电视柜的设计与摆放

电视柜的设计应考虑电视的大小、电视的摆放位置以及储物需求等因素。同时，电视柜的材质、颜色和款式也应与整体家居风格相协调。在摆放电视柜时，应确保其位置便于观看电视，同时也要考虑其与沙发的距离和角度。客厅电视柜是客厅的重要组成部分，它不仅可以满足收纳和展示的功能，还可以美化装饰客厅的空间。根据客厅的大小、风格和个人喜好，可以选择不同的电视柜。

（1）一字形电视柜　这种电视柜非常适合小户型客厅，以其高使用率和简约的设计易于搭配。对于客厅墙面较小的情况，一字形电视柜不会显得过于压抑，其底部可以设计为悬空式，既能满足收纳需求，又便于清洁卫生。

（2）二字形电视柜　设计简洁明了，地柜和吊柜结合，形成了一个完整的储物系统。地柜提供了实用的存储空间，而吊柜则可以用作装饰和展示区域，增添空间的美感和实用性。

（3）L形电视柜　这是一种高柜和一字柜组合而成的设计，也称为半包围式电视柜。这种设计能够有效利用墙面空间，提供更多的收纳空间，同时也增添了空间的设计感和美观度。对于进深长或墙面宽的客厅来说，L形电视柜是一个很好的选择。

（4）回字形电视柜　这种电视柜作为背景墙的设计，整墙定制，能够明确划分区域，同时半开放的设计不仅增加了柜体的收纳和展示空间，还能让电视机居中内嵌，保证观影效果。这样的布局既保持了对称感，又不显得呆板。

（5）多功能墙面电视柜　这是一种具有灵活性的设计，通过移动层板和侧板可以改变收纳形态，提升空间利用率。此外，它还可以根据不同家庭的需求进行灵活组合，满足收纳、展示、装饰等多重需求，而且多功能墙面家居拆卸不伤墙面，使用起来非常方便。

6.3.3 客厅储物柜的布局

储物柜是客厅中必不可少的家具之一，餐边柜、书柜、储藏柜等都属于储物柜的范畴。它可以用来储存杂物、书籍等物品。在选择储物柜时，应考虑其实用性和美观性，同时也要注意其与整体家居风格的协调。储物柜的布局应合理规划，以便于使用和管理。

（1）餐边柜　对于客厅餐厅一体的布局，可以在餐桌旁边设计一个餐边柜，用来收纳餐具、酒具、茶具等物品，也可以放置一些餐桌装饰品，增加餐厅的氛围。餐边柜的形式可以是开放式的展示柜，也可以是封闭式的抽屉柜。餐边柜的颜色和材质要与餐桌、餐椅相搭配，可以选择和电视柜相同或相反的风格，形成统一或对比的效果。

（2）书柜　对于有读书爱好的用户们，可以在客厅设计一个书柜，用来收纳书籍、杂志、报纸等，也可以展示收藏品、奖杯、纪念品等。书柜的形式可以是整面墙的大型书柜，也可以是沙发后面或边上的小型书柜，根据业主需求和空间大小来选择。书柜的颜色和材质要和客厅的主题色调相呼应。

（3）储藏柜　储藏柜的形式可以是顶天立地的大型柜体，也可以是沙发下方或角落的小型柜体，根据储物量和空间利用率来选择。储藏柜的颜色和材质要和客厅的墙面和地面相融合，可以选择白色、米色、灰色等浅色，也可以选择墙纸、石材、玻璃等材质，让储藏柜尽可能的隐形化，不影响客厅的美观。

6.3.4　墙面装饰画

墙面装饰画可以增添客厅的艺术气息和个性化特点。在选择装饰画时，应考虑画的主题、风格和色彩等因素，同时也要根据墙面的大小和位置来选择合适的画作。画的悬挂位置和高度也要根据人的视角和舒适度来确定。挂画的种类众多，有适合悬挂在比较时尚优雅的家庭中的人物图案画；有适合比较简约、北欧风格客厅的植物图案画；有适合比较稳重、儒雅的客厅中的山水主题画；还有神秘有趣的抽象派装饰画。

选择装饰画的尺寸和位置：

1）装饰画的尺寸最好要大于等于主体家具的2/3，如果沙发长3m，那么装饰画的长度应为2m左右。

2）根据一般人的视觉平均水平线在1.55~1.65m的标准，选择装饰画的悬挂高度应该在仰角60° 范围内。同时，考虑装饰画的总高度以及相关家具的尺寸，可以进行上下调节，以达到最佳的视觉效果。

3）根据安置的家具决定装饰画位置。如参照沙发背高度及装饰画的尺寸，在依据以上的法则定位，抑或根据对称法则、视觉平衡法则定位画框。

6.3.5　地面地毯的铺设

地毯在增加客厅的舒适度的同时，也作为装饰元素装饰客厅。在地毯的选择上，应考虑其材质、颜色和图案等因素，同时也要根据客厅的整体风格和地面面积来选择合适的地毯款式。地毯的铺设位置和边缘处理也要根据实际需求来确定。

客厅地面地毯的铺设主要分为两大类：固定式和活动式。固定式铺设主要靠胶黏剂或倒刺板将地毯固定在基层，适合长期使用，不易移动或更换。活动式铺设则是不与基层固定的铺设，只需将地毯的四周沿墙角修齐即可，这种方式方便地毯清洁和更换，但可能会出现地毯滑动或起皱的问题。

不同的铺设方式有不同的工艺和注意事项，具体如下：

固定式铺设的基本工艺是：基层处理→弹线、套方、分格、定位→地毯剪裁→钉倒刺板挂毯条→铺设衬垫→铺设地毯→细部处理及清理。

活动式铺设的基本工艺是：基层处理→实量放线→裁剪地毯→刮胶晾置→铺设银压→清理、保护。

铺设地毯时，还要考虑以下几个方面：

1）地毯的尺寸和位置。地毯的尺寸应该根据客厅的实际面积和家具的摆放来选择，一般来说，地毯要比沙发长，两侧要比沙发宽15~20cm，距离墙面25~60cm，家具至少放在地毯的1/3处。

2）地毯的形状和样式。地毯的形状应该与家具的形状相协调，一般来说，长方形或正方形的地毯可以拉长空间视觉，圆形或不规则的地毯则更适合修饰空间或指引动线。地毯的样式应该与客厅的风格和色彩相契合，一般来说，中性色或暖色调的地毯比较百搭，可以增加空间的温暖气息，鲜艳或几何的地毯则可以增加空间的个性和对比效果。

3）地毯的材质和质感。地毯的材质应该根据客厅的使用频率和功能来选择，一般来说，羊毛、棉质、混纺等材质的地毯比较柔软、舒适、保暖，适合休闲和娱乐的客厅，但需要定期清洁和保养，防止褪色、蛀虫、起球等问题。化纤、塑料、橡胶等材质的地毯比较耐用、防水、防滑，适合高频使用和多功能的客厅，但可能会有异味、静电、过敏等问题。

6.3.6 客厅绿植的点缀

绿植有净化空气的作用，也可以为客厅增添生气。在选择绿植时，应考虑植物的生长习性和观赏价值，同时也要根据客厅的风格和空间大小来选择合适的植物款式。植物的摆放位置也要根据人的活动空间和视觉效果来确定。

1. 根据客厅的配色

选择与之协调或对比的绿植，让绿植成为空间的点缀或焦点。例如，如果客厅以白色或浅色为主，可以选择有色彩或花朵的绿植，如百合竹、散尾葵、天堂鸟等。如果客厅以暖色或深色为主，可以选择绿色或灰色的绿植，如橡皮树、琴叶榕、龟背竹等。

2. 根据客厅的空间

选择合适的绿植大小和形状，让绿植与家具和装饰相协调。例如，如果客厅较大，可以在角落里或沙发旁边放置大型的植物，如幸福树、量天尺、龙血树等。如客厅较小，可以在窗台或茶几上放置小型的植物，如吊兰、虎皮兰、常春藤等。也可以选择藤蔓植物，如绿萝、麒麟叶、金钱树等，将其悬挂在墙面或顶棚上，节省空间。

3. 根据客厅的光线和湿度

选择适应性强的绿植，让绿植生长得健康和茂盛。如果客厅光线充足，可以选择喜阳的绿植，如虎尾兰、千年木、散尾葵等；如果客厅光线不足，可以选择耐阴的绿植，如白掌、龟背竹、常春藤等。如果客厅湿度较高，可以选择喜湿的绿植，如波士顿蕨、榕树、吊兰等；如果客厅湿度较低，可以选择耐旱的绿植，如仙人掌、龙舌兰、量天尺等。

6.4 客厅定制家具设计

6.4.1 客厅定制家具设计概述

客厅定制家具设计是满足客户个性化需求的起点，其核心在于充分理解客户的家庭需求和生活方式，从而创造出符合其品位和需求的家具。设计过程中，需要考虑到家具的功能性、美观性、实用性以及空间利用率。设计师应具备创新思维和丰富的经验，能够提供专业建议，帮助客户实现理想中的家居环境。客厅定制家具与传统家具在尺寸与设计、材料与工艺、个性与创新、成本与时间等方面都有所不同。

1. 尺寸与设计

定制家具的尺寸是根据家庭的实际需求量身定做的，能够更好地适应不同户型和空间需求。定制家具的设计更加灵活，满足不同家庭的特殊需求。传统家具的尺寸通常是标准化的，设计上也较为固定，无法完全适应所有家庭的需求。

2. 材料与工艺

定制家具的材料选择更加多样化，包括实木、人造板、玻璃、金属等，客户可以根据预算和风格需求进行选择。并且定制家具注重细节和工艺，能够提供更加精致和高品质的家具产品。传统家具的材料和工艺相对固定，通常按照行业标准和成本考虑进行选择。

3. 个性与创新

定制家具强调个性化和创新，可以根据客户的喜好和品位进行定制，实现独特的家居风格。传统家具更注重满足大众需求和行业标准，在个性化和创新方面相对有限。

4. 成本与时间

传统家具由于批量生产和标准化的特点，价格相对较低，且生产周期较短。定制家具能够提供更高品质的产品和服务，更好地利用空间，提高居住舒适度，同时展现个人品位和风格，但价格相对较高。

6.4.2 客厅定制家具的设计理念

客厅定制家具的设计理念是根据客厅的空间大小、功能需求、个性喜好等因素，定制出适合客厅的家具，以达到美观、舒适、实用的效果。客厅定制家具的设计理念有以下几点：

1. 人性化设计

客厅定制家具要考虑人的生理和心理需求，以及人与家具的交互方式，提高使用的舒适度和便利性。例如，根据人体工程学设计沙发的高度、深度、角度等，使人坐在沙发上能够放松身心；根据客厅的采光、通风、隔声等条件，选择合适的材质、颜色、造型等，营造出温馨、舒适的氛围。

2. 空间利用设计

客厅定制家具要充分利用客厅的空间，合理布局，避免浪费或拥挤。例如，根据客厅的形状、面积、功能区划分等，选择适合的家具尺寸、数量、位置等，使家具与空间相协调，既满足功能需求，又不影响空间的通透性和美观性。

3. 个性化设计

客厅定制家具要反映业主的个性和品位，展现出独特的风格和气质。例如，根据业主的喜好、爱好、生活方式等，选择符合自己的家具风格、色彩、图案等，使家具与业主的性格和气质相契合，体现出个性化的审美和情感。

4. 绿色环保

客厅定制家具要遵循绿色环保的原则，从设计、制造、使用、回收等各个环节，降低对环境的影响，提高资源的利用效率，延长家具的使用寿命，减少废弃物的产生。客厅定制家具要注重选用环保健康的材料，避免使用含有有害物质的材料，以保障居住者的身体健康。例如，选择天然的木材、竹材、棉麻、藤草等材料，或者使用经过环保认证的人造板、涂料、胶水等材料。客厅定制家具要引入生态元素，增加室内的绿化，营造出自然、舒适的氛围。例如，设置一些盆栽、花卉、水景等，为客厅增添生气的同时也能调节室内的温度、湿度、氧气等，改善室内的微气候，提升居住者的心情愉悦感和舒适感。

6.4.3 客厅定制家具的常见类型与选择

客厅定制家具的常见类型有定制沙发、定制茶几、定制电视柜等，每一种类型都有其独特的特点和用途。

（1）定制沙发　在进行沙发的定制时，可以借助客厅其他物品进行参照，以达到更加美观适用的效果。沙发的宽度可以以背景墙或电视柜的宽度为标准，一般为1.2~1.5倍；沙发的深度应该以客厅的进深的1/4为标准，一般为0.8~0.9m；沙发的高度应该根据实际风格和舒适度进行选择，一般为0.35~0.45m；沙发的数量和组合应该根据客厅的面积和布局进行选择，一般不要超过客厅面积的1/4。

（2）定制电视柜　电视柜的选择和搭配要考虑其材质、尺寸、形式、风格等因素，与电视和客厅的整体风格相协调。电视柜的常见形式有地柜式、组合式和定制式，可以根据电视的大小和客厅的空间特点来定制。定制电视柜的尺寸要根据客厅的大小和电视的大小来确定，要保持一定的比例和空间感。一般来说，电视柜的高度应该在40~60cm，宽度应该比电视的宽度大一些，深度应该在40~50cm，这样可以保证观看效果和电视柜的稳固性。定制电视柜的材质要选择环保、耐用、美观的，一般有实木、板材、金属等几种。实木电视柜的优点是天然、质感、高档，缺点是价格高、易变形、不耐潮。板材电视柜的优点是价格低、款式多、易清洁，缺点是容易释放甲醛、易刮花、不耐磨。金属电视柜的优点是结实、时尚、耐用，缺点是重量大、冰冷、易生锈。总之，定制电视柜的风格要与客厅的整体风格相匹配，不能显得突兀或不协调。一般来说，现代简约风格的客厅可以选择简单的饰面板或整面框体墙的电视柜，颜色以白色、黑色、灰色等为主。欧式风格的客厅可以选择满墙式或包围式的电视柜，颜色以米色、棕色、金色等为主，电视柜的外观可以有雕刻和顶线的装饰。中式风格的客厅可以选择木色或红色的电视柜，电视柜的造型可以有古典的元素，如屏风、格栅、花纹等。定制电视柜的细节也要注意，包括电视柜的功能、线路的隐藏、柜门的开合、柜子的清洁等。电视柜的功能要根据自己的需求来定制，比如是否需要展示柜、书柜、酒柜等，是否需要悬挂柜、侧柜、地柜等，是否需要灯光、音响、投影等。电视柜的线路要尽量隐藏，避免影响美观和安全，可以在电视柜的背板或侧板开孔，或者在电视柜的底部或顶部安装线槽。电视柜的柜门要选择合适的开合方式，比如平开门、折叠门、推拉门、移门等，要考虑空间的大小和使用的便利性。

6.4.4 客厅定制家具的设计要点

1. 空间布局

根据客厅的空间大小和布局特点，合理规划家具的摆放位置，提高空间的利用率。客厅的功能区域可以根据业主的生活习惯和喜好来划分，比如视听区、聊天区、休闲区、儿童区等。布局要考虑空间的大小、形状、采光、通风等因素，合理安排家具的位置和尺寸，避免拥挤或空旷。

2. 材质选择

要注重材质的质感和视觉效果，客厅的家具风格要与整体的装修风格和氛围相协调，可以选择现代、简约、中式、欧式等不同的风格。家具的材质要考虑环保、耐用、美观、易清洁等因素，可以选择实木、板材、金属、玻璃等不同的材质，同时要考虑到舒适度和耐用性。

3. 工艺与细节

精湛的工艺和细致的设计是决定客厅定制家具品质的关键因素，要注意线条的流畅、拼接的精准等方面。客厅的家具要满足业主的实际需求，具有一定的功能性和收纳性，比如沙发要舒适、电视柜要有足够的空间、茶几要有收纳功能等。家具的细节要注意安全、美观、舒适、方便等因素，比如家具的角度要圆润、颜色要协调、高度要适宜、开关要灵活等。

6.5 国内外设计案例与分析

6.5.1 国内设计案例与分析

1. 案例一

1）项目地点：广州南沙自贸区/明珠湾。

2）设计理念：“灵山之翼”。

3）设计分析：该户型面积为380m²，设计了一个21m超长的L形阳台，站在客厅中，270° 一线海景如同一幅山水画般徐徐展现在眼前。三江汇合处的视野无与伦比，即便是电影大片也难以渲染出这样的壮美景象（图6-19、图6-20）。

户型的设计与CBD地位契合，产品定位为商务与家居双重功能。客厅采用硬朗有力的线条感和低调沉稳的软装，共同营造奢雅时尚的氛围。精心挑选的家具和艺术品与壮丽景色和广阔视野相得益彰（图6-21）。

图6-19 广州南沙自贸区项目室内效果

图6-20 广州南沙自贸区项目客餐厅效果

图6-21 广州南沙自贸区项目家具与艺术品效果

4）亮点：外立面采用LOW-E玻璃幕墙，内部结构创新采用“核心筒+边柱”形式，搭配270° 超大寰幕视野的阳台，最大限度地利用天然资源，营造对大海的极致向往。

2. 案例二

1）项目地点：深圳后海。

2）设计理念：恒裕深圳湾340m^{2}奢阔寰幕大尺度户型，高挑的空间和绝佳的景观视野相得益彰。开间达7.9m的客厅在深圳顶豪市场极其罕见，推开窗可看到海对岸的香港，深圳湾海景、城市天际线，以及公园景观，一览无遗（图6-22）。

3）设计分析：设计师通过巧妙布局，将开阔的客厅分为三个区域：客厅、用餐区和阳台，营造出轻松的氛围。整个客厅加阳台总建筑面积约73.5m^2，适合屋主举办派对活动（图6-23、图6-24）。

空间层高可达3.6m，比市场常见的高度高出十几厘米，站在其中，人们能够充分感受到这种高度带来的舒适感和高级感。建筑和设计团队对待材料选择十分慎重，他们不仅挑选了最优质的材料，还对其进行了精心调配，比如迪奥金的地板、金文爵士白的电视背景墙等，将奢华公寓的品质提升到一个全新的水平（图6-25）。

图6-22　恒裕深圳湾项目室内效果

图6-23　恒裕深圳湾项目客餐厅效果

图6-24　恒裕深圳湾项目餐厅效果

图6-25　恒裕深圳湾项目客厅电视背景墙效果

4）亮点：空间中采用的现代材质的家具以求保持与建筑材料相一致，并在不同材料的大胆混合中，展现独特的奢华气质。

3. 案例三

1）项目地点：保利·金香槟。

2）设计理念：实现中心空间的最大化，打造集读书+休闲+活动的大客厅。

3）设计分析：客厅由景观阳台与原餐厅整合而成，且去茶几化设计，没有花哨的装饰和陈设，给亲子互动留出富裕的空间，刻画出家的美好与安宁（图6-26、图6-27、图6-28）。

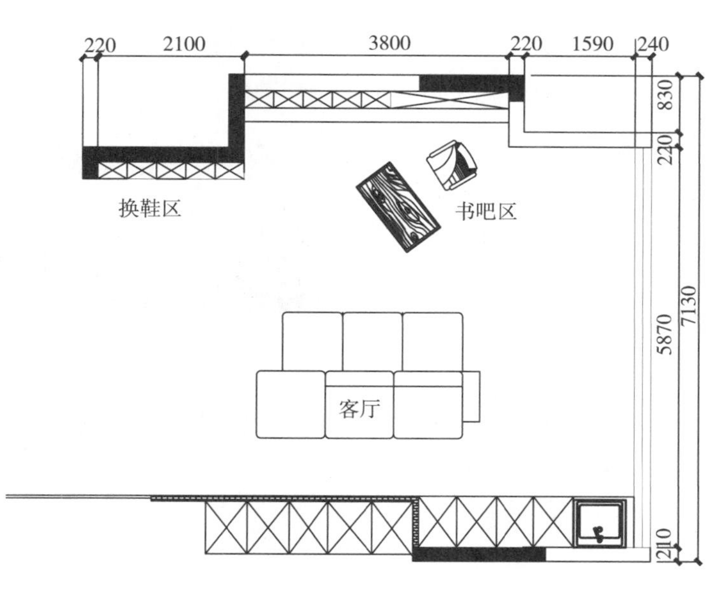

图6-26 保利·金香槟项目客厅平面布置图

图6-27 保利·金香槟项目客厅效果图

图6-28 保利·金香槟项目地面铺装和沙发背景墙效果图

整合多个空间，将三室改为两室，实现客厅的最大化，打造中心化客厅。有时候无须浓墨重彩，落落大方的设计也可描摹出家的形状。

舍弃过道，增设两扇隐形门，成为主次卧入口，保证全屋视觉上的整体性。阳台一端打造通顶收纳柜，并嵌入烘洗设备，补充收纳能力（图6-29）。

图6-29 保利·金香槟项目客厅立面视觉效果图

4）亮点：这是一套现代混搭的装修案例，塑造了一间有温度的亲子美宅，在满足日常生活的功能外，实现人与人之间的有效互动与交流。

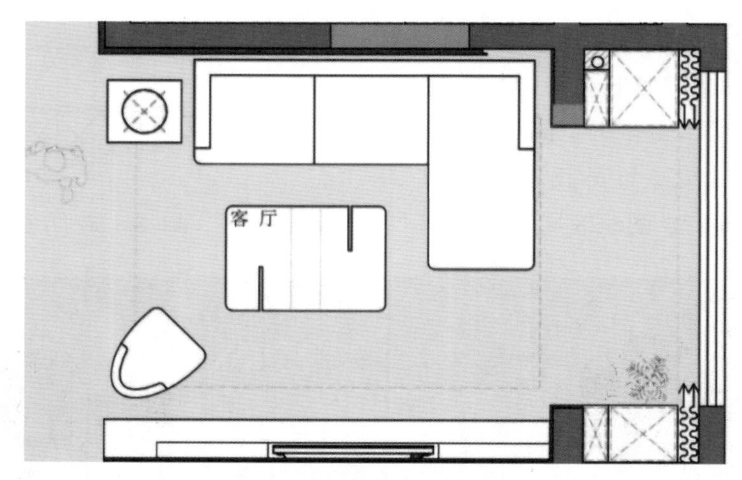

图6-30 案例四项目客厅平面图

4. 案例四

1）项目地点：不详。

2）设计理念：这是一套现代风格的装修案例。本案业主是一对极其注重空间质感的夫妻，家具的棉麻质感配合柔和的灯光，使业主在归家的一刹，便可享受属于自己的那片宁静港湾。

3）设计分析：客厅的无主灯设计拉升视觉层高，吊顶的暗装灯带营造温暖氛围。软装选取与硬装色彩相呼应的搭配，整个空间呈现简约而高级的视觉感（图6-30、图6-31）。

图6-31 案例四项目客厅效果图

打通阳台空间，阳台设计直角垭口，水泥灰材质与空间整体适应，使视觉上更有层次，同时利于引入充沛的自然光线（图6-32）。

图6-32 案例四项目阳台效果图

沙发背景墙半截木饰面板做拉槽设计，隐藏灯带装饰，暖黄光源增添客厅温馨氛围。右侧定制通顶高柜，保留一列开放格摆置书籍等。

沙发皮质与布艺结合，两种质感融合出优雅灵动感。大平面茶几配合沙发高度，角落两盏金属元素的吊灯对素雅空间进行点缀。

图6-33 案例四项目客餐厅效果图

电视墙选择石纹材质，嵌入式设计搭配拉槽元素，与沙发背景相呼应。客厅与餐厅之间以玄关过道为分割线，空间隔而不断（图6-33）。

4）亮点：为了避免暗色元素所带来的沉闷感，设计师采用了经典黑白灰元素，凸显深色系空间给予人舒适放松的独特属性。

6.5.2 国外设计案例与分析

1. 案例一

1）项目地点：莫斯科新住宅区。

2）设计理念：高高的顶棚，环绕四周的全景窗户，以及克里姆林宫的景色成为设计项目概念的基础。

3）设计分析：通过一个不寻常的定制的吊灯将空间垂直分割，视觉上使其更舒适。丰富的圆形和自然色调赋予室内柔和的气氛，并将所有装饰元素联系在一起（图6-34、图6-35）。

室内的每一个细节，包括雕塑和哑光黑色墙壁上的纯铜装置，时尚的意大利抽屉柜Cattelan，豪华的Alberta沙发和高贵色调的木头，由许多相同色调的圆形玻璃元素制成的祖母绿镶板，令人愉悦的枝形吊灯和各种形状的吊灯，质地与色调完美搭配，相得益彰，营造出优雅奢华的氛围。优雅的餐厅与客厅结合在一起，由精美的Cattelan Italia餐桌、金色底座和Eichholtz椅子组成，再加上优雅的吊灯和LED背光的体积墙板，显得格外庄重（图6-36）。

图6-34　莫斯科新住宅区客厅效果图

图6-35　莫斯科新住宅区客厅装饰元素

图6-36　莫斯科新住宅区餐厅效果图

2. 案例二

1）项目地点：圣彼得堡 · Repino私人府邸。

2）设计理念：结合了当代艺术的解决方案、工业风格和稀有饰面材料，展示了STUDIA 54 的设计技巧和令人惊叹的想象力。

3）设计分析：STUDIA 54 创造优质生活方式的设计手法基于三大支柱：在场地上展开的建筑、强调自然与外部和谐的景观以及永恒的个性化内部。亲近自然、安全感和稳定感是现代人的潜在要求（图6-37）。

浓烈的绿色和赤土色是一种大胆而富有表现力的组合，与经典色调的天然饰面材料和 Minotti 的柔和米色相结合，看起来尤其令人印象深刻（图6-38）。

图6-37　圣彼得堡 · Repino私人府邸餐厅效果图

图6-38　圣彼得堡 · Repino私人府邸客厅效果图

4）亮点：每一个细节都经过设计师精心挑选，使室内成为一个完整的故事，就像艺术家逐渐画出他辉煌的画卷一样。

3. 案例三

1）项目地点：瑞典的斯德哥尔摩。

2）设计理念：人性化的设计理念、宽敞的室内空间、良好的自然采光、简洁的设计造型以及简单的色调搭配。

3）设计分析：华丽的壁炉、仿古黑色大理石墙、柔软的丝绸地毯和各种雕塑摆件的设计，营造出了空间的层次，视觉上也更加丰富立体（图6-39、图6-40）。

图6-39　瑞典的斯德哥尔摩项目客厅效果图

图6-40　瑞典的斯德哥尔摩项目壁炉设计效果图

灰色沙发、单人躺椅搭配方形茶几，在这个下沉的空间内围合出一个舒适圈的设计，在心理上也有舒压效果（图6-41）。

图6-41　瑞典的斯德哥尔摩项目客厅下沉效果

4）亮点：打破了人们对北欧住宅风格清新寡淡的印象，保留奢华气质的同时，在细微之处更有人性化的设计。

6.5.3　案例总结与思考

1. 以墙板效果为主的客厅背景

适用场景：以墙板效果为主的客厅空间。

以墙板为主的客厅背景墙设计可综合护墙板、格栅、金属线条及灯带等，能够很好地表现产品花色、材质及大面积效果。如图6-42所示，将护墙板与格栅设计组合，让整面背景墙花色材质更有层次，需要注意护墙板中金属线条的位置及格栅配比。另外横向薄柜不仅有一定的储存需求，视觉上更是横竖线条和谐搭配，简约而不简单。

如图6-43所示，背景墙左半侧为墙板三段式设计，通过不同花色材质搭配使空间更有层次感，需要注意三段分布比例。背景墙右侧为收纳展示部分，通顶设计既简约大气又有着实在的收纳之用。镂空部分可展示喜爱的摆件、书籍、照片等。

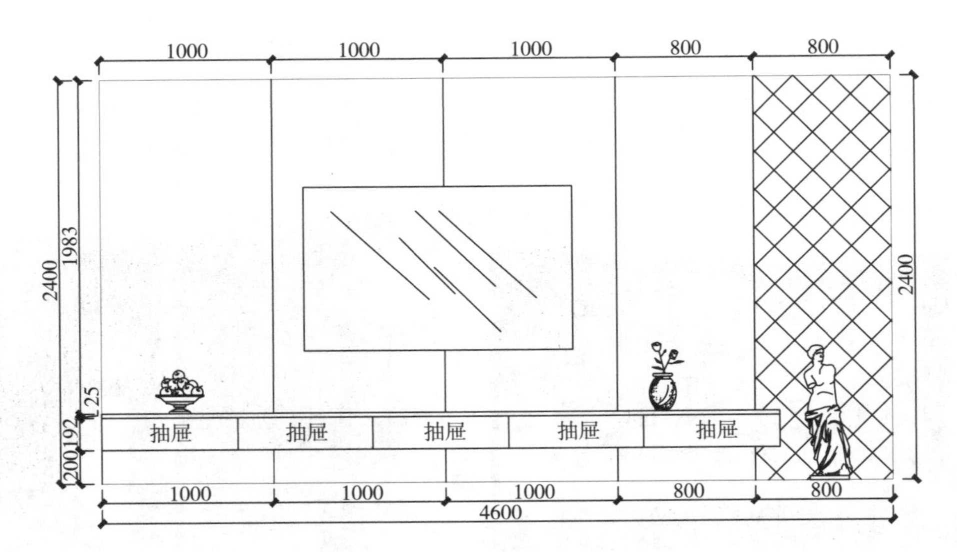

图6-42　背景墙立面设计1

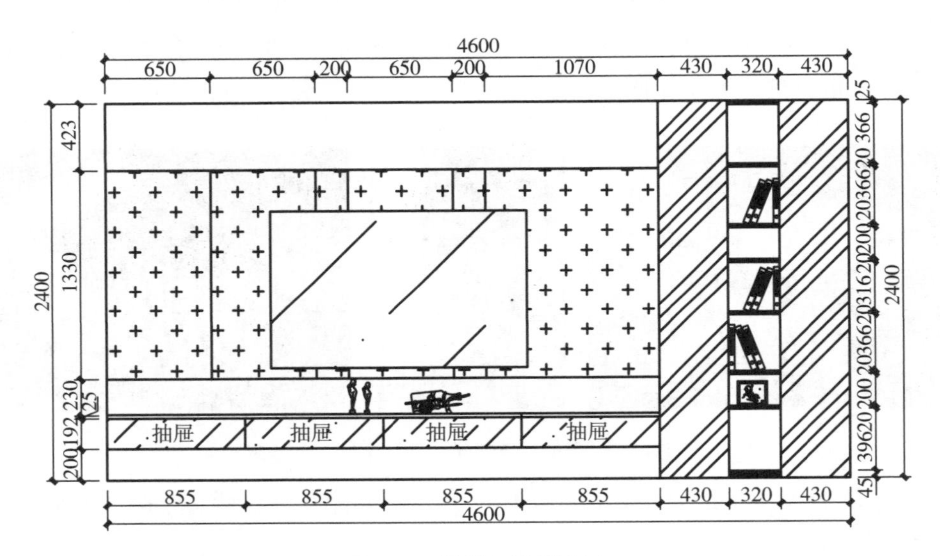

图6-43　背景墙立面设计2

背景墙立面效果图案例如图6-44所示。

图6-44　背景墙立面效果图

2. 墙板与组合柜综合的客厅背景墙

适用场景：墙板效果与组合柜（展示）综合的客厅空间。

墙板与组合柜综合的设计是装饰与收纳的折中选择。如图6-45、图6-46所示，案例以岩板为整墙背景基调，空间更有自然张力。横向做长柜，电视机内嵌其中。视觉上的突出与花色材质的碰撞形成丰富的层次。左侧选择玻璃门，内置物品有一定的展示性，加以暖光，在玻璃、岩板的冷色调上予以中和。

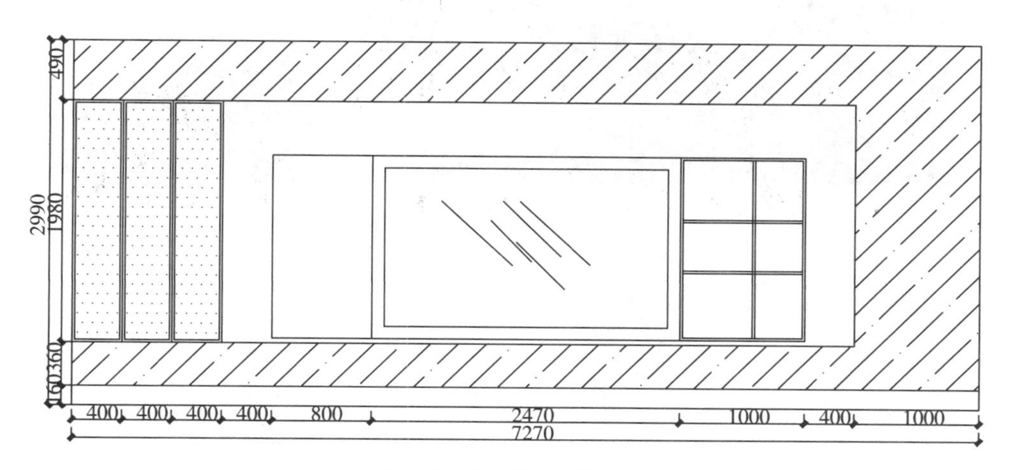

图6-45　背景墙立面设计3

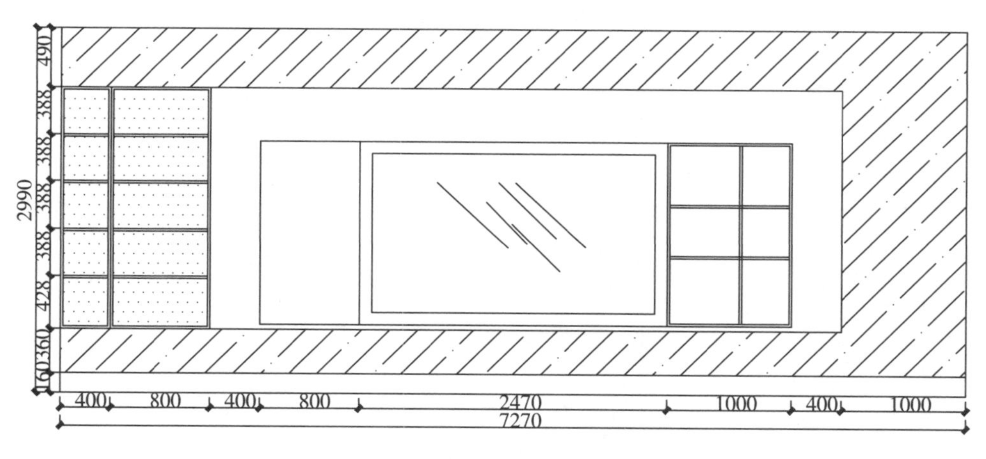

图6-46　背景墙立面设计4

背景墙立面效果图案例如图6-47、图6-48、图6-49所示。

图6-47　背景墙立面效果图1

图6-48　背景墙立面效果图2

图6-49　背景墙立面效果图3

3. 墙板与收纳综合的客厅背景墙

适用场景：以收纳为主的客厅空间。

满墙柜体的设计适合有着强收纳需求的居住者。为了避免整墙全封闭柜体的压抑感，如图6-50所示，通常可以通过增加镂空展示柜格、上不到顶下不到底等方式增加以柜体为主背景墙的呼吸感。如图6-51所示，案例为半包围结构，增加了格栅及水磨石的元素以增强材质与形式的碰撞，使得形式更加丰富。强大的收纳电视柜可以放置全家的喜好工具、日用品、展示摆件等。

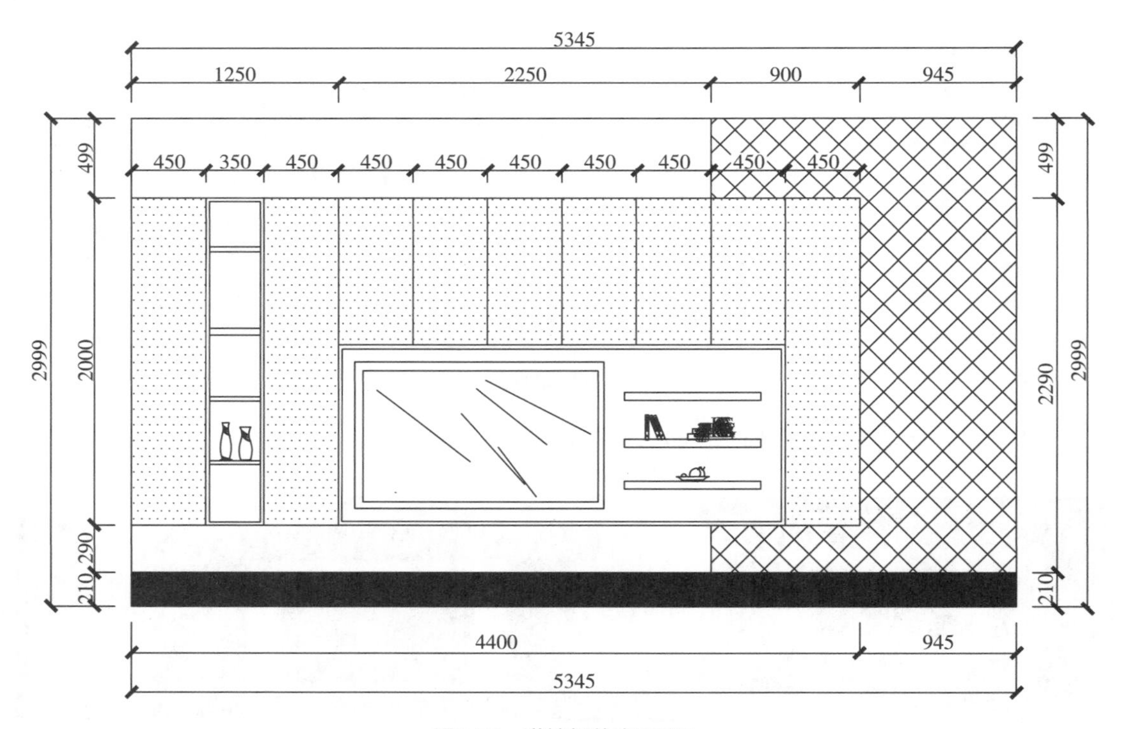

图6-50　满墙柜体立面图1

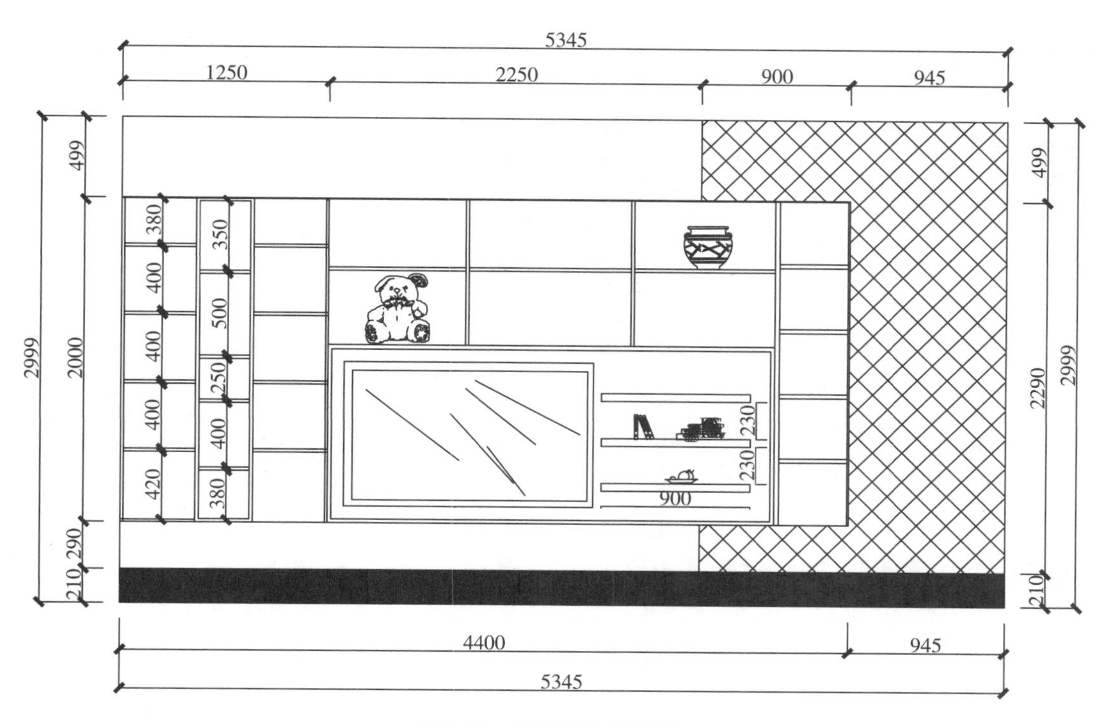

图6-51　满墙柜体立面图2

满墙柜体立面效果图案例如图6-52、图6-53所示。

图6-52　满墙柜体效果图1

图6-53　满墙柜体效果图2

第7章
厨房餐厅空间设计与定制橱柜

7.1　厨房餐厅空间功能与设计要素

★小贴士★

餐厨空间兼具烹炒、清洁、备菜、储藏、用餐等多种功能，其空间通常包括厨房空间内通过家具与设施设备二次限定出的具体操作空间。

从石器时代钻木取火的原始洞穴、围炉烹饪的探灶之地，到商代初具雏形的独立厨房，再到如今的整体厨房，厨房和餐厅一直是人们生活中必不可少的使用场所。餐厨空间伴随着人们功能需求的演变而进行调整，人们饮食消费水平以及潜在的饮食消费需求推动着餐厨空间布局与装饰内容的发展。

7.1.1　厨房空间布局

厨房的类型可根据布局形式分为单排式、双排式、L形、U形、开放式与半开放式六种。

1. 单排式布局

橱柜单排式布局是指将所有的工作区沿着一面墙布置，与狭长的厨房空间较为适配。厨房内的相关操作可以在一条直线上完成，节省空间，但会造成流线重复，动线过长而使得效率降低。单排式布局因其占地小、效率不高的特点常应用于公寓类的住宅，适合使用者下厨频率不高但满足基本使用的需求（图7-1）。

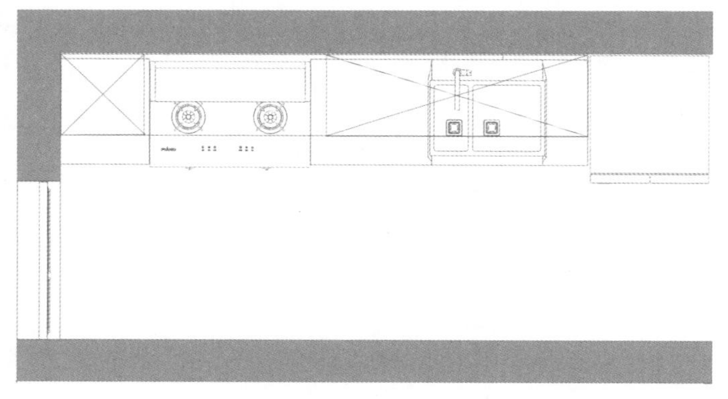
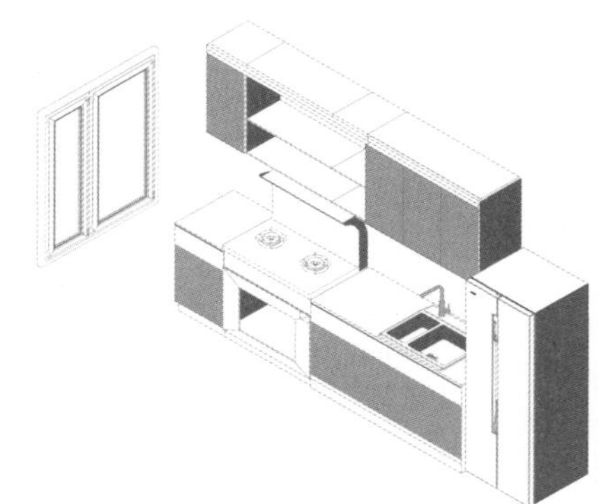

图7-1　单排式布局

2. 双排式布局

双排式布局是指将工作区沿着两面墙相对布置，与U形布局类似。为了方便使用者灵活转身操作，双排式布局的过道应有800~1200mm宽，所需空间较大，各功能有相对明确的分区，方便多人进行操作，由于操作面不连续，操作动线可能较长，相应地加大了劳动量。双排式与 U 形所需空间大小相近，但其操作效率不如 U形，因此在改善型住宅中不常被运用（图7-2）。

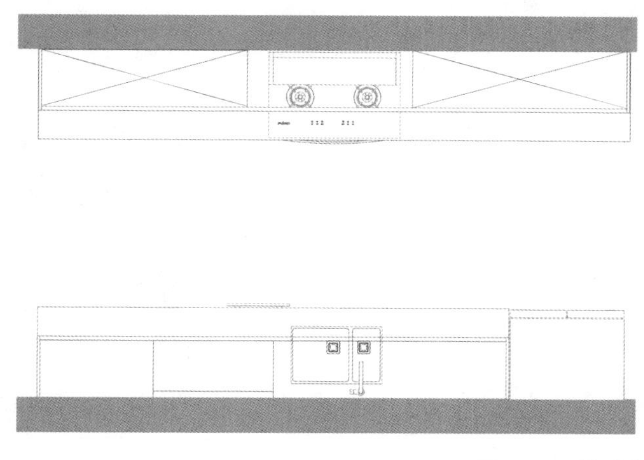

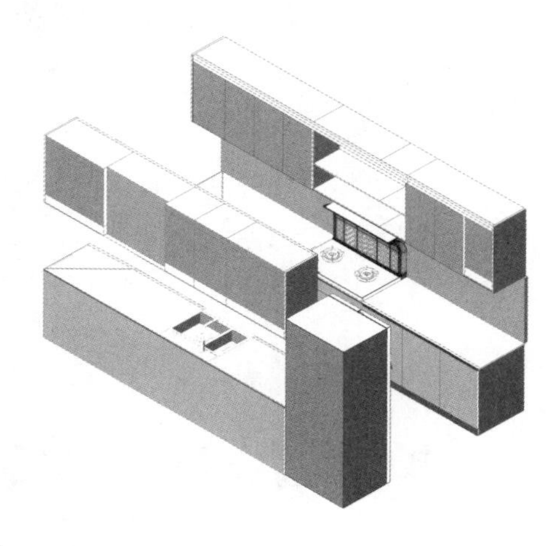

图7-2　双排式布局

3. L 形布局

L形布局相当于单排式的变体，保持了节省空间的优势，同时优化了各操作区的动线，提升了烹饪效率。智能产品在L形厨房中不受面积限制，布局和走线也较为灵活，因此，空间利用合理、操作效率高的L形厨房布局形式广泛用于刚需住宅，并且通过尺寸的变动适当地增加面积，在改善型住宅中也常被运用。但为了保证厨房工作区域的效率，L形厨房的较长端以2800mm为宜，较短端不能小于1500mm（图7-3）。

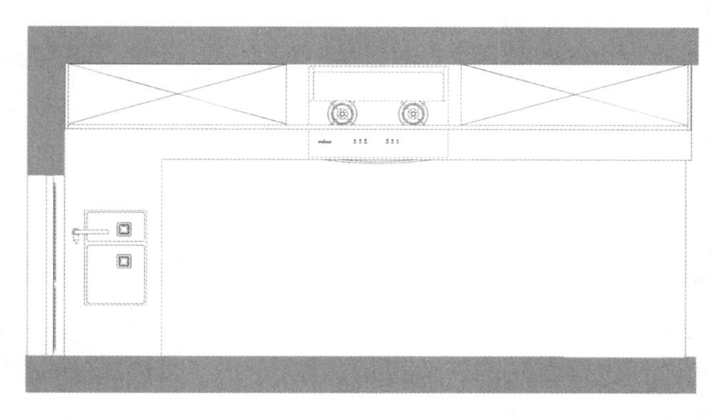

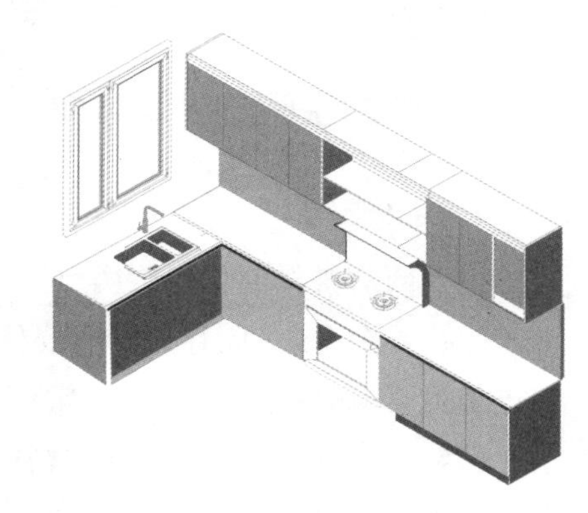

图7-3　L形布局

4. U 形布局

U形布局是指各操作区沿着三面墙体布置，对空间的要求更高。各操作区有明确的分区和适当的操作面，储藏空间也相应增多，较好地保证了操作的效率与舒适性，常运用于改善型住宅（图7-4）。在厨房空间的中心布置一个独立的操作岛台，配以单排式、双排式、L形或U形的厨房样式组合，形成岛形厨房。岛形厨房适合多人备餐、用餐和互动交流。岛形厨房占地面积大（15m^{2}以上），在别墅中常见，在国外已经应用成熟。中国以高层住宅建筑为主，厨房空间有限，因此岛形厨房并不常见。

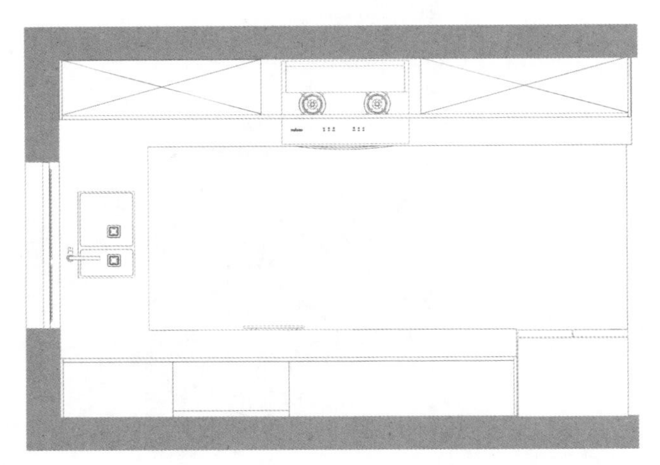
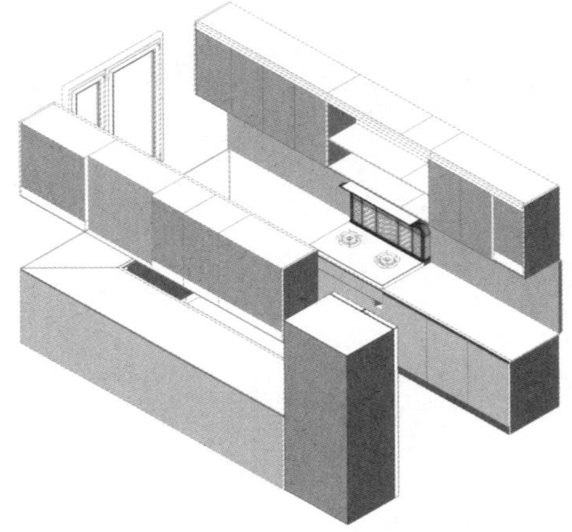

图7-4　U形布局

5. 开放式与半开放式

由于中式烹饪的特点，开放式与半开放式类型的厨房应用受制于实际条件，但仍有许多家庭对此持高度的接受和热情，因为这种厨房布局代表了一种开放的生活理念。开放式厨房适用于异形空间结构，但对整个空间的进深和面宽要求较高。同时，开放式厨房空间没有任何阻隔，整体利用率高，但对厨房的组合形式要求较高；半开放式厨房由台面、屏风和门窗隔开，不完全开放，方便厨房和餐厅营造不一样的氛围。这种类型的厨房设计方便家庭成员积极参与烹饪行为，有利于家庭成员之间的交流。

7.1.2　餐厨空间分区及类型

1. 厨房空间

按照厨房操作流程将厨房空间划分为储存区、清洁区、切配区、烹饪区。

（1）储存区　储存区的首要任务是对食品和餐具进行分类和储存，使得取用和整理都更加方便和快捷。储存区通常包括橱柜、冰箱、收纳架等家具，这些家具大多具备收纳、保鲜等功能。在餐厨空间常常会遇到储存空间不足的问题，导致许多物品只能摆放在台面上，影响了操作的便利性。由于住宅整体面积较小，一字形和L形厨房布局都常见。在L形厨房中，合理利用转角处的收纳空间是设计的重中之重，因为储存区域有限，角柜发挥着一定的收纳功能，能使空间得到最佳利用。

（2）清洁区　清洁区由清洁操作区与清洁置物区组成。清洁操作区主要用于清洗食品和餐具，清洁置物区主要是晾干清洗之后的碗、筷等厨房用具，包括水槽、洗碗机等内容。值得注意的是，为了保证空间进行操作行为与置物行为，水槽不能设置在转角处，会限制水槽的可操作性；进深较大的单槽较为实用，单槽所占面积较小，较为灵活，利于清洁区的布置与摆放。

（3）切配区　切配区是处理食材的区域，包括烹饪及烹饪前的准备工作，需要较大的空间，食品加工、切菜配菜、揉面擀面等厨房准备区是厨房功能区域中使用频率最高的区域。切配区在清洗区和烹饪区之间设置，方便进行清洗和烹饪工作。切配区作为烹饪前备菜最后一个步骤，食物与台面直接接触，因此，切配区台面应保持清洁整齐，其他物品不宜放置在此区域，在物品存放方面，可以利用墙面空间进行存放。

（4）烹饪区　加热与排烟等一系列厨房设备组成了烹饪区域，因此，烹饪区是厨房空间最主要的区域，也是厨房每个区域中器具种类最多、操作最为复杂的一个区域。现如今的一体式集成灶结合了烹饪区域所涉及的最主要的电器，包括燃气灶、蒸汽箱、烤箱及抽烟机等各种厨房设备，增加了厨房收纳空间，使厨房面积得到了极大的利用。

2. 餐厅空间

★小贴士★

餐厅作为厨房的衍生空间，它是除客厅外家人之间用餐、交流感情的首要场所，是住宅中家人交流的最有温度的存在。根据住宅建筑的结构规范与用户的功能需求，常见的餐厅布局分为餐厨一体、客餐一体、独立式三种。

（1）餐厨一体　餐厨一体化的形式比较适合小户型，将厨房与餐厅连为一体的餐桌布置设计能够使空间充分利用，通过一体化设计可以为家居节省出一个单独的餐厅空间，极大地提升了空间的利用率，解决空间不足的问题。这样的厨房空间布局使餐厅与厨房紧密相连，缩短了从烹饪到就餐、就餐到清洁的距离。从餐厅到厨房的操作线清晰，方便就餐、烹饪和清洁，也有利于营造餐厅的用餐氛围。而且这种组合形式更加灵活，不受其他空间的干扰，后期可以根据用户需求进行改造。

（2）客餐一体　连通餐厅和客厅的一体化设计，其整体开放式布局显得格外宽敞，视觉效果更加突出，现在正在成为家庭社交和娱乐的互动空间。客厅与餐厅一体化相对对空间的要求不会很高，通常会与门厅、客厅相互使用，在这种格局下，为了缩短操作路径，客餐厅空间都处于靠近厨房的位置。

（3）独立式布局　独立式布局常见于空间足够的住宅，因其有独立的空间区域可以作为餐厅，所以有比较理想的设计空间。在独立式餐厅中，餐桌布置是最有可塑性的，也能更好地发挥出房主的设计思想。还能根据独立式餐厅的空间大小，选择圆形或者方形的餐桌，以此来营造出视觉上的大空间。独立布局的优势在于厨房是封闭的，油烟、气味、噪声和杂乱不容易影响其他空间；缺点是封闭的空间容易使操作人员感到疲劳和压抑，不利于情感交流和通风散热的功能需求。由于我国传统的烹饪多是蒸、炸、炒、焖等油烟大的方法，封闭式厨房比其他类型的厨房更方便清洁，对其他空间的影响也小，所以封闭式厨房是中国住宅中大多数家庭的选择。

7.1.3 设计要素

餐厨空间作为一个大的系统集成，从操作过程的角度来看，它分为五个基本功能区：储存区、清洁区、操作区、烹饪区和用餐区（图7-5）。同时，结合作业路径和人机尺寸，采用“储存—清洗—烹饪”的三角工作线优化原理，合理规划各区域，优化作业路径。

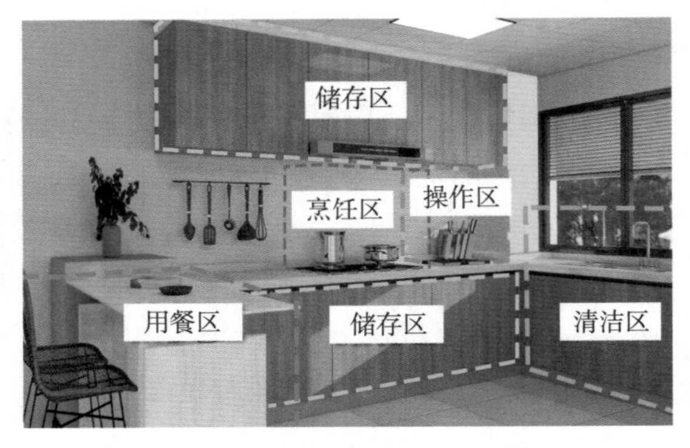

图7-5 厨房主要功能分区（L形为例）

★小贴士★

《住宅设计规范》中的要求：通过调查与研究得知，4~6m^{2}是一般小型厨房最适宜的使用面积，厨房内通道宽度为 900mm，操作台总长不宜小于2400mm，面宽 1500~2200mm，橱柜的标准宽度是 600mm，尽量将冰箱布置在厨房内，如果空间不够，则布置在厨房附近的过道或餐厅。6~8m^{2}为中型厨房最适合的使用面积，其中操作台总长不应小于2700mm。

1. 功能分区尺度设计

美国的Lillian Moller在人体工程学理论中对于厨房行为的研究中提出了“工作三角”理论。[㊀]“工作三角”是对于厨房空间中三个主要功能空间核心——冰箱（橱柜）、水槽、灶台三点连线形成三角，“工作三角”相关研究主要确定了冰箱（橱柜）、水槽、灶台三点之间的距离和宜在3.6~6.6m之间。当三点间距离和小于3.6m时，会造成工作路径过短，工作台面太窄，进而作业受到影响；当三点间距离和大于6.6m时，会造成工作路径过长，致使用户在三点间的活动距离过长，明显增加劳动强度。应合理设计三者内两两之间的距离，即水槽与灶台之间的距离、冰箱和水槽之间的距离、冰箱与灶台之间的距离分别为1.2~1.8m、1.2~2.1m、1.2~2.7m。水槽与灶台之间是最频繁使用的区域，因此建议尽量缩短两者之间的距离，但不应小于900mm。三点协调，使用户在操作过程中移动距离最小，以此降低操作时的劳动强度，达到提高烹饪体验的目的。

（1）储存区 承载储物收纳行为的餐厨空间是厨房中的橱柜，橱柜一般分为吊柜（上柜）和地柜（下柜）。吊柜的尺度设置在人手臂向前及向上的活动范围之内时，拿

㊀ “工作三角”理论是由美国的工业工程师Lillian Moller Gilbreth和她的丈夫Frank Bunker Gilbreth共同提出的。他们是20世纪早期最重要的人体工程学研究者之一。在他们的研究中，他们提出了许多关于人类活动和工作环境优化的理论和原则，其中包括了“工作三角”理论，该理论主要应用于厨房设计和布局。

取物品最为便捷；当手臂抬起，手部以上的区域是最难拿取物品的区域，也是吊柜使用频率最低的区域，一般放置一些不经常使用的物品。人直立时手臂下垂，双手能不费力触及的区域是地柜使用频率较高的区域，一些需要经常拿取的物品可以存放在此处。

与年轻人相比，老年人在行走中更容易产生疲劳感，因此厨房设计要尽可能合理，注意各功能分区，缩小厨房操作中的行动范围，避免不必要的重复动作。老年人厨房适合选择较为集中的L形和U形布局，能有效缩短厨房活动距离，减轻老年人生理负担。应充分利用吊柜底部至操作台面的空间作为存储空间，如在墙面上增加吊杆挂篮、置物架等。合理的厨房布局可以更好地帮助老年人存放物品，提升用户对厨房收纳功能的满意度。

（2）清洁区　在清洁区中，水槽及工作台面的高度的设置是最重要的，与烹饪区类似，在清洁区的左右两侧宜保留足够的空间来放置处理好的食材或从冰箱拿出待洗的食材。常见的水槽台面高度要与其他区域保持一致，这主要考虑到整体视觉的统一性，便于各区域之间的互动，根据不同用户的身高可以增加或减小水槽台面高度，水槽的高度要以操作者站立时手能触到水槽底部为基础，如此在清洗时腰部受力就可以降到最低，缓解因长时间清洁造成的腰部损伤。

（3）烹饪区　烹饪区的台面高度一般与其他区域保持一致，但是放置灶台、锅具等设备后，其高度与实际相比会有所增加，手臂的负担会因炉具过高而增加，长期使用容易造成酸痛感；抽烟机区域也应根据操作者的身高进行调整。同时由于厨房电器集成化程度越来越高，嵌入式电器也会增多，柜体的厚度因此增加，操作设备等工具时会占用通道等公共区域，通道区域应保持760mm以上的距离，以方便人员通行，在狭长户型中应注意面宽距离以避免影响交通。另外值得注意的是，作为厨房的核心区域，由于此处用来完成食材的预处理、热加工、装盘操作，极易产生厨余垃圾，在合适的位置设置台下垃圾桶显得尤为重要。

（4）用餐区　就餐人数、餐桌椅等家具的摆放及餐厅的形状大小决定了用餐区域的设计规模。餐厅是一家人最容易聚集的地方，家庭成员坐在椅子上吃饭时不是静止的，经常会来回走动或转身拿取物品，所以餐桌周围需要预留出一定空间方便人员活动。在餐厨分离的布局形式下，用餐区应最大限度地利用走道和家庭公共区域以制定出合理的动线，尽量避免往返等重复性动作而增加劳累感，造成使用不便。餐桌的标准高度在730~760mm之间，餐椅的高度在 400~450mm之间，正确的餐桌椅高度让就餐者在就餐时保持正确的手脚垂直姿态，有利于身体的放松。反之，不利于健康的情况体现在用餐人员的身体局部被压迫，这一般是由于餐桌椅高度设计不合理影响了人的坐姿引起的。在桌椅布置时应考虑留出空间，给予用餐人员活动空间，就座区域的范围在450~610mm之间，餐椅距离墙面间距为760~910mm，方便人员调整餐椅位置、就座及周边活动。在规划整个用餐区域时，应以家庭成员中身材最高大的成员为标准。

（5）可持续尺度设计　不同年龄阶段的使用者对餐厨空间的尺度需求也会随之变化。随着年龄的增长，一些老年人开始行动不便，需要使用拐杖或轮椅等助行器。《老年人居住建筑》（15J923）中规定：老年人使用的厨房面积≥4.5m^2。供轮椅使用者使用的厨房面积≥6m²，轮椅回转面积宜≥1.50m×1.50m。供老年人自行操作和轮椅进出的独用厨房使用面积≥6.00m²，其最短边净尺寸≥2.10m（图7-6）。通常情况下，为了节省空间，厨房和用餐空间的开间进深都限制到最低尺寸，在一定程度上，限制了老龄化改造的可能，欠缺老年使用的适应性。

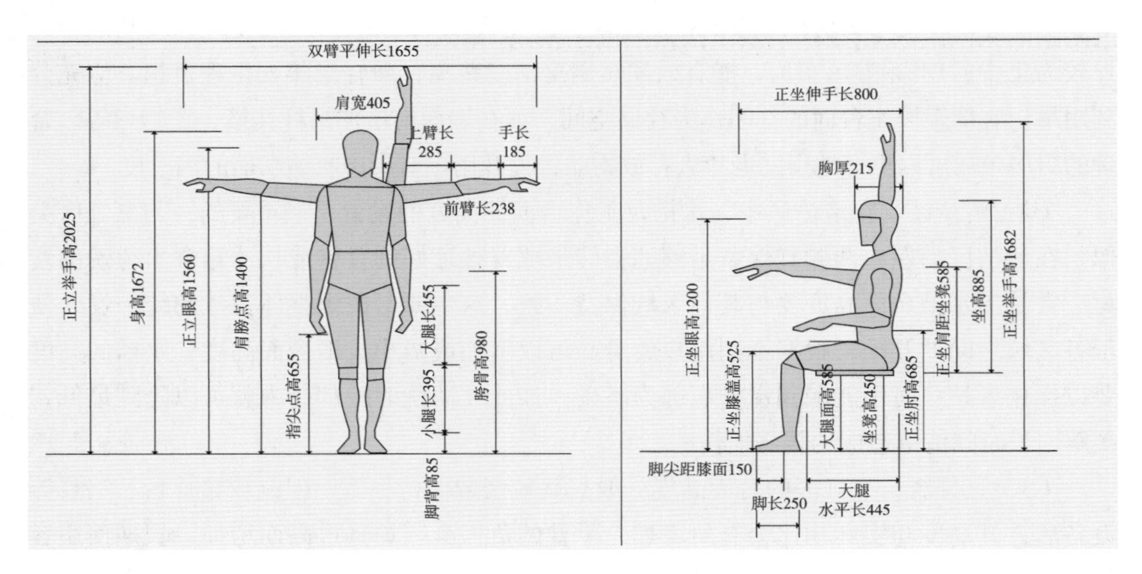

图7-6　老年人站坐通用尺度（单位：mm）

如一字形厨房开间净尺寸为1500mm时，无法满足无障碍需求并且难以改造，但只要将空间稍微增大，就可满足改造的可能。故为满足老龄化用户使用的需求，应在极限空间的基础上，适当增加空间尺寸。

人员在厨房中多以站立姿势操作，老年人持续一段时间会造成腿部、腰部、肩部、手臂等身体部位的疲劳，橱柜尺寸可根据老年人特殊的身型特征，通过人体尺寸的修正进行优化设计。

1）由于老年人骨质疏松导致的身高下降，厨房内操作台的整体高度应适当降低，因为身高在160cm的厨房用户最适合的操作台高度在84cm，所以适合老年人的操作台高度在80~85cm。与操作台相比，放置锅具的灶台会因为锅具而增加了一定的高度，为了在使用过程中保持整体高度一致，灶台应比操作台低10cm左右。

2）研究发现，操作人员手在略低于肘高的位置操作最为舒适，因此清洗区和操作区的高度可以不一致，清洗区的高度适当增加，略高于操作台，维持其平面高度在85~95cm，另外由于市场上水槽常用标准深度为18cm，水槽底部平面高度为67~77cm，在清洗时可以避免一直弯腰，如图7-7所示。

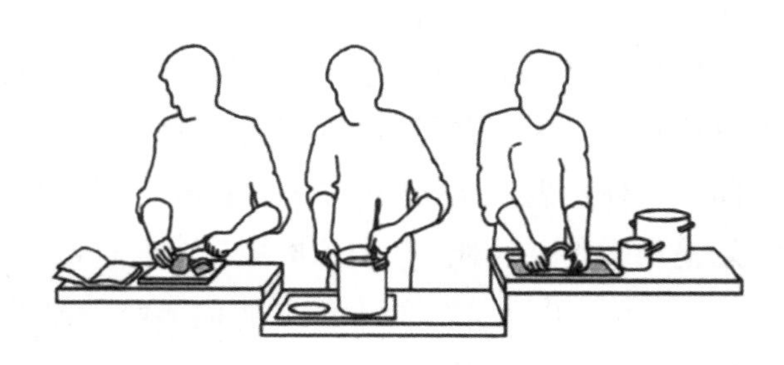

图7-7　厨房操作台面高度示意

3）吊柜和地柜是厨房中最不可或缺的储物家居设备，老年人站立时手能触及的高度一般在155~165cm，但超过160cm 会感到吃力，可采用降低吊柜高度的方法，也可采用升降式柜体和可移动的柜体来解决吊柜的适老化设计问题，升降的五金结构可以采用内挂柜。地柜门为避免取放物品时一直弯腰，应采用抽屉式，以高低抽屉结合的方式，高抽屉用来存储一些大物品，如电器等；低抽屉则用来放置一些常用的小物件，如炊具、刀具等。在厨房橱柜的基本尺寸的基础上，结合老年人人体尺寸来调整橱柜尺寸，见表7-1。

表7-1 结合老年人人体尺寸调整橱柜尺寸范围

橱柜高度	基本尺寸/cm	改进尺寸/cm
操作台	80~90	80~85
清洗区平面高度	80~90	85~95
水槽底部平面高度	62~72	67~77
灶台	80~90	70~75
吊柜底部距地高度	160~170	150~160

2. 配色

冷暖色是视觉心理的直接反映，而不是间接联想的结果。长时间在同一空间中注视着一种颜色，会引起视神经疲劳，需要找其补色进行调整。

（1）厨房配色　选择正确的颜色可以让厨房空间更有活力，能够进一步激发使用者的烹饪创造力。因此，设计师应采用合适的色彩搭配来达到和谐美观的效果。厨房立面无疑是承载厨房颜色创意的最主要的界面，可以通过使用墙漆和清新的橱柜饰面以及互补的台面、后挡板和配件来装饰空间。

厨房台面多采用石岩板材质，在厨房烹饪的操作色彩不宜鲜艳和跳跃，应与墙面基本保持一致。色彩的变化点缀可以从护墙板、水槽、水龙头等几处体现。例如装配亮光金属材质，为大面积厨房的主色调注入一些活泼感。

（2）餐厅配色　一个配色合理的餐厅不仅看起来轻松舒适，更能促进人的食欲，应该以恬静素雅色调为主。配色时要与家中的整体风格相统一，不能相差太多。当客厅和餐厅相联通时，应将餐厅和客厅作为整体统一进行设计。餐厅配色常用的颜色有白色、灰色、浅黄色、橙色、蓝色、米白色等，氛围上还应遵循亲切、淡雅、温暖、清新的原则。餐厅的配色还受到餐厅家具的影响，因此在设计时应对餐桌餐椅的颜色和风格做出选择。

3. 灯光

（1）厨房的灯光设计　一般情况下，厨房的光照强度为50~100lx。[㊀]由于老年人视

㊀ 勒克斯（Lux=lx，流明每平方米），照度单位。光源在1m^{2}的面积上发出1lm的光通量时，具有1Lux的照度。

力大多会衰退，对光线要求高，为保证操作正常进行，同时避免过于刺眼的灯光对老年人造成不适，厨房整体照度应控制在150~300lx，该照度大概为年轻人的3倍。厨房的灯光设计应考虑三个区域：①基本照明：厨房空间设施布置的复杂性较高，需要使用主照明设计。考虑到厨房油烟较重，基本照明灯具应具有造型简洁、方便清理的特点。②操作区照明：吊柜会对操作台产生一定的光线遮挡，因此需要在吊柜下方合适的位置，在洗菜、切菜、炒菜的操作台处安装辅助灯。③柜内照明：与卧室的柜内照明相同，厨房的橱柜是家庭必备，柜内可采取嵌入式灯光，在方便取放物品的同时又不占用空间。

（2）餐厅的灯光　餐厅是厨房劳作成果呈现的区域，灯光的巧妙运用能够提升餐厅的质感，让整个用餐的氛围变得治愈而温暖。想要用灯光促进餐厅空间的用餐氛围，需要将整体照明和重点照明结合起来。

1）整体照明：通过设置吸顶灯和灯槽作为整体照明，可以为空间提供充足的环境光，满足高位照明的需求。灯槽安装建议选择灯带，灯带通过漫反射照亮顶棚和墙面，拔高空间的同时，还能避免顶棚昏暗的情况。

2）重点照明：餐桌区域是整个餐厅空间最重要的区域，要选择合适的灯具为餐桌提供重点照明。灯具种类分为射灯、吊灯、线性灯和小开孔射灯。

选择射灯矩阵或条形射灯为餐桌区域提供重点照明，要注意灯光是打在菜上，而不是人身上，所以灯具的安装位置并不是装在餐厅空间的中间，而是要在餐桌的正上方。为避免挡住人的视线，应该将餐吊灯悬挂在视线范围的上方，桌面与灯具下沿之间的距离宜为80~90cm。餐吊灯的造型不需要过于浮夸华丽，简约的造型更适合营造愉悦轻松的用餐氛围，也更便于清洁。一般非餐厨一体的餐厅适合设置背景柜的储物空间，柜体区域也需要重点照明。每一格柜子都应该布置灯光，满足基本的照明需求，方便物品的取放，还能提升整体空间的氛围感。可以选择线性灯或者小开孔尺寸的射灯提供柜体照明。

7.2　厨房餐厅定制橱柜设计

7.2.1　餐厨空间橱柜概念

定制橱柜一般由木质板式结构组成，包括柜身板件、柜门板件、背板等。在设计方面，定制橱柜遵循成熟的32mm系统设计模式㊀，可以做到柜身结构对不同尺寸空间的适配。在生产方面，定制橱柜有相较于其他室内装饰装修部品更成熟的工厂化生产模式，因此在产业归类中往往将其单独归入定制家具范畴，以区别于室内装饰装修的其他建材产品。国内定制橱柜的生产加工企业中已经建成了满足工业4.0 要求的全自动生产线（图7-8）。

㊀　32mm系统是一种依据单元组合理论，通过模数化、标准化的“接口”来构筑家具的制造系统。

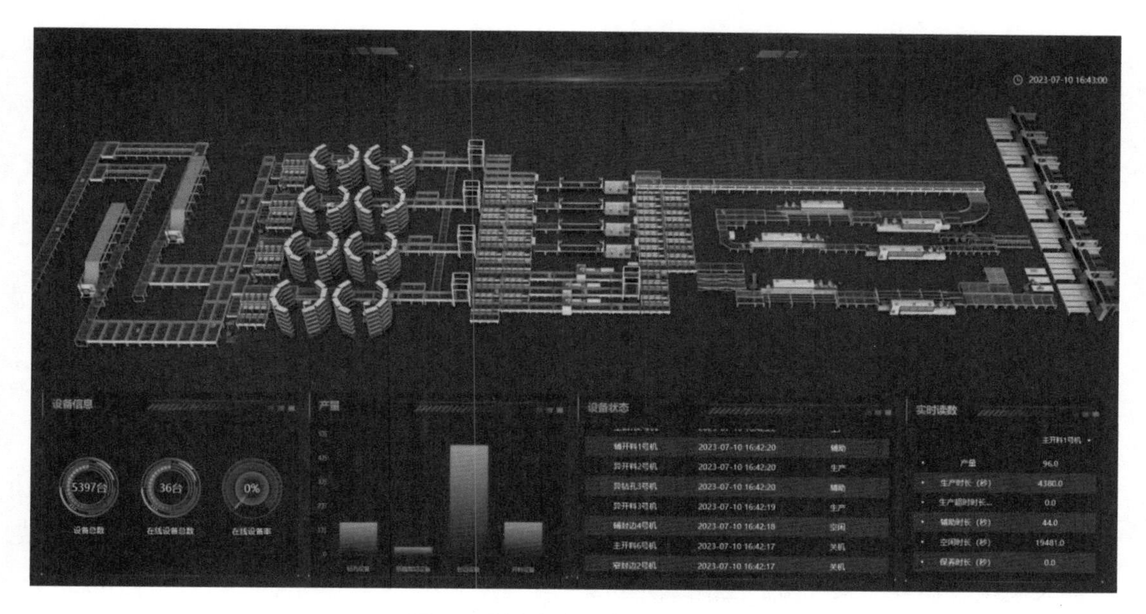

图7-8 某企业家居全自动生产线

随着厨房内置电器种类的增多，很容易导致空间不足而使厨房显得杂乱无章，缺乏美观。现代住宅的厨房面积通常十分有限，人们对厨房空间利用率最大化需求愈发强烈，定制化设计在空间优化、安全环保上的优势很好地解决了这一痛点。

7.2.2 橱柜储藏空间优化

橱柜是各种设备、电器的载体，承担清洗、烹饪、存储等多种功能，厨房的装修也开始采用整体橱柜的方式。在储藏空间上做出以下考虑：

1）对厨房平面及空间进行合理规划，增加空间利用率。对于厨房储藏空间的设计布置应进行综合考虑，将高柜、中高柜、落地柜进行合理配置。如针对高柜使用率低的问题，应结合人们使用习惯，增加中高柜的配置，提高空间使用率，方便人们日常生活。

2）橱柜设计尺寸问题。针对调查中所反映的厨房设备设施使用不便的问题，对于厨房储物空间，应在模块化设计的基础上考虑人体尺寸，进行合理设计。如对高柜、中高柜、落地柜的高度、宽度、深度应结合人体尺寸科学设计，防止出现无法使用或使用不便的问题。

7.2.3 设备空间

设备空间是影响厨房和用餐空间舒适性的重要因素之一。设备空间是灶具、抽烟机、水池、冰箱、洗衣机、洗碗机、消毒柜、微波炉、上下水及煤气管线、成品通风道及热水器等设备所需要的空间。

1. 灶具

常见双眼灶具长度一般在700~760mm，宽度一般在400~450mm，预留 750mm × 450mm的洞口。单眼灶具通常预留450mm × 450mm的洞口。布置要点：首先，灶具与墙面的距离应≥150mm，与水池距离≥300mm，使操作便利的同时空间足够摆放物品；其次，在远离厨房门及窗前的位置来设置灶具，以减少油烟污染其他空间，避免风将炉火吹灭而带来的安全隐患；再次，在双排式布置的厨房里，避免面对面地布置炉灶和水池，以便于在洗涤时稍转头便可观察到炉灶上的情况，如图7-9所示。

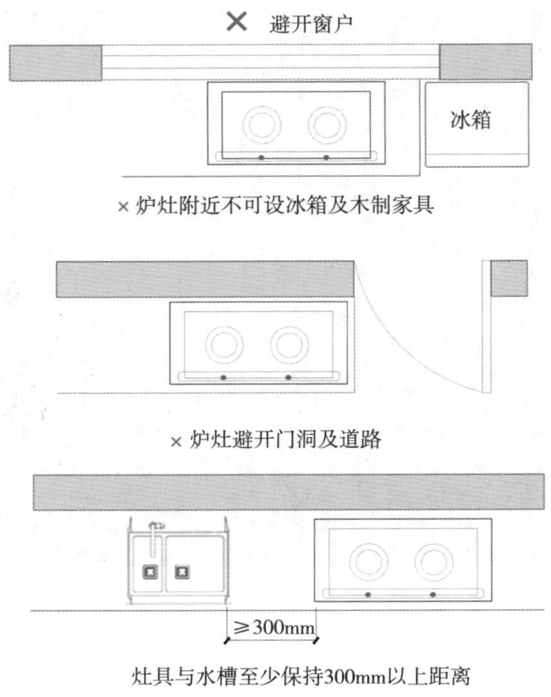

图7-9 灶具的布置要点

2. 抽烟机

在一般情况下，抽烟机的长度和宽度都大于等于灶具的长和宽，常见抽烟机长710~900mm、宽400~530mm，考虑抽油烟效果和安全因素，为了有效排放厨房内的污染气体，抽烟机距灶台距离以650~750mm为宜。安装时将抽烟机中线与灶具的中线呈正对齐状态，以确保最好效果。如果抽烟机与污染源距离过远，则排出油烟的时间就越长，扩散的可能越大。经多年发展，市场上抽烟机按照工作方式和安装位置的不同可以分为顶吸式（中式、欧式）和侧吸式。

3. 水池

水池的尺寸受空间和家具等条件限制，一般操作台宽600mm，水槽长480~700mm、宽410~430mm，可满足正常三口之家的使用要求。单槽台面预留600mm×450mm的洞口，双槽台面预留 900mm×450mm 的洞口。水池放置注意事项：

1）因为台面要留有一定空间用来操作或放置物品，所以水池不宜布置在墙体角落；

2）水池不宜与炉灶过近放置，避免水花溅入油锅引起爆锅，水池与炉灶间距离以1200~1300mm为宜，两者之间需要连续的台面，避免操作过程中污染了地面。

目前的水槽布置方式有上置式、插入式、平置式、下置式、集成式等多种。前三种形式，当水溅到台面上，水池与台面连接处容易被溅出的水侵蚀，如果恰巧密封材料老化或黏性不强，柜体底部也会被侵蚀。下置式水池属完整无缝隙的台面，水只会蒸发或回流到水池，不会流到底部，减少渗漏的可能。集成式采用焊接形式从根本上消除了缝隙，可防止渗漏。因此，厨房应尽量选择下置式或集成式水池。

7.2.4 橱柜设施尺寸设计

在厨房空间中，家具设施占比最大的是橱柜，因此橱柜的合理尺寸设计至关重要。随着装配式整体厨卫技术的引入，设计师在厨房施工前期进行了整体设计和综合考虑，并对橱柜、家电、家具进行了统一设计和布局，后期不再需要居民单独购买。由于设计师在设施的位置和规模上做了合理的设计，避免了后期出现的大部分问题，同时也保证了空间和设施的质量。结合模块化设计、橱柜设计和电器家具的尺寸设计，使其符合人体尺寸和人们的日常使用。在空间流线设计中，考虑到空间的合理布局和人们在厨房空间中的日常行为习惯，根据厨房"工作三角"理论，确定厨房空间中水池、灶台、冰箱（柜）之间的合理距离。同时，根据厨房洗菜—切菜—炒菜的操作顺序和各功能的使用次数，确定各功能的布局面积，最大限度地节省时间和人力。

7.2.5 安全性设计

厨房由于其复杂的功能和使用环境的特殊性，厨房空间存在着许多的安全隐患。通过初步分析，可发现厨房在安全方面存在以下问题：

1）防火防电。厨房内各种管道复杂，大功率电器多，加之炉具多用明火，所以防火防电非常重要。

2）防滑。厨房的日常使用多接触水和油，所以地面容易湿滑，容易造成事故。

3）健康和环境保护。厨房食材、垃圾和生活用品较多，容易堆积，而且环境潮湿，食物容易变质，物品容易腐烂，环境容易滋生细菌，威胁居民健康。

在使用安全上，应注意以下几点：①采用装配式整体厨房，管线分开设计，集中布置管理，与主体结构分开，减少对日常生活的影响；②整个厨房地面采用新型材料防滑处理，室内排水坡设置合理；③结合橱柜等收纳空间的设计，改善厨房收纳空间，从而达到改善厨房日常使用环境、健康环保的目的。

7.3 国内外设计案例与分析

7.3.1 国外设计案例

1. 欧美地区

欧美国家住宅餐厨空间的发展基本与其工业发展同步，餐厨功能空间在经过明火到电器的历程后也逐渐有了明确划分。近几年新技术材料在餐厨空间得到广泛应用，智能厨房应运而生，厨房环境更加开放，充分满足家庭就餐、社交、聚会等功能。现代厨房以烹饪食物的功能为基础，满足了居民的精神需求，成为现代生活的社交中心。

（1）加拿大Loft餐厨一体　这是一个位于加拿大多伦多市中心的Loft公寓。公寓的墙壁由灰砖砌成，靠窗一侧的墙面也被涂成白色，使白色的厨房工作表面与窗户旁边的墙壁无缝融合。厨房工作台形成了一个连续的表面，具有可以满足业主工作、展示、举办聚会等灵活的功能性。橱柜所在的厨房空间的墙壁被重新漆成黑色，在视觉上将厨房与卧室分开（图7-10）。

（2）客餐厨一体　客餐厨一体的布局使厨房成为一个活跃高效的功能空间，并在这里营造一个开放亲密的家庭氛围。一系列白色哑光橱柜隐藏了电器和存储空间，同时与温暖的木制家具形成对比。各种橱柜和门把手被最小化，保持空间的纯净，加长的餐桌工作台可以满足两人同时准备晚餐。悬挑在墙上的木板为业主的艺术收藏提供了一个合适的展示空间。

厨房的整体氛围明亮而干净，悬挂在白色顶棚上的黑色吊灯增加了一丝工业感，夜间的亮度也为餐桌提供了适宜的用餐氛围。隐藏式LED灯条为夜晚增添了环境照明。创造一个高效的烹饪空间和有利于大型娱乐和私密聚会的氛围是厨房的主要设计标准。

厨房向其余空间开放，占地面积扩大。厨房里的胡桃木制品将客厅的角落包裹起来，将自己的一角并入了客厅，形成了一个媒体中心和一个通往客卧的隐蔽入口。胡桃木厨房与黑色橱柜相得益彰，凹陷在水槽上方和岛台上。混凝土台面带来了工业气息，并与纹理丰富的大理石后挡板并列（图7-11）。

图7-10　加拿大Loft餐厨一体

图7-11　客餐厨一体

2. 日本地区

日本所处地理位置与我国临近，气候条件相似，整体文化具有同源性，生活习惯相近导致对住宅空间的需求大体相同。日本厨房发展受到欧美国家影响，并结合自身需求形成精细化的起居厨房形式。特别是日本地少人多的现状促使大量发展中小户型住宅，对于提升小面积住宅居住品质的设计方面有值得我们借鉴的地方。

1）日本大阪一栋老式七层公寓进行更新，住宅面积约75m^2，现为一对情侣使用。设计师考虑到他们未来的家庭生活，在客厅尽头设置了“机关”来满足他们的需求。公寓大楼为典型的钢格结构 SRC 公寓，可满足内部空间完全更新的需求。设计的潜力在于与时俱进，不断适应环境与新技术，满足住户不同的生活方式。在有限的空间内，设计师必须通过判断现有材料、位置和环境的价值和吸引力来确定空间真正需要什么，并动用设计策略满足需求，找到必然性和适宜性的居住方案（图7-12）。

2）该案例房屋的中心是厨房岛台，它占据了大部分空间。住户夫妇陪同孩子在餐厅做作业、在餐厅旁玩耍，这里是一家人在回家后和睡觉前待得最久的地方。住宅的布局、尺度和流线经过设计，使住户在有限的空间中照看孩子的同时可以兼顾做饭与清洁。窗户采用磨砂玻璃，既引入充足的光线，又分隔了室内的私密区域与室外的公共空间（图7-13）。

图7-12　日本大阪某公寓

图7-13　日本大阪某公寓厨房岛台

7.3.2　国内设计案例

我国住宅餐厨空间的发展可以概括为由公用厨房到独立厨房再到集成厨房。由于中式烹饪方式的特点，时至今日多数用户依然会选择封闭的独立厨房，居民倾向于餐厨风格一体化，希望餐厅和厨房的空间位置和功能联系紧密，在烹饪与就餐过程中重视与家庭成员的沟通。

1. 案例一

上海浦东的这间72m²住宅设计中，传统客厅的休闲娱乐功能被整合进了“餐厅”空间，靠墙的多功能卡座沙发加强了整个公共核心区的空间纵深感，“用餐”这个行为在当代通常与社交、娱乐等紧密结合，都市人群也常常借助吃饭的时间去观影、娱乐（图7-14）。

图7-14　案例一餐厅空间

2. 案例二

北京一所融合“传统与现代”的住宅，采取了明快的设计风格。餐厅相邻于厅堂，接受来自于茶室和厨房的采光，有了双面采光的餐厅显得更加敞亮。家具陈设保留了木材材料的特点，虽然形式简洁素雅，但正是由于这种形式才能突出木料特有的光泽和纹理。比如定制的餐边侧柜，通过梳背门扇和嵌入结构弱化了体量感，营造出一种呼吸感的状态。在餐厅对面，半开放式的厨房与庭院相连接，整体色调为灰色，所有功能和操作区都设置在墙上，最大限度地保证光线和空气的流动。相近窗户的立面被充分利用，悬挂的置物架既满足了储物功能，也保留了光线的穿透力（图7-15）。

客厅旁边的餐厅恢复了明亮的色调。定制桌椅及边柜采用简约现代的造型，彰显金色楠木的特色。特别是内置的侧柜成为空间结构的一部分，削弱了体积感，显得更加精致。对面的厨房与花园露台相连，采用灰色调作为其风格。所有功能区和操作区均靠墙设置，悬挂式搁板不仅满足了储物空间，还最大限度地促进了光线和空气的流通。

图7-15 案例二餐厅与厨房

3. 案例三

本项目位于上海市长宁区。女房主是一名景观设计师，这套公寓是她和她丈夫的婚房。该公寓为剪力墙结构，拆除空间很小。设计师希望将房主的专业背景和喜好融入他们的新家中，用抽象的设计语言来翻译和表达中国山水的审美意境。在园林拓扑学的领域，园林中的各个要素会相应地抽象为拓扑几何对象——点、线、面、体。西橱柜、岛台餐桌、工作区、沙发组，形成“点”；横跨整个公共区域的柜，是最主要的“面”；电视柜的各部位，因为功能需求的差异，直线与折线组合变化，形成了凹凸有致的原木“体”。弱化了传统客餐厅简单的主次空间等级，各个景“点”之间的互相依赖得到加强（图7-16）。

图7-16 案例三客餐厅

7.4 小户型设计实践

前文对餐厨空间的各设计要素进行分析，梳理出厨房与餐厅的各要点，并提出了改进及优化建议，在设计实践部分，会运用到前文中的相关理论，以达到实用性、舒适性、家庭舒适性的平衡。

本案例项目位于某市某小区的住宅内，户主共三人，对其中的餐厨空间着重分析。

7.4.1 用户背景分析

本案例为三口之家住宅设计实例。男主和女主都是35岁，女儿七岁，男主从事建筑设计师工作，较喜欢具有简洁外观的科技产品，日常也喜欢自己动手完成一些模型玩具拼装，但是不擅长自己动手做饭；女主是一位高校教师，平常出于喜好或为了完成女儿手工作业，经常与女儿一起制作一些手工艺品。

该户家庭成员喜欢现代简约的家居风格，偏好清新明亮的色彩。夫妻双方比较注重生活品质，繁忙工作后一有时间就会自己下厨制作美食，所以餐厨的使用率较高。双方父母会经常串门，但居住时间较短，餐厨空间根据夫妻双方的需求进行设计。

7.4.2 原始户型分析

本案的原始户型如图7-17所示，本户型较为方正，为三室两厅、一厨两卫格局，每个空间有着自己独立的划分区域，对于一个三口之家来说，这样的户型非常的实用，它兼具了今后育儿留给儿童的富余空间，也方便父母亲朋的临时居住，该户型从原始结构来看没有明显弊端。从前文的分析研究中可以了解，本户型中厨房与餐厅呈联通式布局，这种组合形式灵活性很强，可以根据住户的个人倾向或家庭的现实需求进行调整，有很大的改造空间。一张六人位餐桌被放置在餐厅区域的原平面上，然而，考虑到餐厅区域很大一部分面积与走道等公共空间重叠，在用户实际使用和就座时，活动范围是否会影响公共区域是一个重点。原来的结构可能较多考虑的是烹饪对居住空间的影响，将厨房设置为独立式布局，此时可以根据年轻户主的需求将其改造成开放或半开放的餐厨空间，但是入户门延伸出的活动路线可能会干扰到餐厅空间，如何加强区域划分，使行动路线明确，同样也是一个需要思考的关键问题。

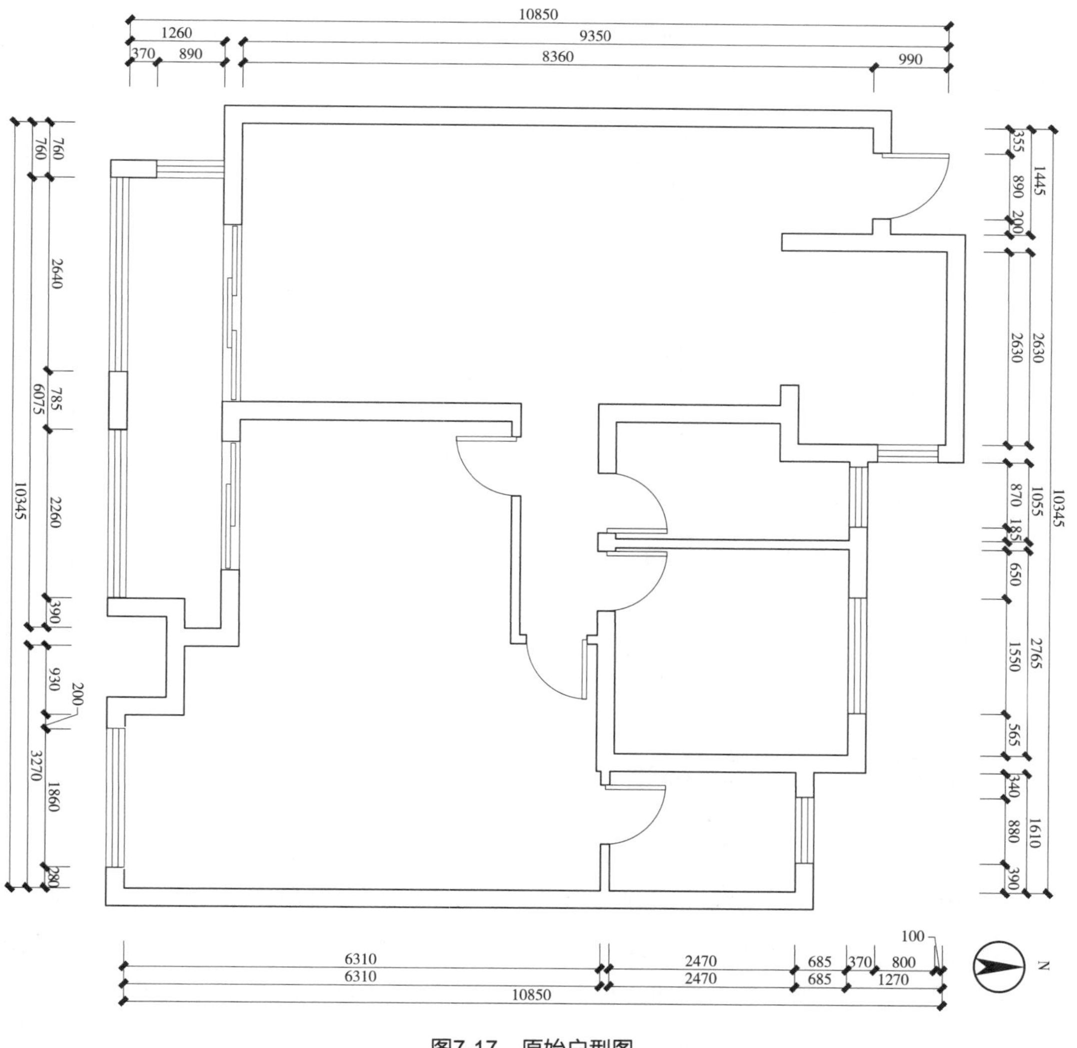

图7-17 原始户型图

1. 厨房

户主因为年轻住户，想将厨房设定为开放式，将餐厅与厨房连为一体，达到餐厨一体化的效果。厨房尺寸为1950mm × 2630mm，面积为5.13m^2，厨房空间整体方正、长宽比例适宜，原始结构采用宽门洞、推拉门的形式，更有利于空间的利用。总的来说，这是一个较为理想的厨房户型，符合前文研究中厨房进深与面宽的比例关系及开口定位，在理想的户型中进行合理布局，是厨房设计能够锦上添花的关键。

2. 餐厅

原空间中的餐桌区是整个设计的关键所在，通过户型分析可知：餐厅户型平面的中心位置占据的范围靠近公共走道区域，在整个面积的利用上需要对通道的范围进行划分，这样不会影响到室内的交通，也遵循了“空间越小，越应该留有公共区域”，减少小户型居室内的压抑和拥挤感。餐厅的应有限定区域为2400mm × 2100mm，有效面积为5.04m^2。在此面积下，如果采用原结构放置的六人餐桌，考虑到该尺寸的餐桌横竖放置都会明显影响人员出入厨房，这种情况的常用办法是采用一张四人位餐桌贴墙而放（图7-18）。

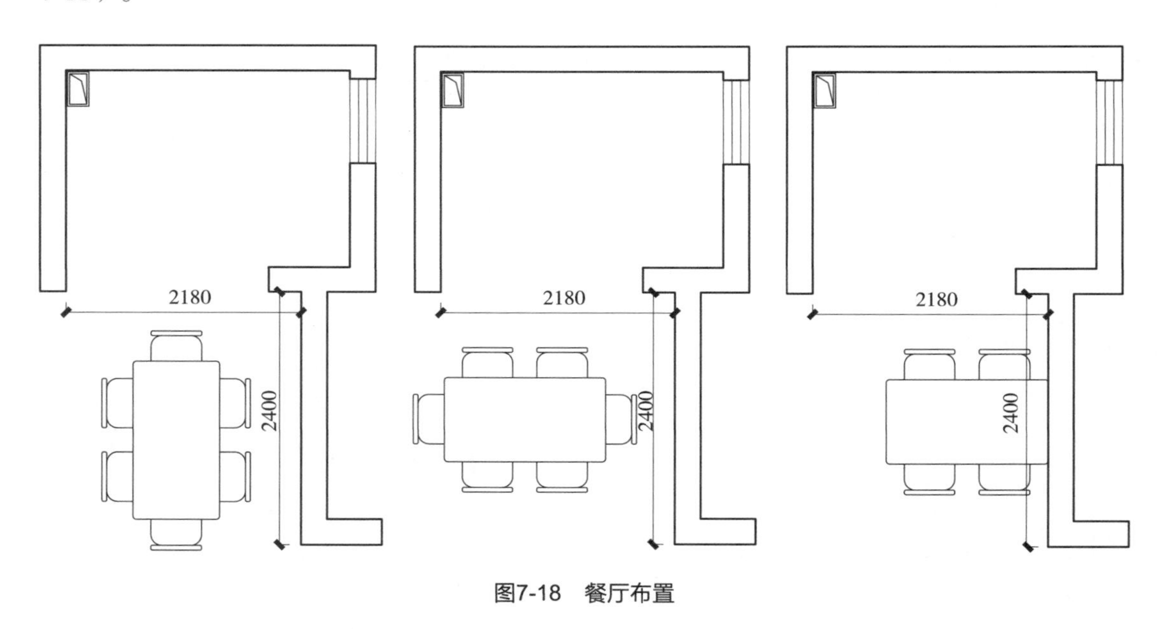

图7-18　餐厅布置

7.4.3　平面优化及效果图展示

1. 平面优化

这是厨房的两种布局动线演示的初步思路，分采用U形布局与采用L形布局两种。在U形布局中，厨房可获得较多的操作台面，且冰箱—水槽—灶台的三角动线之间长度相近也有利于提高操作效率，然而U形布局也有其不足之处，这种布局下厨房空间的两个转角处空间利用率较低，若有两人协同操作时则可能会出现相互干扰的情况。L形厨房的问题为看似二人有较为宽松的操作空间，但在呈方形厨房的区域内，其操作台面较少，收纳能力不足。如何结合各布局优点，提高空间利用效率是接下来户型优化的重点。

根据厨房进深与面宽的不同比例选择适宜的厨房布局，当进深与面宽有较大差别，厨房整体呈长条状时，应选用一字形或L形的厨房布局形式；当进深与面宽之比较接近，厨房整体呈方形时，应优先考虑双列形布局，在面积相同的前提下，双列形操作空间更大，储物能力也更强。与一字形厨房布局相比，L形厨房空间适应能力最强，也是最为通用的小户型厨房布局形式之一。

结合上述分析与用户喜好、实际需求，最终得出优化方案（图7-19）。厨房选用L形的布局形式，以便能够在厨房内获得更大的操作空间，方便两人协同劳作；水槽清洗区放置在靠近窗户的橱柜拐角处，冰箱放置在厨房靠窗户一侧，方便处理存放食品，同时冰箱作为食品收纳的节点，到厨房中心位置、餐厅的距离适中，有利于形成冰箱—水槽—灶台三角工作动线。

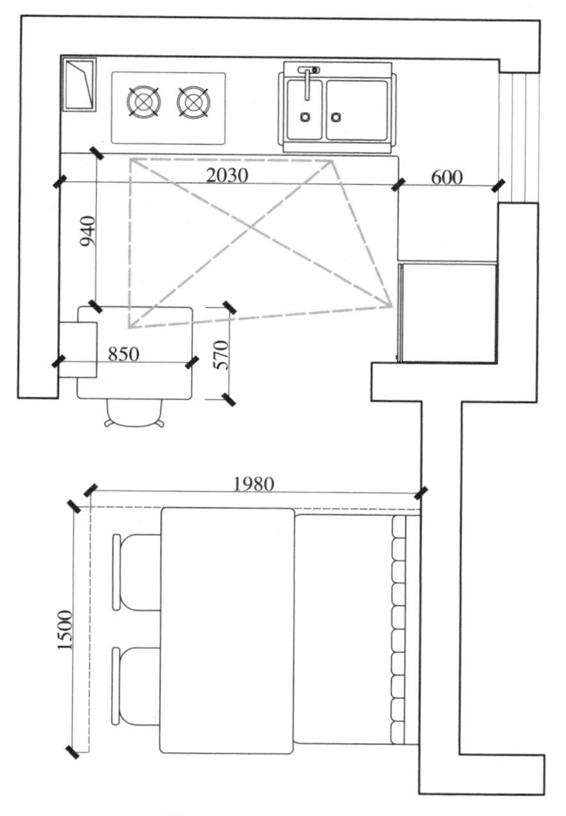

图7-19 平面优化方案

考虑到L形布局下厨房内操作台面较少以及户主偏爱开放式厨房等因素，在进入厨房空间的左面配置850mm×570mm尺寸的吧台，既可以作为临时餐桌使用，又可以作为厨房台面的延伸，扩大了厨房操作台面的面积。厨房内L形台面与吧台台面相平行且距离为940mm，可以有效保证操作人员有足够的转身和作业空间。从局部来看，吧台区域和与之相对应的平行台面组成双列式布局，在获取更大操作台面的同时，有利于提高工作效率，形成水槽—灶台—吧台新的三角动线关系。同时，整个烹饪和用餐流程都可在厨内完成，这足以应对一般日常饮食需求或快速用餐需求。为了获得更好的采光面积、扩大视野，也为餐厨空间的整体风格考虑，将原结构的门洞尺寸进一步扩大，将门所在墙体整面打通，采用整体推拉门的方案，不仅有美观简约的效果，而且因为去除了部分墙体的遮挡，在定制的移动门完全打开时，餐厨空间能够呈现出一种开放式的通透感。

经过前文的初步规划可以知道：餐厅区域原结构的6人位餐桌方案在此空间内不适用，解决办法一般是采用4人位餐桌顶墙放置的布局方式，此时餐厅空间的尺寸为2010mm×1940mm，有效面积为3.89m^2。参考餐饮行业中小空间中卡座的布置方法，将原先设想的 4 人位餐厅空间进一步优化，即摒弃传统餐桌的布局形式，采用卡座的方式，这种布局将用餐人数由 4 位增至 5 位的同时，尺寸进一步缩减。预设卡座的餐厅尺寸为1500mm × 1980mm，占地面积为2.97m²，比常规的 4 人位餐厅节约0.92m²，余下的空间可分配给走道、公共区域，减少拥挤感，方便家庭成员室内走动。一般卡座的座位下方会配置收纳柜，能够增强室内的储物能力；餐桌的头尾两侧有放置餐椅的空间，可以灵活增减就餐人数，放置后用餐人数增至7人，可以满足户主与父母及亲朋的聚餐需求。

2. 效果图

餐厅区域放置的卡座既实用简洁，也减少了占地面积，餐厅的整体风格、配色通过同样式的吧台衔接与厨房保持一致，做到了在视觉上厨房餐厅空间的统一；小户型受面积限制，满足了基本生活需求后很难有额外空间供户主进行其他活动，经过优化设计，餐厅除了解决了一般日常饮食需求或快速用餐需求的同时，也可作为临时性的办公区域，提高了餐厅的使用率（图7-20）。

图7-20　餐厨效果图

7.5　大户型餐厨空间设计实践

经过对住宅餐厨空间的分析研究，将厨房与餐厅的各要点进行了梳理，并提出了改进及优化建议，在实际案例的设计过程中，将之前的经验总结应用于其中。本案位于某市某小区的住宅内，总面积为195.8m²，户型方正，常住人口共三人，着重分析餐厨空间。

7.5.1　用户背景分析

本方案为三口之家住宅设计案例。男女主人皆为28岁，育有一女，男主职业为景观设计师，爱好运动和养生，偶尔做饭，厨房使用次数不多，注重生活品质以及环境的舒适度；女主职业为自媒体餐饮博主，经常自己动手烹饪美食进行记录，厨房使用频率极高。女儿小学一年级在读，性格活泼，喜欢逛超市、绘画。 双方父母均在同一城市，经常走动但留宿性极小。户主一家都喜欢现代简约的家居风格，要求室内具有一定的通透感，整体干净整洁，色彩简单和谐。夫妻双方都很有小资情调，注重生活品质，虽然男主人工作繁忙，较少使用厨房，但是空闲时间会帮助妻子做饭。女主人由于工作原因，使用厨房十分频繁，餐厨设计主要考虑夫妻双方的需求。

7.5.2　原始户型分析

本方案的原始户型如图7-21所示，本户型是三室两厅、一厨两卫格局，整个户型较为方正，空间区域以及功能划分明确，原始结构良好，对于一个三口之家来说，这样的户型非常实用，它既为今后家庭成员的增添预留了空间，也方便父母亲朋的临时居住。此户型的厨房与餐厅呈联通式布局，是一种较为广泛应用的餐厨组合形式，这种组合形式较为灵活，不受其他空间干扰，后期可根据用户需求改造，但同时这种组合形式较为密闭，与其他空间联系较少，独立性强。

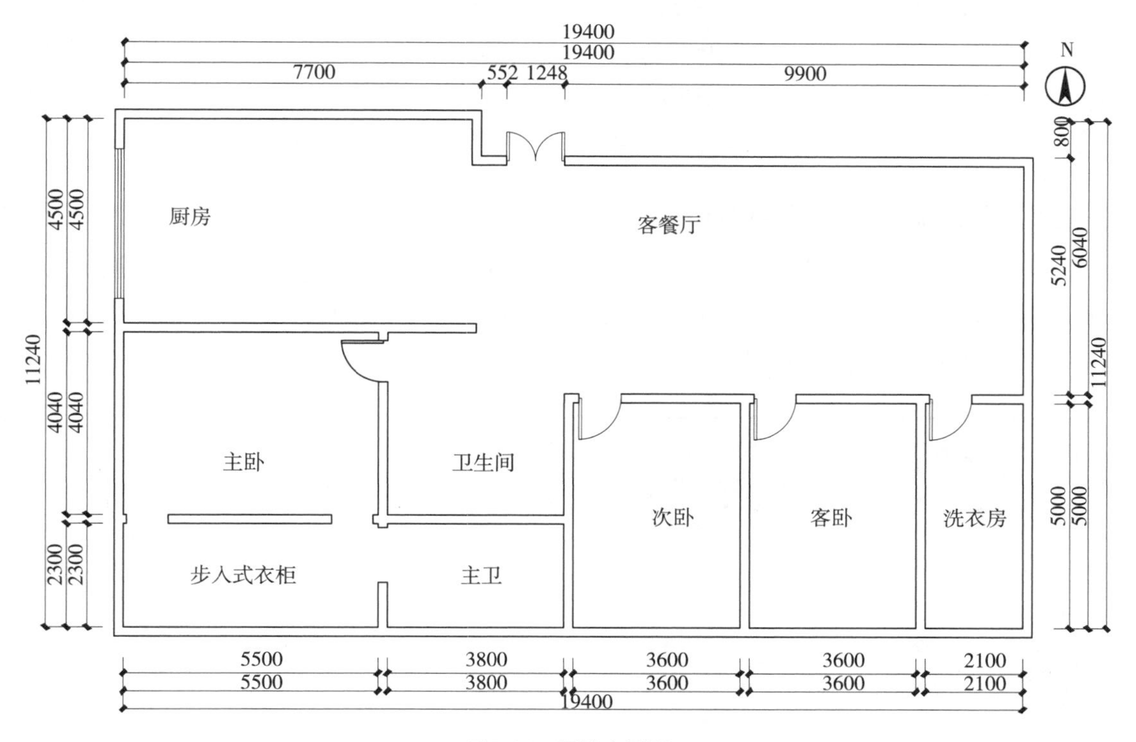

图7-21　原始户型图

原始餐厅区域的平面中放置的是一张六人位餐桌，考虑到餐桌的设置会影响到厨房与客厅的连接，在用户实际使用、入座时，其活动区间有可能会对走道连接空间造成影响，进而影响到动线设计，所以餐桌以及动线设计是一个需要关注的重点。

原结构厨房为独立式布局，同时根据户主的需求将其改造成开放或半开放的餐厨空间，需要关注厨房操作动态流线，做好操作动线以及功能划分优化设计；同时考虑到户主工作性质，需要极大地增加收纳空间，做好收纳空间设计。总的来说，住宅原始结构良好，厨房与餐厅平面布局存在着动线不合理、功能分区不明确和收纳空间不足的情况，通过此次优化将这些问题得到解决，创造一个布局合理且满足户主需求的宜居空间。

1. 厨房

户主因为年轻住户，想采用开放式厨房布局，打通厨房与餐厅，增加空间的通透性，达到餐厨一体化的效果。厨房尺寸为3800mm×4500mm，面积为17.1m^2，其户型方正、长宽比例适宜，原始结构中就采用宽门洞、推拉门的形式，增加了厨房的独立型，减少了厨房油烟以及爆炒对餐厅和客厅的影响。总的来说，这是一个较为理想的厨房户型，而在理想的户型中做到合理布局是厨房设计的关键。

2. 餐厅

原空间所设的餐厅区域是整个设计的关键所在，通过户型分析可知：餐厅处于家庭的中心位置，同时与公共走道区域紧邻，会直接影响到厨房与客厅的连接以及空间的动线。餐厅的应有限定区域为3500mm × 4500mm，有效面积为15.75m^2。如果采用原结构放置的六人餐桌，考虑到该尺寸的餐桌横竖放置都会对人员流动有所影响，在这种情况下，同时结合户主需求，厨房与餐厅打通之后，进行岛台设计兼顾餐桌。

7.5.3　平面优化及效果图展示

打通之后餐厨空间限定区域为7500mm × 4500mm，有效面积为33.75m^2。厨房操作人员的操作动线为：存取物品—放置处理—清洗—调理—烹饪—配餐—餐桌—清理—放置，同时将餐厨空间分为清洁区、储存区、处理食材区、烹饪区以及餐饮区，如图7-22所示。

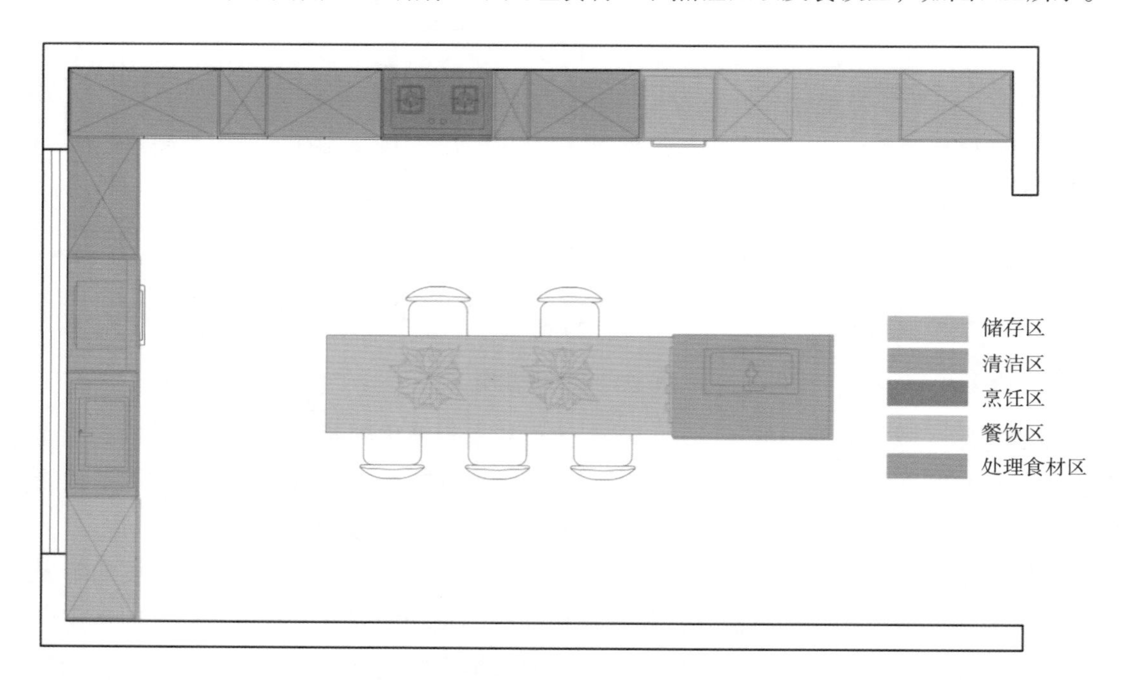

图7-22　功能划分

根据此动线以及此功能划分实现空间的最佳操作路线，以此来解决原始平面中存在的动线以及功能划分问题，优化之后形成洄游动线，减少了操作者行为的交叉，清晰明了（图7-23）。岛台的设计不仅可以作为餐桌使用，也扩展了厨房台面，同时餐桌可以灵活增添人数以满足朋友、亲人做客的需要。此开放型空间没有任何阻隔，提高了整体空间的利用率，也便于家庭成员积极参与到烹饪中，增强家庭成员的交流，更重要的是增强了空间的通透性，提升了操作人员的工作效率，整体风格设计为现代极简，满足了户主需求。

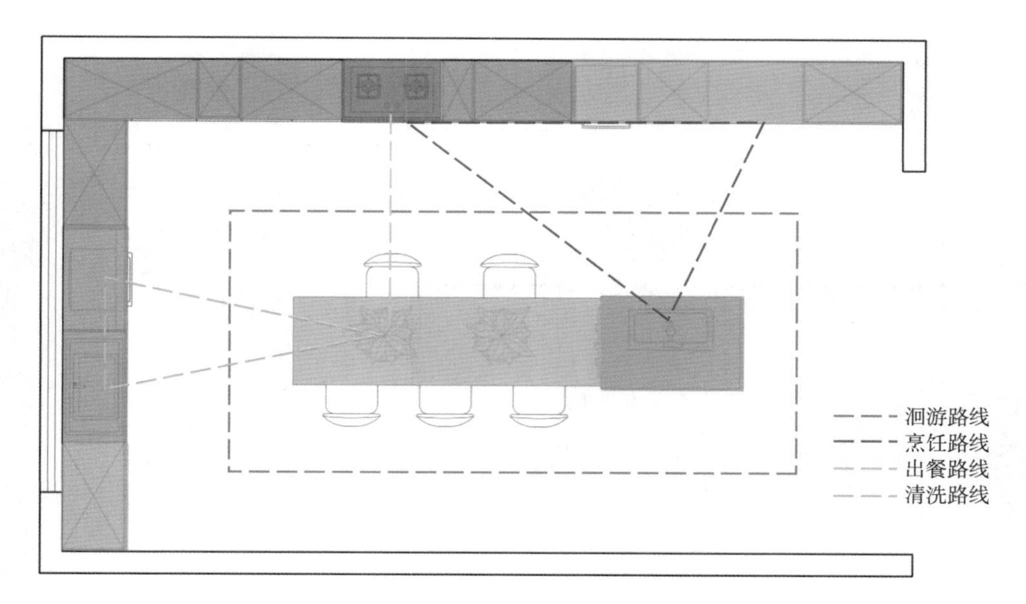

图7-23 动线优化

需要注意的是厨房与餐厅打通之后，空间面积较大，可能会导致操作动线较长，增加使用者的负担，运用“工作三角”理论，在岛台区设置了一个清洗池，大大缩短了操作人员的流线（图7-24）。

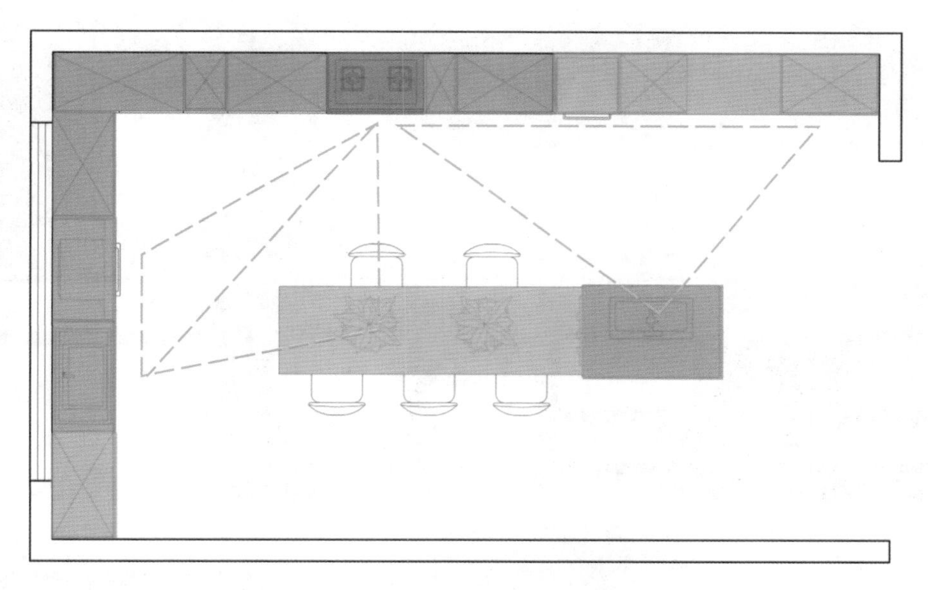

图7-24 三角活动区设计

在收纳优化方面，因为户主工作性质常常会有大量的物品需要收纳，需要增加收纳空间来解决餐桌、厨房操作台等空白区域的物品堆积问题，因此进行橱柜设计。在满足日常生活的情况下仍有空闲橱柜供户主自由收纳，此外在房间南侧也有空闲橱柜，同时岛台也有空间进行收纳，可极大增加收纳空间，解决物品堆积的问题（图7-25、图7-26）。

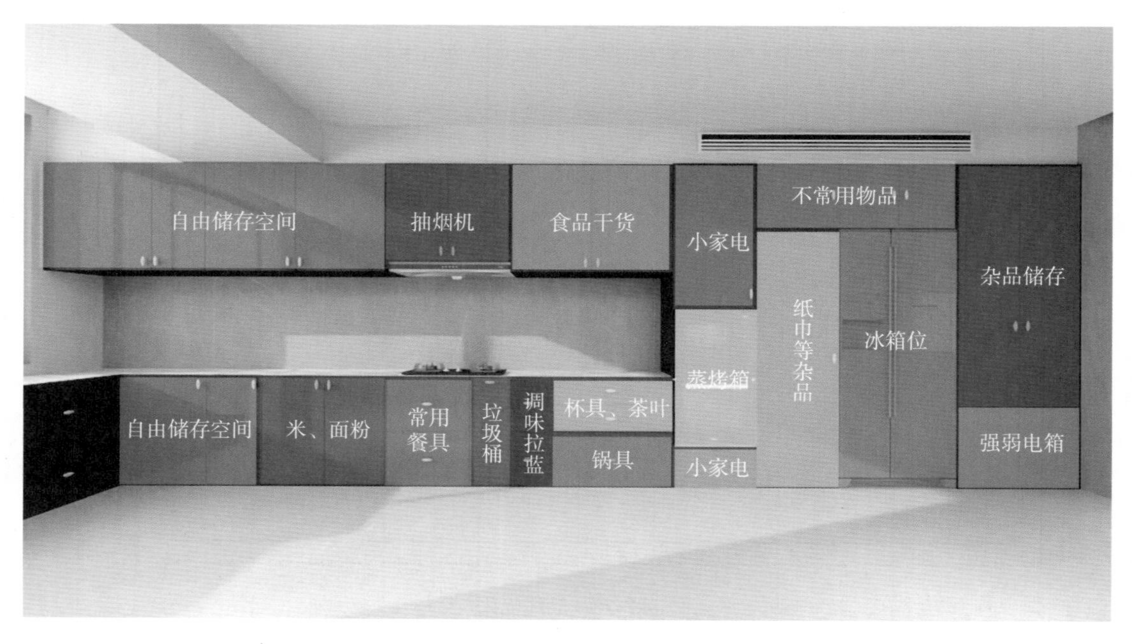

图7-25　收纳空间

图7-26　餐厨效果图

第8章 卫浴空间设计与定制家具

8.1 卫浴间空间历史与演变

★小贴士★

卫浴空间的历史演变主要推动力是科技和卫生水平的提高，它从一个侧面反映了人类文明的进步。

8.1.1 卫生间发展历史

卫生间的历史和发展是一个丰富而多样的故事，反映了从古代文明到现代社会的演变过程。古代欧洲的卫生设施主要是公共厕所，尤其在罗马帝国时期，公共浴室兼具厕所功能是相当常见的。这些公共浴室以及附属的厕所提供了社会交流的场所，但隐私性较差，通常是开放式的结构，人们在一个长凳上坐着排便。水流或清洁工人负责清理污物。中世纪欧洲的卫生条件相对恶劣，城市和城堡往往缺乏有效的排污系统。贵族会在其住所内设置一些简陋的个人卫生间，但大多数人仍然需要依赖公共厕所。这些厕所通常是简单的桶或开放式结构，缺乏隐私和卫生条件。随着文艺复兴时期的到来，欧洲城市的规模扩大，城市规划和卫生条件开始受到更多关注，一些城市开始建造更先进的排污系统，但仍然存在卫生问题。贵族府邸可能会有更为豪华的个人卫生间，但大多数人仍然需要使用公共厕所。

工业革命时期的城市化加速了卫生设施的改进。随着排污系统的发展，水冲马桶开始在一些城市出现。工业革命时期的水冲马桶相对简陋，通常由一个水箱和一个马桶组成。水箱位于马桶的上方，内部储存水源，通过拉动链条或其他机械装置释放水流，冲走排泄物。这些水冲马桶通常安装在墙壁上，而不是地面上，以节省空间并方便清洁。这一时期公寓内的卫生间配备一个简单的洗手池，用于洗手和清洁。洗手池通常由陶瓷或铁制成，底部连接到排水系统，水流出后被集中排放。工业革命时期的排水系统相对简单，通常是一套管道系统，将废水和排泄物排出建筑物。这些管道通常会连接到城市的主要排水系统或直接排放到河流或其他水体。这些水冲马桶提供了更为舒适和卫生的排便方式，但仍然存在卫生条件不佳的公共厕所。19世纪末期至20世纪初，水冲马桶和个人卫生间的普及率逐渐增加，这得益于卫生技术的进步以及人们卫生意识的提高。城市规划开始考虑卫生设施的布局，公共厕所开始引入更多的隔间和隐私保护措施。

★小贴士★

20世纪，随着卫生条件的不断改善和卫生技术的进步，卫生间设计变得更加多样化和现代化。水冲马桶、洗手盆、淋浴和浴缸等设施成为卫生间的标配。此外，卫生意识的提高也促使人们对于卫生用品的需求增加，如肥皂、洗手液等。

在当代社会，卫生间已经成为现代生活中不可或缺的一部分。人们对卫生和舒适的要求不断提高，因此卫生间设计和卫生标准也在不断发展和改进。现代卫生间不仅注重功能性和卫生性，还注重舒适性和美观性。卫生间的历史和发展反映了从简陋的公共厕所到现代化、舒适、卫生的个人卫生间的转变过程，这一演变过程不仅反映了技术和社会进步，也反映了人们对卫生和舒适的不断追求和改善。

8.1.2 家庭浴室发展历史

★小贴士★

家庭浴室的历史可以追溯到古代文明，但其演变和发展主要集中在近代。

在古代文明中，家庭浴室并不常见，大多数人都依赖公共浴场或自然水源进行清洁。古埃及、古希腊和古罗马等文明留下了一些浴室遗迹，但这些浴室往往是贵族或富裕阶层的专属设施，普通家庭中很少拥有。古代浴室通常包括大型水池或浴缸，以及供暖设施和清洁工具。中世纪欧洲的卫生条件相对恶劣，家庭浴室在一般家庭中极为罕见。贵族可能会在其府邸内建造一些豪华的浴室，但大多数人仍然需要依赖公共浴场或简单的清洁设施。随着文艺复兴时期的到来，一些富裕家庭开始在其住所内建造更为豪华的浴室，但仍然是少数。

工业革命时期的城市化和工业化进程促进了家庭浴室的发展。随着城市规模的扩大和住房条件的改善，越来越多的家庭开始拥有自己的浴室，家庭浴室的出现标志着对卫生条件和生活质量的重视程度的提升。这一时期，家庭浴室的结构相对简单，通常只包括一个浴缸或水槽，可能会配备一个简单的马桶和洗脸盆。墙壁和地板使用瓷砖或水泥等材料，以防止水分渗透和腐蚀。浴室通常没有供暖系统，因此在冬季可能会感到寒冷。此外，家庭浴室通常缺乏热水供应，使用者需要通过手动方式或者其他加热手段加热水源。浴室的布局和设计也相对简单，经常被设计于住宅中较为隐蔽的角落。19世纪末至20世纪初，家庭浴室开始普及，并逐渐成为现代家庭的标配设施，这得益于卫生技术的进步、卫生意识的提高以及社会经济条件的改善。20世纪初期，许多新建住宅开始配备现代化的浴室，其中包括水冲马桶、洗手盆、浴缸和淋浴等设施。20世纪，家庭浴室的设计和设施不断改进和完善。随着科技和工程技术的进步，新型材料的应用以及卫生设备的不断创新，浴室设计变得更加多样化、舒适和现代化。20世纪中叶以后，淋浴的普及使得浴室的功能更为灵活，成为更为节水和便捷的选择。在当代社会，家庭浴室已经成为现代生活中不可或缺的一部分。人们对卫生和舒适的要求不断提高，因此，浴室设计和设施也在不断发展和改进。现代家庭浴室不仅注重功能性和卫生性，还注重舒适性和美观性，体现了人们对生活质量的追求。从古代的豪华浴室到现代的多功能浴室，家庭浴室的演变体现了人类对生活品质和卫生条件的不断追求和改善。

8.1.3 卫浴空间发展趋势

近年来，家庭卫浴空间设计和卫浴设施的发展已经取得了巨大的进步，反映了人们对生活质量和舒适性的不断追求。家庭卫浴空间设计与卫浴设施发展的最新趋势包括以下几个方面。

1. 智能化和数字化

随着智能技术的迅速发展，智能化的卫浴设施成为越来越多家庭的选择。例如，智能马桶盖具备加热座椅、清洗、烘干和自动开合盖等功能；智能淋浴系统可以通过手机应用控制水温、水流和喷头位置等；智能镜子集成了照明、音乐播放、天气预报等功能，还可以连接到互联网以获取信息。

2. 节能和环保

节能和环保已成为卫浴设施设计的重要考虑因素。例如，马桶、淋浴头和水龙头采用节水技术，以减少用水量。此外，一些卫浴设施还采用可再生材料和环保材料制造，如再生塑料、竹子等，以减少对环境的影响。

3. 空间利用和多功能性

城市化进程加剧，家庭的空间越来越有限，因此设计师开始注重卫浴空间的有效利用和多功能性。例如，墙面储物柜、折叠式浴缸、可伸缩式淋浴屏风等设计可以最大限度地利用空间。此外，一些卫浴设施具备多种功能，例如淋浴系统集成按摩、蒸汽等功能。

4. 舒适性和个性化

人们对于卫浴空间的舒适性和个性化需求不断增加。因此，设计师们开始注重卫浴空间的舒适性和设计感。例如，采用温暖的色调和柔和的照明营造温馨舒适的氛围；根据家庭成员的需求和喜好进行个性化定制设计，如定制大小的浴缸、镜子等。

5. 安全和无障碍设计

人口老龄化和残障人士的需求增加，安全和无障碍设计成为卫浴空间设计的重要考虑因素。例如，安装防滑地板和扶手以提高使用者的稳定性；使用易于操作的开关和按钮，使残障人士也能够方便地使用设施。

6. 设计与自然融合

现代卫浴空间设计越来越注重与自然环境的融合，创造出更加和谐舒适的空间。例如，使用天然材料如木材和石材，营造出自然的氛围；设置大面积的窗户或天窗，使自然光线充足进入卫浴空间。

7. 清洁与消毒功能

在当前时代背景下，清洁与消毒功能成为卫浴设施设计的重点。例如，一些马桶盖具备自动清洁功能，定期自动进行清洁消毒；淋浴系统采用防菌材料，减少细菌滋生。

8. 设计与健康关联

健康意识的提升也影响了卫浴空间的设计。例如，一些卫浴设施具备按摩和蒸汽功能，有助于放松身心，促进健康；使用抗菌材料和空气净化器，可减少室内细菌和污染物的滋生。

家庭卫浴空间设计与卫浴设施发展的最新趋势体现在智能化、节能环保、空间利用、舒适性、个性化、安全性、与自然融合、清洁消毒功能、与健康关联等多方面的提升。这些趋势将继续推动卫浴空间设计和卫浴设施的发展，为人们创造更加舒适、健康和智能化的居住环境。

8.2 卫浴空间设计要素

8.2.1 设计尺寸

1. 区域人机尺度

在《住宅设计与规范》中，卫生间的最小面积应不小于1.1m²，最小边长不小于0.9m。浴室的最小面积应不小于1.4m²，最小边长不小于1.2m。这些尺度要求可作为设计师设计卫浴空间时的参考。

（1）卫浴空间柜体尺寸

1）洗手台柜子。洗手台柜子一般放置在洗手盆下方，用来储存洗手盆周围的日常用品和洗涤用品。洗手台柜子的尺寸一般可以根据洗手盆的大小和形状进行设计，高度一般为800~900mm，宽度和深度可以根据实际需求和空间大小进行调整。

2）镜前柜子。镜前柜子通常放置在洗手盆上方的墙面，用来储存化妆品、牙刷、牙膏等日常用品。镜前柜子的尺寸一般取决于墙面的大小，可以根据镜子的大小进行设计。一般来说，镜前柜子的高度可以与洗手台柜子的高度一致，宽度和深度则根据实际需求进行调整。

3）浴室柜子。浴室柜子一般放置在浴缸或淋浴区的旁边或对面，用来储存浴室用品、毛巾等。浴室柜子的尺寸可以根据浴室空间的大小和所需储物的物品进行设计。一般来说，浴室柜子的高度可以与洗手台柜子的高度一致，宽度和深度则根据实际需求进行调整。

（2）洗漱区　布局尺寸需要符合人体工程学及动线流畅原则，让使用更舒适。具体来说，浴室柜的尺寸应预留宽度不小于600mm，过道预留宽度不小于450mm，台面离地高度750~850mm。镜子高度设置以头在镜子中间部位最佳。台盆标准尺寸为600~1200mm，高度在800~850mm较为适宜。距台盆边的活动空间需要500mm，可以容纳一个人进行洗漱。

（3）淋浴区　淋浴间的尺寸一般为900mm×1100mm。如果卫生间的面积较为狭小，淋浴间至小需要保证900mm×800mm，方可基本满足使用者的活动要求。花洒安装高度：花洒的安装高度为900~1200mm，顶部喷头高度为2100~2300mm较为适宜。

（4）马桶区　马桶前侧活动区宽度不应小于610mm，两侧活动区宽度在300~450mm，有手纸盒的一侧宽度为300mm。坐便器一侧的搁板距离通常在坐便器中心向一侧730mm之内。

（5）泡澡区　浴缸的宽度通常在520~680mm（内部宽度），长度为1670mm（可躺）。浴缸的高度在380~550mm，浴缸边矮台（可供人坐）的深度为300mm，高度为450mm。浴缸上搁板距浴缸一侧的距离为450~530mm，高度最高为1310mm。

（6）可持续尺度设计　根据人生长的生理周期，对于卫浴空间内的各区域也应考虑到适老化尺寸需求。

1）卫浴空间的通道宽度应保持足够宽敞，以方便使用轮椅、助行器具或行动不便的老年人。通常，门道和通道的最小宽度应为900~1000mm。

2）洗手台的高度一般建议为80~85cm，这样便于老年人站立或坐着使用。同时，洗手台下方应留出足够的空间，便于老年人腿部移动。

3）马桶的高度和宽度应适当增加，方便老年人坐立和起立，马桶的高度也需要适应老年人的使用习惯和身体状况。标准的马桶高度一般为400~450mm，如果需要适应老年人，可以选择较高的马桶高度。同时，马桶旁边的扶手可以帮助老年人稳定站立和行走。

4）淋浴区域应设置防滑地毯和扶手，便于老年人稳定站立和行走。淋浴头的高度可以根据老年人的身高进行调节，一般建议在200cm左右。

5）卫浴空间中可以适当设置储物柜或储物架，便于老年人存放洗浴用品和药品等。储物柜的高度可以根据老年人的身高进行调节，一般建议为150~180cm。同时，为了便于老年人打开柜门，柜门应设置易于抓取的把手。

8.2.2　卫浴空间配色

卫生间的配色设计可以根据个人的喜好和风格来选择，但也要考虑到卫生间的功能和实用性。

1. 色彩搭配

可以采用整体统一的色彩搭配，使整个卫浴空间看起来更加整洁、舒适。也可以采用对比鲜明的色彩搭配，使空间更加生动、有趣。白色、淡黄色、淡绿色等淡色系可以让卫生间看起来更加明亮、宽敞，这种配色方案适合简约、北欧、日式等风格。黑色、灰色、深蓝色等深色系可以让卫生间看起来更加高贵、神秘，这种配色方案适合现代、工业、轻奢等风格。米色、浅棕色、浅灰色等自然色系可以让卫生间看起来更加温馨、舒适，这种配色方案适合中式、欧式、田园等风格。红蓝、黄绿等对比色系可以让卫生间更加生动、有趣，这种配色方案适合创意、个性、现代等风格。

2. 色彩心理

不同的色彩会给人不同的心理感受。例如，冷色调可以让人感到清新、冷静；暖色调可以让人感到温暖、舒适，因此在卫浴空间中，色彩的选择和使用非常重要。

卫浴空间的色彩应主要选择清洁、明快的色调，如淡蓝、白色等，这些颜色可以给人带来清新、舒适的感觉，有助于放松身心。此外，温暖的色调如橙色、黄色等也可以营造出温馨、舒适的氛围。协调、统一的色彩搭配可以使卫浴空间更加舒适、美观。同时，可以通过对比度的调整和色彩的点缀来增加空间层次感和视觉效果。

3. 安全性

在配色设计中，还需要考虑到安全性。例如，对于容易打滑的区域，可以采用鲜艳的色彩来增强警示效果；对于需要特别注意的区域，可以采用明显的标志和颜色进行强调。

4. 材质搭配

材质的选择同样需要考虑卫浴空间的功能需求和整体风格。例如，瓷砖和石材适用于地面和墙面，具有良好的耐磨、防滑和易清洁等特性；玻璃材质可以增加空间的通透感和开阔感；金属材质则可以提升现代感和质感；木质和塑料等材质则需特别注意防水、防潮处理。在色彩与材质的搭配上，需要注重色彩与材质的协调和统一。例如，淡雅的瓷砖或石材可以搭配温暖的木质或塑料材质，形成对比和层次感；玻璃和金属材质则可以与任何色彩进行搭配，以增加现代感和光泽感。根据个人的喜好和需求，可以进行个性化的色彩与材质搭配。例如，在卫浴空间中加入适当的装饰画或植物，以及选择符合个人风格的灯具、毛巾等物品，都可以让空间更加个性化。

8.2.3 卫浴空间灯光

1. 卫生间的灯光

一般来说，卫生间的照明方式主要有基础照明、重点照明和装饰照明三种。基础照明主要是为了照亮整个卫生间，可以使用吸顶灯或筒灯；重点照明主要是为了突出卫生间的某些区域或功能，例如镜前灯、淋浴区照明等；装饰照明主要是为了营造氛围，例如使用灯带、蜡烛灯等。卫生间需要足够的亮度来满足各种活动需求，如洗脸、刷牙、化妆等。因此，选择合适的灯具和灯泡是很重要的。一般来说，白炽灯或暖色灯更适合卫生间，因为它们的色温比较柔和，不会让人感到刺眼或不舒服。由于卫生间通常比较潮湿，因此选择防水灯具是很重要的。同时，也要注意电线和插座的防水问题，避免漏电和短路。灯具的安装位置要根据卫生间的布局和功能来确定。一般来说，镜子旁边的灯具要避免直射眼睛。卫生间的灯光设计也可以起到装饰的作用。可以选择一些具有设计感的灯具，或者使用不同的灯光颜色和亮度来营造出不同的氛围。在选择灯具和灯泡时，要尽量选择节能和环保的产品，这样不仅可以节约能源，也有助于保护环境。

2. 浴室的灯光

为了营造一个放松和舒适的氛围，淋浴区适宜采用柔和的光源。漫反射的照射方式也是一个好的选择，这样不会让人感到刺眼。光源可以安装在浴缸上方，或者花洒往前些的位置，这有助于照明，同时避免了人们在淋浴或泡澡时直视光源，造成不适。浴室空间通常比较潮湿，因此灯具的防水性非常重要。确保选择的灯具达到一定的防水等级，以防止漏电和短路。另外，可以根据个人喜好和浴室的整体风格选择适合的灯具造型和风格，以提升整体的美观度。

8.3 卫浴空间布局

卫生间的空间结构和布局主要由卫生设施、储物空间和洗浴设施组成。卫生设施包括马桶、洗手盆和淋浴等，这些设施的位置、大小和布局需要根据家庭成员的需求和使用习惯来确定。储物空间可以用于存放卫生用品和清洁用具，这样可以方便使用和保持卫生间的整洁。洗浴设施则包括淋浴区域、浴缸和洗脸盆等，这些设施的选用和布局可以根据家庭成员的喜好和需求来确定。

8.3.1 卫浴布局形式

卫生间的布局对于其使用效率和舒适度起着至关重要的作用。合理的布局不仅能确保日常使用的便利性，还能避免不必要的混乱和冲突。

直线式布局是最为常见的一种，它简单明了，易于清洁和维护。这种布局通常将洗手台、马桶和淋浴区依次排列，形成一个流畅的动线，方便日常使用（图8-1）。

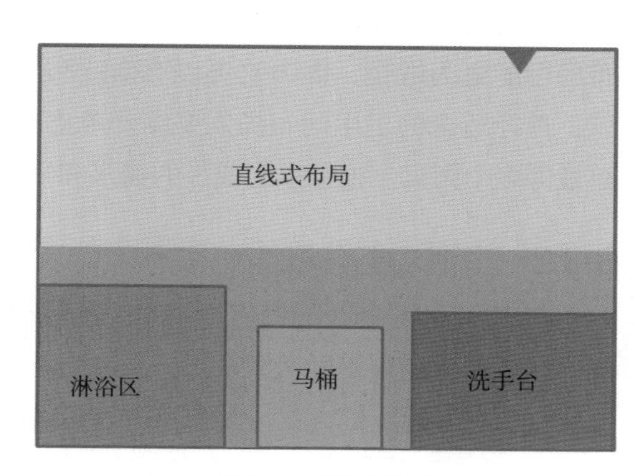

图8-1 直线式布局

L形布局适用于较小的卫生间，它以最大化空间利用率为目标，并确保洗手台、淋浴区和马桶的功能独立性。这种布局将洗手台和淋浴区安排在卫生间的一侧，这样可以让空间更加有效地利用起来。通过将马桶位于另一侧，可确保不会与其他功能区域产生交叉干扰。这种布局的优势在于其紧凑性和实用性。除了空间利用率高和功能独立性外，L形布局还可以提供更好的隐私度。由于洗手台和淋浴区位于一侧，马桶位于另一侧，使用洗手台和淋浴区时不会直接面对马桶，从而保护了使用者的隐私。L形布局在较小的卫生间中是一种高效实用的设计选择。它使空间利用率最大化，确保了洗手台、淋浴区和马桶的功能独立性，并提供了更好的隐私度（图8-2）。

U形布局是一种适用于面积稍大的卫生间的空间布局设计。它以中心区域为核心，围绕着洗手台、马桶和淋浴区设置，形成一个包围式的空间。相比于其他布局，U形布局能够增加卫生间的空间感，使整个空间显得更加宽敞明亮。各个功能区块分布在卫生间的不同角落，使得每个区域都能够得到充分利用。家庭成员在同时使用不同功能区域时，不会互相干扰，从而增加了使用的灵活性（图8-3）。

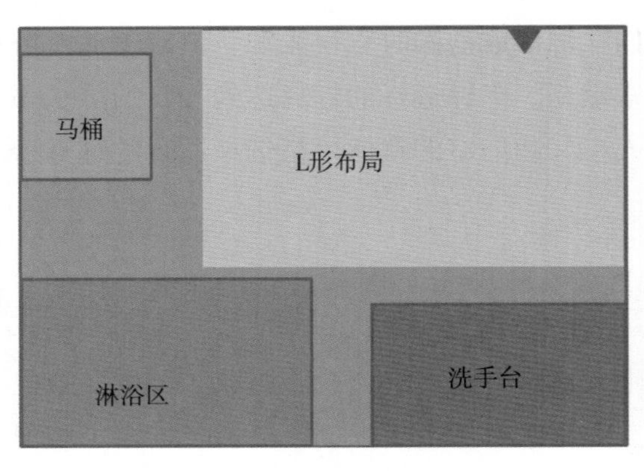

图8-2　L形布局

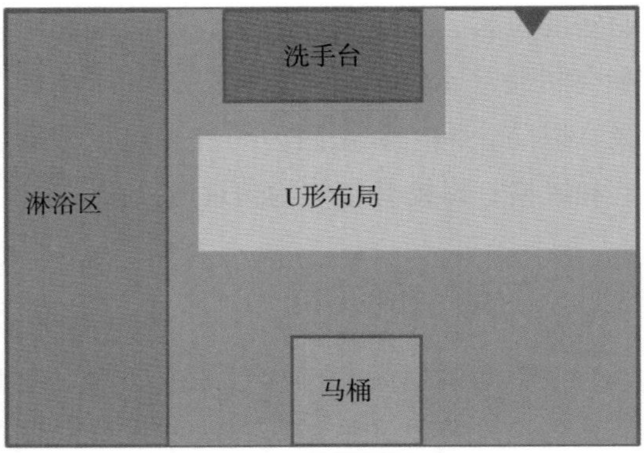

图8-3　U形布局

家庭成员的使用习惯是选择适合布局的重要考虑因素之一，如果家庭成员喜欢在洗手盆旁边进行护理或化妆，那么选择U形布局可能更为合适，因为这样可以在洗手台附近留出足够的空间容纳化妆品或护肤用品。如果家庭中有老人或行动不便的成员，考虑将马桶和淋浴区安排在更便于到达的位置，以方便他们的使用。如果卫生间面积较小，L形布局可能更为适合，因为它可以有效地利用有限的空间，并提供较好的使用便利性。所以，选择适合的卫生间布局需要综合考虑空间大小、家庭成员的使用习惯和家庭成员的数量等多个因素。根据家庭成员的需求和喜好，打造一个既实用又舒适的卫生间空间。

8.3.2　卫浴功能分区

在卫浴空间中，可以将功能分区划分为洗手区、淋浴区或泡澡区、马桶区、储物区，以更好地满足不同的需求。

1. 洗手区

洗手台通常会被设置在卫生间入口附近，以便使用者在进入卫生间后能够方便地洗手。洗手区是卫浴空间中最基本的功能区域，用于洗手和清洁。通常包括一个洗手盆和相应的水龙头。为了提高卫生间的空间利用率和使用舒适度，洗手区的设计要考虑使用者的高度和使用便利性，同时需配备相应的储物设施和清洁用品存放区域，并注重水槽的深度和水龙头的布置，以提供舒适和便捷的洗手体验。

2. 淋浴区或泡澡区

淋浴区是用于洗澡的功能区域。它通常包括一个淋浴花洒和一个防水的淋浴区域，可以选择淋浴房或者简单的淋浴间。淋浴区的设计应考虑排水系统的设置，同时需要考虑淋浴花洒的类型和位置，以及淋浴区域的防水性能，以确保使用者的安全和舒适。

泡澡区可以是独立的房间，也可以是卫生间内的一个区域，如一个角落或一个浴缸旁边的区域。确保泡澡区的空间能容纳一个舒适的浴缸或浴缸/淋浴组合。浴缸的选择需适合卫生间空间的大小。常见的浴缸类型包括矩形浴缸、角落浴缸和椭圆形浴缸等。考虑到使用者的身高和舒适度，需选择适合个人需求的浴缸尺寸和形状。在泡澡区周围使用防水材料，确保卫生间内的水不会渗透到其他区域，保持卫生间的干燥和安全。墙壁和地面可以使用防水瓷砖或防水涂料，同时需要确保浴缸周围的密封性良好，如果泡澡区与其他区域没有明显的隔断，可以考虑使用隐私屏风或隔断来保护泡澡区的隐私。这样可以提供一个私密的空间，让使用者更放松地享受泡澡的乐趣。

3. 马桶区

马桶区是用于排便和处理废物的功能区域，通常包括一个马桶和相应的冲洗装置。马桶区的设计应考虑到用户的舒适度和卫生要求，例如马桶的高度和形状、冲洗方式的选择等。

4. 储物区

储物区是用于存放卫浴用品和清洁用具的功能区域。这个区域可以包括洗手台下的柜子、洗漱台边的架子、墙面的储物柜等。储物区的设计应考虑使用者的习惯和储存需求，提供足够的存储空间，并根据个人喜好选择不同的储物方式。

8.3.3 卫浴空间关系分类

在住宅的空间划分中，卫生间的设计和布局也需要考虑功能需求和用户的舒适体验。卫生间的布局应该合理，一般来说卫生间应该靠近主要活动区域，如卧室、起居室和厨房等，以提供便利的使用体验。为保证隐私性应尽量远离公共区域，如客厅和餐厅，以保护住户的隐私。卫生间应该靠近外墙或窗户，以便实现良好的通风和排气，减少湿气和异味的滞留。卫生间的位置也会受到管道布置的限制，因此需要考虑与排水管道和水源管道的连接。

在住宅空间划分中，卫生间的布局分类主要有以下几种：

（1）独立式布局　独立式卫生间是在住宅内单独划分出独立的空间，通常包括厕所区域和洗手区域，并且有专门的门进入，增加使用的便利性和私密性。

（2）联通式布局　联通式卫生间是将卫浴区域与房间通过门相连。这种布局常见于卧室和主卧室，可以提供更私密的使用环境，并且方便日常的洗漱和使用。

（3）延伸式布局　延伸式卫生间指的是将洗手台和厕所区域分开设置，相对独立但在空间上相连。通过在室内创造一条延伸的走廊或过渡区域，使得洗手台和厕所分开使用，增加使用的灵活性，可以实现功能的合理利用。

8.4 定制卫浴设计

8.4.1 定制卫浴概念

根据个人需求量身定制的卫浴产品和服务，包括卫浴间的整体装修风格、色彩搭配、功能区域划分、个性化定制等方面。与传统卫浴相比，定制卫浴具有以下优势：

1）空间利用最大化。定制卫浴能够根据用户的需求量身定制，可以最大限度地利用空间，让每一寸空间都得到充分利用，告别杂乱的“拼凑式”装修。

2）外观个性化。定制卫浴可以根据用户的喜好和风格进行个性化设计，让每个空间都独一无二，告别千篇一律的装修风格。

3）品质保证。定制卫浴采用高品质材料和精细的制作工艺，确保了产品的品质和使用寿命，同时提供一站式服务，包括设计、选购、下单、定制生产、安装售后等，让消费者无须东奔西走。

4）安装业务专业。定制卫浴的安装服务由专业的安装团队提供，确保了安装的质量和效率，让消费者无须担心繁琐的装修过程。

8.4.2 安全与人性化

安全性是首要考虑的因素。卫生间作为一个日常使用的场所，其设计必须考虑到各种使用场景和人群的需求。对于老年人来说，由于身体机能的衰退，他们的平衡感和反应能力都有所下降，因此，防滑地砖是必不可少的。为了方便老年人的行动，卫生间的空间布局也需合理规划，避免过多的障碍物，确保通行畅通无阻。儿童是另一个需要特别关注的群体。他们好奇心强，但又缺乏自我保护意识，因此，所有的边角和突出物都应设计得圆润，以防止磕碰。此外，易于抓握的扶手也是儿童设计的必备元素，这样他们在洗漱或如厕时都能有稳定支撑。在电器安全方面，卫生间的电源插座应选择带有安全保护门的设计，以防止儿童误触电源。

★小贴士★

为了确保定制卫浴的安全性，可以从以下几个方面进行设计：

1）防滑设计。在卫浴地面的材料选择上，应使用防滑性能好的材料，如防滑瓷砖或地板。同时，可以在沐浴区设置防滑垫，降低滑倒的风险。

2）干湿分离。通过有效的干湿分离设计，避免水渍和潮气影响到卫浴设备的正常使用，降低安全风险。

3）设备选择与安装。选择质量可靠、符合安全标准的卫浴设备，如马桶、淋浴房等，并确保设备的安装稳固，防止因设备松动或脱落而导致的安全问题。

8.4.3 节能与环保

在卫生间设计中，由于其使用频率高、用水量大，因此更加需要注重节能和环保。选择节水型的卫浴设备是实现节能和环保的关键。

（1）节水马桶 能够在保证冲洗效果的同时，大大减少每次冲水的用水量。此外，一些智能节水马桶还具备自动感应功能，能够根据使用者的需求自动调节水量，进一步节约水资源。

（2）节水淋浴头 传统的淋浴头每次使用都需要消耗大量的水，而节水淋浴头则通过特殊设计，将出水孔的数量和直径减小，以达到节约水资源的目的。同时，一些节水淋浴头还具有恒温功能，能够根据使用者的需求自动调节水温，避免因水过热或过冷而造成浪费。

（3）环保材料 选择可再生或可回收的卫浴产品，如不锈钢或玻璃材质的洗手盆和马桶，能够减少对环境的污染。同时，在装修过程中，应尽量选择无毒、无害的环保材料，如天然石材或木质材料等，以减少对室内空气的污染。

（4）节能设备 选择节能型的卫浴设备，如保温性能好的热水器、能效高的淋浴房等，可以降低能源消耗，以达到节能的目的。

（5）合理利用空间 通过合理的空间布局和设计，实现卫浴空间的充分利用，避免浪费，也符合节能和环保的理念。

（6）自然通风与采光 充分利用自然通风和采光，减少对人工通风和照明的依赖，可以达到节能和环保的效果。

（7）智能控制 采用智能化的控制系统，如智能马桶、智能淋浴房等，可以通过自动控制来达到节能的效果。

随着家庭成员的变化或生活习惯的改变，卫生间的使用需求也会随之调整。比如，年轻夫妻可能需要更多的储物空间来放置洗浴用品和化妆品，而有了孩子后，可能需要为婴儿换尿布台留出空间。因此，在设计卫生间时，考虑未来的适应性是非常重要的。预留一些可调整的布局空间，如可移动的隔板或可拆卸的储物架，以便随时根据需要进行重新配置。同时，对于一些易于更换的部件，如洗手液瓶、纸巾盒等，选择可拆卸和易于更换的设计，这样不仅可以降低维护成本，还能保持卫生间与家庭成员的变化和生活习惯的改变相适应。

8.4.4 智能化卫浴

1. 洗手台和镜子

除了基本的反射功能，现代卫生间的镜子还具备一些高级功能。例如，可以显示时间、日期、室内温度等信息，还可以加入音乐、视频等功能。除此之外，一些镜子还具备防雾功能，在洗澡或使用热水后，镜子常常会因为水蒸气而起雾，具备防雾功能的镜子通过特殊的涂层或加热装置来防止镜面起雾，使用者能清晰地看到自己。这种设计特别适用于潮湿的环境，提供了更好的使用体验。

2. 智能马桶

智能马桶的功能及特征细节见表8-1。

表8-1 智能马桶的功能及特征细节

功能	特征细节
自动开闭功能	智能马桶能自动感应并开闭马桶盖，避免接触细菌和污垢，方便用户使用
座圈加热功能	可以自动加热，提供温暖舒适的坐便体验
温水清洗功能	提供温水，能有效地清洁使用者的私处
暖风烘干功能	暖风烘干功能可以帮助使用者快速烘干私处，提供更加舒适的体验
除臭功能	内置的除臭装置，可以有效地消除马桶内的异味
夜灯功能	可以为夜间使用马桶的用户提供照明，同时避免打扰他人休息
记忆功能	记忆使用者的使用习惯，提供更加个性化的服务
音乐播放功能	连接蓝牙播放音乐，增加使用者体验的舒适度
语音助手功能	用户可以通过语音控制智能马桶的相关功能

3. 淋浴区

智能浴室设备是浴室中智能化设计的一个重要组成部分，它可以通过智能控制和调节，提供更加舒适和个性化的淋浴体验（表8-2）。

表8-2 智能浴室设备的功能及特征细节

功能	特征细节
智能淋浴控制器	预设不同的温度和水量，以及定时功能
智能水阀	自动检测水温并根据需要调节水量和水温
智能音乐播放	用户可以在淋浴时享受音乐
智能安全防护	实时监测淋浴区的温度、水压等情况，及时发出警报和处理

8.4.5 定制卫浴设计

1. 提升空间利用率

通过合理的布局和设计，定制卫浴空间能够最大化地利用空间，让每一个角落都得到充分利用。一般来说，卫浴空间较小，因此充分利用空间尤为重要，对于卫浴空间的布局，可以考虑将洗手台、淋浴区和马桶等设备安排在一起，形成一个紧凑的区域，这样可以有效地减少走动空间，避免浪费空间。并将洗手台和储物柜进行整合，使其成为一个整体，既可以满足洗漱的需求，又能充分利用柜子内部的储物空间（图8-4）。

充分利用墙面和角落空间。可以选择安装壁挂式洗手台和马桶等设备，这样可以将墙面空间最大化地利用起来。角落可以安装定制的储物柜或悬挂式架子，以达到最大化的储物效果。应注重细节设计，例如，可以使用嵌入式墙槽来安放洗浴用品，避免占用

图8-4　定制卫浴设计效果图

浴室内的空间。

在选择家具和装饰品时，可以选择多功能的产品，如带有储物功能的浴缸、洗手台和马桶等，以最大化地利用空间。可以选择安装可折叠的洗浴屏风，用于区分淋浴区域，避免水花滋扰其他区域。

可以考虑使用巧妙的照明设计来提高空间利用率。选择合适的照明设备和光线布置，可以使空间显得更加明亮和宽敞。例如，利用镜面或亮面材质来增加反射光线，或者使用间接照明来增加深度感。

2. 个性化需求满足

定制卫浴设计可以根据个人的需求、喜好和品位进行个性化设计，从而满足每个人独特的需求。不论是需要更多储存空间还是希望增加洗漱区域的功能性需求，定制卫浴设计都能满足。例如，对于需要储存空间的人来说，可以设计更多的壁柜、橱柜或者嵌入式架子，以便于整理和存放各种卫浴用品。对于喜欢享受奢华体验的人来说，可以选择安装蒸汽房、按摩浴缸或者足浴池等设备，以营造更加舒适和放松的浴室环境。

同时，定制卫浴设计也可以根据个人的审美需求来进行美观的追求。可以选择适合自己风格的洗手盆、浴缸、淋浴房、马桶等设备，而不局限于传统的样式和设计。定制卫浴设计能够充分满足个人对于功能和美观的追求，创造一个舒适、实用和个性化的浴室空间。无论是家庭使用还是商业场所，都能够通过定制卫浴设计来满足不同人群的需求。

3. 提高舒适度

定制卫浴设计注重人体工程学和细节处理，能够提高使用者的舒适度。通过合理的布局和人性化的设计，让洗漱、如厕、淋浴等过程更加舒适和便捷。

8.4.6　定制卫浴的设计程序

1. 充分沟通

与设计师进行充分的沟通能确保设计方案符合使用者的需求和喜好，实现个性化定制。在与设计师进行沟通时，使用者需要详细说明自己的需求。这包括卫生间的功能要求、空间布局的偏好、色彩和材质的喜好等。例如，使用者可能希望卫生间拥有足够的储物空间，或希望将淋浴区与如厕区进行隔离（图8-5）。通过清晰地表达自己的需求，可以让设计师更好地理解和满足用户的要求。也需要与设计师讨论预算和时间限制，明确沟通可以帮助确定设计的可行性和限制。设计师可以提供一些意见和建议，帮助用户在预算和时间框架内实现最佳设计。

图8-5　淋浴区与如厕区隔离设计效果图

在沟通过程中，使用者还可以向设计师提供参考图像或样板，以帮助设计师更好地理解自己的想法和期望。图像和样板可以是从杂志、网络或其他卫生间设计中收集的灵感图片，这样设计师能更好地把握用户的风格偏好。

此外要保持灵活性和开放性，在与设计师沟通时愿意接受一些专业建议和创意。设计师的专业知识和经验可以提供一些独特的设计理念和解决方案，以达到更好的设计效果。

与设计师进行充分的沟通是实现定制卫浴设计的关键。通过明确表达需求、讨论预算和时间限制、提供参考图像以及接受专业建议，可以确保设计师能够为用户量身定制一个满意的卫浴设计方案。

2. 专业化设计

专业设计师能够根据用户的需求和品位，结合人体工程学、美学和环保等要素，为他们打造一个既舒适又美观的卫浴空间。专业设计师具备对卫浴空间的深入了解和专业技能，他们可以根据用户的需要，合理规划卫浴区域的布局和分区。通过熟练掌握卫浴设计的基本原则和技巧，他们可以在空间有限的情况下最大化地利用每一寸空间，提供多样化的功能和舒适性。

除了功能性，专业设计师还注重卫浴空间的美学。他们能够根据用户的喜好和风格偏好，选择适合的色彩、材料和装饰，营造出个性化而又和谐统一的空间。通过合理的灯光设计和造型处理，他们能够打造出具有独特魅力和高品质感的卫浴空间。

专业设计师在卫浴设计中也考虑了环保因素。他们通常会选择符合环保标准的材料和设备，提倡节水和节能的设计理念。通过合理利用自然光和通风系统，可以减少对人工照明和通风的依赖，提高卫生间的可持续性。专业设计师还能够为用户解决施工过程中的各种问题，并与施工团队紧密合作，确保设计方案的顺利实施。

选择有经验的专业设计师是实现定制卫浴设计的关键。他们能够综合考虑功能性、美学和环保要素，为用户打造一个舒适、美观和环保的卫浴空间。通过与专业设计师的合作，用户可以获得个性化的设计方案和专业的指导，实现理想中的卫浴空间。

3. 选用高品质材料

在选择材料时，我们应该考虑它们的耐用性。卫浴产品通常需要经受水蒸气、湿气和频繁使用带来的磨损。因此，选用具有高强度和防水性能的材料是必要的。比如，厚度适中且防水的瓷砖可以保证卫浴空间长时间保持美观。同时，应选用耐磨损的水龙头和浴室用具。

环保性也是选择材料时需要考虑的重要因素。应该尽量避免使用有害物质，如甲醛和苯等挥发性有机化合物，以减少对人体健康的影响。优先选择可持续发展材料，如可再生材料和回收材料。另外，还可以选择具有节水功能的卫浴设备，如低流量马桶和节水花洒，以减少对水资源的浪费。

美观度是卫浴设计的重要方面。选用高品质材料可以为卫浴空间增添豪华感、时尚感和舒适感。比如，优质大理石台面和浴缸可以营造出高雅的氛围，而精致的陶瓷洗手盆和浴室柜可以增加卫浴空间的整体美观度。选用高品质材料对于实现定制卫浴设计至关重要。

耐用性、环保性和美观度是我们选择材料时需要考虑的多个因素。只有选用适合的材料，才能真正实现绿色环保和个性化的卫浴空间。

4. 施工与维护

无论设计得多么精美，如果施工质量不过关或缺乏后期维护，将无法保证设计效果的长久性和稳定性。因此，选择专业的施工队伍和合适的维护方案至关重要。

在施工阶段，选择专业的施工队伍可以确保设计方案的准确实施。他们具备专业知识和丰富经验，能够按照设计图和要求进行施工，能够熟练操作各种工具和材料，确保施工质量符合标准。专业的施工队伍还能够提供专业的意见和建议，帮助优化设计方案并解决施工过程中的问题。

在施工完成后，合适的维护方案可以确保卫浴设施的正常运行和长久使用。维护方案应该包括定期检查和保养，以及及时修复和更换可能出现的故障部件。例如，定期清洁和消毒卫浴设备可以防止细菌滋生和积累，保持卫生环境。定期检查水龙头和管道是否有漏水，以及清理堵塞的下水道，可以避免设备损坏和漏水事故的发生。注重维护还可以延长设备的使用寿命。定期保养和维修可以预防设备的早期损坏，避免不必要的更换和维修成本。例如，定期更换马桶内部零件，清洁排水口以防止堵塞，都可以提高设备的使用寿命。而且及时修复设备故障也能够避免更大的损失和不便。

8.5 国内外设计案例与分析

8.5.1 国内设计案例

1. 广州某小区的卫浴空间设计

卫生间整体色调为白色，给人一种清爽、明亮的感觉。大理石台面与绿色储物柜的结合，既展现了时尚简约的风格，又提升了整个卫生间的质感。绿色储物柜不仅增加了卫生间的色彩层次，还提供了足够的储物空间，可以方便地存放洗漱用品、毛巾等日常用品。

在如厕区，设置智能马桶可以给住户带来更加舒适和便捷的使用体验。墙壁上方的开关按钮可以方便地控制马桶和出水管，使清洁马桶更为便捷。马桶的悬空设计不仅美观，还可以避免卫生死角，便于清洁。上方设置吊柜，充分利用了空间，提升了储物能力，让卫生间更加整洁有序。

为了分隔淋浴区和如厕区，可以使用玻璃隔断。这不仅可以保持整个卫生间的开放感，还能有效地隔离水汽和湿气，防止其对其他区域造成影响。淋浴区墙壁的壁龛设计方便主人洗漱时随手拿取洗发水、沐浴露等用品，提供了更加便捷的使用体验（图8-6、图8-7）。

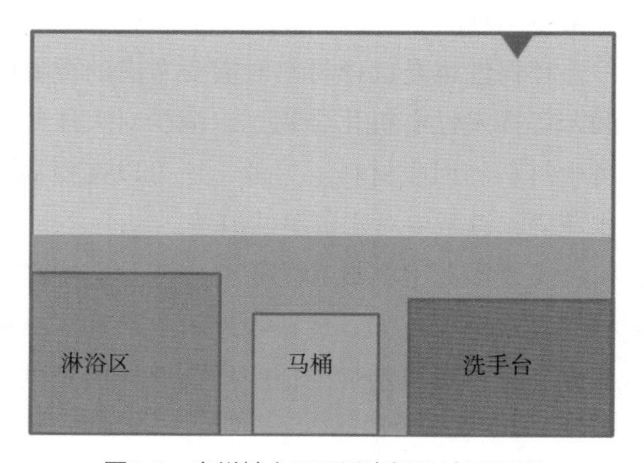

图8-6　广州某小区卫浴空间设计平面图

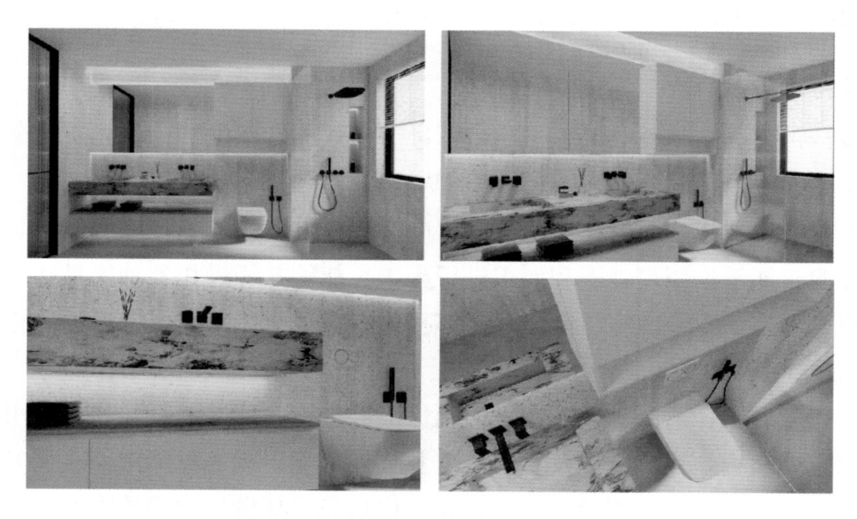

图8-7　广州某小区卫浴空间设计效果图

2. 上海某小区卫浴设计

该卫浴虽然面积不大，却尽显优雅与沉稳，没有过多繁杂的修饰，自带格调高级的气场。

无主灯设计，勾勒提升空间层次，温柔光影的塑造，起到装饰和烘托氛围的作用。原木风的柜体，温润自然的设计调和空间氛围，顿时能让人放松下来。贴心的设计，将温馨与治愈贯穿始终，柜体轻触即开，抽拉便捷，U形避水设计，让储物空间更整洁有序。考虑到小空间物尽其用的原则，空间布局中特别考虑到收纳和动线的布局，悬挂式的马桶，安装位置不设限，特别适合小空间，木纹元素收纳柜和浴室柜相呼应，为生活用品提供了温暖的“休憩角落”，注重实用性和舒适性（图8-8、图8-9）。

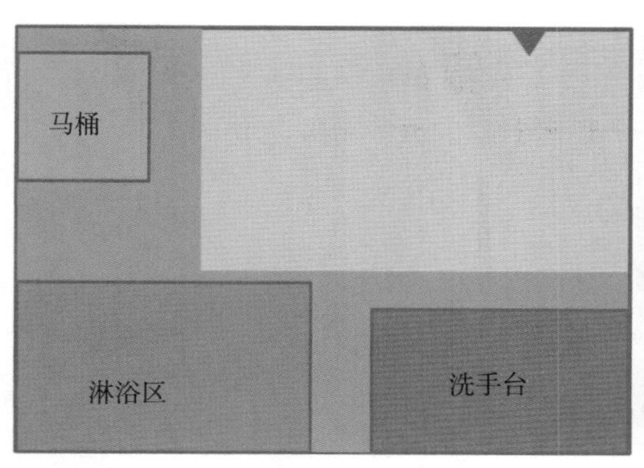

图8-8　上海某小区卫浴设计平面图

图8-9　上海某小区卫浴设计效果图

3. 广州某小区卫浴设计

卫生间以大面积的大理石灰为主基调，呈现出饱满的质感和高级感。冷色系搭配暖色灯光效果，打造出高级酒店风轻奢卫生间的视觉效果。整体的布局很常规，靠门的是马桶区和洗漱区，里面是淋浴区，空间虽然不算大，但整体看起来很简约舒服，使用动线也很合理。为了不让整间浴室太过单调，洗漱区选用木质的浴室柜并搭配智能镜柜，美观又大方，抽屉式加开放式的储物，丰富了洗漱区的收纳空间，在马桶选择上，隐藏式水箱的设计让冲水无限制，科技感很强，放在卫生间更增加不少设计感，配置方面基本都配置到位，精准度方面更是它的亮点，不管是水温、风温还是感应距离，各个细节方面都经得起考验。干湿分离用了波浪造型的玻璃隔断，会让淋浴区的空间更敞亮，不像全包式的淋浴房那样有压迫感（图8-10、图8-11）。

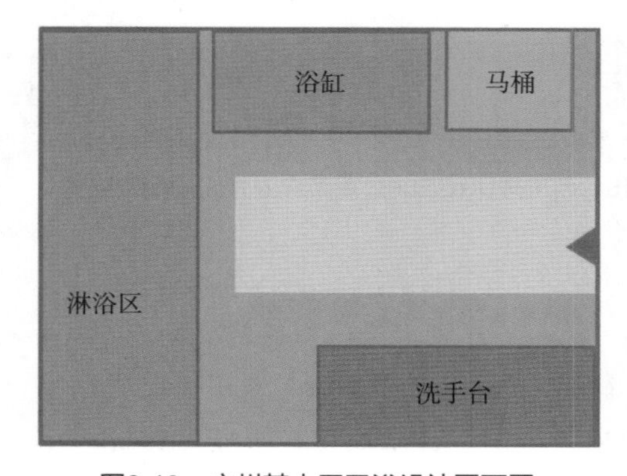

图8-10　广州某小区卫浴设计平面图

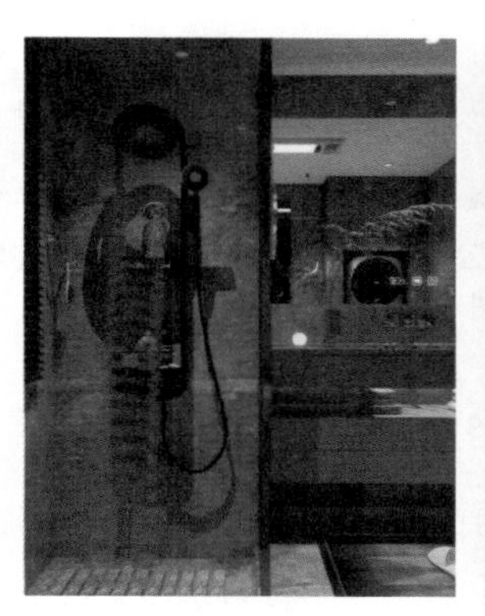

图8-11　广州某小区卫生间效果图

8.5.2 国外设计案例

1. 意大利 JA 公寓某户卫生间设计

整体为U形布局设计，马桶放置在靠门一侧，避免了正对门口，较好地给予住户安全感与隐私性。洗手台放置在正对门口一侧，开门即可洗手，更加便利。淋浴区放置在最里侧，增加私密性（图8-12、图8-13）。

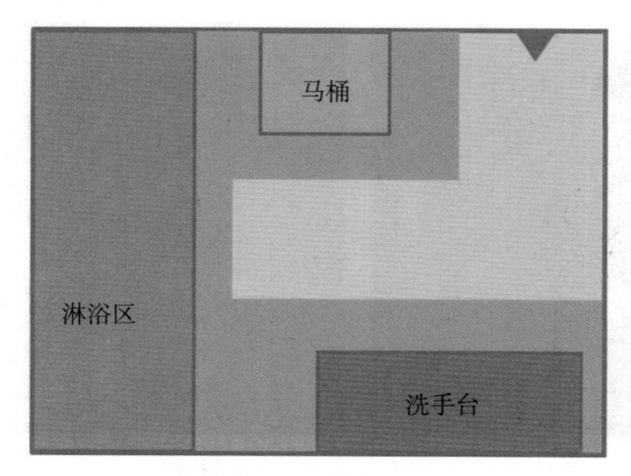

图8-12 意大利JA公寓某户卫生间设计平面图

图8-13 意大利JA公寓某户卫生间设计效果图

2. 西班牙 URGELL 公寓某户卫生间设计

此公寓为旧房翻新，卫生间较小，但也满足了洗漱、如厕、淋浴、泡澡等基本功能，淋浴区与浴缸结合，将淋浴头安装在浴缸上方，淋下的水直接流到浴缸中排出。旁边横杆可安装帘子，做到简易的干湿分离，将洗手台与马桶隔绝开来（图8-14、图8-15）。

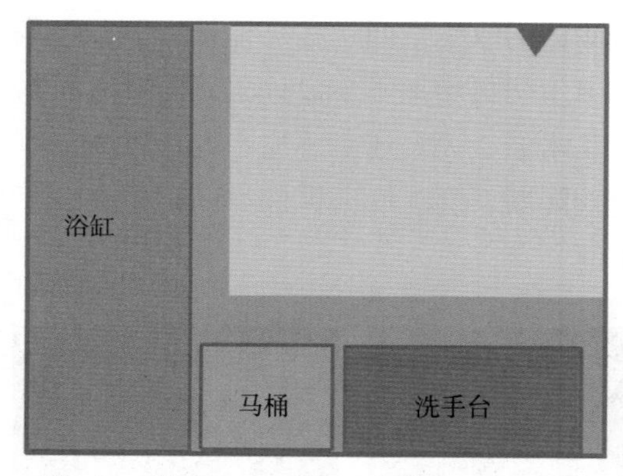

图8-14 西班牙URGELL公寓某户卫生间设计平面图

图8-15 西班牙URGELL公寓某户卫生间设计效果图

3. 伦敦单身公寓浴室设计

在伦敦的一间单身公寓中，设计师潘多拉·泰勒（Pandora Taylor）展示了蓝色浴室重新流行起来。由于伦敦公寓的这间浴室没有窗户，英国设计师潘多拉·泰勒以完全不同的方式将天空带入室内：蓝色瓷砖、白色配饰，最重要的是，带有云朵图案的壁纸使居住者能感受到天空的气息。这位居住者喜欢长时间泡澡，并在规划一开始就告诉设计师潘多拉·泰勒（Pandora Taylor），她绝对不能没有浴缸。圆形壁灯位于浴缸上方，不仅为无窗的房间提供了气氛光，而且其排列方式也让人联想到云朵。为了给浴室带来更多温馨的感觉，马桶和淋浴被优雅地隐藏在凹槽玻璃门后面。在单独的房间内，蓝色瓷砖也占主导地位（图8-16、图8-17）。

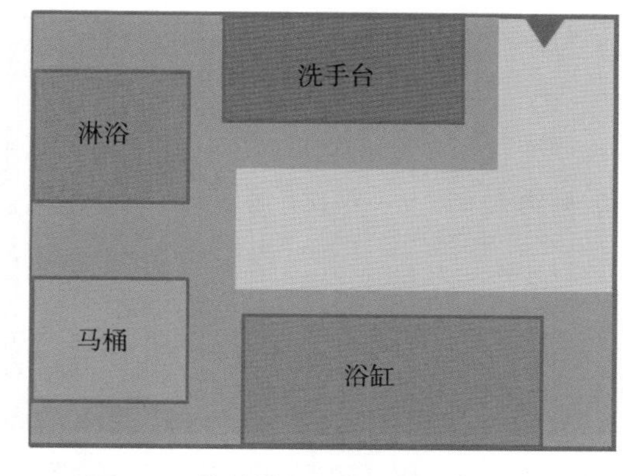

图8-16　伦敦单身公寓浴室设计平面图

图8-17　伦敦单身公寓浴室设计效果图

8.6　设计实践

8.6.1　现代简约风格

1. 用户分析

户主为一家三口，上下班时间固定，偏好现代简约风格，色彩偏好以简单黑白灰为主。客户需求为：①有补光的镜子方便化妆；②洗手台有足够的置物空间且整体方便清洁；③晾挂毛巾区域；④淋浴区域做到干湿分离。

2. 原始户型分析

根据卫生间的户型图，整体空间相对较大，洗手盆与马桶的原始管道预留位置是正对的，可以考虑U形布局设计，洗手台、马桶、淋浴区、泡澡区设计成一个半包围式的空间，增加卫生间的空间感，使整个空间显得更加宽敞明亮。各个功能区域都能够得到充分利用，家庭成员在同时使用不同功能区域时，不会互相干扰，从而增加了使用的灵活性（图8-18）。

3. 效果图展示

现代简约风格卫生间设计效果如图8-19所示。

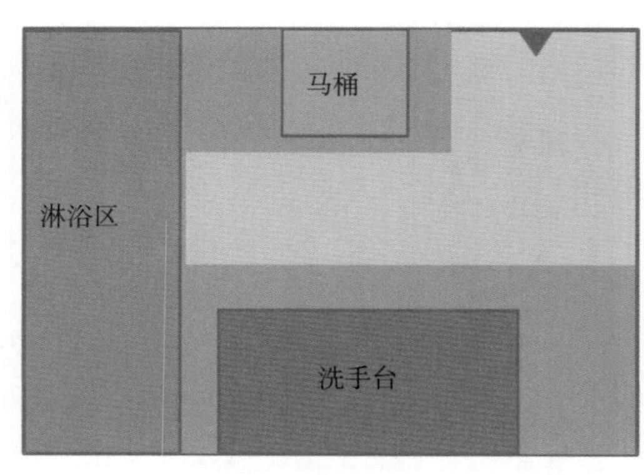

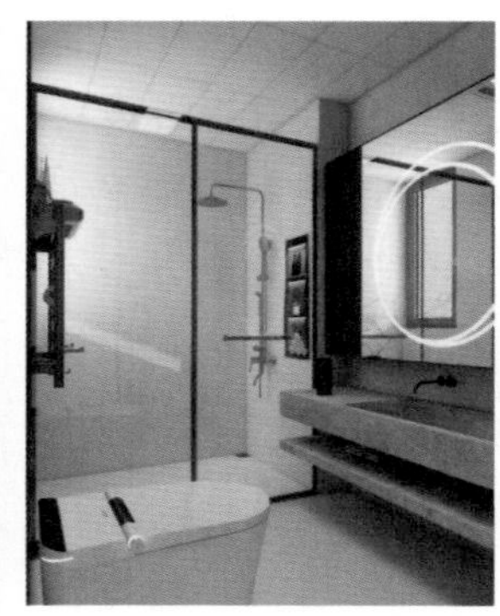

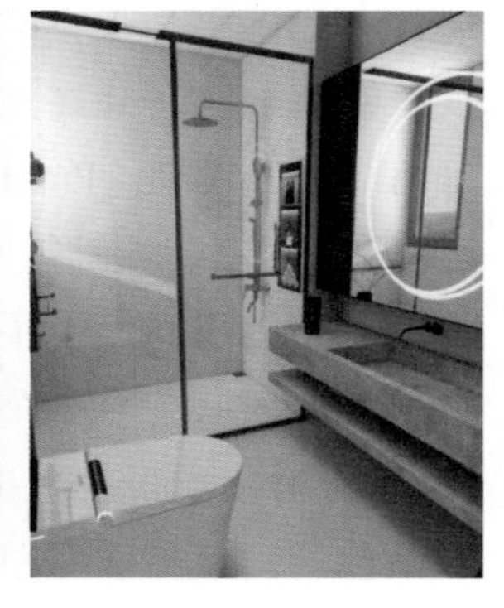

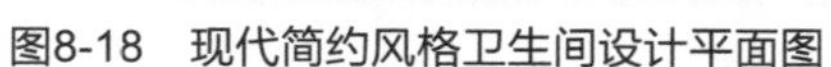

图8-18　现代简约风格卫生间设计平面图

图8-19　现代简约风格卫生间设计效果图

4. 设计分析

悬挂式的洗手台，补光镜增加氛围感，底部悬空方便清洁与打扫。淋浴区做了有效的干湿分离，壁龛设计增加设计感。智能马桶隐藏水箱的设计，占地小又美观。

8.6.2　北欧风格

1. 用户分析

户主为一年轻男性，独自居住，对生活要求较高，偏好北欧风格，习惯在洗漱台洗漱完毕后进行简单护肤等操作。客户需求为：①方便打扫；②晾挂毛巾区域；③淋浴区域做到干湿分离；④色彩简单。

2. 原始户型分析

根据卫生间的户型图，整体空间较小，洗手台与马桶的原始管道预留位置是在一侧的，可以考虑L形布局设计，使各区域得到有效利用（图8-20）。

3. 效果图展示

北欧风格卫生间设计效果图如图8-21所示。

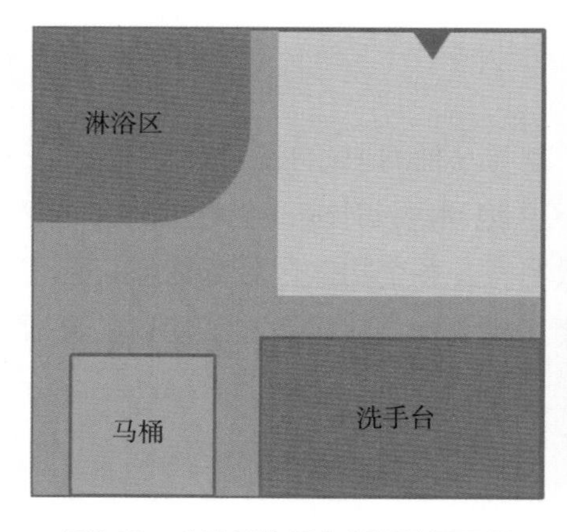

图8-20　北欧风格卫生间设计平面图

图8-21　北欧风格卫生间设计效果图

4. 设计分析

悬挂式的洗手台与智能马桶，方便清洁与打扫。弧形淋浴间，节约空间又视野开阔，干湿分离，打理也很方便。

8.6.3 美式乡村风格

1. 用户分析

户主为一对年轻夫妻，有国外生活经历，偏好美式乡村风格，上下班时间较为自由，女主人习惯洗漱完毕后在洗漱台进行护肤等操作，所以要求预留足够置物空间，家庭成员共2人，客户需求为：①有补光的镜子方便化妆；②洗手台有足够的置物空间且整体方便清洁；③淋浴区域做到干湿分离。

2. 原始户型分析

根据卫生间的户型图，整体空间相对较小，洗手盆与马桶的原始管道预留位置在一侧，可以考虑L形布局设计，做到空间的有效利用。家庭成员在同时使用不同功能区域时，不会互相干扰，增加了使用灵活性（图8-22）。

3. 效果图展示

美式乡村风格卫生间设计效果图如图8-23所示。

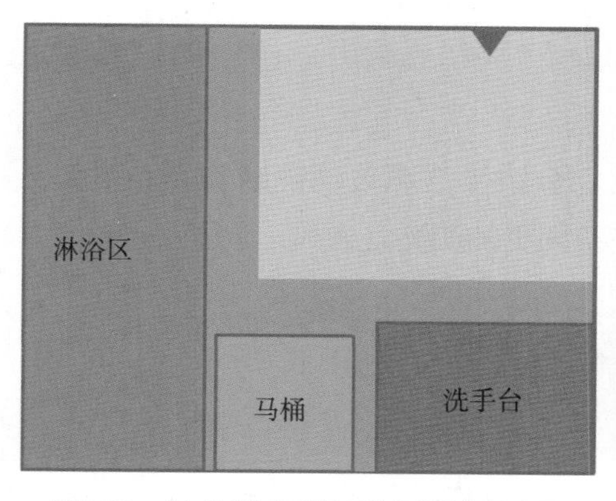

图8-22 美式乡村风格卫生间设计平面图

图8-23 美式乡村风格卫生间设计效果图

4. 设计分析

悬挂式的洗手台，大台面增加放置护肤品位置，补光式浴室镜方便化妆护肤等操作。底部悬空方便清洁与打扫，整体原木色设计，增加情调。与淋浴区做了有效的干湿分离，打理方便。智能马桶隐藏水箱的设计，占地小又美观。

8.6.4 法式风格

1. 用户分析

户主为一独居的年轻女性，上下班时间自由，女主人对生活情调要求较高，偏好法式风格。客户需求为：①视野尽量开阔；②设计简单不要太乱；③淋浴区半开放，方便整体通风。

2. 原始户型分析

根据卫生间的户型图，洗手盆与马桶的原始管道预留位置在一侧，可以考虑直线型布局设计，洗手台、马桶、淋浴区、泡澡区设计成一条直线，视野开阔，使整个空间显得更加宽敞明亮（图8-24）。

3. 效果图展示

法式风格卫生间设计效果图如图8-25所示。

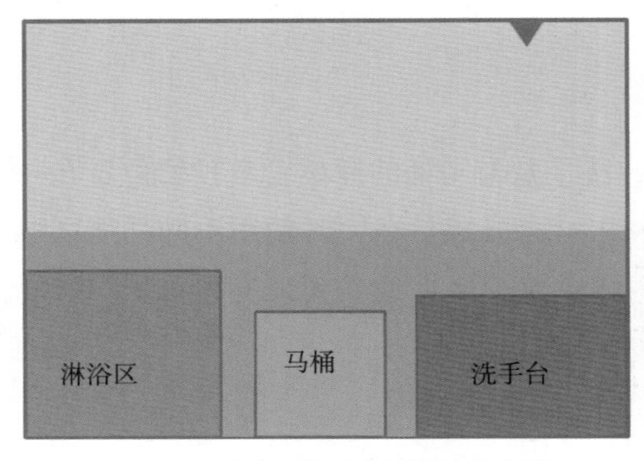

图8-24　法式风格卫生间设计平面图

图8-25　法式风格卫生间设计效果图

4. 设计分析

金色洗手盆复古又高级，搭配金边装饰画框、金边半透明玻璃隔断和金色淋浴设备，具有艺术感与法式情调。半开放式玻璃隔断使空间更加明亮且通风。

8.6.5　中式风格

1. 用户分析

户主为一对中年夫妻，对生活要求很高，偏好中式风格。孩子已结婚搬出去住，女主人已退休，习惯洗漱完毕后在洗漱台进行护肤等操作，所以要求预留足够置物空间，家庭常住成员共2人。客户需求为：①洗手台有足够的置物空间且整体方便清洁；②除了淋浴间外，希望增加泡澡区区域；③晾挂毛巾区域。

2. 原始户型分析

根据卫生间的户型图，整体空间相对较大，洗手盆与马桶的原始管道预留位置不在一侧，可以考虑U形布局设计，洗手台、马桶、泡澡区设计成一个半包围式的空间，增加卫生间的空间感（图8-26）。

3. 效果图展示

中式风格卫生间设计效果图如图8-27所示。

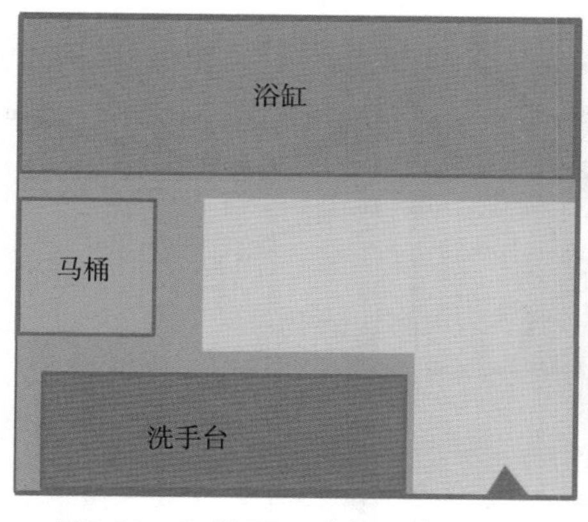

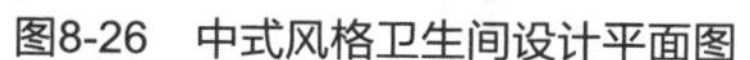

图8-26 中式风格卫生间设计平面图

图8-27 中式风格卫生间设计效果图

4. 设计分析

悬挂式的洗手台，底部悬空方便清洁与打扫，边柜增加了储物空间，让空间更整洁。超大浴缸，采用阶梯设计，旁边镂空隔断增加美观度的同时充当把手作用，进出浴缸时更加安全。智能马桶隐藏水箱的设计，占地小又美观，使用后会自动盖上盖子，解放双手，各种清洗功能也很全，上完厕所也可以时刻保持洁净状态。

8.6.6 新中式风格

1. 用户分析

户主为一对年轻夫妻，从事教师工作，有要孩子的打算，偏好新中式风格，父母经常来居住，上下班时间固定，家庭成员共4人，客户需求为：①除了淋浴间外，希望增加泡澡区；②淋浴区域做到干湿分离；③预留一部分区域未来可能做尿布台等婴儿空间。

2. 原始户型分析

根据卫生间的户型图，整体空间相对较大，洗手盆与马桶的原始管道预留位置在一侧，可以考虑U形布局设计，洗手台、马桶、淋浴区、泡澡区设计成一个半包围式的空间，使整个空间显得更加宽敞明亮。各个功能区域都能够得到充分利用。家庭成员在同时使用不同功能区域时，不会互相干扰，从而增加了使用的灵活性（图8-28）。

3. 效果图展示

新中式风格卫生间设计效果图如图8-29所示。

4. 设计分析

悬挂式的浴室柜，底部悬空方便清洁与打扫，整体暖色调设计，淋浴区做了有效的干湿分离，淋浴泡澡两不误，打理也很方便。智能马桶隐藏水箱的设计，占地小又美观，因为房主为年轻的夫妻，且有生育的打算，所以要考虑到未来婴儿出生后的清洁，预留一侧作为后期摆放尿布台等空间。

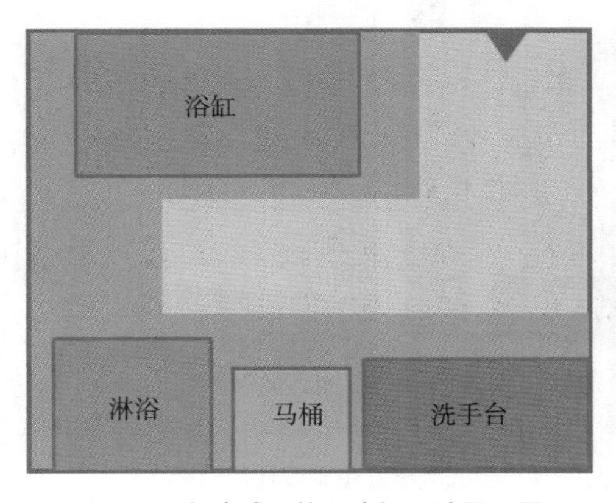

图8-28　新中式风格卫生间设计平面图

图8-29　新中式风格卫生间设计效果图

8.6.7　欧式风格

1. 用户分析

户主为一单身独居女性，居家工作，女主人对生活品质要求较高，每天有泡澡习惯，偏好欧式风格。客户需求为：①满足淋浴与泡澡；②整体装饰感强；③通风性强。

2. 原始户型分析

根据卫生间的户型图，整体空间相对较小，洗手盆与马桶的原始管道预留位置是在一侧的，可以考虑L形布局设计（图8-30）。

3. 效果图展示

欧式风格卫生间设计效果图如图8-31所示。

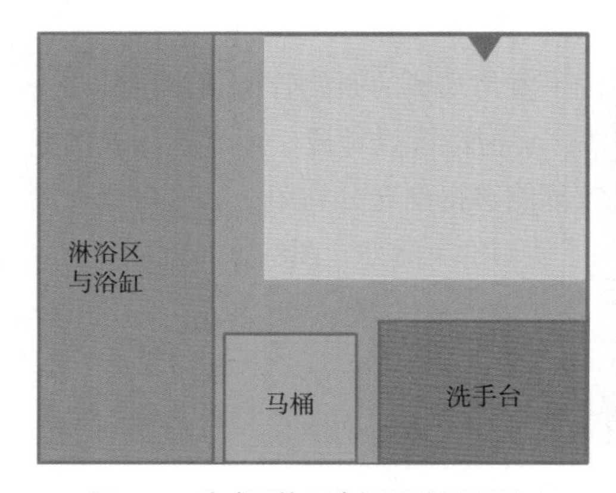

图8-30　欧式风格卫生间设计平面图

图8-31　欧式风格卫生间设计效果图

4. 设计分析

因空间较小且要满足泡澡需求，将淋浴头安装在浴缸上方，淋浴泡澡两不误。挂画与金属边桌的搭配、复古花色墙壁增加整体欧式情调，泡澡时将壁灯打开，照射在金属边桌上，增加卫生间内氛围感。智能马桶隐藏水箱的设计，占地小又美观，使用后会自动盖上盖子，解放双手，各种清洗功能也很全，上完厕所也可以时刻保持洁净状态。

8.6.8 东南亚风格

1. 用户分析

户主为一对年轻夫妻，偏好东南亚风格，生活品质较高，家庭成员共2人，客户需求为：①除了淋浴间外，希望增加泡澡区；②热爱自然，整体以绿色为主。

2. 原始户型分析

根据卫生间的户型图，整体空间相对较大，洗手盆与马桶的原始管道预留位置是正对的，可以考虑U形布局设计，洗手台、马桶、淋浴区、泡澡区设计成一个半包围式的空间，增加卫生间的空间感，使整个空间显得更加宽敞明亮。各个功能区域都能够得到充分利用。家庭成员在同时使用不同功能区域时，不会互相干扰，从而增加了使用的灵活性（图8-32）。

3. 效果图展示

东南亚风格卫生间设计效果图如图8-33所示。

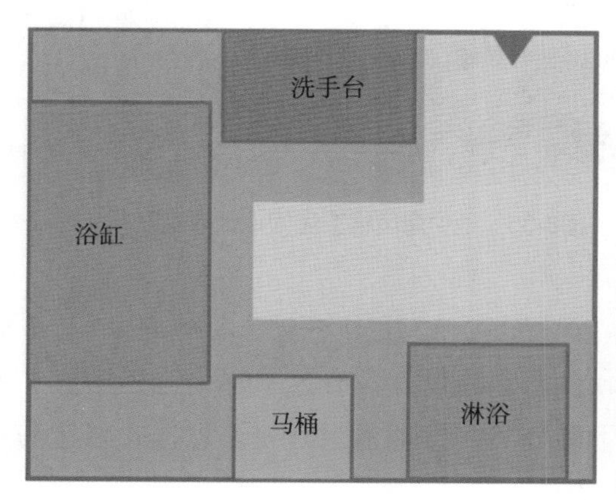

图8-32 东南亚风格卫生间设计平面图

图8-33 东南亚风格卫生间设计效果图

4. 设计分析

台上盆的设计具有艺术感，勾勒时尚感官。整体为绿色的东南亚风格，草编脏衣篓增添自然感。淋浴泡澡两不误，打理也很方便。

智能马桶隐藏水箱的设计，占地小又美观，使用后会自动盖上盖子，解放双手，各种清洗功能也很全，上完厕所也可以时刻保持洁净状态。

8.6.9 地中海风格

1. 用户分析

户主为一对年轻情侣，上下班时间自由，生活品质较高，偏好地中海风格。客户需求为：①有补光的镜子方便化妆；②洗手台有足够的置物空间且整体方便清洁；③更多的储物空间；④淋浴区域做到干湿分离。

2. 原始户型分析

根据卫生间的户型图，整体空间相对较小，洗手盆与马桶的原始管道预留位置是在一侧，可以考虑L形布局设计，各个功能区域都能够得到充分利用。客户同时使用不同功能区域时，不会互相干扰，从而增加了使用的灵活性（图8-34）。

3. 效果图展示

地中海风格卫生间设计效果图如图8-35所示。

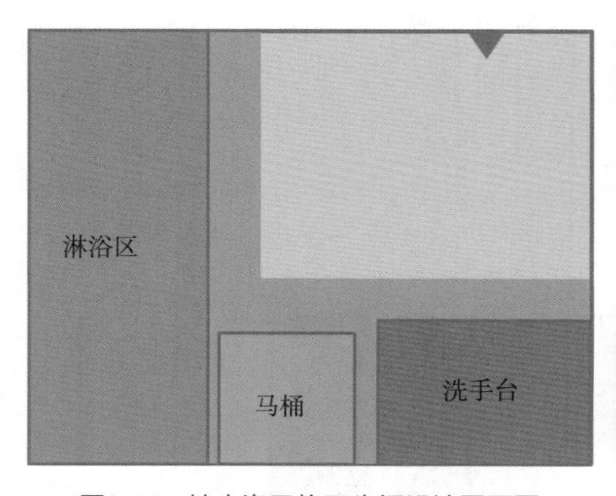

图8-34 地中海风格卫生间设计平面图

图8-35 地中海风格卫生间设计效果图

4. 设计分析

悬挂式洗手台，底部悬空方便清洁与打扫，台上盆的设计具有艺术感，边柜增加了储物空间，让空间更整洁。淋浴间做了有效的干湿分离，打理也很方便。悬挂式智能马桶隐藏水箱的设计，占地小又美观，且方便清洁。

8.6.10 田园风格

1. 用户分析

户主为一独居女性，居家办公，经常泡澡，对生活品质要求较高，偏好田园风格，客户需求为：①除了淋浴间外，希望增加泡澡区；②整体风格自然清新。

2. 原始户型分析

根据卫生间的户型图，整体空间相对较小，洗手盆与马桶的原始管道预留位置在一侧，可以考虑L形布局设计（图8-36）。

3. 效果图展示

田园风格卫生间设计效果图如图8-37所示。

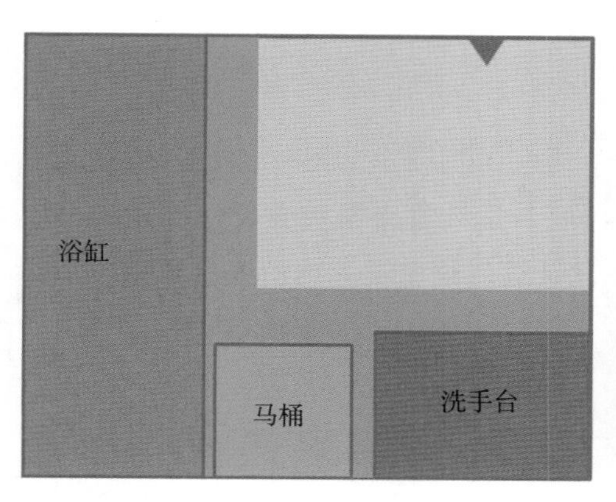

图8-36　田园风格卫生间设计平面图

图8-37　田园风格卫生间设计效果图

4. 设计分析

悬挂式的浴室柜，底部悬空方便清洁与打扫，边柜增加了储物空间，让空间更整洁。浴缸旁放置边桌，方便拿取。智能马桶隐藏水箱的设计，占地小又美观，使用后会自动盖上盖子，解放双手，各种清洗功能也很全，上完厕所也可以时刻保持洁净状态。

第9章
衣帽间设计与定制衣柜

9.1 衣帽间空间功能与设计要素

★小贴士★

衣帽间作为现代家居的重要组成部分，其功能和设计要素至关重要。在这一节中，我们将深入研究衣帽间的核心特点，以及在设计过程中需要考虑的各种要素。

9.1.1 衣帽间的基本功能

1. 衣帽间类型与空间布局

（1）独立式衣帽间　独立式衣帽间也称整体式衣帽间。独立式衣帽间就是把衣帽间与其他空间布置隔开，是一个单独的试衣换衣的空间。这个独立式衣帽间主要是通过对空间进行组织变化，营造一个和谐的室内环境，从而达到视觉功能和心理功能的协调。独立式衣帽间对住宅面积要求较高，因为如果房间本身隔断较多，采用这种形式会使空间更加拥挤，只有在宽敞的大空间中设立独立式衣帽间，把杂物都收纳其中，才能兼具美感与实用，使室内更加整齐，易打理（图9-1）。

图9-1　独立式衣帽间

1）独立式衣帽间优点。集中收纳基本上是独立衣帽间最大的优点了，尤其是从实用性上来说，独立衣帽间基本上可以承载家中所有衣物的收纳。独立式衣帽间的集中收纳不仅仅限定于衣服，一些日常使用的包包或者是过季的鞋子、还有冬天的厚被子都可以收纳在衣帽间中。储存空间完整，衣服陈列整齐，存取方便，有充裕的活动空间。视觉上对于女性有满足感，对于女孩子来说，最大的梦想就是拥有一个独立式衣帽间。一般的衣帽间可能只有收纳的功能，但是一些空间比较大的衣帽间，不仅仅只有收纳的功能，放上一面大镜子，具备试衣间的基础功能。

2）独立式衣帽间缺点。小户型房屋使用独立式衣帽间浪费空间。并不是所有的家庭都适合做独立式衣帽间，像家里的面积小于60m^{2}的房子，尤其不是一个人住的房子，就不建议做独立式衣帽间，因为并不是非常实用。由于独立式衣柜除了存储空间，还需要1~2m的活动空间，容易造成空间浪费，故比较适用于大户型，小户型还是以衣柜为佳。独立式衣帽间是密封空间，空气流通不好，如果制作衣柜的材质不是很好，很容易造成室内污染。而且，封闭的区域采光也会比较差，在灯光色调方面需要着重设计。独立式衣帽间优点很多，但较高的造价也让很多年轻人望而却步。不只是占地面积，它的设计以及功能区的划分，也需要依据实际的空间布局去定制。因此，造价相对来说会高一些。

（2）步入式衣帽间　步入式衣帽间也称开放式衣帽间，就是我们常讲的在卧室里利用柜体隔出一个衣帽间。步入式衣帽间起源于欧洲，是用于储存衣物和更衣的独立空间，可储存家人的衣物、鞋帽、包囊、饰物、被褥等。除储物柜外，一般还包含梳妆台、更衣镜、取物梯子、烫衣板、衣被架、座椅等设施。理想的步入式衣帽间面积至少在4m²以上，里面应分挂放区、叠放区、内衣区、鞋袜区和被褥区等专用储藏空间（图9-2）。

图9-2　步入式衣帽间

1）步入式衣帽间优点。①容易打造。与独立式衣帽间相比，步入式衣帽间能够更加自然地融入卧室灯光环境，更容易打造，也更适合小户型和现代化的生活氛围。②减少空间压抑感，封闭性的独立式衣帽间给人一些压抑感且容易造成空间污染。相对来说，步入式衣帽间就没有这种困扰，开放式设计有效扩展了卧室空间的活动范围，使用起来灵活方便。③储物功能强大，虽然与独立式衣帽间的集中收纳没法比，但步入式衣帽间的储物能力同样不容小觑。与一般的衣柜相比，它的衣物储存空间更大，功能分区也更丰富。

2）步入式衣帽间缺点。①清洁负担重。大部分的步入式衣帽间都是开放式的，虽然视觉效果很好，但不可避免会落灰，家庭日常清洁是比较难的。②影响动线。步入式衣帽间一般用于小户型卧室，除去存储空间，剩下的活动空间较小，且步入式衣帽间一般位于过道开间，容易影响动线。

2. 衣帽间主要布局形式

（1）一字形衣帽间　一字形衣帽间是衣帽间里面最简单的一种形式，和平常的衣柜比较相似，一字形衣帽间一般靠着一面墙进行设置，适合面积比较小的空间，要预留过道行走，并且可以满足人站在衣帽间里面，有足够的空间换衣服（图9-3）。一字形衣帽间的空间要求：长度视房间长度而定，一般最好有3m。宽度：衣柜的深度600mm+中间过道空间至少600mm，所以衣帽间的空间要有1.2m宽度。高度：衣帽间高度正常的吊顶高度就可以了，2.4~2.8m都可以。

（2）二字形衣帽间　二字形衣帽间就好比一字形衣帽间的升级版，双排并列衣柜，适合长形的房间，中间预留充足的过道，不然会显得很拥挤（图9-4）。二字形衣帽间的空间要求：长度2m以上就可以了。宽度：每一排衣柜各占600mm深度，再加上中间预留800mm的过道，这样空间总宽度需要至少2m，不然会很窄。高度：衣帽间高度正常的吊顶高度就可以了，2.4~2.8m都可以。

（3）L形衣帽间　L形衣帽间适合较宽的空间，L形衣帽间相对比较灵活，所以可以设计得很大气，也可以设计得很迷你精致，相对来说都很方便储物收纳（图

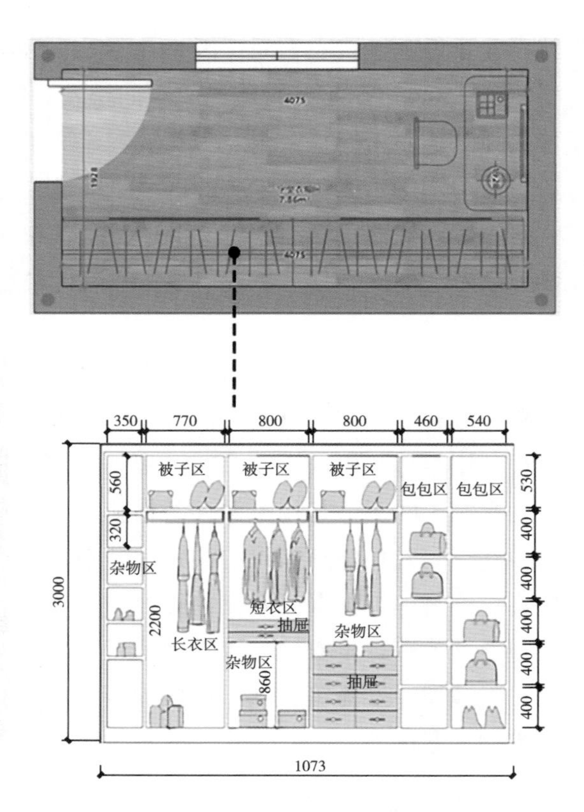

图9-3　一字形衣帽间

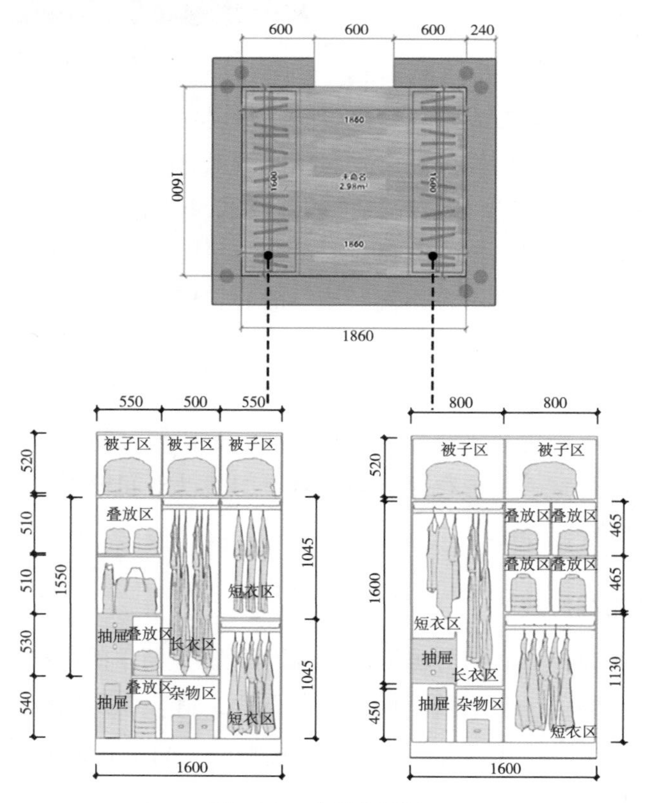

图9-4　二字形衣帽间

9-5）。L形衣帽间的空间要求：长度在1.5m以上。宽度：衣柜各占600mm深度，再加上中间预留900mm的过道，这样空间总宽度至少需要1.5m。高度：衣帽间高度正常的吊顶高度就可以了，2.4~2.8m都可以。

（4）U形衣帽间　U形衣帽间一般是单独利用一个房间来做，或者利用其他空间来改造出一间单独的衣帽间，适合正方形的空间，这种U形衣帽间空间利用率很高，基本上靠墙的空间都利用起来了（图9-6）。U形衣帽间的空间要求：长度建议2.5m以上。宽度建议2.5m以上。高度：衣帽间高度正常的吊顶高度就可以了，2.4~2.8m都可以。

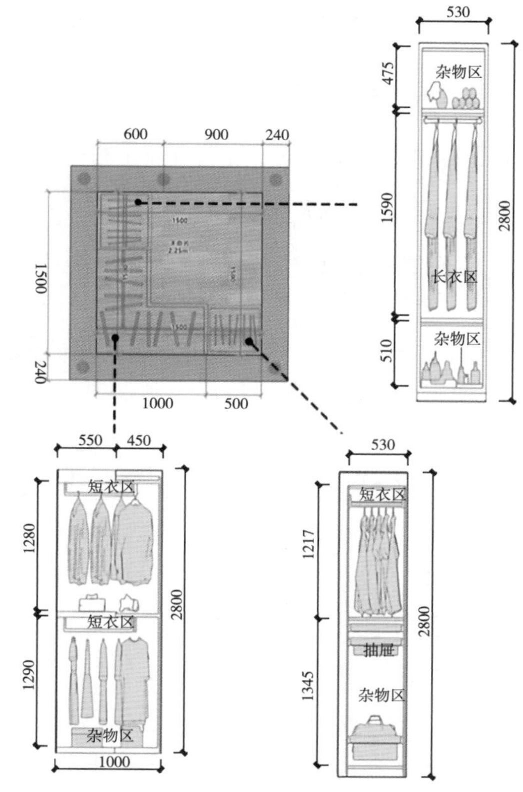

图9-5　L形衣帽间

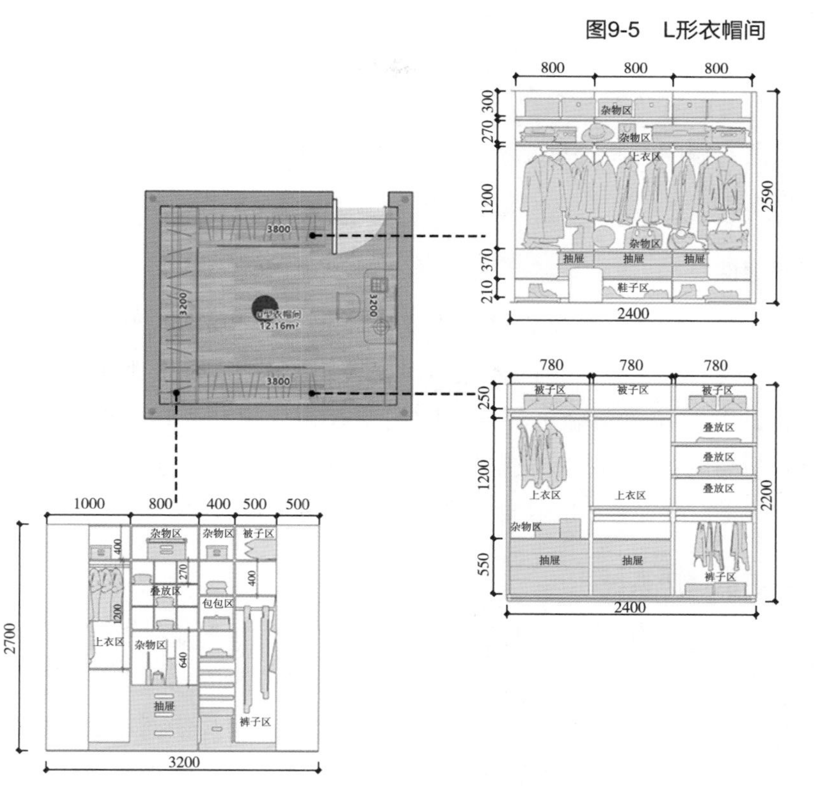

图9-6　U形衣帽间

9.1.2　功能需求

1. 储存空间规划

★小贴士★

在衣帽间的储存空间规划中，着重考虑衣物的分类与整理、鞋帽及配饰的存放，以及如何合理地储存季节性物品，是确保空间实用性和整洁性的关键。

（1）衣物分类　设计一个系统化的分类方案，将衣物按照种类、用途、颜色等进行分门别类。例如，将工作服、休闲装、正装等分开，使用户能够迅速找到所需的服装。引入有效的整理系统，如抽屉、衣架、挂钩等，使每种衣物都有其特定的存放位置。此外，标签和透明的储物箱可以方便用户快速辨认衣物。

（2）鞋的储存　根据不同类型的鞋，设计合适的储物方案，可以是鞋柜、鞋架或者专用的鞋盒。考虑鞋的高低、材质，确保储存方式既方便取用又不易损坏鞋子。为配饰设计独立的存放空间，如挂钩、抽屉或专用盒子。合理划分区域，确保各类配饰有序摆放，避免混乱和损坏。

（3）季节性分类　制定季节性衣物的储存计划，将不用的季节性服装分类存放。例如，将冬季羽绒服、夏季短袖等分开存放，以便轻松切换季节时的取用。

（4）储存方式　使用真空袋、密封盒等储物工具，将不常用的季节性物品进行有效封存，防止灰尘、湿气的侵害，确保存放时间较长的物品质量。

通过科学合理的衣物分类与整理、鞋帽及配饰的合理存放，以及对季节性物品的妥善储存，可以使衣帽间在维持整洁有序的同时，提高空间的使用效率，使居住者更加方便快捷地管理自己的衣物。

2. 使用便捷性

确保衣帽间的使用便捷性是设计的重要目标之一，这需要考虑衣物取放的便利性、照明与镜面的合理布局，以及空间通风与湿度控制。衣物取放的便利性：采用直观的布局，确保衣物的存放位置清晰可见。将常用的衣物放置在易达到的位置，减少取放时间。抽屉与衣柜高度：使用易拉式抽屉，使得用户能够轻松地查找和取用衣物，同时考虑不同用户的身高，设置合适的衣柜高度，方便取用高处的物品。

3. 引入良好的通风系统

可以考虑设置通风窗、通风扇或者空调系统，防止空气变得潮湿。使用适当的湿度控制装置，防止衣物发霉变质。可以考虑加入除湿机或湿度感应器，根据需要自动进行湿度调节。通过优化衣物取放的便捷性、设计合理的照明与镜面布局，以及有效的空间通风与湿度控制，可以使衣帽间成为一个方便、舒适、干燥的使用空间，满足用户的日常需求。

4. 私密性与个性化

（1）私密性　在衣帽间设计中，考虑到用户的私密性和个性化需求是至关重要的，因此需要合理划分私密空间、实现个性化装饰与定制需求，并平衡空间的隐私与开放性。

1）专属区域设置：在衣帽间内设立专门的私密区域，例如抽屉、柜门或隔断空间，用于存放私人物品，如贵重首饰、文件或其他私密物品。

2）密闭储物方案：采用密闭式储物方案，如柜门或抽屉，以确保用户的私人物品得到妥善保管，同时避免他人随意查看。

（2）个性化　引入个性化的装饰元素，如艺术品、个人照片墙或定制的装饰品，以凸显居住者的个性和审美追求。针对用户的特殊需求，提供定制化的衣柜、储物架等家具，以满足不同尺寸和款式的需求，实现空间的高度个性化。

1）隐私区域规划：在设计中合理规划隐私区域，确保私人空间得到尊重，避免整个空间显得过于开放。可以采用隔断、帘子等设计元素来创造私密空间。

2）开放式设计：同时，保持一定的开放性，让衣帽间整体感觉通透、明亮。适当的开放式设计可以提高空间的舒适感，同时使得整个空间更加宜人。

通过巧妙的设计，使私密空间得到良好的划分，同时允许个性化装饰和定制需求的融入，实现空间隐私与开放性的平衡，为居住者创造一个既私密又富有个性的衣帽间。

5. 主照明设计

采用充足柔和的主照明，确保整个衣帽间都有良好的可见度。避免强烈的阴影，特别是在抽屉和角落等容易产生死角的地方。镜面布局：将镜面布局在易于观察整体形象的位置，如衣柜门或者独立的镜子。考虑到用户可能需要从头到脚看到自己，设置全身镜或分区域局部镜面。

9.1.3　设计要素

1. 空间规划与布局

★小贴士★

在衣帽间的设计中，空间规划与布局是关键因素，它涉及空间分区的合理规划、衣帽间与周边空间的衔接以及灵活的布局设计，以适应不同需求。

衣物存储区：将衣物分门别类划分为不同的存储区域，例如吊挂区、抽屉区、鞋架区等，使衣物有序排列，方便取放。化妆与整理区：设计一个专门的区域，包括化妆台、整理台等，方便居住者进行妆容整理和梳理。

（1）叠放区设计

1）普通抽屉：可用于放置裁剪特殊的衣服，例如斜裁布上衣、比较重的手工缀珠服饰、针织毛衣，此类型的衣物最好以折叠方式收藏，折痕越少越好（图9-7）。

2）衬板：将物品放在带滑轨的推拉衬板中，搭配时一目了然，清晰方便（图9-8）。

3）四边拉篮：为了提高衣帽间的容积，在有限的空间存放更多的物品，可以选择带滑轨的四边拉篮，适合存放纯毛料等不易褶皱的衣服，不容易发霉、虫蛀（图9-9）。

（2）杂物区设计

1）脏衣收纳篮：为了不将待洗衣服与干净衣服混在一起，可设置脏衣收纳篮，很方便收纳脏衣服。

2）侧拉鞋架：侧拉鞋架可以实现最有效的面积存放。皮质的鞋子比较昂贵，要做好保养工作。在摆放鞋子之前，要先洗净鞋底，并用鞋楦或纸团撑起鞋子再放在该区域中。

3）收纳盒：对于一些小件的零星物品，可以用麻质储物篮、精美的纸盒来收纳（图9-10）。

4）分格抽屉：丝质的睡衣是最不容易码放整齐的，女性的内衣也都怕挤压，专设的内衣抽屉便于平放衣物，可以很好地解决这个问题。

图9-7　普通抽屉

图9-8　衬板

图9-9　四边拉篮

图9-10　收纳盒

（3）大件区设计

大件区主要就是分格，即带格子的叠放区。衣帽间中开放式的分格设计更适合被褥、箱包、枕头、靠包的存放。将衣帽间上部的大空格腾出专为被褥、毛毯、坐垫、沙发套、窗帘等物品叠放之用。

（4）悬挂区设计

1）挂杆：带滑轨的金属挂杆是衣帽间的一大特色，阻尼静音设计的滑轨，抽拉更加顺滑，还不会划伤衣物，很适合挂放高级丝巾、领带、围巾、披肩等配饰。

2）挂裤架：位于旋转衣篮中的挂裤架采用防滑处理，裤子不会在推拉过程中轻易滑落。同时挂杆的粗细经过精确的计算，时间长了也不用担心裤子上会出现挂痕。

3）普通衣杆：衣帽间挂衣区要宽敞，每一件吊挂的衣物都要保持适当的距离，不要拥挤在一块儿（图9-11）。

图9-11　普通衣杆

4）领带架：出席商务酒会，领带是当之无愧的亮点。衣帽间中专门为领带设计的领带架，斜角度的设计更加方便领带的展示与挑选。

5）升降衣杆：如果垂挂的衣服比较多，这就意味着非常需要升降式挂衣杆。升降式挂衣杆的高度可以调节，再长的礼服也可以轻易取挂，而且不用担心礼服下端挂不直和衣服上有折痕。

6）可调式家具：采用可调式的衣柜、抽屉和储物架，使用户可以根据实际需求随时调整空间布局，适应不同季节或生活阶段的变化。多功能设计：将衣帽间设计成多功能空间，例如兼顾工作区的办公桌，或者设置椅子、沙发等，使住户在需要时能够满足更多的功能需求。空间伸缩设计：考虑到不同空间大小和形状的需求，设计具有一定伸缩性的家具，以适应不同房型和家庭结构。

（5）衣物存储区尺寸　挂衣杆高度尺寸分别为1700mm、1300mm、900mm，分别用来挂长大衣、短上衣和长裤；挂衣杆与上面面板之间的间距在40~60mm之间；被褥区高度在400~500mm；上衣区高度在1000~1200mm；抽屉宽度为400~800mm；格子架尺寸单层高度为80~100mm；叠放区高度为350~500mm；长衣区高度在1400~1700mm之间；衣柜裤架高度为80~100mm；抽屉与地面的间距最好小于1250mm，适老设计要考虑在1000mm左右；鞋架宽200mm、高150mm、深300mm，放矮靴的宽度在280mm、高度要300mm，高靴子的高度要有500mm。

2. 照明设计

照明设计在衣帽间中扮演着至关重要的角色，不仅要确保充足而柔和的主照明，还需要考虑衣物展示区域的照明设计，以及合适的色温与光线角度。

（1）顶棚灯具　选择适度明亮的顶棚灯具，确保整个衣帽间都能得到充足的照明，避免死角。可以考虑使用LED灯或环形灯管，它们不仅节能环保，还能提供均匀的光线。调光系统：配备调光系统，使居住者可以根据不同需要调整光线的亮度，既满足实用需求，又营造出温馨的氛围。

（2）集中照明　在衣物展示区域设置集中式的照明，确保每一件衣物都能得到足够的照明，避免衣物间出现阴影，影响辨认。LED射灯：使用可调角度的LED射灯或聚光灯，聚焦在需要强调的服装或配饰上，提高其视觉效果，同时避免过强的光线照射。

（3）色温选择　选择适宜的色温，通常在4000~5000K之间，以确保白色衣物颜色的真实还原，并使整个空间看起来清爽舒适。光线角度：考虑照明的角度，避免直射光线直接反射到镜子或反光的表面，产生刺眼的效果。调整灯具的角度，确保照明均匀而柔和。

通过合理的照明设计，不仅能够提高衣帽间的实用性，使居住者更方便找到需要的物品，同时也能为空间创造出舒适、温馨的氛围。

3. 材质与装饰

在衣帽间设计中，材质与装饰的选择直接影响整体空间的质感和美观度。衣柜、储物架的材质选择，色彩搭配与风格统一性，以及装饰元素的巧妙运用都是需要仔细考虑的要素。

（1）衣柜材质　选择高质量、耐用的衣柜材质，如密度板、实木或者复合材质，以确保衣柜的稳固性和使用寿命。储物架材质：储物架的材质选择要与整体风格相协调，同时考虑其承重能力。金属、木质或玻璃材质的组合可以为空间增添层次感。

（2）色彩搭配　选择与整体家居风格相一致的颜色，以确保衣帽间与其他房间形成和谐的视觉效果。深浅搭配、明暗对比的运用可以使空间更富层次感。

（3）风格统一性　衣帽间的风格应与整体家居风格相统一，可以是现代、简约、复古或者其他风格，但要确保各个元素之间有一致性，形成整体的美感。

（4）装饰品选择　根据个人喜好和空间风格选择适当的装饰品，如花瓶、摆件、挂画等，用于点缀衣帽间空间，增加个性。镜面运用：巧妙运用镜面可以增加空间的明亮感和通透感。镜子可以作为装饰元素，同时还可以提供全身照，方便居住者在整理衣物时使用。

4. 定制需求与创新设计

在衣帽间的设计中，通过满足用户的个性化需求、引入创新的储物设计与定制选项，以及运用可持续性材料，可以使衣帽间更好地适应用户的生活方式，同时减少对环境的负面影响。

（1）调查用户需求　通过调查可了解用户对于衣帽间功能和设计的个性化需求。考虑用户的生活方式、喜好、职业等因素，以确保设计符合他们的实际需求。定制化设计：根据用户的具体需求，提供定制化的设计方案。例如，根据用户收纳需求设计多功能储物柜，或为收藏品提供专门的展示区域。

（2）空间创新设计　创新储物设计，如可以利用隐形的抽屉、旋转式储物单元等，以最大化地提高储物空间利用率。可调式家具：提供可调式的家具，使用户可以根据实际需要随时调整衣帽间的布局，适应不同的使用场景。定制选项：提供丰富的定制选项，包括衣柜内部结构、抽屉布局、材质选择等，以满足不同用户的审美和功能需求。

（3）可持续性材料的运用和选择　选择可持续性材料，如回收木材、环保漆料等，以降低对环境的影响，同时关注材料的来源和制造过程。可再生资源：考虑使用可再生资源，例如竹木、再生纤维板等，以减少对自然资源的依赖。长寿命设计：设计具有长寿命的衣帽间家具，减少因频繁更换而产生的废弃物，提倡“买少买好”的理念。

9.2　衣帽间定制衣柜设计

随着社会的发展和科技的进步，人们的生活水平也在不断提高。在这样的背景下，人们对家居环境的要求也越来越高，不再仅仅满足于基本的居住功能，而是更加注重生活的品质和舒适度。因此，定制衣柜作为一种个性化、实用性强的家具，越来越受到人们的喜爱。定制衣柜的最大优点就是可以根据用户的实际需求和喜好进行设计，无论是衣柜的大小、形状，还是内部的功能布局，都可以根据用户的个人喜好进行调整。这样不仅可以充分利用空间，还可以满足用户的个性化需求，使衣柜更加符合用户的使用习惯。定制衣柜的设计需要综合考虑多种因素，包括尺寸、风格、材质、结构布局、功能和环保等，只有这样，才能设计出一个既美观又实用的衣柜，满足用户的需求，提高用户的生活品质。

9.2.1 确定衣柜尺寸和位置

在设计定制衣柜之前，首先要确定衣柜的尺寸和位置。衣柜的尺寸应根据房间的实际面积和使用需求来定。一般来说，衣柜的高度不宜超过2.4m，以免给使用者带来不便。在选择衣柜尺寸时，首先要考虑房间的实际面积。如果房间较小，可以选择较小的衣柜，以免占用过多的空间。如果房间较大，可以选择较大的衣柜，以便更好地存放衣物。还要考虑使用需求。如果家庭成员较多，需要存放的衣物也较多，可以选择较大的衣柜。此外，衣柜的位置应尽量靠近卧室的一侧，以便更好地利用空间。在设计定制衣柜时，还需要考虑人体工程学，使衣柜的使用更加方便舒适。例如，可以设置不同高度的挂衣杆，以适应不同身高的用户；在抽屉内部设置分隔板，方便分类收纳；在衣柜底部设置滑轮，便于移动等。

9.2.2 选择合适的衣柜风格

定制衣柜有多种风格可供选择，如现代简约、欧式古典、中式古典等，可以根据自己的喜好和家居风格来选择合适的衣柜风格。同时，衣柜的风格也应与卧室的整体风格相协调，以营造和谐统一的居住环境。

现代简约风格的衣柜通常采用简洁的线条和色彩，注重实用性和功能性，它们通常采用木质材料，如橡木或胡桃木，并配以金属或玻璃元素。这种风格的衣柜适合那些喜欢简单、干净、时尚的人群。欧式古典风格的衣柜则更加注重细节和装饰性，它们通常采用实木材料，并配以精美的雕刻和镶嵌工艺。这种风格的衣柜适合那些喜欢奢华、优雅、浪漫的人群。中式古典风格的衣柜则更加注重传统文化和历史底蕴，它们通常采用红木或其他名贵木材，并配以精美的雕花和漆器工艺。这种风格的衣柜适合那些喜欢中国传统文化和艺术的人群。

9.2.3 选择合适的板材

定制衣柜的板材主要有实木板、多层板、颗粒板和密度板等。选择定制衣柜的板材时，不仅需要考虑其价格，还需要考虑其环保性能和耐用性等因素。只有选择了合适的板材，才能确保衣柜的使用寿命和使用效果。

（1）实木板　实木板是一种天然环保的板材，它由整块木材切割而成，保留了木材的自然纹理和质感。实木板的优点是质地坚硬、耐用性强，且具有良好的隔声效果。然而，由于实木板的生产过程需要大量的木材资源，因此其价格相对较高。此外，实木板也容易受到温度和湿度的影响，可能会出现开裂或变形的情况。

（2）多层板　多层板是由多层薄木板交错黏合而成的，具有较好的稳定性和强度。多层板的价格相对较低，性价比较高。但是，由于多层板的生产过程中可能会使用到含有甲醛的胶水，因此选择多层板时，需要选择环保等级较高的产品，以确保其对人体无害。

（3）颗粒板　颗粒板是由木屑和胶粘剂压制而成，其优点是价格便宜，且易于加工。颗粒板的表面通常覆盖有一层饰面纸，可以模仿各种木材的纹理和颜色。然而，颗粒板的强度和稳定性相对较低，如果长时间暴露在潮湿的环境中，可能会出现变形的情况。

（4）密度板　密度板是由木质纤维和胶粘剂压制而成，其优点是强度高、稳定性好，且不易受潮变形。密度板常被用于制作家具和橱柜等需要承受较大压力的家具。然而，密度板的环保性能较差，如果选择密度板作为衣柜的板材，需要确保其符合环保标准。

9.2.4　规划衣柜内部结构

衣柜的内部结构应根据个人的需求和衣物的种类来规划。一般来说，衣柜的内部结构包括挂衣区、抽屉区、隔板区、裤架区等。

（1）挂衣区　挂衣区是衣柜中最基本的区域。一般来说，挂衣区分为长挂区和短挂区，分别用于挂放长款和短款的衣物。如果衣物较多，可以适当增加挂衣区的大小，或者选择带有多层挂衣杆的衣柜，以便于挂放更多的衣物。此外，挂衣区的布局也非常重要，应确保衣物能够整齐地悬挂，避免出现皱褶。

（2）抽屉区　抽屉区是衣柜中另一个重要的收纳区域。抽屉可以用来存放内衣、袜子、配饰等小物件，以及折叠好的衣物。抽屉区的大小应根据衣物的数量和种类来调整，一般来说，一个衣柜至少需要设置两个抽屉区。为了提高抽屉的使用效率，可以选择带有分隔板的抽屉，将不同种类的物品分开存放。接下来，隔板区是衣柜中用于存放叠放衣物的区域。隔板的高度可以根据衣物的长度来调整，以确保衣物能够整齐地叠放。此外，隔板区还可以设置可调节的层板，以便根据衣物的厚度进行调整。

（3）裤架区　裤架区是衣柜中专门用于存放裤子的区域。裤架可以分为单杆裤架和双杆裤架，分别用于挂放西裤和休闲裤。此外，裤架区的布局也非常重要，应确保裤子能够整齐地悬挂，避免出现皱褶。在设计内部结构时，需要充分考虑衣物的使用频率和收纳需求，以便实现最佳的收纳效果，可以根据自己衣物的多少和种类来调整这些区域的大小。例如，如果衣物较多，可以适当增加挂衣区和抽屉区；如果裤子较多，可以增加裤架区。

9.2.5　考虑衣柜的功能性

定制衣柜不仅仅是一个用来存放衣物的家具，它更是一个能够体现个人品位和生活品质的空间。除了外观美观大方之外，定制衣柜还应该具备一定的功能性，以满足现代家庭对于收纳和整理的需求。

可以在衣柜内部设置一些多功能的收纳盒。这些收纳盒可以根据衣物的种类、季节和个人喜好进行设计，如长挂区、短挂区、抽屉区等。这样一来，不仅可以让衣物更加整齐地摆放，还能方便使用者在需要时快速找到所需的衣物。此外，多功能收纳盒还可以用于存放鞋子、帽子、围巾等小物件，让衣柜的空间得到充分利用。

衣柜的门板可以选择带有镜子的款式，这样的设计既方便用户在穿衣打扮时看到整体效果，又能增加空间感，使衣柜看起来更加宽敞明亮。同时，镜子还可以起到装饰作用，为整个房间增添一份时尚感。

定制衣柜还可以根据家庭成员的需求进行个性化设计。例如，为孩子设置一个专门的玩具收纳区，让他们学会自己整理玩具；为老人设置一个便于取放的低矮挂衣区，让他们在使用时更加轻松舒适。通过这些细节的设计，定制衣柜不仅能够满足家庭成员的实际需求，还能够体现出家庭的温馨和关爱。

9.2.6 注重衣柜的环保性

在选择定制衣柜时，应注重其环保性。一般来说，优质的衣柜板材应具备良好的环保性能，如甲醛释放量低、耐磨损、防潮防霉等。甲醛是一种常见的有害气体，长期接触可能会对人体造成伤害。因此，选择甲醛释放量低的衣柜板材是非常重要的。一般来说，优质的衣柜板材在生产过程中会严格控制甲醛的含量，确保其符合国家相关标准。

耐磨损也是衣柜板材的一个重要指标。衣柜是日常生活中经常使用的物品，如果其板材不耐磨损，那么很快就会出现划痕和破损，影响美观。因此，选择耐磨损的衣柜板材可以保证衣柜的使用寿命。

防潮防霉也是衣柜板材的一个重要特性。如果其板材不具备防潮防霉的功能，那么很容易就会出现发霉和腐烂的情况，这不仅会影响衣柜的使用寿命，还会对我们的衣物造成损害。

除了板材，衣柜的五金配件也应选择品质优良的产品。五金配件虽然不起眼，但却对衣柜的使用起着至关重要的作用。例如，滑轨的质量直接影响到衣柜门的开关顺畅度；铰链的质量则决定了衣柜门的稳定性。因此，选择品质优良的五金配件可以确保衣柜的使用寿命和安全性。

9.3 国内外设计案例与分析

9.3.1 国外定制衣柜案例分析

1. 美国定制衣柜案例

美国的家居市场非常成熟，定制衣柜品牌众多，竞争激烈。美国的定制衣柜在设计上注重实用性和美观性，以满足消费者对个性化、高品质生活的追求。以下是一些典型的美国定制衣柜案例。

1）美国著名定制衣柜品牌KraftMaid的“Boston”系列。这款衣柜采用了经典的美式风格，线条简洁流畅，色彩搭配和谐。衣柜内部空间布局合理，充分利用了墙面空间，提供了丰富的收纳功能。此外，该款衣柜还采用了环保板材和水性漆，符合美国严格的环保标准。

2）美国定制衣柜品牌La-Z-Boy的“Bristol”系列。这款衣柜采用了现代简约风格，线条简洁明快，色彩低调优雅。衣柜内部空间布局灵活多变，可以根据消费者的需求进行调整。此外，该款衣柜还采用了高品质的五金配件和环保板材，确保了产品的耐用性和环保性。

2. 德国定制衣柜案例

德国的家居市场同样非常成熟，定制衣柜品牌众多，竞争激烈。德国的定制衣柜在设计上注重实用性和美观性，以满足消费者对个性化、高品质生活的追求。以下是一些典型的德国定制衣柜案例（图9-12）。

图9-12　德国定制衣柜

1）德国著名定制衣柜品牌Schlafzimmer的“Munich”系列。这款衣柜采用了经典的德式风格，线条简洁流畅，色彩搭配和谐。衣柜内部空间布局合理，充分利用了墙面空间，提供了丰富的收纳功能。此外，该款衣柜还采用了环保板材和水性漆，符合德国严格的环保标准。

2）德国定制衣柜品牌Hülsta的“Berlin”系列。这款衣柜采用了现代简约风格，线条简洁明快，色彩低调优雅。衣柜内部空间布局灵活多变，可以根据消费者的需求进行调整。此外，该款衣柜还采用了高品质的五金配件和环保板材，确保了产品的耐用性和环保性。

3. 意大利定制衣柜案例

意大利的家居市场同样非常成熟，定制衣柜品牌众多，竞争激烈。意大利的定制衣柜在设计上注重实用性和美观性，以满足消费者对个性化、高品质生活的追求。以下是一些典型的意大利定制衣柜案例：

1）意大利著名定制衣柜品牌Valcucine的“Milano”系列。这款衣柜采用了经典的意式风格，线条优雅流畅，色彩搭配和谐。衣柜内部空间布局合理，充分利用了墙面空间，提供了丰富的收纳功能。此外，该款衣柜还采用了环保板材和水性漆，符合意大利严格的环保标准。

2）意大利定制衣柜品牌Cassina的“Roma”系列。这款衣柜采用了现代简约风格，线条简洁明快，色彩低调优雅。衣柜内部空间布局灵活多变，可以根据消费者的需求进行调整。此外，该款衣柜还采用了高品质的五金配件和环保板材，确保了产品的耐用性和环保性。

9.3.2 国外定制衣柜特点分析

（1）设计理念 国外定制衣柜在设计上注重实用性和美观性，以满足消费者对个性化、高品质生活的追求。设计师会根据消费者的需求和喜好进行个性化的设计，使衣柜与家居环境相协调，提升整体美感。此外，国外定制衣柜还会考虑消费者的使用习惯和需求，例如，为老年人设计的衣柜会考虑他们的身体状况，设置合适的高度和宽度；为儿童设计的衣柜则会考虑他们的安全，采用圆角设计和防夹手装置等。

（2）材料选择 国外定制衣柜在材料选择上非常讲究，通常采用环保板材和水性漆等环保材料。这些材料不仅具有良好的环保性能，而且具有很高的耐用性和稳定性，可以确保产品的使用寿命。此外，国外定制衣柜还会根据不同的设计风格和使用场景，选择合适的材料，例如，为现代简约风格设计的衣柜会采用简洁的线条和色彩；为欧式古典风格设计的衣柜则会采用华丽的雕花和装饰。

（3）工艺技术 国外定制衣柜在工艺技术上非常成熟，采用先进的生产设备和技术，确保产品的质量和精度。此外，国外定制衣柜在生产过程中还会进行严格的质量控制，确保每一件产品都符合品质要求。例如，对原材料进行检测和筛选；对每一个环节进行监控和调整；对成品进行检验和测试。

（4）收纳功能 国外定制衣柜在设计上充分考虑了消费者的收纳需求，提供了丰富的收纳功能。例如，衣柜内部可以设置抽屉、挂杆、隔板等收纳空间，使衣物、鞋子、包包等物品有序摆放，方便取用。此外，国外定制衣柜还会根据不同的使用场景和需求，提供不同的收纳方案。例如，为卧室设计的衣柜会考虑床上用品的收纳需求；为客厅设计的衣柜则会考虑电视柜和茶几等家具的收纳需求。

（5）人性化设计 国外定制衣柜在设计上非常注重人性化，会考虑消费者的使用习惯和需求。例如，衣柜的高度、宽度、深度等尺寸都会根据人体工程学原理进行设计，使消费者在使用过程中更加舒适便捷。此外，国外定制衣柜还会考虑消费者的使用安全性和便利性。例如，为老年人设计的衣柜会设置扶手和防滑垫等安全设施；为儿童设计的衣柜则会设置防夹手装置和警示标志等安全设施。

9.3.3 国外定制衣柜对国内行业的启示

（1）提高设计水平 国内定制衣柜行业应加强设计师的培养和引进，提高设计水平，满足消费者对个性化、高品质生活的追求。同时，设计师应充分了解消费者的需求和喜好，进行个性化的设计，使衣柜与家居环境相协调，提升整体美感。

（2）选用环保材料 国内定制衣柜行业应加强对环保材料的研发和应用，提高产品的环保性能。同时，企业应加强对原材料供应商的管理，确保原材料的质量和环保性能。

（3）引进先进工艺技术　国内定制衣柜行业应加强与国际先进企业的技术交流和合作，引进先进的生产工艺和技术，提高产品的质量和精度。同时，企业应加强对生产设备的维护和管理，确保设备的正常运行和生产效率。

（4）提升收纳功能　国内定制衣柜行业应加强对收纳功能的研究和应用，提供丰富的收纳空间，满足消费者的收纳需求。同时，企业应加强对收纳功能的设计和创新，使产品更加实用和人性化。

（5）注重人性化设计　国内定制衣柜行业应加强对人性化设计的研究和应用，充分考虑消费者的使用习惯和需求。同时，企业应加强对产品尺寸、颜色、款式等方面的调整和优化，使产品更加舒适便捷。

总之，国外定制衣柜在设计理念、材料选择、工艺技术等方面具有很多值得国内同行借鉴和学习的地方。通过加强与国际先进企业的技术交流和合作，提高国内定制衣柜行业的设计水平、材料应用、工艺技术和收纳功能等方面的能力，有望推动国内定制衣柜行业的持续发展和进步。

9.3.4　国内定制衣柜市场现状

近年来，国内定制衣柜市场呈现出快速增长的态势。根据相关数据显示，2018年，中国定制衣柜市场规模达到了1500亿元，同比增长20%。2020年，市场规模达到2000亿元。2022年，定制衣柜市场规模达到2658.3亿元，相较2021年同比增长6.2%。预计2026年定制衣柜市场规模将达到3574.6亿元。这主要得益于以下几个方面的因素：

（1）消费升级　随着消费者收入水平的提高，对家居环境的要求也越来越高，定制衣柜能够满足消费者对个性化、高品质生活的追求。

（2）住房条件改善　随着城市化进程的加快，居民住房条件得到了很大改善，消费者对家居空间的利用需求更加迫切，定制衣柜能够充分利用空间，提高空间利用率。

（3）设计理念更新　现代家居设计理念更加注重人性化、环保和功能性，定制衣柜能够满足这些需求，成为家居装修的主流选择。

9.3.5　国内定制衣柜案例分析

1. 好莱客（Holike）

好莱客是国内知名的定制家居品牌，其定制衣柜产品线丰富，包括平开门、推拉门、折叠门等多种款式。好莱客的定制衣柜采用环保板材，符合国家环保标准，同时具有防潮、防蛀、耐磨等特点。此外，好莱客还提供个性化定制服务，满足消费者对衣柜功能、颜色、风格等方面的需求（图9-13）。

图9-13　好莱客衣柜

2. 尚品宅配（Shangpinzhaipei）

尚品宅配是一家专注于全屋定制的企业，其定制衣柜产品同样具有丰富的款式和个性化定制服务。尚品宅配的定制衣柜采用德国进口设备生产，确保产品质量。此外，尚品宅配还提供一站式家居解决方案，包括家具、家电、软装等，为消费者打造舒适、美观的居住环境（图9-14）。

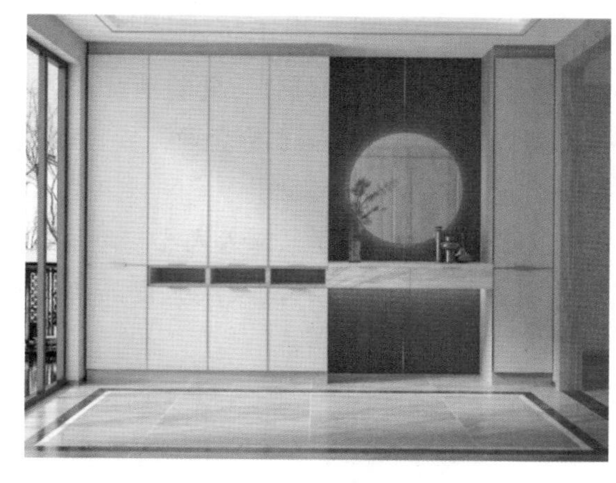

图9-14　尚品宅配衣柜

3. 欧派家居（OPPEIN）

欧派家居是国内知名的家居品牌，其定制衣柜产品线涵盖了平开门、推拉门、折叠门等多种款式。欧派家居的定制衣柜采用环保板材，符合国家环保标准，同时具有防潮、防蛀、耐磨等特点。此外，欧派家居还提供个性化定制服务，满足消费者对衣柜功能、颜色、风格等方面的个性化需求（图9-15）。

图9-15　欧派家居

4. 顶固（Topstrong）

顶固是一家专业从事定制家居产品研发、生产、销售的企业，其定制衣柜产品同样具有丰富的款式和个性化定制服务。顶固的定制衣柜采用环保板材，符合国家环保标准，同时具有防潮、防蛀、耐磨等特点。此外，顶固还提供一站式家居解决方案，包括家具、家电、软装等，为消费者打造舒适、美观的居住环境（图9-16）。

图9-16　顶固家居

9.3.6 国内定制衣柜市场发展趋势

（1）个性化需求增强 随着消费者对家居环境要求的提高，对定制衣柜的个性化需求将进一步增强。定制衣柜企业需要不断创新设计理念，满足消费者对个性化、高品质生活的追求。

（2）绿色环保理念深入人心 环保已经成为家居行业的重要发展方向。定制衣柜企业需要关注环保材料的使用，提高产品的环保性能，满足消费者对绿色环保生活的追求。

（3）智能化发展 随着科技的发展，智能家居逐渐成为家居行业的发展趋势。定制衣柜企业需要关注智能化技术的应用，为消费者提供智能化、便捷化的家居体验。

（4）一站式服务 为了满足消费者对家居装修的需求，定制衣柜企业需要提供一站式的服务，包括设计、选材、生产、安装和售后等环节，为消费者提供便捷的购物体验。

针对国内定制衣柜市场的现状和发展趋势，提出以下建议：①加强产品设计创新：定制衣柜企业需要关注消费者的需求和喜好，加强产品设计创新，提供个性化、高品质的产品。②提高产品质量：定制衣柜企业需要关注材料的选择和生产工艺的改进，提高产品的质量和使用寿命。③关注环保和智能化发展：定制衣柜企业需要关注环保材料的使用和智能化技术的应用，满足消费者对绿色环保生活和智能化家居体验的追求。④提供一站式服务：定制衣柜企业需要提供一站式的服务，包括设计、选材、生产、安装和售后等环节，为消费者提供便捷的购物体验。⑤加强品牌建设和宣传推广：定制衣柜企业需要加强品牌建设，提高品牌知名度和美誉度，通过各种渠道进行宣传推广，扩大市场份额。⑥关注市场发展趋势：定制衣柜企业需要关注市场发展趋势，及时调整经营策略，抓住市场机遇，实现可持续发展。

9.4 设计实践

经过对住宅衣帽间空间的分析研究，将厨房与餐厅的各要点进行了梳理，并提出了改进及优化建议。此次在实际案例的设计过程中，将之前的经验总结应用于其中。

本案例位于某小区的住宅内，户主共3人，对其中的衣帽间空间着重分析。

9.4.1 用户背景分析

居住者主要为夫妻二人，整体房子面积大约为126m^2，两层，一室一厅一厨两卫，总体空间比较宽松，户主把一间暂定为衣帽间，做一处步入式衣柜。

9.4.2 原始户型及衣帽间空间分析

原始户型是一个15m^{2}的方形空间，其最明显的特点就是空间形状规整，面积适中，既便于家具布局，又能保证足够的活动空间（图9-17）。同时，方形空间也更容易通过巧妙的设计来实现空间的最大化利用。为了最大化地利用这个方形空间，应从以下几个方面进行细致规划。

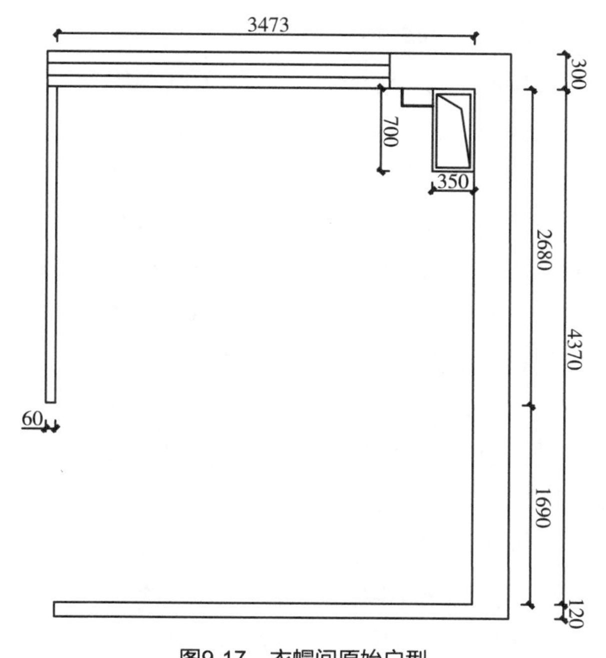

图9-17　衣帽间原始户型

1. 分区设计

将整个空间划分为几个不同的区域，如挂长衫区、抽屉区、置鞋区以及配饰区等。每个区域都经过精心规划，以满足不同种类衣物和配饰的存放需求。例如，挂长衫区会预留足够多的横向和纵向空间以方便挂放各类长款外套、连衣裙等；而抽屉区则用于放置内衣、袜子等小件服饰，便于分类和取用。

2. 灯光布局

考虑到衣帽间的使用多在光线较弱的早晨或晚上，合理的灯光布局尤为重要。可以安装顶部照明灯具，同时在衣柜内部增设条形灯或者点光源，确保每一个角落都被照亮，方便用户在选取衣物时能够清晰地看到每一件服装的颜色和细节。

3. 镜面的设置

在衣帽间内设置全身镜是不可或缺的，它不仅可以让用户在选择服装时更直观地看到穿搭效果，还可以在视觉上扩大空间感，一举两得。

4. 材质选择

由于步入式衣柜对材质的要求较高，需要耐用又易于清洁，建议选用防潮、防霉变的材料制作柜体和抽屉。此外，表面处理应选择不易划伤、抗指纹的材质以保持美观。

5. 功能性配件

为了提高衣帽间的实用性，可以增添一些功能性配件，比如可移动的挂钩、领带架、皮带架等，使得空间的每一寸都能发挥其存储潜力。

9.4.3　平面优化及效果图展示

1. 平面优化

整个空间的布局以沿着墙面放置衣柜，留出门和窗户的位置，最大程度地保留了空间的开阔，每个柜体的尺寸都按照人体工程学的标准进行设计。中间位置放置了一张沙发，它的存在为这个衣帽间提供了一处休息的地方。沙发的颜色和材质选择与衣柜相协调，无论是试穿衣物还是简单地坐下来休息，都能让人感到放松愉悦（图9-18）。

2. 效果图展示

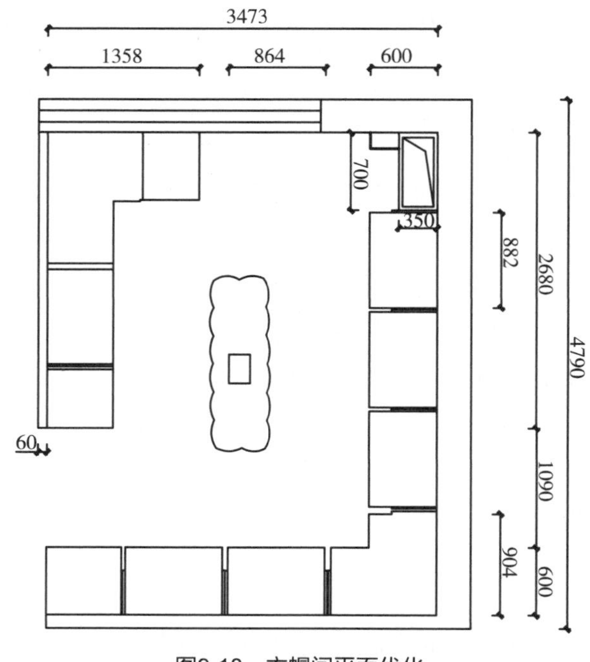

图9-18 衣帽间平面优化

房间内部大量运用了浅木色调，从墙壁到地板，均采用了质地优良的浅棕色木材，这不仅使得整个空间显得温馨舒适，而且在一定程度上提升了室内的明亮感。更衣室的核心部分是一排排列整齐的悬挂式衣柜，每个衣柜都秩序井然地挂着各种服饰，一尘不染，展现出主人对生活品质的追求。衣柜上方有一些储物空间，可以存放平时或近期不用的物品。

衣柜不仅在外观上追求简洁大方，更在内部结构上做到细致入微。柜体分为多个区域：挂衣区、抽屉区、开放层架区，甚至还有特别设计的小物件收纳区。这样的划分考虑了不同衣物、配饰的存放需求，既满足了日常使用的便捷性，也保证了整理和查找时的高效性。每个区域的尺寸都经过了精确计算，确保每一件衣服、每一顶帽子都能有其专属之地（图9-19）。

图9-19 衣帽间效果图

第10章 卧室空间设计与定制家具

★小贴士★

卧室空间设计与定制家具是家居装修中的重要环节，它涉及多个方面的要素和技巧。

本章将详细介绍卧室空间的功能与设计要素，以及如何进行定制家具的设计，同时结合国内外设计案例进行深入分析，并提供实践指导。

10.1 卧室空间功能与设计要素

卧室是家中的休息区，承担着人们日常的休息、睡觉、更衣、梳妆等多种功能。因此，在考虑卧室空间需求时，需要关注基本功能的实现以及不同群体的个性化需求，在设计卧室空间及定制家具时需要考虑的要素有空间布局、色彩与照明、家具设计、装饰及个性化需求等。

10.1.1 空间布局与规划

1. 卧室的空间需求

卧室最主要的功能是休息和睡觉，因此，床的位置和舒适度是设计的重点。一般来说，床头应靠墙，避免空旷，增加住户的安全感。同时，床的摆放应考虑到采光和通风，通常放在靠近窗户的地方。同时，卧室还需要满足更衣与梳妆的功能，而这两个功能通常需要设置衣柜和梳妆台。衣柜的位置应便于衣物存放和取用，梳妆台则应放在方便梳妆打扮的地方。

不同年龄段和性别的家庭成员可能有不同的需求。孩子可能需要更多的玩具和书籍的存储空间，而成人可能需要储存大量的衣物、鞋子、床上用品等。在设计时，应充分考虑储物空间的需求，合理规划衣柜、抽屉等储物设施的位置和大小。在设计时，应做好设计前的调研，结合专业知识设计出符合使用者生活习惯的家具，比如身高不同的人在梳妆时对梳妆台的尺寸要求不同，且不同的人有不同的操作习

图10-1　卧室设计

惯，这些都应该是设计师在设计时考虑的问题，要想提高客户对于设计的满意度就需要尽可能多地了解细节（图10-1）。

除了以上对于家具尺寸及布局的要求，照明是卧室设计中非常重要的一环。除了基本的照明外，还可能需要设置阅读灯、化妆灯等。照明设计应考虑光线柔和、均匀，避免刺眼，要考虑不同年龄段及性别的住户对于照明强度及照明区域的要求，不仅要考虑客户的实际性需求，更要结合专业的照明知识，不能一味地满足客户的要求而忽略规范要求，造成不必要的资源浪费，不仅增加设计成本，也会影响客户在入住后的体验（表10-1）。

表10-1　住宅建筑照明的照度标准值

类别		参考平面及其高度	照度标准值/lx		
			低	中	高
起居室、卧室	一般活动区	0.75m水平面	20	30	50
	书写、阅读	0.75m水平面	150	200	300
	床头阅读	0.75m水平面	75	100	150
	精细作业	0.75m水平面	200	300	500
餐厅或方厅、厨房		0.75m水平面	20	30	50
卫生间		0.75m水平面	10	15	20
楼梯间		地面	5	10	15

★小贴士★

卧室的主要功能是睡眠和休息，人们每天在卧室中停留的时间超过8小时，也就是说在卧室中停留的时间超过一个人寿命总时间的1/3。

为了人们在卧室中得到更充分的休息和放松，在设计时可以考虑加入一些装饰元素，如墙画、窗帘、地毯等。卧室的设计还需要考虑到健康与舒适的需求。例如，床垫的选择、室内空气质量、隔声效果等，这些因素都会影响到居住者的生活质量。

卧室空间需求是一个综合考虑的过程，需要考虑到功能需求、个性化需求等多个方面。只有充分满足这些需求，才能设计出一个既实用又美观的卧室空间。

2. 家具布局

不同面积卧室的平面布置方案取决于房间的大小和形状。卧室面积以10~20m^{2}为宜，最佳面积一般为15~18m^2，理想的长宽比例一般为4：3，比如4.8m × 3.6m。因为这个尺寸比较好布置家具，也比较符合建筑常见跨度。根据《住宅设计规范》，卧室之间不应穿越，卧室应该能直接采光、自然通风，并且使用面积不应小于这些面积：

1）双人卧室一般为9m^2。

2）单人卧室一般为5m^2。

3）兼起居的卧室一般为12m^2。

卧室、起居室或者是起居厅的室内净高一般不低于2.4m，局部净高不低于2.1m，使用面积不应大于室内使用面积的1/3。

（1）小型卧室（小于$10m^2$）

1）床靠墙摆放：将床头靠墙摆放，可以节省空间，并使房间看起来更加整洁。床的一侧可以放置一个床头柜，用于放置杂物和灯具。

2）衣柜嵌入墙壁：如果房间有足够的墙壁空间，可以考虑将衣柜嵌入墙壁中，这样可以节省空间，并使房间看起来更加整洁。

3）多功能家具：为了使空间利用率最大化，可以考虑使用多功能家具，如床下储物柜、沙发床等。

小型卧室设计如图10-2所示。

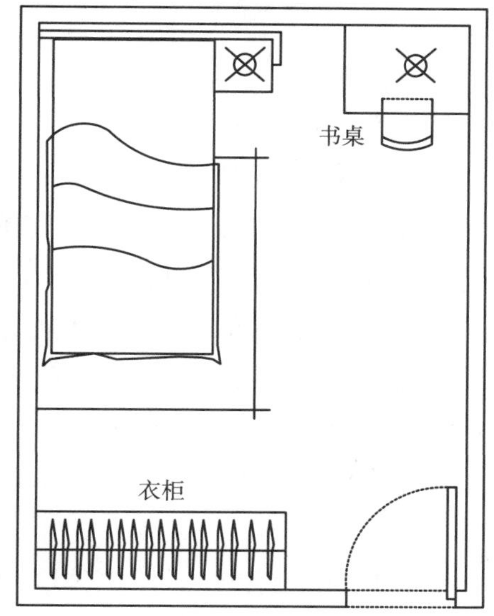

图10-2　小型卧室设计

（2）中型卧室（10~$20m^2$）

1）床居中摆放：将床放置在房间中央，两侧留出空间可以放置床头柜、衣柜等家具。这样可以提高空间的利用率，并使房间看起来更加宽敞。

2）衣柜独立摆放：衣柜可以独立放在房间的角落或靠墙的位置，以使空间利用率最大化。

3）加入储物空间：在房间的角落或靠墙的位置可以加入储物空间，如壁橱或嵌入式储物柜，以增加储物空间。

中型卧室设计如图10-3所示。

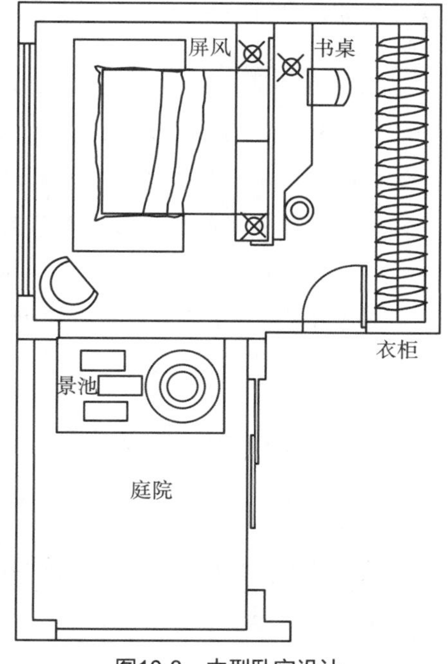

图10-3　中型卧室设计

（3）大型卧室（大于$20m^2$）

1）功能分区：大型卧室可以根据需求进行功能分区，如阅读区、休息区、工作区等，这样可以提高空间的利用率，并使房间看起来更加舒适和宽敞。

2）加入多个储物单元：大型卧室可以加入多个储物单元，如多个衣柜、书架等，以满足储物需求。

3）床头柜和梳妆台：大型卧室可以加入床头柜和梳妆台等家具，以满足使用需求。

4）其他个性化区域定制：根据使用者的职业需求或个人爱好对卧室的功能进行个性化的定制，如衣帽间、工作间等。

★小贴士★

需要注意的是，卧室空间的具体布置还需要根据个人喜好和房间的具体情况进行调整。在选择家具或定制家具时，应该根据房间的大小和形状进行选择，以确保房间的空间利用率和舒适度（图10-4）。

图10-4　卧室设计

3. 开放与封闭空间

在卧室设计中，开放与封闭空间的处理非常重要。这不仅影响空间的使用功能，还与居住者的心理感受密切相关。

（1）开放空间　开放空间强调与周围环境的交流和融合，注重室内外景观的渗透，扩大视野。这种设计方式能提供更多的自然光线和通风，使卧室更加明亮、透气。同时，开敞设计也增加了空间的流动性和趣味性，使居住者感到开朗、活跃、愉悦。对于需要更多储物空间的家庭，可以将床下空间、衣柜上方空间等设置为开放式，便于存取物品。

（2）封闭空间　封闭空间则用较高围护实体包围起来，具有较强的私密性和领域感。这种设计方式有利于隔绝外来的各种干扰，为居住者提供一个安静、舒适的休息环境。封闭空间通常用于设置床铺、衣柜、梳妆台等主要家具，确保其功能性不受影响。

★小贴士★

此外，还可以通过软隔断、玻璃门、窗帘等方式实现空间的半开放或半封闭设计，以满足不同的个性化需求。这样的设计既能保证卧室的基本功能需求得到满足，又能根据居住者的生活习惯和喜好进行灵活调整，使空间更加人性化。

卧室的开放与封闭空间应根据居住者的实际需求和个性化偏好进行合理规划，以达到既美观又实用的效果。

10.1.2　色彩与照明设计

1. 色彩选择

卧室空间的色彩选择会对人的心理感受产生影响，这在心理学和色彩心理学中有深入的研究。根据这些知识分析不同颜色在卧室中可能带来的心理感受，以及最合适的颜色选择。

（1）蓝色和绿色　卧室的颜色选择对于促进睡眠和身心放松非常重要。比如具有镇静作用的蓝色，可以降低心率和血压，有助于放松身心。它还能消除紧张感，缓解头痛、失眠等症状。因此，将蓝色作为卧室的主色调是一个不错的选择。绿色是自然的颜色，能够让人感到平静和舒适。它有助于减轻压力，促进身心放松。在卧室中使用绿色可以让人感到清新和愉悦。

（2）米色和浅灰色　这些中性色调的色彩柔和、简约，有助于营造轻松的睡眠氛围。它们不会过于刺激视觉，有助于减少焦虑和压力。

（3）淡粉色和淡紫色　这些柔和的颜色可以带来放松和安宁的感觉。它们通常被认为是浪漫和女性化的颜色，但也可以用于创造温馨和舒适的睡眠环境（图10-5）。

图10-5　柔和颜色卧室设计

每个人对于颜色的反应都是不同的，因此在选择卧室颜色时，应该考虑个人的偏好和需求。此外，颜色的饱和度和亮度也会影响其效果，因此建议选择柔和、自然的色调，避免过于鲜艳或刺眼的颜色。比如，红色容易使人产生紧张和焦虑的感觉，在需要休息和恢复精力的卧室环境中，红色通常不是一个好选择。蓝色、绿色、米色、浅灰色以及柔和的粉色和紫色都是适合卧室使用的颜色，它们能够促进睡眠和身心放松。

不同的人的品位和情感需求都是独特的，在选择卧室颜色时还需要考虑个人的偏好，可以结合个人的喜好和房间的整体风格进行搭配。有些人可能更喜欢暖色调的温馨感，而另一些人可能更喜欢冷色调的清新感。最终的目的是要创造出一个使人感到舒适和放松的休息空间。所以，最合适的颜色可能是那些能够满足个人情感需求的颜色。同时，还需要考虑房间的采光和整个房间的装饰风格来最终确定颜色方案。

2. 照明层次

在考虑卧室照明分配时，需要综合考虑整体照明、局部照明和装饰照明三个层次。

（1）整体照明　整体照明主要用于照亮整个卧室空间，提供基础照明。可以选择吸顶灯或吊灯作为主光源，安装在床尾的顶棚上，避开直接进入视线的位置。为了营造放松的氛围，可以选择暖色系的光，如暖白光或自然光，同时根据个人喜好选择合适的色温。整体照明的亮度应足够满足日常需求，但不宜过亮，以免影响睡眠质量。

（2）局部照明　局部照明主要用于特定区域的照明，如床头柜、化妆台、衣柜等。床头的局部照明主要满足人们在床上进行基础活动，如阅读、玩手机等，因此不宜过亮，出光要柔和。化妆台和衣柜的局部照明则要足够明亮，方便使用。局部照明可以通过设置台灯、地灯、灯带等来实现，根据个人需求和空间布局进行调整。

（3）装饰照明　装饰照明主要是为了营造温馨、舒适的氛围，提升居住品质。可以选择嵌入式的LED灯带、台灯、吊灯或装饰灯具等。装饰照明可以根据个人喜好进行选择，但要注意与整体装修风格的协调统一。

此外，为了实现更加合理的照明分配，可以考虑以下建议。

1）调光功能：在卧室中安装调光开关或选择可调光的灯具，可以根据需要调整灯光的亮度，以适应不同的场景和需求。

2）功能需求：根据卧室的功能需求确定所需的灯光布局。例如，如果有一个化妆台或工作区域，可能需要更明亮的局部照明来提供足够的光线。

3）布局与美观：在考虑照明分配时，还需考虑灯具的布局与美观。灯具的外观应与整体装修风格相协调，同时灯具的摆放位置也要合理，避免出现眩光等问题。

4）节能环保：在选择灯具时，应优先采用节能环保的产品，如LED灯等，以降低能耗和保护环境。

合理的卧室照明分配需要综合考虑整体照明、局部照明和装饰照明三个层次，并注意调光功能、功能需求、布局与美观、节能环保等方面的问题。

3. 光线与氛围

在我们的日常生活中，卧室是重要的私人空间，它需要提供一个舒适、宁静的环境，让人们能够放松身心，恢复精力，而光线和氛围是塑造卧室舒适度的关键因素。关于如何通过合理利用光线和调整氛围来提高卧室舒适度，下面一些规范和建议以供参考。

（1）光线

1）合理利用自然光。将床头设置在靠近窗户的位置，合理利用清晨的阳光替代闹钟唤醒功能，利用阳光唤醒能够减轻人对闹钟的依赖性，也对身体和心理健康有一定的好处。在选择窗帘或者百叶帘时，根据使用者对自然光的需求，选择不同遮光程度的窗帘，以便适用使用者在不同使用需求下的遮光需求。

2）人工照明选择。在卧室的照明选择上，暖色调的灯光作为主要选择，避免使用让人感到刺眼和不适的强白光，以创造温馨的氛围。卧室照明选择吸顶灯为主，再根据个人需求配以局部的重点照明，比如床头灯光用来读书，可以安装可调整角度及亮度的台灯或壁灯，这样可以根据不同的需求或心情调整光的角度和强度。随着时代发展，无主灯照明成了现在卧室照明的首选，无主灯设计使用线条灯、筒灯等灯具，通过合理布局达到卧室的照明需求，不仅避免了直接进入视线的刺眼灯光，也在一定程度上增加了美感，降低了成本。

（2）氛围　空间氛围设计是营造舒适卧室的关键要素之一，一个好的空间氛围能够让人放松身心，提高睡眠质量，增强生活品质。设计卧室空间氛围可以从色彩搭配、家具与装饰、植物点缀三方面入手。

1）色彩搭配。墙壁和床单等主要元素的色调应与个人的偏好相匹配，并有助于促进休息。一般来说，中性或柔和的色调更为适合。

2）家具与装饰。精简卧室的家具和装饰，以突出空间的开阔感。每个元素都应该有其存在的目的和功能。避免过多的杂物，以免干扰空间的宁静氛围。

3）植物点缀。考虑在卧室放置小型植物或花卉，以增添生气和自然感。但要注意植物的养护，以免产生不便或异味。

除了保证卧室空间的照明和氛围外，还有一些其他的注意事项来保证人在卧室空间的舒适性，比如良好的通风、安静的环境，必要时安装空气循环系统也有助于提高舒适度，并降低室内的污染物浓度，此外应该尽可能减少外部噪声的干扰，如使用隔声材料、选择合适的窗框密封条等。同时，卧室内部的声音设备（如空调、风扇等）应选择低噪声型号。

10.1.3 家具选择与细节设计

1. 家具选择

卧室作为人们休憩的港湾，其家具的选择对于营造一种舒适、宁静的氛围有着举足轻重的作用。每一件家具都如同卧室中的音符，共同编织出宁静与安逸的旋律。对于卧室家具的选择和定制，要从以下方面去考虑。

（1）卧室中不同功能家具的选择　床是卧室的核心家具，应选择符合人体工程学、舒适度高的床架和床垫。床架的材质可以根据个人喜好选择木质、金属、布艺等，而床垫则应选择软硬适中的款式，以提供良好的支撑。储物空间的设计及衣柜的选择。在选择衣柜时，应考虑其外观风格、储物空间和实用性。根据卧室大小和布局进行选择，在较小的卧室空间中可以选择整体衣柜或者独立式衣柜，在空间较为宽敞的卧室中可以考虑设计专用的储物空间，如衣帽间，更能满足使用者的个性化需求，同时应考虑使用者的性别、穿衣风格、收纳习惯，通过了解到的信息设计衣柜及储物柜的细节。最后是卧室空间中的其他家具。根据个人需求，可以选择其他实用的卧室家具，对于其他家具的定制和选择，主要参考使用者的个性化需求，需要满足的功能如看书、化妆、其他工作及生活需求，而这些家具应注重实用性和风格协调性。

（2）卧室家具的材质与颜色　在选择卧室家具时，应考虑材质和颜色对空间氛围的影响。选择环保、质量可靠的家具，有助于保障住户的健康和安全。避免选择含有害物质的家具，如甲醛等。同时，也要注意家具的耐用性和稳定性。卧室中使用木质家具能带给人温馨、自然的感觉，金属和玻璃家具则显得简约、现代。在颜色方面，可以选择中性或暖色调的家具，营造出舒适、宁静的氛围。

（3）卧室中家具的尺寸与布局　在选择家具时，应考虑卧室的尺寸和布局。合理规划家具的摆放位置，确保空间流通，不影响日常行动。同时，也要注意预留足够的储物空间和活动空间。

总之，在选择定制卧室家具时，应注重实用性和风格协调性，同时考虑材质、颜色、尺寸和布局等因素。合理的家具选择能够营造出舒适、宁静的卧室氛围，提高生活品质。

2. 细节考虑

定制家具的细节设计，无疑是提升整体美观度与实用性的关键所在。每一件家具都如同一幅精心绘制的画卷，细节之处，方能彰显其独特魅力与匠心独运。以下便是一些关于定制家具细节设计的建议。

（1）收纳设计　合理规划收纳空间，根据使用需求进行分类设计。例如，衣柜可以设置挂衣区、抽屉区、叠放区等，床头柜可以设置抽屉、开放格等，以便于收纳常用物品。

（2）人性化设计　考虑使用者的习惯和需求，进行人性化设计。例如，床头柜可以设计成可调节高度的款式，方便使用者放置物品；衣柜内部可以设置可调节的挂衣架，以适应不同长度的衣物。

（3）材质选择　选择合适的材质，如木质、金属、玻璃等，以符合整体家居风格。同时，也要考虑材质的耐用性和易清洁性。

（4）色彩搭配　针对不同风格选择与主体风格相协调的颜色，注重颜色搭配，选择与整体家居风格相协调的颜色。暖色调可以营造温馨的氛围，冷色调则显得简约、现代；此外，还可以通过颜色对比来增加层次感。根据不同人群的喜好来选择不同的配色，由于不同年龄段人群对于色彩的敏感度不同，设计师要在设计前期了解家庭成员构成，对于同时拥有儿童和老人的家庭要重视色彩的设计（图10-6）。在张英慧《育幼结合养老建筑空间设计研究》一文中提到：老年群体随着生理机能产生不同程度的退化，晶体成像相较正常人泛黄，在长时间接触明度小、饱和度低的颜色会产生注意衰减和心理抵触，色彩鲜明且具有活力的高饱和度浅色调可以一定程度地调节老年人的心理变化。在同时拥有老幼人群的家庭中，幼儿正处于智力和心理成长的关键时期，对生活中的鲜明色彩有着强烈的亲切感和好奇心。根据研究表明，儿童在色彩鲜明、颜色丰富的环境中成长更加有利于其心理和生理发育。因此在卧室空间设计和家具定制时，应该多布置欢快而又鲜明的高饱和度浅色调装饰色彩，如草绿、海蓝、橙黄、樱粉等。

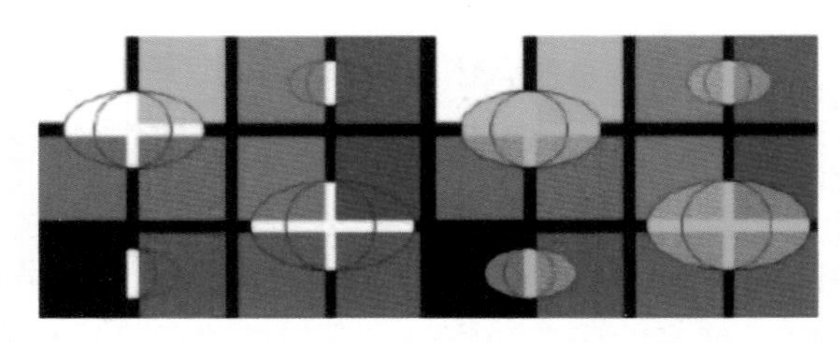

图10-6　儿童（左）与老年人（右）视觉辩色对比图

定制家具的细节设计应注重人性化、实用性、美观度和环保质量等方面。通过合理的规划、材质选择和颜色搭配等方面的考虑，可以打造出既美观又实用的定制家具，提升整体家居的品质。

10.1.4　卧室空间的设计原则

1. 功能性

任何一个空间，其最根本的价值在于满足人们的基本需求。卧室作为居室中的一部分，它的主要功能是为使用者提供安静的休息和高质量的睡眠空间。这个空间可以极简至仅有一张床，满足最基本的休息需求。然而，当人们希望在卧室中实现更多功能，追求更高的隐私和舒适度时，一个独立的空间便显得尤为重要。这个独立的空间便是我们所说的卧室。它不仅仅是一个物理上的界定，更是心灵的避风港，给予人们温暖和安慰。

在设计卧室空间时，要考虑以下两点。

1）根据卧室的大小和形状，合理规划空间布局，确保床、衣柜、梳妆台等家具摆放得当，满足居住者的生活需求。

2）考虑使用者的个性化需求，这一点尤为重要，在设计前期设计师要与这一空间的主要使用者进行充分的沟通，这一过程要更细致地了解使用者，甚至于他们的生活习惯及爱好、职业，如果他是一名时尚穿搭博主，设计师在设计时便要考虑衣物的收纳和整理，设置足够的衣柜和抽屉。

2. 美观性

卧室空间的美观性是指设计在视觉上能够带给人的愉悦感和审美体验。要实现这种美观性，必须综合考虑多个方面。

1）色彩搭配是关键，选择柔和的色调如米色、灰色、浅蓝色等能营造出温馨、舒适的氛围，而床作为卧室的核心家具，其款式和大小应与整体风格相协调。

2）灯光设计也是不可忽视的一环，选择柔和的照明方式并设置多个光源，能为卧室增添层次感和温馨感。

3）合理的空间布局能确保空间的流畅性和通透性，扩大视觉效果。

4）通过摆放一些与整体风格相协调的装饰品，可以增添个性化和艺术感。

通过综合考虑这些因素，可以实现卧室空间的美观性，创造出一个既美观又舒适的休息空间。

3. 整体性

卧室空间的设计要考虑整体性，要与整体的装修风格相协调，形成一个和谐统一的整体，在确定设计风格后要确保卧室内的家具、装饰和色彩等元素与硬装设计统一，形成整体的美感（图10-7）。

图10-7 卧室空间设计

卧室布局要考虑整体性。在视觉上，床是卧室的中心，其他家具应该围绕床进行合理的布局安排，在考虑不同功能区域的使用要求的同时也要考虑使用者的生活习惯。

在设计过程中，应综合考虑功能性、美观性和整体性，将三者有机地结合在一起，创造出一个既实用又美观的卧室空间。

10.1.5 技术与智能化元素

卧室家居中的技术集成，即智能家居，是一个集成了许多先进技术的系统。智能家居的一些主要组成部分有智能照明、智能环境、智能窗帘、智能音乐、智能控制中心等。

智能控制中心：可以设置一个智能控制中心来集中控制所有的智能家居设备，通过手机应用或语音助手来进行控制。智能控制中心包含智能照明、智能窗帘、智能床、智能音箱、智能空调等设备。智能控制中心可以根据用户的个性需求进行设计，比如智能音箱可以使用手机来控制音乐的播放与暂停，能够随时随地满足音乐爱好者的需求；再比如智能空调、智能空气净化系统、智能浴室，都可以通过手机端远程操控，提前将房间内通过控制空调，净化系统等达到舒适的室内温度和合格的空气质量。

对于智能窗帘的选购，从电机种类、供电方式、控制方式和智能功能四个方面为大家介绍一些选购方面的技巧，比如智能窗帘的供电方式分为两种，一种是电源插座，这种方式适用于在窗帘附近提前预留插座的设计；另一种是锂电池，可以满足一些在设计时没有提前预留电源的情况，能够通过这种方式满足安装智能窗帘的需求（图10-8）。

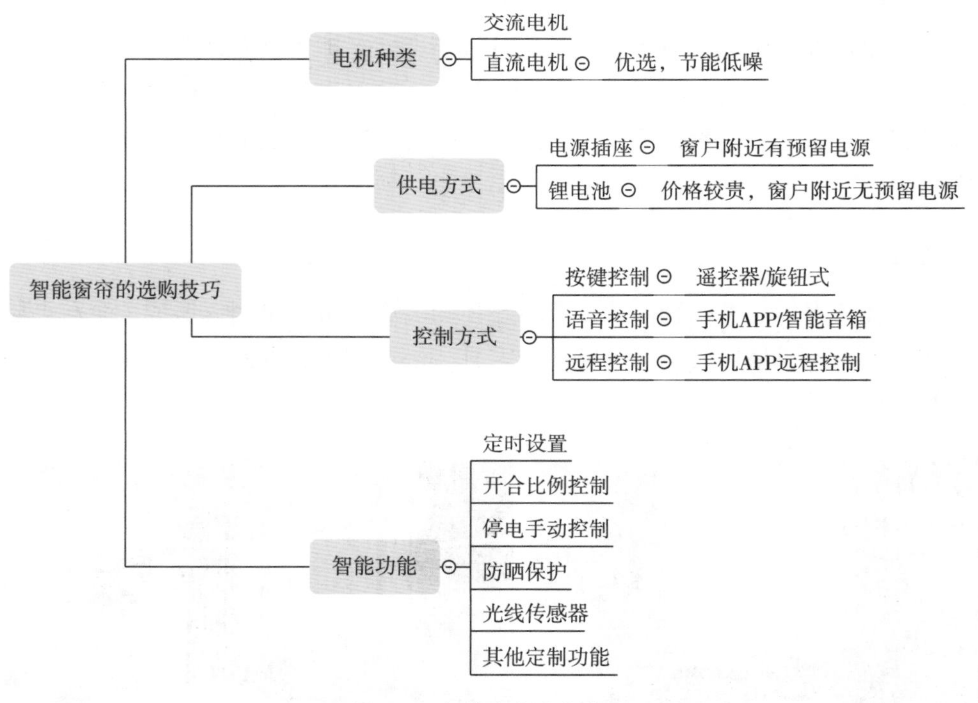

图10-8 智能窗帘选购技巧

智能家居可以实现自动化、智能化、舒适化和节能化的生活方式，提高人们的生活质量和幸福感。智能家居设备能够给人们的生活带来许多便利和舒适。

1）便利性：智能家居设备可以通过手机应用、语音助手等方式进行远程控制，方便用户随时随地管理家居设备。

2）节能环保：智能家居设备可以根据实际需求自动调节能源消耗，达到节能环保的效果。

3）安全性：智能家居设备可以提供安防监控、火灾报警等功能，保障家庭安全。

智能家居在为人类的生活提供便利的同时也存在不足：首先智能家居设备通常价格较高，对于一些用户来说可能难以承受。其次是用户体验问题，由于现阶段的部分智能家居设备发展不足，可能存在操作复杂、使用不便等问题，影响用户体验（图10-9）。

图10-9　智能家居系统

智能家居设备可以提高生活的便利性和舒适性，但需要在购买和使用时充分考虑自身需求和实际情况，并注意安全和隐私保护等问题。

10.2　卧室定制家具设计

10.2.1　定制家具设计的必要性

1. 满足空间的功能需求

卧室空间定制家具的必要性主要体现在满足个性化需求、提高空间利用率和可持续设计。

（1）满足个性化需求　每个人的生活习惯和喜好都不同，传统成品家具很难完全满足个性化需求。通过定制家具，可以根据个人的生活习惯、身高、体重等因素进行量身定制，提供最适合的家具设计和功能配置，提高生活的便利性和舒适性。定制家具通常采用高品质的材料和工艺，不仅满足实用性需求，还可以作为装饰品提升卧室的品质和格调。同时，定制家具的设计和制作过程也可以成为一种个性化的体验，增加生活的乐趣和满足感。

（2）提高空间利用率　定制家具可以根据卧室的尺寸和布局进行设计，充分利用每一寸空间，提高空间利用率，并且根据实际需求设计的家具更能满足各种功能需求。例如，定制衣柜可以做到顶，充分利用垂直空间，增加储物能力；定制床架可以设计成嵌入式，减少占用空间，使卧室更加整洁、有序。

（3）可持续设计　定制家具采用的材料通常是环保可持续的，符合现代人绿色低碳的生活理念。同时，定制家具的制作过程也更加节能、高效，减少了资源浪费。

卧室空间定制家具能够更好地满足个性化需求，提高空间利用率和功能需求，提升附加值，同时也符合环保可持续的生活理念。在当今社会，定制家具已经成为一种趋势和潮流。

2. 定制家具和成品家具的区别

定制家具和成品家具各有千秋，它们之间的主要区别在于以下几个方面。

1）定制家具具有高度的空间灵活性，能够根据特定空间的需求进行量身定做，而成品家具的尺寸和设计是固定的，可能无法完全适应特殊空间需求。

2）定制家具能够满足消费者个性化的需求，可以根据个人品位和需求进行定制，实现个性化设计，而成品家具可能无法完全满足这些个性化需求。

3）价格也是两者之间的一大区别，定制家具通常需要额外支付定制费用，价格相对较高，而成品家具则通常价格较为稳定，且可选范围广泛。

4）定制家具的制作周期相对较长，需要时间进行设计和制作，而成品家具则通常已经制作完成，可以直接使用。

5）定制家具可以选择各种优质材料，并且可以定制特殊工艺，质量可以得到更好的控制，而成品家具则可能受到材料和工艺的限制，质量和性能可能与定制家具有所不同。

综上所述，定制家具和成品家具各有优劣，选择哪种更适合，需要根据个人需求和预算进行综合考虑。

10.2.2 定制家具设计的种类

1. 床

床在家居生活中扮演的角色是不可替代的，除了塑造美感，床最重要的功能是满足人的睡眠需求。对于床的定制需求有以下几方面。

（1）尺寸　根据房间大小和个人的需求，选择合适的床的尺寸。床的长度通常为1.9~2m，宽度通常为1.2~1.5m。如果房间空间较大，可以选择加大尺寸的床，但要注意床尾和墙之间的距离，至少需要留出600mm宽的通道。

（2）材料　床的材料应该选择环保、无异味的材料，例如实木、中纤板等。同时，材料的质量也要注意，要选择厚实、坚固的材料，以保证床的稳定性和使用寿命。

（3）结构以及配件　床的结构及配件应简单、稳固，四个腿要粗壮、平直，与床面的连接要牢固。床板应该选择用多层板或实木条拼接而成，不要选择用薄板或细木工板拼接的床板，因为这种床板容易断裂或变形。床的配件包括床头板、床尾板、床沿板等，这些配件应该与床的整体风格协调一致，同时也要注意配件的质量和稳固性。

（4）舒适度　床的舒适度是选择床的重要因素之一，床垫应该选择符合人体工程学的、软硬适中的垫子，能够贴合人体曲线，提供更好的支撑。同时，床上用品也要选择舒适、柔软的材质，以保证睡眠质量。

（5）安全性　床的安全性也是需要注意的因素之一，床的边角应该选择圆润的设计，避免磕碰到人。同时，也要注意床的承重能力，避免过重的人或物品压在床上，导致床的损坏或倾斜。

选择一张合适的定制家具床需要注意多方面的因素，包括尺寸、材料、结构、配件、舒适度和安全性等。在选择时应该根据个人的需求和预算进行综合考虑，选择适合自己的床。

2. 衣柜

在选择定制衣柜时，首先，要根据房间大小和形状进行量身定做，充分利用空间。其次，选择环保、无异味的材料，例如实木、中纤板等。根据个人需求和使用习惯定制内部功能和配件，如抽屉、挂杆、衣架等。最后，选择有良好售后服务的定制厂家，以保证售后服务的保障。

（1）定制衣柜的优点

1）定制衣柜可以将空间利用最大化，定制衣柜能够根据房间大小和形状进行量身定做，充分利用空间，提高收纳效率。

2）个性化设计，定制衣柜可以根据个人喜好和风格进行外观定制，满足个性化需求。

3）定制衣柜的材料和配件可选择更高质量的材料和配件，可保证衣柜的耐久性和使用寿命。

4）实用性和方便性，卧室定制衣柜可以根据个人需求和使用习惯定制内部功能和配件，如抽屉、挂杆、衣架等，更加实用和方便（图10-10）。

图10-10　定制衣柜

（2）定制衣柜的缺点

1）价格较高，需要额外支付定制费用。

2）制作周期较长，需要时间进行设计和制作。

3）售后服务有限，定制衣柜的售后服务相对不如成品衣柜，需要注意选择可靠的定制厂家。

3. 书桌与书柜

在定制卧室空间的家具时，在满足卧室的休息和睡眠的基本要求的同时，也要考虑个性化设计，比如书桌、书柜、化妆台设计时需要考虑其风格、空间利用、功能需求等因素。

1）书桌、书柜、梳妆台等个性化的定制家具的风格应该与整个卧室的风格相统一，避免出现过于突兀或不协调的情况。在定制这些家具时，需要根据房间的大小和形状进行合理的设计，充分利用空间，提高整体收纳和存储能力。

2）根据个人的使用习惯和需求，考虑书桌、书柜的布局和梳妆台的尺寸，以及抽屉、柜门等配件的开关方式和承重能力。选择优质的材料，保证家具的稳固性和使用寿命，也要注意材料的环保性，避免甲醛等有害物质的释放。

3）书桌、书柜、梳妆台等家具的颜色应该与整个卧室的色调相协调，同时也可以通过颜色来提升空间的层次感和舒适度。

4）细节的处理不能忽略，合理配置照明设备，如台灯、吊灯等，以满足不同使用场景的需求，提高使用舒适度和视觉效果。边角、封边、五金件等配件的选择是定制家具最重要的部分，这些细节的处理不仅影响到家具的美观度，也影响到使用的舒适度和安全性。

在定制卧室空间的家具时，需要根据个人的需求和预算进行综合考虑，选择适合自己的方案。同时，也要注意材料质量、风格统一和细节处理等方面的问题，以保证最终效果的满意程度。

10.2.3 定制家具设计要点

1. 尺寸与比例

在实际的设计过程中，设计者需要根据卧室的主要功能及使用者对于卧室的个性化要求进行设计，卧室的主要功能及设计要点见表10-2。

表10-2 卧室主要功能及设计要点

主要功能	设计要点
休息、睡觉	（1）床的位置应靠近墙面，确保稳定感 （2）床头应设置柔软的靠背，有助于放松 （3）选用舒适的床垫和床上用品，提高睡眠质量 （4）确保卧室的遮光性，避免外界光线的干扰
储物	（1）利用衣柜、橱柜等家具，合理规划储物空间 （2）考虑衣物的分类存储，如悬挂、折叠、抽屉等 （3）考虑其他小物品的收纳，如鞋、包、饰品等
阅读、学习	（1）设置书桌和椅子，确保合适的工作空间 （2）提供足够的照明，如台灯，确保阅读舒适 （3）书架或书柜的设计，便于书籍的存放和取阅
化妆	（1）设置化妆台或梳妆台，配备适当的照明 （2）提供足够的空间放置化妆品、护肤品和首饰等 （3）可以考虑镜子的位置，方便化妆和打扮
其他	根据个人需求，考虑其他功能的添加，如音响设备、健身器材等，为这些设备或功能预留适当的空间和电源

2. 材料与质感

卧室是家居空间的重要组成部分，它不仅是人们休息和睡觉的地方，还承载着储物、阅读、化妆、更衣等多重功能。因此，卧室空间的设计需要考虑多个因素，包括空间大小、采光、通风、私密性、舒适度等。

（1）明确卧室的主要功能　如果主要功能是休息和睡觉，就要注重舒适度和私密性的设计；如果需要放置大量的衣物和杂物，就要考虑储物空间的合理规划。

（2）考虑卧室中人的感受　人体工程学原理在设计中起到了至关重要的作用，包括床铺、衣柜、梳妆台等家具的大小、高度、角度等，都需要根据使用者的生活习惯和人体需求来设计。

（3）注意色彩和材质的选择　卧室的色彩应以温馨、舒适为主，可以采用淡雅的色调或者暖色系；材质上则要考虑到触感、环保和耐用性。

3. 风格与设计

卧室定制家具的风格主要有以下几种：

（1）现代简约风格　这种风格以简单、清爽、明亮为特点，注重线条流畅、造型简单的家具设计，颜色以白色、灰色、黑色为主，配以少量明快的色彩，让整个空间更加简洁、明亮、干净（图10-11）。

（2）中式古典风格　中式古典风格以古朴、典雅、华丽为特点，注重对传统文化的传承和发扬光大，家具造型多样，以红木、紫檀等硬木为主要材料，颜色以红色、黄色、黑色为主，营造出古朴典雅的氛围。新中式是由中式古典风格演变而来的一种风格，备受年轻人喜爱。新中式风格的色调以深色系为主，如深红、深绿、深蓝等，营造出沉稳、内敛的氛围；同时，也可以适当加入白色、米色等浅色系，提升整体的明亮度。设计通常以简洁、明快为主，强调线条的流畅和造型的简洁。例如，床头柜、衣柜等家具可以采用直线条和简约的几何形状，展现出清新、现代的感觉。新中式风格的卧室布局设计要注重空间的层次感和立体感，可以适当采用中式园林的设计手法，如借景、隔景等，营造出幽静、雅致的氛围（图10-12）。

图10-11　现代简约风格家具

图10-12　中式古典风格家具

（3）现代轻奢风格　轻奢风格通常以米色、灰色、白色等中性色调为主，营造出

图10-13　现代轻奢风格家具

简约、低调的氛围。同时，也可以适当加入金色、黑色等金属色系，提升整体的质感。材质的选择对于轻奢风格的呈现非常重要。常见的材质包括木质、金属、玻璃等，这些材质不仅具有较好的质感和触感，还能够展现出轻奢风格的精致和时尚。轻奢风格的家具设计通常以简洁、流畅为主，强调线条的美感和细节的处理。例如，床头柜、衣柜等家具可以采用金属框架和玻璃面板的组合，展现出轻盈、通透的感觉。在轻奢风格的卧室中，可以适当加入一些装饰元素，如水晶吊灯、金属装饰画等，以提升整体的艺术感和品位。但要注意，装饰元素不宜过多，否则会破坏轻奢风格的简约感。轻奢风格的卧室布局设计要注重空间的开放性和通透感，可以适当采用开放式设计，如将衣柜、床头柜等与背景墙融为一体，营造出整体统一、和谐的效果（图10-13）。

以上是较为常见的卧室定制家具风格，每一种风格都有其独特的特点和魅力。在选择定制家具时，可以根据个人的喜好和家居的整体风格进行综合考虑，以达到最佳的视觉效果和使用体验。

4. 功能与细节

（1）卧室家具的摆放　在卧室家具的摆放有一定的要求，不仅要美观舒适，而且要符合人日常的行走动线。在摆放卧室家具时，有几种摆放方式可供参考。

1）首先确定床的位置。床的位置确定后，其他家具的摆放就可以围绕床来设计，这样可以确保整体布局的协调性和舒适性。

2）分组摆放。根据不同的使用需求，可以将家具分为几个组合进行摆放。例如，床头和床的一边可以紧挨着墙面摆放，而窗边可以放置书桌和椅子作为书房组。这样的分组摆放可以使空间看起来更加美观和紧凑。

3）对称摆放。对称摆放是一种常见的摆放方式，可以使家具看起来更加整齐和美观。例如，以床为中心，床头部分靠近墙面，与窗并排左右两边分别摆设衣柜和多层斗柜。

4）合理利用空间。对于小户型卧室，合理利用空间是非常重要的。可以选择与墙面相贴合的衣柜，以充分利用墙壁面积，避免占用过多空间。同时，还可以选择带有储物功能的家具、墙面储物柜等，以满足日常储物需求。

（2）定制家具的细节　在选择定制家具时，细节是决定定制家具成败的关键。

1）颜色与风格搭配是重要的因素之一，需要考虑定制家具的颜色、风格与整体卧室装修风格的搭配。相同或相近的颜色和风格可以营造更加统一和温馨的卧室氛围。

2）考虑生活习惯：家具的摆放应充分考虑个人的生活习惯和需求。例如，如果习惯于在床边阅读，那么床头柜上最好放置一盏台灯。在设计卧室的定制家具时，虽然要充分利用空间，但也要确保卧室中留有足够的活动空间，过于拥挤的空间可能会影响居住的舒适度。

3）卧室的照明：常常被忽略的一点是卧室的照明设计，除了整体的照明设计外，还应考虑局部的照明需求。例如，床头可以设置壁灯或台灯，便于阅读或化妆。

10.2.4 定制家具设计流程

定制家具可以根据个人的需求和喜好进行个性化设计，使家具更加符合使用者的生活习惯和需求。在卧室中，常见的定制家具包括床铺、衣柜、梳妆台等，定制家具的设计要考虑空间的大小、使用者的生活需求，满足使用者对卧室空间的个性化定制需求。整个设计流程大致为：测量空间大小、与业主协商确定风格和材料选择、制定设计方案、确定设计方案、确定物料、工厂生产、上门安装。在家具定制完成上门安装后，还会有后续的售后服务环节。在确定风格及材料的工程中还有很多细节需要设计师与业主进行多次沟通，为了提供给业主更满意的服务，设计师要详细了解业主及每一位家庭成员的生活习惯及其他特殊的需求，尤其是有特殊人群或者老人小孩的家庭，以便为其提供更契合的设计方案。

10.3 国内外设计案例与分析

10.3.1 国内设计案例与分析

1）项目地点：中国浙江。

2）设计理念：寻找与业主灵魂相契合的设计风格，在细节设计中，充分考虑基本功能的同时满足每个家庭成员的个性化需求。

3）设计分析：2+1的家庭结构，孩子的爷爷奶奶在同一小区拥有自己的住房，且业主没有二胎计划，于是这套回迁房就顺应小夫妻的需求，打造成一个充满禅意，且集齐兴趣爱好的家。原始的房屋布局中有三个卧室空间，其中次卧作为宝宝的卧室，但考虑宝宝尚小，在宝宝可以独立使用卧室之前，次卧作为了禅意空间，在设计时顶地墙通铺微水泥，让整个空间自带温润属性。喝茶是业主夫妻的一大爱好，因为没有二胎的需要，所以拿出一个房间装修成茶室（图10-14），既满足了业主需求，又充分利用了空间。整体风格是黑色与木色、白色的搭配，卧室空间以杏色微水泥和木色饰面结合的设计，在阳光的浸润下变得温柔无比。

4）亮点：主卧中的床头，一侧将原始飘窗台拆除后保留15cm的抬高，铺上木饰面就形成了地台，晒太阳、陪宝宝玩耍都很舒服；另一侧的床头是现场打造的梳妆台及艺术砖装饰墙，墙背后是主卧卫生间。客卧结合实际需求改成茶室，看似牺牲掉了卧室空间，实则增加了空间利用率和空间实用性（图10-15）。

图10-14　茶室空间设计

图10-15　国内项目卧室空间设计

10.3.2　国外设计案例与分析

1）项目地点：日本东京。

2）设计理念：这幢建筑原本是一个4层的办公楼，业主买下后，决定将这里打造成他们永远的家。原住宅的设计理念旨在让屋主人亲自建造，而不是依赖专业的建筑工人，因此，整个建筑都尽可能地遵循了DIY的理念，“途中的家”这个名字便代表了其独一无二的改造过程。

3）设计分析：业主是一对20岁出头的已婚夫妇，在他们第一次与设计师会面时就很清楚地表达了自己的诉求，对他们来说，最重要的是用自己的双手建造他们梦想中的房子，而不仅仅是等待最终的完工成果。只有这样才能为这栋住宅带来充满满足感和回忆感的氛围。对于设计团队来说，屋主人的这种勇敢且不同寻常的理念是一次非常难得的机会，让他们能够实验此类改造项目，能够在DIY的方向上进行尝试。

4）亮点：在这个不同寻常的项目过程中，设计师所承担的角色必须从一开始就公开说清楚，以免将来产生误解。工作室的主要任务是设计一个尽可能开放和灵活的平面布局，以迎合空间DIY的特点（图10-16）。

图10-16　国外项目卧室空间设计

5）挑战：在本设计案例中，设计方的首要任务是确保空间布局既合理又高效，同时各个空间之间的衔接需与业主的生活习惯相契合。这要求设计师不仅具备深厚的专业能力，还需将空间的平面布局设计得既开放又灵活，从而赋予业主最大限度的自由发挥空间。通过实现DIY的设计特点，业主能够根据个人喜好和需求轻松调整空间布置。这无疑是对设计方在平面布局方面专业能力的极大考验，也是对其设计理念和创新思维的全面挑战。因此，设计方需凭借丰富的经验和精湛的技能，为业主打造一个既实用又个性化的生活与工作环境。

10.3.3 案例比较与思考

1. 国内外对于卧室空间设计与家具定制的文化影响

家具定制在不同文化背景下受到的影响各有不同。中国拥有深厚的传统文化，在家具定制方面也受到了影响。例如，传统的“家本位”思想强调家庭的和谐与秩序，因此在家具设计中更加强调实用性、舒适性和对称性。中国的家具定制也受到地域特色的影响。例如，北方的家具设计常常强调粗犷、豪放的特点，而南方的家具则更注重细腻、精美的风格。中国是一个多民族的国家，不同民族的文化习俗也影响了家具定制。例如，藏族地区的家具常常采用佛教图案，而苗族地区的家具则常见带有民族图案的雕刻。

而在许多西方国家，简约主义成为现代家具定制的主流风格。这种风格强调简约、流畅、舒适和实用性，追求功能与形式的统一。在北欧国家，家具定制受到自然主义的影响，强调与自然的和谐统一。因此，在家具设计中常常采用天然材料，如木材、竹子等，并注重简洁的线条和流畅的造型。在一些工业国家，如德国和瑞典，家具定制更加强调工艺和功能。这种风格在家具设计中常常采用金属、玻璃等现代材料，并注重细节的处理和工艺的精湛。

2. 技术应用

卧室空间设计与家具定制中的技术应用广泛且深入，它们不仅提高了设计的效率，还大大提升了居住者的生活体验。

设计师可以利用3D建模软件创建卧室的三维模型，使客户能够更直观地预览设计效果。通过虚拟现实技术，客户可以身临其境地体验设计后的卧室空间，从而在设计阶段就能对最终效果有准确的预期。

人工智能可以帮助设计师更高效地进行设计，通过分析数据有针对性地进行个性化定制，也可以利用计算机算法对家具进行优化设计与布局，确保空间的最大化利用。

10.4 设计实践

10.4.1 现场勘测和测量

1. 勘测空间

在空间设计的开始阶段，现场勘测是不可或缺的一环，为更精确地获取空间尺寸，更是为了深入了解空间的格局、采光、通风等关键要素，为后续的设计工作打下坚实的基础。设计师在了解业主需求及项目的大概情况后需要前往项目所在地进行勘测，根据设计任务收集设计基础资料，包括观察了解项目所处的地理位置、自然环境、场地关系，并收集土建施工图及土建施工情况。

在进行现场勘测时，首先使用专业的测量工具对卧室的长、宽、高进行精确测量，并记录下门窗、暖气、空调等固定设施的位置和尺寸。同时，空间的结构特点如承重墙、横梁等的位置需要特别标注，以确保设计方案的可行性和安全性。

2. 采光及其他因素

设计师对卧室的采光和通风情况需要进行详细评估确保空间内的日照时间达到合格的标准。通过观察窗户的位置和大小，可以初步判断卧室的光照条件，进而在设计时合理布局灯光和家具，营造出舒适宜人的居住环境。同时，还需关注卧室的通风情况，避免在设计过程中出现通风不畅或气流死角等问题。

10.4.2　设计调研

1. 了解需求及爱好

设计调研是卧室空间设计与定制家具的关键环节，它涉及对用户需求、风格偏好、市场趋势等多方面的了解和分析。通过深入调研，可以更准确地把握设计方向，为用户打造出既实用又美观的卧室空间。

在调研过程中，设计师首先通过问卷、访谈等方式收集用户对卧室空间的需求和期望。关注用户的生活习惯、储物需求、娱乐需求等方面，以便在设计时充分满足用户的个性化需求。

同时，还需对市场上流行的卧室设计风格、材料、色彩等趋势进行深入了解。通过对比不同风格的特点和适用场景，可以为用户推荐最适合他们的设计风格。此外，还需关注新材料、新工艺的应用情况，以便在设计时采用更环保、更耐用的材料，提升卧室空间的品质和舒适度。

除了用户需求和市场趋势外，还需对卧室空间的功能布局、色彩搭配、灯光设计等方面进行深入研究。借鉴优秀的设计案例和经验，结合用户的实际需求，提出切实可行的设计方案。通过不断的优化和调整，力求为用户打造出既美观又实用的卧室空间（图10-17、图10-18）。

2. 个性化设计

在卧室空间设计及家具定制的过程中，个性化设计是满足不同人群、特别是特殊人群和特殊职业需求的关键（图10-19）。在设计初期除了要了解业主方的需求及偏好，提高用户满意度的关键点在于深入探讨这些个性化需求，并为设计师提供指导，以确保最终的设计方案既符合功能要求，又能体现居住者的个性和品位。

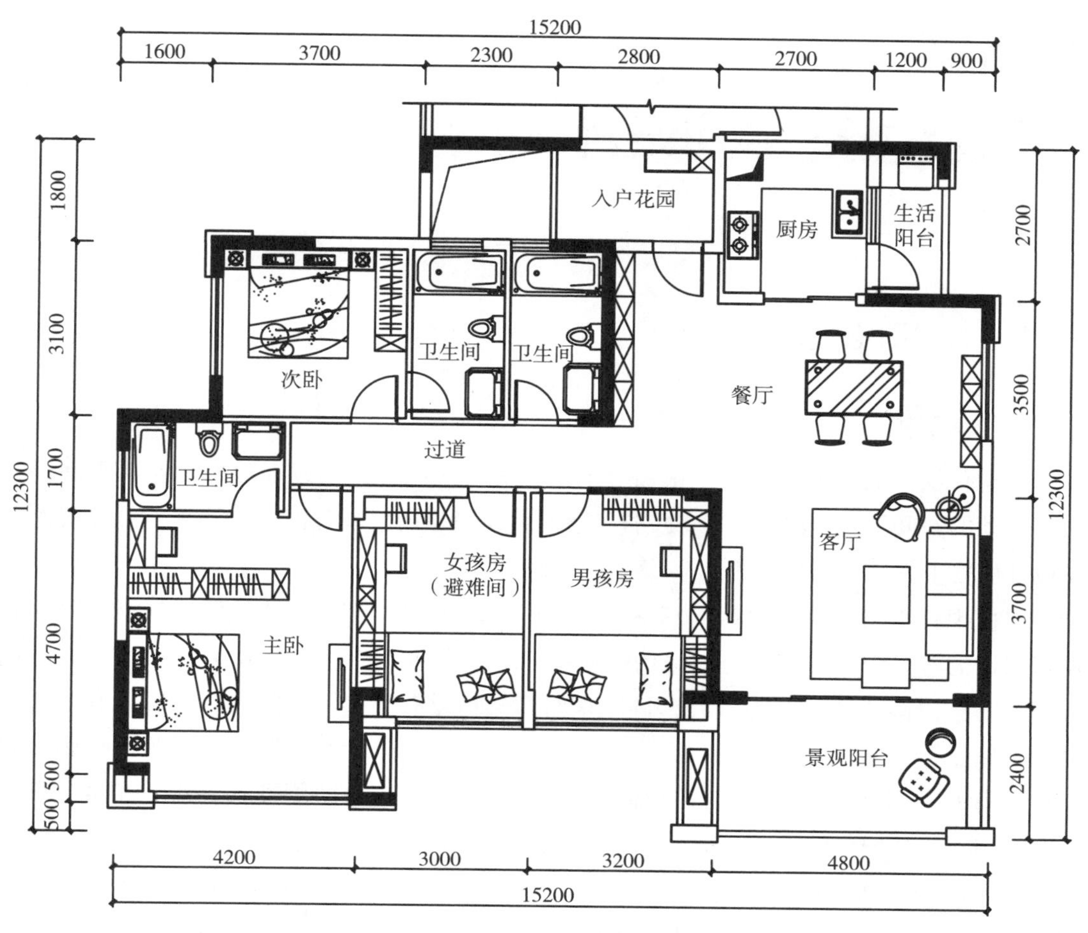

图10-17　实践项目平面布置图

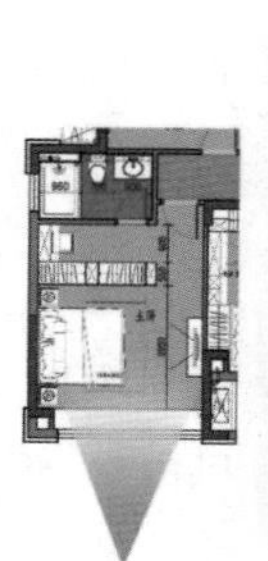

图10-18　实践项目卧室空间效果图

图10-19　卧室个性化设计

个性化设计不仅包括居住者的个人爱好、生活习惯及审美观念，特殊人群及特殊职业的个性化需求也应在设计中体现。老年人、残障人士及慢性病患者等一些特殊群体的活动空间范围较小，对于空间的功能需求更细节，比如老年人对于卧室空间的需求要足够宽敞，通道应满足轮椅通行，卧室家具要减少棱角，注重安全性与舒适性。

第11章 书房及茶室空间设计

11.1　书房历史及设计要素

1. 书房历史

《现代汉语大词典》中对“书房”的解释为“一间专门用以存放书籍及从事阅读、书写活动的空间”[一]。书房的演变并非一蹴而就，而是历经岁月沉淀，逐渐发展完善的。在设计风格上，古代书房与现代书房存在显著区别。

根据现存史料，先秦时期的宫室建筑中已初现书房的雏形。现代建筑学家在对西周建筑遗址的考察中，发现了与书房功能相近的居室，即“塾”。如图11-1所示[二]，该建筑布局严谨，以南北中轴线为核心，进门东西两侧均设有“塾”的门屋。门内设有中庭，北侧为厅堂，厅堂后方则是庭院，庭院通过中央行廊划分为东、西两个院落。行廊向北连接后室的南侧檐廊，后室进一步细化为三间。建筑的东西两侧则各有八间厢房，东西两廊的南端直达门塾的南墙。据《礼记·学记》记载：“古之教者，家有塾。”[三]孔颖达在疏解中进一步阐释：“周礼规定，百里之内，二十五家为一闾，共同居住于一巷，巷首设有门户，门户之旁即为塾。民众居家之时，朝夕出入，常常在塾中接受教育。”由此可见，先秦时期的“塾”不仅是士大夫及其后代读书学习的场所，更是书房这一建筑形式的早期体现。

在汉代，书房的选址已不再局限于住宅，使用方式也从先生授课转变为文人自学。其中，较为著名的有司马相如的长卿石室和扬雄的玄斋。这些位于郊区的书房条件相对简朴，私人特性鲜明。

在魏晋南北朝时期，宅邸前区的主体建筑被称为“厅事”，这是为主人起居和接待客人所准备的。厅事之后，常常会建造一个精致的空间，供主人休息，这个空间被称为“斋”[四]。在这里，所谓的“斋”实际上是将厅堂独立出来，承担了原先“堂”的功能。除了接待客人，斋还是为主人提供休息和日常起居的场所，这为后世书房的多功能特性奠定了基础。

[一] 龚学胜. 现代汉语大词典[M]. 北京：商务印书馆国际有限公司，2015：1217.
[二] 刘叙杰. 中国古代建筑史[M]. 北京：中国建筑工业出版社，2003：246.
[三] 孙希旦，撰. 沈啸寰，王星贤，点校. 礼记集解[M]. 北京：中华书局，1989：957.
[四] 傅熹年. 中国古代建筑史[M]. 北京：中国建筑工业出版社，2001：139.

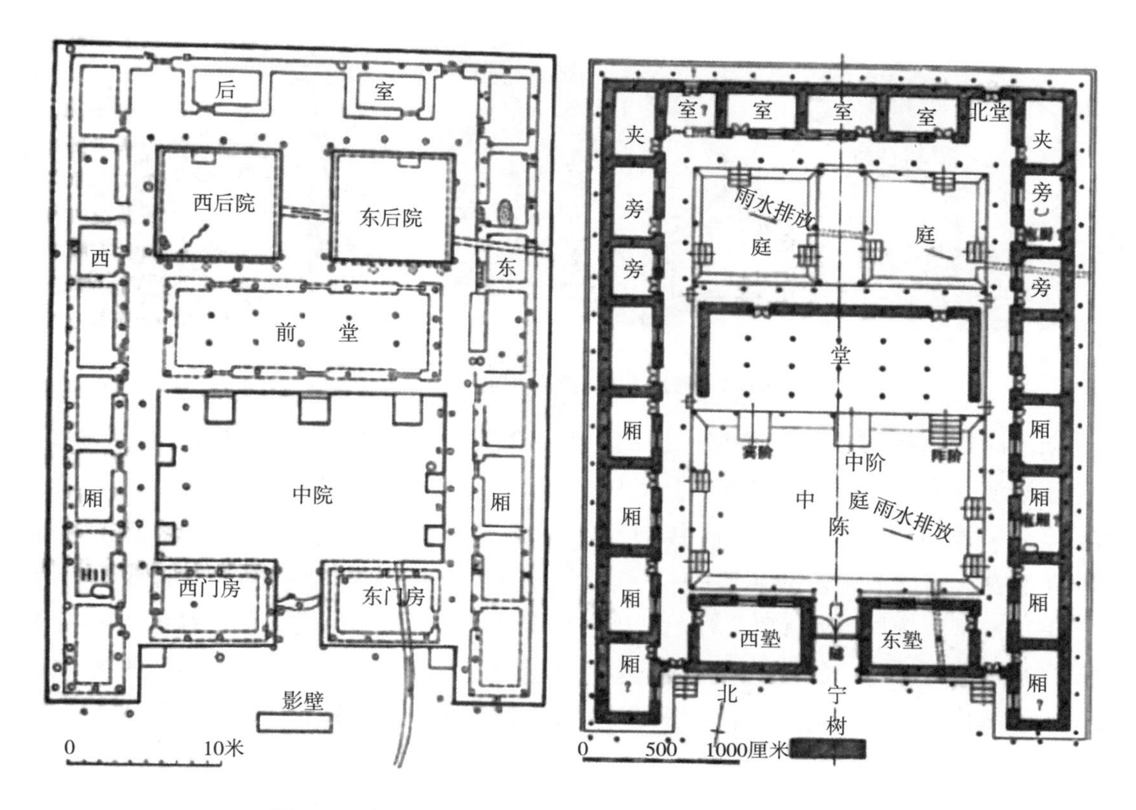

图11-1 陕西岐山县凤雏村西周建筑基址平面图及复原设想图

在唐代，首度出现了以“书房”命名的专用建筑空间，其主要功能是为朝廷及官府收藏书籍与书画。此一功能沿袭至后世，如宋代周密在《齐东野语·绍兴御府书画式》中详细描述了书房的具体职责：“应搜访到古画内，有破碎不堪补背者，令书房依元样对本临摹。”[㊀]这意味着在书房不仅能搜集有价值的古字画，还能对破损作品进行修复，同时进行临摹备份。此外，书房也被称为书院，如唐玄宗开元五年设立的丽正修书院，直至开元十三年，丽正修书院更名为集贤殿书院，但它仍归属于朝廷收藏书画的机构。

在两宋时期，书院的角色发生了显著的转变：从官府的收藏机构转变为教育之地，起到了现代学校的作用。当时的讲学风气盛行，培育出了众多研习理学的文人。为了满足社会需求，书院的教学核心内容以理学为主，教学方法借鉴禅林模式，而且在选址上也多仿效禅林，倾向于选择风景优美的山林之地。

元代政治风云变幻，因此，众多文人选择避世隐居，于山野林间构建书房，致力于学术研究，追求高尚清雅之境界。因此，绘画领域涌现出大量以山林村居为题材的作品。这些画作（图11-2）[㊁]生动展现了当时文人在书房勤学不辍的场景。

㊀ 周密，著. 高心露，高虎子，校点. 齐东野语[M]. 济南：齐鲁书社，2007：65.

㊁ 潘谷西. 中国古代建筑史[M]. 北京：中国建筑工业出版社，2003：233.

图11-2　钱选《山居图》中的住宅与环境

明清时期为我国古代建筑史上之末篇繁荣阶段，“住宅由唐宋时期流行的廊院式住宅逐渐演变为庭院式私家花园。士大夫及富豪大兴土木，在宅院内掇山理水，布置书斋、亭台、楼阁等等。”㊀在园林中专门设立书房成为文人士大夫所追求的时尚，因而诞生了脍炙人口的造园理论专著——《园冶》。《园冶·书房基》一章中，计成明确指出，书房地基应选择僻静优雅之地。此外，诸多学者从养生、鉴赏、装饰等角度对书房建筑进行了深入探讨，如明代高濂的《遵生八笺·起居安乐笺》、明代陈继儒的《小窗幽记》、清代李渔的《闲情偶寄·居室部》等，都对书房的内外布局做了详细阐述，展现了高雅书房所应具备的独特风格。

此外，明清时期的庭院式民居作为中国传统民居的主导建筑，具备专门的书房，以满足居住者的日常活动需求。如图11-3所示㊁，针对庭院式民居中的书房空间设计进行分析。

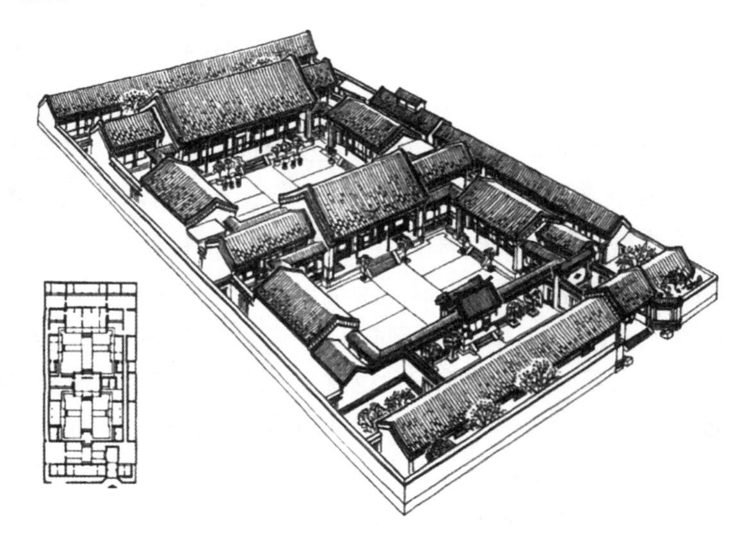

图11-3　北京四合院

完善的四合院包括前、中、后三个院落，其布局遵循《周易》八卦图的方位，大门位于“巽”方，即东南角，后门设于“乾”方，即西北向，构成乾山巽向的卦位，符合风水学所述的吉祥方向。入口处设有影壁，以遮挡外部视线。进入院落后，向西行便抵达前院。前院南侧设有倒座房，这是一排与正房相对、坐南朝北的建筑，也称为南房，可用作外客厅、书塾、账房等场所。大型住宅可在两侧增设轴线，以增加住房

㊀ 朱亚夫，王明洪. 书斋文化[M]. 上海：学林出版社，2008：8.
㊁ 孙大章. 中国古代建筑史[M]. 北京：中国建筑工业出版社，2003：168.

或布置书房、花园等建筑。由此可见，书房在住宅建筑中扮演了会客厅、书塾等角色，成为当时社会主流建筑中不可或缺的组成部分。

自先秦至明清，随着书房的广泛普及，其功能逐渐丰富多样：从最初的私塾教育，到个人阅读写作的私密空间，再到接待宾客的场合，以及书院的教育场所等。需要注意的是，书房的功能并非在某一时代单一不变，此处主要列举各时代较为新颖突出的书房职能，以方便讨论。例如，唐代书房既是朝廷官府书画收藏之地，又是私人阅读写作的空间和日常接待宾客的场所。

从上述资料可见，书房建筑在选址和空间设计等方面均有其独特之处：在宏观层面，它追求中庸适度、明净清幽的风格；在微观层面，则通过高雅的陈设展现出书房主人的风采。作为古代建筑的一种，书房与学校、客厅、卧室等场所存在一定程度的关联，这是因为古代建筑的多种类型在本质上有相似之处，根据人们的需求，不同类型的建筑可以相互替代。因此，书房的功能从最初的读书修身扩展到官府藏书、书画、教育、会客、日常起居等多重角色，为书房空间赋予了坚实的物质基础。

2. 书房设计要素

书房设计的核心要素，不仅关乎空间布局与规划，更在于如何打造一个既实用又舒适的学习环境。首先，功能性是书房设计的基石。一间理想的书房应能满足阅读、写作、学习等多重需求，因此，合理的空间布局至关重要。据调查显示，一个高效的书房布局能够提升学习效率高达30%。例如，将书桌布置于靠窗位置，既充分利用了自然光，又保证了视野开阔，有助于缓解学习疲劳。

其次，舒适性是书房设计的另一大要素。书房作为长时间停留的空间，其舒适性直接影响到使用者的学习体验。因此，在书房设计中，应注重家具的选择与配置，确保家具的材质、尺寸和风格都符合使用者的需求和喜好。此外，色彩搭配和灯光设计也是提升舒适性的关键。柔和的色彩和适宜的灯光能够营造出宁静、温馨的学习氛围，有助于提升学习效率和专注力。

最后，个性化与差异化是书房设计的点睛之笔。每个使用者都有自己独特的审美和风格，因此，在书房设计中，应充分尊重使用者的个性化需求，通过独特的装饰元素和细节处理来体现个人风格。同时，书房设计也应注重与整体家居风格的协调与统一，以打造出既独特又和谐的学习空间。

综上所述，书房设计的核心要素涵盖了功能性、舒适性和个性化与差异化等多个方面。在实际设计中，应充分考虑这些要素，并结合使用者的具体需求和喜好，打造出既实用又美观的理想学习空间。正如某位著名设计师所言："设计不仅仅是外观的呈现，更是对生活方式的诠释。"书房设计亦是如此，它是对学习生活方式的一种诠释和提升。

（1）合理规划书房空间布局　书房的布局设计是整个空间的基础，直接关系到空间的使用效率和舒适度。一个合理的布局能够最大化地利用空间，使其功能得到最大程度的发挥。在布局设计中，根据书房的实际面积和形状，需要考虑书桌、书架、沙发等家具的摆放位置，以及活动空间的保留。通常，书桌应该靠近窗户或灯光充足的地方，以便充分利用自然光线或照明设备。书架则应该靠近书桌，方便取书和整理图书。沙发或扶手椅可以设置在书桌的旁边，作为休息和阅读的场所。整体布局应简洁明了，使得人们在书房内活动时感到舒适自如，不受拥挤和局促的影响（图11-4）。

（2）光照设计　充足的光照是书房设计中至关重要的一环，它直接关系到人们的工作效率和心情。在光照设计中，首先需要充分利用自然光，选择朝阳或采光良好的房间作为书房，设置大面积的窗户，尽量减少阻碍光线的障碍物。同时，还需要考虑室内照明设备的设置，以保证在夜间或阴天等光线不足的情况下，仍然能够提供足够的光线。在选择照明设备时，应注意避免过强或过弱的光线，以免影响住户的视力和工作效率。此外，光线的色温和色彩也需要考虑人们的舒适度和视觉感受，通常选择自然白或暖白色的光线，使人感到舒适和愉悦（图11-5）。

图11-4　书房布局

图11-5　书房光照设计

（3）储物设计　书房作为一个存放书籍、文件和办公用品的地方，储物设计尤为重要。一个合理的储物系统能够使书房整洁有序，提高工作效率。在储物设计中，通常会设置书架、文件柜、抽屉等储物家具，以便存放不同类型的物品。书架应根据实际需求和空间大小进行选择，可以选择开放式的书架，方便取书和整理图书，也可以选择封闭式的书架，保护书籍免受灰尘和日光的侵害。文件柜和抽屉则用来存放文件和办公用品，需要根据文件数量和大小进行选择，以确保文件的安全和整洁（图11-6）。

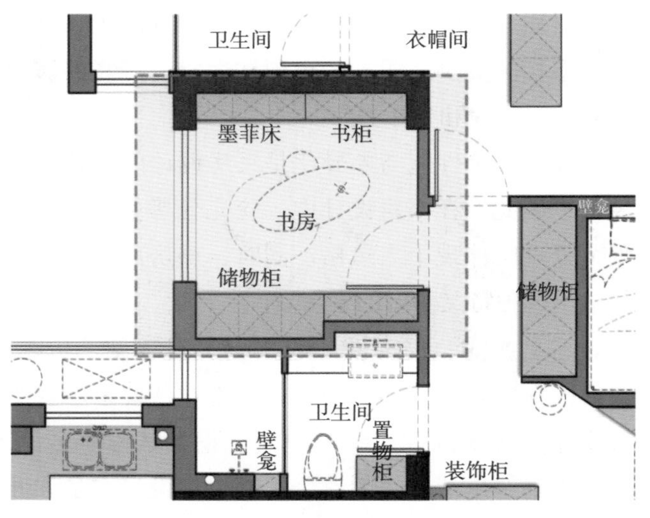

图11-6　书房储物设计

（4）家具设计　书房的家具设计直接关系到使用者的工作舒适度和健康性。在家具设计中，需要考虑到人体工程学原理，选择符合人体工程学的书桌、椅子等家具，以保护用户的腰椎和颈椎。书桌的高度和深度应根据人们的身高和工作习惯进行调节，以确保手臂和手腕在工作时能够保持自然放松的状态。椅子的座椅和靠背应具有足够的支撑力和舒适度，可以选择可调节高度和倾斜角度的椅子，以满足不同人群的需求。此外，还可以在书房中设置一些功能性的家具，如书桌旁的侧凳或书柜，方便人们放置书籍和文具，提高工作效率（图11-7）。

（5）装饰设计　装饰设计是书房空间设计中的点缀，能够为书房增添个性和情趣。在装饰设计中，可以选择一些艺术品、摆件、挂画等装饰品，以营造出一个温馨、雅致的学习和工作环境。装饰品的选择应考虑到与整个房间的风格和色彩相协调，可以选择一些具有个性和文化内涵的装饰品，如书法作品、字画、绿植等，为书房增添一份生活的情趣和品位（图11-8）。

（6）氛围营造　氛围营造是书房空间设计中的重要环节，能够为人们营造一个舒适、温馨的学习和工作环境。在氛围营造中，需要考虑到色彩、材质、布局等多个方面，以营造出一个与人们心理期待相符的环境。通常，可以选择一些柔和的色调和自然的材质，如淡雅的白色、浅木色等，以增加空间的明亮度和舒适度。此外，还可以通过合理的布局和装饰，营造出不同的氛围，如温馨舒适、清新自然等，以满足人们不同的审美需求和心理期待（图11-9）。

图11-8　书房装饰设计

图11-7　书房家具设计

图11-9　书房氛围营造

11.2 书房空间设计

11.2.1 成人书房空间

1. 书房空间布局

（1）“工作岛”式布局　这种书房布局在家居空间中是比较常见的，布局模式以一个中央的工作岛为主，工作台与书架周围环绕。这种布局形式适合需要大量时间集中精力工作或学习的住户，因为它能提供一个清晰的工作区间，使人的注意力更加集中。工作岛还可以满足多人协作，方便交流与合作。

1）中央书桌。在书房的中央位置设置一个宽敞的书桌，成为工作岛的核心。书桌的大小和形状可以根据实际需求和空间大小进行选择，但通常应具有足够的空间来容纳计算机、文具和其他工作必需品。

2）围绕式书架。将书架围绕在书桌周围，形成一个围绕式的工作环境。书架可以设计成固定式或可移动式，用于存放书籍、文件和装饰品。书架的高度通常与书桌的高度相当，以便轻松取用需要的物品。

3）储物柜和抽屉。在工作岛的周围设置储物柜和抽屉，用于存放文件、文具和其他杂物。可以选择带有锁功能的储物柜，以确保重要文件和物品的安全性。抽屉的设计应简洁实用，方便日常使用。

4）集中式照明。在工作岛的顶部安装集中式照明设备，如吊灯或吸顶灯，以提供充足的工作照明。可以选择调光功能或可调节光线方向的灯具，以满足不同工作需求。

★小贴士★

装饰技巧：选择简洁、现代的办公家具，如高度可调的书桌和便携式书架；配色统一。无论是选择沉重的檀木色系的书架书桌，还是清新宜人的现代简约风格，空间的整体颜色搭配要统一有序，这样有利于营造客观冷静的空间氛围，以助于提升屋主的专注力和工作效率。在工作岛周围添加一些绿植，可以增加空间的活力，并且有助于净化空气（图11-10）。

图11-10　“工作岛”式布局

（2）“嵌入式”布局　“嵌入式”布局是将书桌和书架嵌入墙壁或其他空间中，节省空间，这种布局适合房屋面积较小的户型，或者无法提供一个完全封闭的空间来进行书房的设置。例如：利用客厅背景墙定制储物柜，半开放式设计既能满足不同物品的收纳需求，又能体现家具的设计感；利用客厅阳台（现在很多客厅基本都带有阳台），将客厅与阳台打通，纳入室内设计之中，开辟出一块休闲活动空间，嵌入式开放书柜方便藏书，L形榻榻米提供休闲和阅读空间；利用室内转角空间，如转角书桌柜拼接电视柜设计，工作区与休闲区一体，却又互不干扰。

1）在书房的墙壁或壁橱中嵌入书桌和书架，以最大限度地节省空间。这种设计既利用了墙壁上的空间，也提供了足够的工作和储物空间。书桌和书架的尺寸和形状可以根据实际需求进行定制，以适应不同的空间大小和布局需求。

2）在书房的墙壁或窗户旁嵌入座椅和储物柜，以增加额外的座位和储物空间。座椅可以设计成带有储物功能的长凳或沙发，方便孩子或成人在阅读或休息时使用。储物柜可以用于存放书籍、玩具和其他杂物，使书房保持整洁有序。

3）在书房的墙壁或书桌上嵌入电子设备区域，用于放置台式计算机、平板计算机和打印机等设备。这种设计可以使电子设备与书桌整合在一起，节省空间的同时保持整洁和有序。可以考虑设计一个可折叠或可隐藏的电子设备区域，以便在不使用时将其隐藏起来。

4）在书房的墙壁或顶棚上嵌入装饰品和照明设备，以增加空间的美感和舒适度。可以考虑嵌入式LED灯带或射灯，用于提供柔和的环境照明。同时，在墙壁上嵌入装饰品或艺术品，如壁龛或装饰墙板，可以增加书房的装饰效果，提升空间的品质和氛围（图11-11）。

图11-11　嵌入式布局

在室内选择1~3面墙体，依靠墙体留出书柜和书桌的尺寸，做出凹凸变化的造型，人处在此空间中，被书柜包围着，这种布局能提供良好的隐私保护，提供“沉浸式”情绪价值，帮助屋主提高专注度。

（3）“多功能”式布局　多功能书房布局是现代家居设计的亮点，它极大地优化了我们的生活和工作体验。多功能书房的“多功能”体现在书房能够灵活地根据住宅空间的变换以及屋主需求的不同而变化。例如：书房区域与客厅相结合；书房设置在阳台上，与卧室相结合等。这种布局能够充分利用空间，最大限度地减少空间的浪费，实现一书房多用途。它集合了阅读、工作、休息甚至娱乐等多种功能于一体，让书房不再局限于单一的功能。这样的布局能够显著提升工作效率，在一个整合了所需资源的空间里，人们可以更加便捷地切换不同的工作模式。此外，多功能书房的布局还具有高度的灵活性，可以根据个人的需求和喜好进行调整。这种设计还能美化家居环境，为生活增添一份艺术气息。最重要的是，一个设计合理的多功能书房，能够提供一个舒适的身心放松空间，帮助屋主在忙碌的工作和学习中找到宁静与平和（图11-12）。

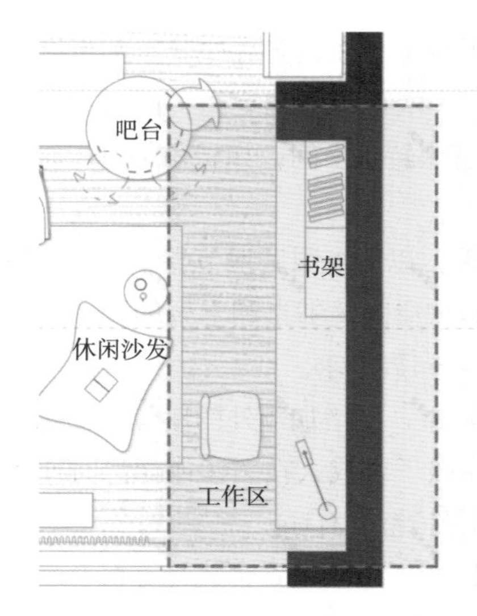

图11-12 “多功能”式布局

★小贴士★

装饰技巧：配备功能丰富的家具，如可伸缩的书桌、舒适的阅读椅和放松区；色彩搭配以柔和的色调为主，创造舒适温馨的氛围；可以在墙壁上安装一些挂钩或者架子，方便收纳杂物。

（4）“精品陈列”式布局　这种布局适合收藏爱好者，可以让他们的收藏品得到充分展示。精品陈列式布局是一种常见的书房设计方案，特点是将书房空间打造成一个精致、有品位的展示区域，突出展示书籍、装饰品和艺术品（图11-13）。

图11-13 “精品陈列”式布局

1）墙面陈列架。在书房的墙面上安装定制的陈列架或书架，用于展示精品书籍、收藏品和装饰品。可以选择不同尺寸和形状的书架，根据收藏品的类型和数量进行组合布置，突出展示重点。

2）主题展示区。设计一个主题展示区域，用于展示特定主题或系列的书籍和装饰品。可以根据个人喜好和收藏爱好选择不同的主题，如文学经典、艺术收藏、地理探索等，通过精心设计和陈列，展示出书房主人的品位和风格。

3）艺术品搭配。在书房内搭配一些艺术品或装饰画，与书籍和装饰品相互呼应，营造出艺术氛围和品位感。可以选择一些原创艺术品或限量版的装饰画，与书房的整体风格相匹配，提升空间的品质和美感。

4）收纳整理。保持书房的整洁和有序是精品陈列式布局的关键。通过精心整理和收纳，将书籍和装饰品有机地展示在陈列架上，避免杂乱和混乱的局面。可以选择一些收纳盒或收纳篮，将小件物品整理归类，保持空间的清爽和美观。

5）灯光设计。设计合适的灯光方案，突出展示书房中的精品收藏。可以选择柔和的环境照明和局部聚光灯，以照亮陈列架上的书籍和装饰品，营造出温馨、舒适的阅读和观赏环境。

6）个性化装饰。在书房内添加一些个性化装饰，体现书房主人的独特品位和个性。可以选择一些装饰品或摆设，如文学雕塑、摆件、植物等，与书籍和装饰品相互搭配，营造出个性化的空间氛围。

2. 定制书柜设计

选择书柜的材质和风格是设计定制书柜的关键步骤，它们将直接影响书柜的外观、耐用性和整体装饰效果。书房的书柜定制一般从材质、尺寸、造型等方面进行设计。而书柜的常用材质可以从廉价环保和昂贵实用这两个角度选择。

（1）材质选择

1）实木颗粒板。人们日常选择的廉价环保类的材质有实木颗粒板。实木颗粒板是由木杆或木材打碎，两边使用西米木纤维，中间夹长质木纤维，施加胶黏剂后在热力和压力作用下胶合成的人造板，面板饰面通常为三聚氰胺饰面，饰面表面是打印的木纹纹样，纹样多变。实木颗粒板的优点包括装饰能力强、强度较高、环保且性价比高，适合预算有限的消费者。其缺点是受潮后容易变形，饰面脱落。

2）实木板材。其价格因材质、规格和工艺制作的复杂程度而变化，通常价格较高。实木板材是采用完整的原木木材制成的木板材。其优点为：坚固耐用、纹路自然，具有天然木材特有的芳香，有较好的吸湿性和透气性，对人体健康有益。常见的书柜实木板材有黑胡桃木、杉木、柳桉、香樟、榆木等。实木板材的工艺有很多，例如：整木定制，根据书架每段尺寸定制裁定；实木指接板，是指将实木裁切成条状，再拼接到一起，由很多木块锯齿口拼接起来，像两只手交叉相握（图11-14）。

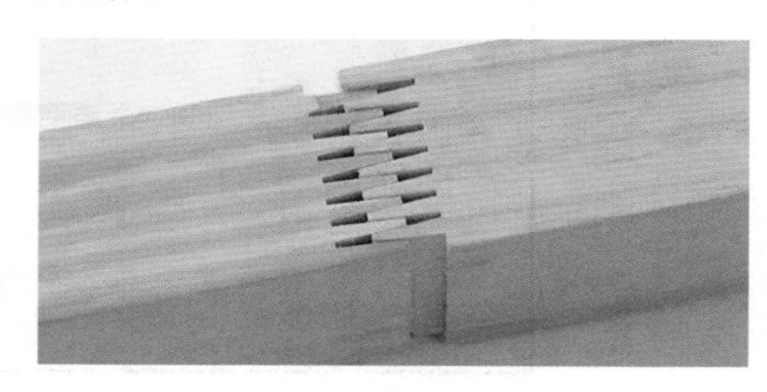

图11-14　实木指接板

（2）书柜的尺寸设计　在确定定制书柜的尺寸时，有几个关键方面需要特别注意，以确保书柜的尺寸与空间的匹配度、功能性和美观性。

1）测量空间。在定制书柜前，务必准确测量书房的墙面尺寸和可用空间，包括墙面的长度、高度和深度，以及考虑到窗户、门、插座和其他装置的位置和尺寸。

2）考虑通行空间。确保书柜的尺寸不会占据过多的通行空间，影响到房间的使用和活动。留出足够的行走空间，确保书柜不会阻碍到使用者房间内的自由移动。

3）确定功能需求。根据书柜的功能需求，确定需要存放的书籍、文件、装饰品和其他物品的数量和类型。根据功能需求确定书柜的储物空间和展示区域的大小和布局（图11-15）。

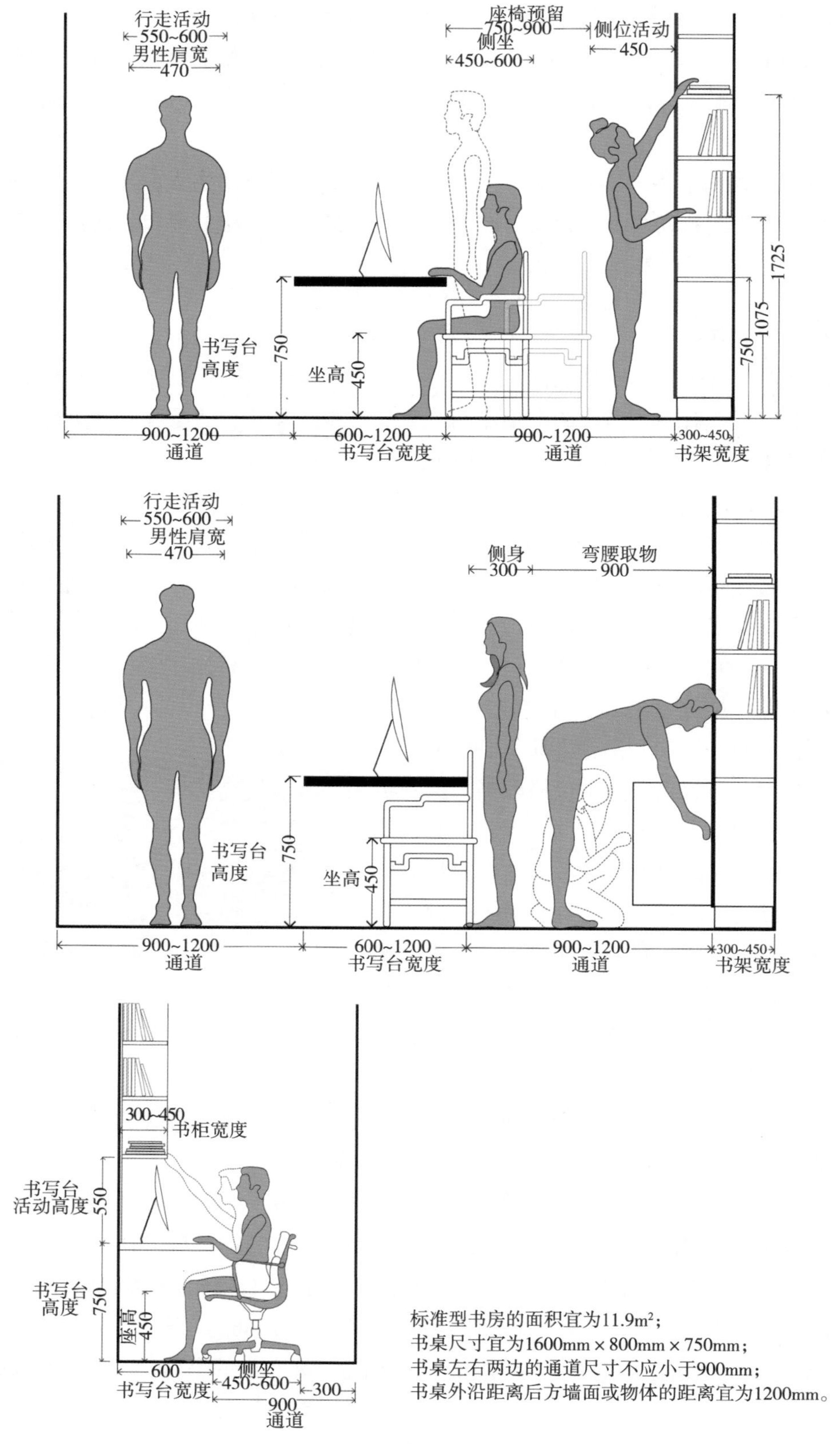

图11-15　标准型书房家具立面尺寸

4）考虑家具摆放。如果书房内已经有其他家具，如书桌、沙发等，需要考虑书柜与其他家具的摆放位置和布局，确保书柜与其他家具的比例和均衡，协调整个书房的装饰效果（图11-16）。

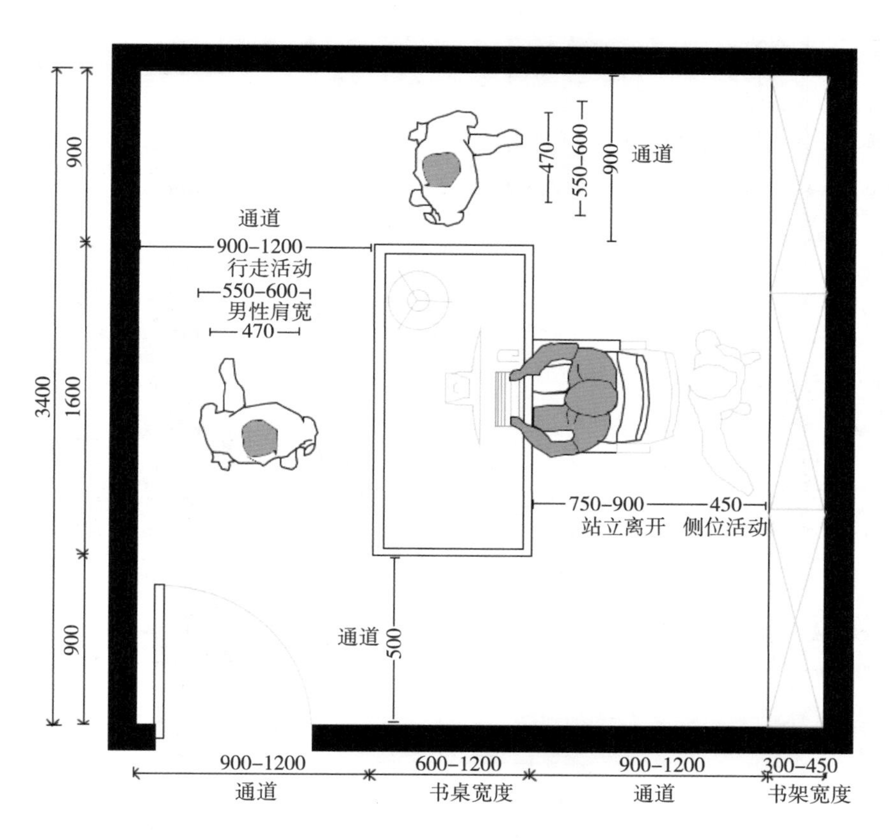

图11-16 标准型书房家具平面尺寸

5）留出足够空间。在设计书柜尺寸时，要留出足够的空间来容纳书籍和装饰品，并确保书柜的结构稳固和安全性。避免书柜过于拥挤，给书籍和装饰品留出适当的空间，以便展示和取用（图11-17）。根据不同类型书籍大小对书柜进行分隔设置非常重要。常见书本尺寸有32开、16开、8开等，应根据其大小调整分隔板或隔层高度以储存不同尺寸的书籍。需要注意的是，书通常比较重，长期使用容易把书架压弯，因此当分隔板的跨度超过60cm时，建议使用2.5cm加厚板材。

（3）风格类型　在选择材质和风格时，需要考虑书房的整体装饰风格和个人偏好，确保书柜与空间的其他元素协调一致，打造出完美的书房装饰效果。

1）经典风格。经典风格的书柜通常采用实木材质，具有优雅的线条和复古的装饰，适合用于注重传统和典雅的书房装饰。可以选择雕刻和装饰细节丰富的书柜，体现古典与典雅的风格特点（图11-18）。

2）现代风格。现代风格的书柜注重简洁、线条流畅，通常采用木质复合板或金属材质，具有简约而时尚的外观。可以选择简洁的几何形状和明亮的色彩，打造现代感十足的书房装饰（图11-19）。

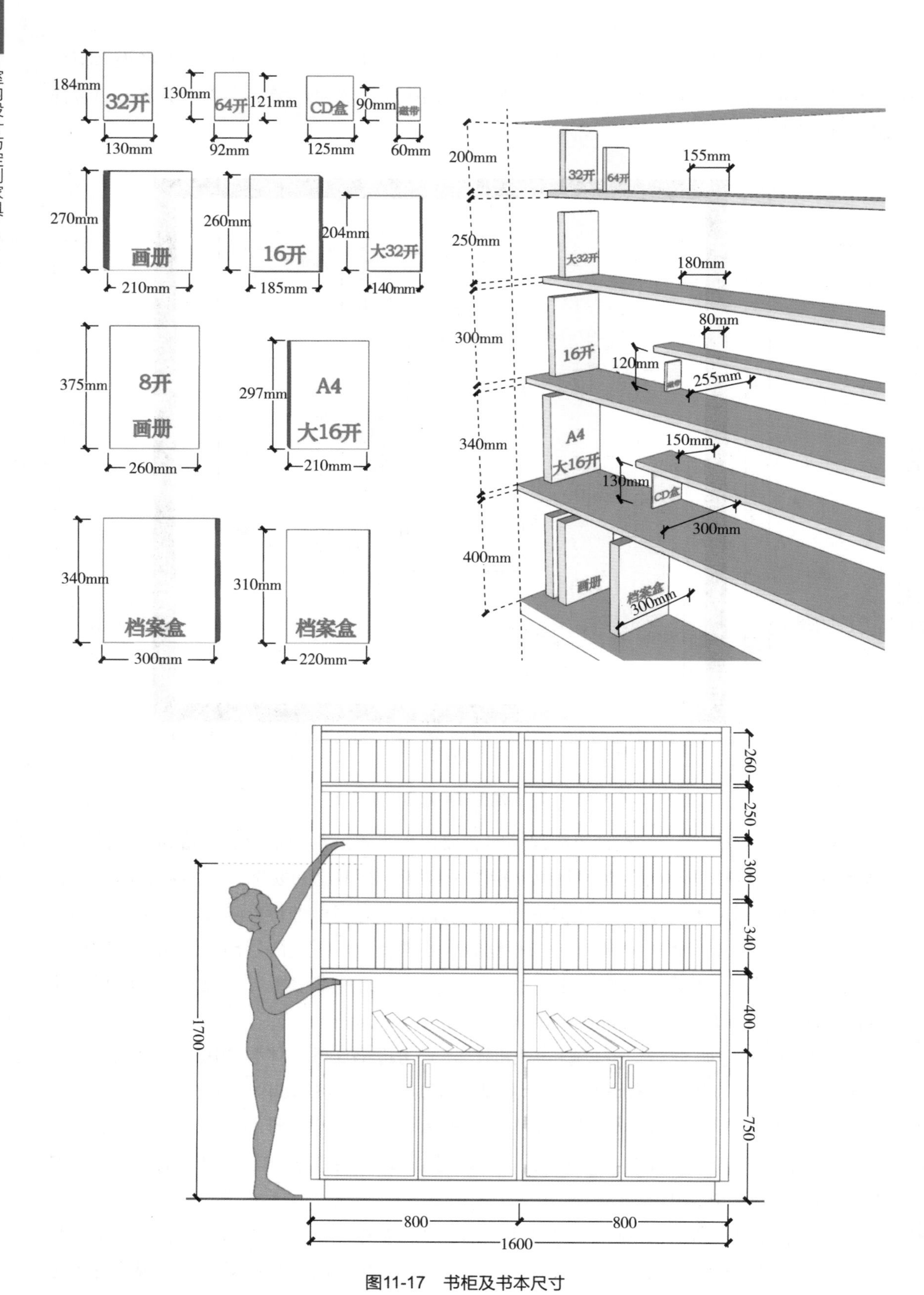

图11-17　书柜及书本尺寸

图11-18　经典书房设计

图11-19　现代书房设计

3）工业风格。工业风格的书柜通常采用金属材质，具有粗犷的外观和强烈的工业气息，适合用于追求原始和个性化的书房装饰。可以选择暗色调和粗糙的表面处理，展现出工业风格的独特魅力（图11-20）。

4）简约风格。简约风格的书柜注重功能性和实用性，通常采用简洁的设计和中性色彩，适合用于注重简约和清爽的书房装饰。可以选择简单的直线造型和无多余装饰的书柜，创造出简约而舒适的空间氛围（图11-21）。

图11-20　工业风书房设计

图11-21　简约风书房设计

在选择材质和风格时，还需要考虑书房的整体装饰风格和个人偏好，确保书柜与空间的其他元素协调一致，打造出完美的书房装饰效果。

11.2.2　儿童书房空间（10~17岁）

1. 书房空间布局

（1）空间布局

1）工作区域。将书桌放置在靠近窗户的位置，以充分利用自然光，但避免阳光直射屏幕或学习区域，导致眩光。选择宽敞的书桌，桌面应有足够的空间放置书籍、笔记本计算机和其他学习用品。选择符合人体工程学的椅子，高度可调节，以适应不同年龄段儿童的身高变化。确保椅子有足够的腰部支撑，坐垫舒适。

2）储物空间。安装开放式书柜，便于孩子随手拿取和归还书籍。可以考虑不同高度的书柜，以适应不同年龄段和身高的孩子。在书桌下方或附近设置带锁的抽屉和柜子，用于存放文具、作业本和个人物品。确保抽屉滑动顺畅，柜门开启方便。

3）多功能区域。在书桌旁或房间的一角设置一个舒适的阅读角，配备软垫椅或懒人沙发，以及一个小书架或边桌。在阅读区设置独立的阅读灯，提供柔和的照明，避免眼睛疲劳。

4）技术设备区域。如果需要配置计算机，设置一个专门的计算机桌，桌面高度和屏幕高度应符合人体工程学要求，防止孩子长期低头或抬头使用计算机。设置专门的充电区域，配备电源插座、USB插口等，使用线缆管理工具保持桌面整洁（图11-22）。

（2）设计和装饰

1）色彩搭配。选择浅蓝、浅绿、淡黄等柔和且明亮的颜色，结合使用中性色调（如白色、灰色和浅木色），以平衡整体色调，增加房间的现代感和宁静感。选定一个主色调，再选择两三种辅色进行搭配，避免颜色过多造成视觉疲劳。在一些小区域或装饰品上使用亮色作为点缀，增加活力和趣味性。

2）墙面装饰。在墙面挂上世界地图、科学海报或励志名言，既增加教育性又美观。留一面墙做成黑板墙或白板墙，供孩子涂鸦、写笔记或计划日程。在墙上设置展示架，供孩子展示自己的艺术作品、奖状和照片，增强自豪感和个性表达。使用符合孩子兴趣的壁纸或墙贴，如自然景观、太空、运动或喜欢的卡通人物（图11-23）。

图11-22　儿童书房

图11-23　儿童书房色彩和装饰

（3）照明

1）自然光的利用。将书桌放置在靠近窗户的位置，充分利用自然光，这有助于减少白天人们对人工照明的依赖，同时提供舒适的阅读和学习环境。选择透光性好的窗帘，如轻薄的纱帘，既能引入自然光，又能防止眩光。在需要时使用遮光窗帘，以便在阳光过强时控制光线，避免阳光直射眼睛。

2）人工照明的布置。选择明亮且均匀分布光线的吊灯或吸顶灯，确保房间内有充足的基础照明。主灯的色温应在4000K左右，提供接近自然光的效果。考虑安装具有调光功能的主灯，可以根据不同活动需求调整亮度。在书桌上设置一盏高质量的台灯。台灯应具备以下特点：可调节性（灯臂和灯头可以灵活调整，方便照射不同的区域）、防眩光设计（选择带有防眩光设计的灯罩，避免直接光线刺眼）、适当的色温（选择色温在4000~5000K之间的灯泡，提供冷白光，增强集中力）、适当的亮度（亮度在450~850Lm之间，确保足够的光线但不过度刺眼）。在阅读区设置独立的阅读灯，如落地灯或壁灯。阅读灯应提供柔和且充足的光线，避免阴影。选择带有柔和光线扩散功能的灯具，防止眼睛疲劳。

图11-24 儿童书房照明

3）氛围照明。在房间的角落或墙面安装壁灯或脚灯，提供柔和的间接照明，增强房间的层次感和舒适度。在书架或吊顶安装LED灯带，增加环境光照，提升房间的氛围。选择防蓝光的灯泡或台灯，减少有害蓝光对孩子视力的影响，保护孩子眼睛健康（图11-24）。

（4）家具选择

1）书桌。选择桌面宽敞的书桌，尺寸至少为120cm× 60cm，以提供足够的空间放置书籍、笔记本计算机和学习用品。选用高度可调节的书桌，以适应不同年龄段儿童的身高变化，确保符合人体工程学的坐姿。功能性：考虑带有抽屉、储物格和电线管理孔的书桌，方便整理和存放学习用品，保持桌面整洁。如果空间允许，可以选择L形书桌，增加工作区域，便于同时进行多项任务。

2）椅子。选择带有良好腰部支撑的椅子，确保孩子在长时间学习时的舒适性。椅子的高度、座椅深度和靠背角度应可调节，以适应孩子的成长需求和不同的坐姿。选择带有柔软坐垫和透气材质的椅子，增加舒适度。椅子带轮子和旋转功能，方便孩子移动和调整位置。

3）书柜和储物柜。选择开放式书柜，方便孩子随手拿取和归还书籍。高度应适中，孩子可以轻松够到每一层。选用模块化设计的书柜，可以根据需要增加或减少书柜数量，灵活调整储物空间。在书房内设置封闭式储物柜，用于存放不常用的物品，保持房间整洁。柜门应易于开启和关闭。储物柜内部可以设计不同的分区，用于分类存放学习材料、文具和个人物品。

4）安全和环保。选择无毒无害的环保材料，确保家具对孩子的健康无害。家具应稳固耐用，边角采用圆角设计，防止磕碰受伤。书柜和储物柜应有防倾倒设计，确保家具稳固，防止意外倾倒。椅子和桌子的底部应有防滑措施，防止家具在使用过程中滑动。

2. 定制书柜设计

（1）尺寸设计

1）合理高度。书柜的高度应适中，确保孩子可以轻松够到书柜的每一层。通常建议书柜的高度控制在1.5~1.8m。对于书柜的较高部分，可以考虑搭配小梯子或脚凳，方便孩子取用高处物品。设计书柜时，考虑到孩子的成长，可以使用可调节高度的隔板，灵活调整书柜高度，以适应不同大小的书籍和物品。

2）宽度和深度。书柜的深度一般建议在30~40cm之间，足够放置大部分书籍、文件夹和其他学习用品，过深会使书籍的取放不方便。根据房间的实际情况设计书柜的宽度，既要确保书柜能够提供足够的存储空间，又不至于占用过多的房间空间。单个书柜的宽度建议控制在60~90cm，防止太宽出现承重问题。

（2）功能设计

1）多样储物。用于放置常用书籍、文具、装饰物和展示品，方便孩子随手拿取。开放式书柜还可以增强房间的通透感。带门的储物格用于存放不常用的物品、私人物品和需要保护的物品，保持房间整洁。在书柜底部设计多个抽屉，用于存放小型文具、纸张、电子设备等，方便分类管理。

2）分类存放。设计可调节高度的隔板，使书柜可以根据书籍和物品的大小灵活调整，增加使用的灵活性和适应性。确保隔板易于拆卸和安装，便于孩子或家长根据需要进行调整。设计专门的文件夹存放区和文具收纳区，方便管理学习用品。预留专门区域放置电子设备，如平板计算机、笔记本计算机和充电器，并设计电线管理孔，保持整洁。

3）组合功能。在书柜的一部分设计一个小型阅读区，放置舒适的座椅和阅读灯，鼓励孩子多读书。书柜中可设置专门的展示区，用于展示孩子的奖状、艺术作品或收藏品，增加其成就感和起到激励效果。

3. 视觉设计

1）色彩搭配。选择柔和的色调，如浅蓝、浅绿、米白、淡粉等，营造一个宁静舒适的学习环境。根据孩子的喜好，选择一些他们喜欢的颜色，但要避免过于鲜艳或刺眼的颜色，以免分散注意力。确定一个主色调，搭配几种辅色，形成和谐的色彩组合。例如，主色调为浅蓝色，辅色为白色和淡黄色。通过色彩划分不同功能区域，如学习区、展示区和储物区，使书柜更具层次感和功能性。

2）造型设计。使用几何图形元素，如正方形、矩形、圆形等，增加书柜的视觉趣味性和现代感。采用非对称设计，打破传统对称的呆板感，增加视觉动感和创意。根据孩子的兴趣爱好设计主题造型书柜，如运动、音乐、科学等，增加书柜的吸引力和个性化。结合动态元素，如曲线、斜线等，使书柜看起来更具活力和动感。

3）装饰元素。在书柜中设计一些开放式展示架，用于展示孩子的奖状、艺术作品或纪念品，增加其成就感和自豪感。合理摆放一些装饰品，如小型植物、书立、相框等，增加书柜的美观度和生活气息。在书柜背板上使用色彩或图案丰富的墙纸，增加视觉吸引力和趣味性。设计一块涂鸦墙区域，允许孩子自由创作和涂鸦，激发他们的创造力和个性表达。

4）个性化设计。在书柜部分区域设计磁性板，孩子可以用磁铁固定照片、画作、学习计划等，增加互动性和变化感。预留照片墙空间，孩子可以展示家庭照片、朋友合影等，增加亲切感和归属感。设计可更换的书柜面板，让孩子可以根据自己的喜好和季节变化，随时更换书柜的外观。添加一些互动装置，如小型白板、黑板或软木板，方便孩子记录学习计划、便签和灵感。

4. 安全性

1）稳定性和防倾倒设计。使用固定装置将书柜稳固地固定在墙壁上，防止书柜意外倾倒。确保固定装置隐蔽安装，不影响书柜的美观和整体设计。在书柜底部安装防滑垫或防滑条，增加摩擦力，防止书柜在地面上滑动。确保书柜的重心稳固，避免设计过高或过窄的书柜结构，防止重心不稳导致倾倒。

2）边角处理。书柜的边角和边缘应采用圆角设计，避免尖锐的棱角，防止孩子在活动过程中磕碰受伤。在边角处安装防撞条，进一步减少碰撞带来的伤害风险。确保书柜表面光滑，无毛刺和粗糙点，防止划伤皮肤。使用环保无毒的涂层材料，确保书柜表面无有害物质，保护孩子的健康。

3）材料选择。选择无毒无害的环保材料，如E0级或E1级板材，确保书柜对孩子健康无害。优先选择天然木材、竹材等环保材料，减少化学合成材料的使用。

4）结构坚固。使用高强度材料，如实木、金属支架等，确保书柜的坚固耐用。选用质量好的铰链、滑轨和把手等五金件，确保长期使用不松动、不变形。

5）防护措施。在书柜顶部安装防倾倒带，将书柜固定在墙上，增加安全性。为封闭式储物格安装安全锁扣，防止孩子误打开储物格导致物品掉落。选择带缓冲功能的铰链，避免柜门或抽屉在关闭时突然碰撞，防止夹伤手指。使用顺滑无噪声的滑轨，确保抽屉开关顺畅，不易卡顿。

11.3 家庭茶室空间设计

11.3.1 独立茶室设计

1. 定位与布局设计

茶室的起源在中国，当然要以中式传统美学为基本核心理念，在茶室的规划布局中，不仅要关注基本陈设摆放，更应该注重茶室空间的流通性，确保在入座及品茶的交流空间是相对和谐的，便于茶室主人和亲朋好友之间互动的便捷性和合理性。茶室家具摆放更多的是注重整体空间的和谐与平衡，营造一种惬意的安逸氛围。茶室的设置：茶海尺寸的选择要考虑茶室空间的使用面积；桌椅的大小和数量要合适，能够确保人们在饮茶交流的过程中，能够随意移动，交流舒适；要留出足够的陈设空间摆放茶具和茶叶，突出茶室空间的特色和氛围的营造。

在家里挑选一个安静、舒适的角落，可能是客厅的一角、书房、阳台或者花园内的一处。选择适合打造独立茶室的空间是至关重要的，这个空间应该能够提供舒适、私密和愉悦的环境。空闲的书房或者阅读室可提供宁静的环境，适合放置茶具和一些舒适的椅子，让人静下心来享受茶香和阅读。阳台或者庭院也是打造茶室的理想选择。在室外享受茶香、感受阳光、听风声，是一种独特的体验。闲置的房间或者区域，如楼下的储藏室或者客厅的一角，也可以改造成一个独立的茶室。厨房或者餐厅比较宽敞，也可以考虑在这些空间中设置一个茶室区域，与家人或朋友一起品茶聊天。独立的小屋或者工作室，可以将其改造成一个专门的茶室，远离家庭生活的忙碌，享受私密的茶道时光。楼上的阁楼或者休闲室，通常可以提供良好的视野和私密性，也非常适合打造成一个私密的茶室。

根据选定的空间，考虑茶室的布局设计。确定品茶区、休息区和储物区等功能分区，并安排它们的相对位置，以便于日常使用。

2. 通风与采光

确保茶室有良好的通风和采光。通过合适的窗户和通风设施，保持空气流通，使茶室保持舒适和健康。通风与采光在独立茶室设计中起着至关重要的作用，它们直接影响到茶室的舒适度和环境质量。

（1）通风

1）自然通风。如果可能的话，尽量设计茶室可以实现良好的自然通风。通过窗户、门和通风口等设计，使空气能够自由流通，保持空气新鲜。

2）排风系统。考虑在茶室中安装排风系统，特别是在茶室内有烹饪或者烟雾产生的情况下，确保室内空气清新。

3）换气频率。根据茶室的大小和使用情况，确定适当的换气频率，保持空气流通，避免空气污染和异味积聚。

（2）采光

1）自然采光。最好能够充分利用自然光线设计茶室的窗户和天窗，使室内获得足够的自然采光。自然光线柔和明亮，有助于营造舒适的氛围。考虑到光线的平衡，避免茶室内出现过强或者过弱的光线，这可能会影响视觉体验和舒适感。

2）遮光装置。在设计茶室时考虑到控制自然光线的能力，可以设计合适的遮光装置，如百叶窗、窗帘或者百叶帘，以调节光线的强度和进入茶室的角度。

3）人工照明。在设计茶室时选择合适的灯具，确保室内即使在夜晚或者阴天也能保持明亮。

3. 隐私保护

在布局设计中考虑到隐私保护的需求，尤其是在有客人来访时。可以通过合适的布局和隔断来划分公共区域和私人空间，保障家庭成员的隐私。

（1）隔声设计　确保茶室内外的隔声效果良好，减少外界噪声的干扰，保护茶室的私密性和安静的氛围。可以使用隔声材料、密封窗户等方式，实现隔声效果。

（2）分区设计　在茶室内部可以考虑设置不同的功能区域，如品茶区、休息区等，通过合理的分区设计，增加私密空间，提升舒适度。

（3）私密性布置　设计合适的布局和摆放家具，以确保茶室内可以享受到私密的空间。可以使用屏风、窗帘等隔断装饰，增加私密性。

11.3.2　书房结合茶室设计

将书房与茶室结合可以为家庭成员提供一个既适合学习工作，又适合休闲放松的空间。在书房中划分出一个舒适的角落，设置茶几、茶具柜和舒适的座椅，形成茶室空间。确保书房和茶室之间的布局合理，同时保留足够的行走空间和工作学习区域。明确书房和茶室的功能分区，通过家具摆放和装饰物来界定茶室区和工作区。可以使用屏风、地毯等装饰物来隔离不同的功能区域。选择适合书房和茶室的家具，如书架、书桌、舒适的椅子和茶几等。家具应该既满足学习工作的需求，又能提供舒适的休息和品茶的空间。根据家庭成员的喜好和家庭装修风格，设计书房兼茶室的氛围和装饰风格。可以选择现代简约、传统复古或者是自然清新的风格，营造出舒适宁静的氛围。确保书房兼茶室有良好的通风和采光，保持空气清新，增加舒适度。可以通过窗户、通风口等方式实现良好的通风效果，同时利用自然光线提高空间明亮度。设计足够的储物空间来存放书籍、文件、茶具和茶叶等物品，保持空间整洁有序。可以使用书柜、文件柜、茶具柜等家具来存放物品。在书房兼茶室中提供一些便利设施，如充电插座、无线网络、舒适的椅子等，增加使用者的舒适度和体验感。

第12章 家具材料与设计规范

12.1 家具制造常用材料

12.1.1 基板

木质人造板是将原木或加工剩余物经各种加工方法制成的木质材料。其种类很多，目前在家具生产中常用的有胶合板、刨花板、纤维板、细木工板、空心板、多层板以及层积材和集成材等。

1. 胶合板

胶合板也叫多层板，是由木段旋切成单板或由木方刨切成薄片，再用胶粘剂合成的三层或多层的板状材料，通常用奇数层单板，并使相邻层单板的纤维方向垂直胶合而成。胶合板能提高木材利用率，是节约木材的一个主要途径。

★小贴士★

胶合板的常见规格为1220mm×2440mm，厚度一般分为3mm、5mm、9mm、15mm和18mm五种规格。此外，还有一些特殊尺寸的胶合板，如610mm×2440mm、915mm×1830mm、1250mm×2500mm、1500mm×3000mm等，这些尺寸的胶合板主要用于特殊场合的加工和使用（图12-1）。

图12-1 胶合板

胶合板特点：

1）均匀性和强度。胶合板的多层结构使其内部结构均匀，强度稳定，不易变形。

2）耐用性。表面涂覆的面板涂料提升了其防水、防火、防虫、防霉等性能。

3）可塑性和环保性。材质柔韧，可加工成各种形状和规格，且制作过程对环境影响较小。

4）经济性。制作成本较低，价格实惠，且耐用性较好，使用寿命较长。

5）施工方便。施工时不易翘曲，横纹抗拉力学性能好。

6）装饰性。外观纹理美观，可作为装饰产品使用。

2. 刨花板

刨花板也叫颗粒板，是实木刨花与树脂压制的板材，有较高的强度和结构性能，基本用作家具的饰面板，通常在表面复合三聚氰胺的贴面板，增加耐磨性。颗粒板是综合性能最好的板材，环保程度高且生产成本低。颗粒板的升级版本叫定向刨花板，也被称为欧松板/OSB板，是一种新型结构的高强度环保材料（图12-2）。

图12-2 刨花板

刨花板的厚度规格有8mm、10mm、12mm、15mm、16mm、18mm和25mm等，其中以18mm为标准厚度。不同厚度的刨花板在家具制造中有不同的应用场合，如8mm厚的常用于柜体、门板等部位；而18mm厚的则适用于各种家具的制造和结构支撑。此外，还有一些特殊规格的刨花板，例如防火板的厚度一般为0.8mm、1mm和1.2mm。

刨花板特点：

1）良好的吸声和隔声性能。刨花板具有绝热和吸声的特性，适合用于需要良好隔声效果的环境。

2）内部结构均匀。刨花板内部为交叉错落结构的颗粒状，这使得其各方向的性能基本相同，横向承重力较好。

3）表面平整。刨花板表面平整，纹理逼真，容重均匀，厚度误差小，耐污染、耐老化且美观，可以进行油漆和各种贴面。

4）环保性能较高。刨花板在生产过程中使用的胶量相对较少，因此环保系数较高。

5）坚固耐用。刨花板经过高温高压制作，具有一定的硬度和强度，不易变形，耐磨损。

6）防火防水。刨花板表面经过特殊处理，具有防火防水的特性，适合用于潮湿或高温环境。

3. 纤维板

纤维板也被称作密度板。纤维板是一种采用木质纤维或其他植物纤维制成的人造板材，经过破碎、蒸煮、成型和烘干等工艺制成的一种板材。纤维板因其制造工艺简单、成型规格多样、质量可控等优点而被广泛应用于家具、建筑、装饰材料等领域（图12-3）。

图12-3　纤维板

目前市场上常见的纤维板主要分为三种类型：中密度纤维板（MDF）、高密度纤维板（HDF）和低密度纤维板（LDF）。纤维板的厚度通常在2.5~30mm之间。不同厚度的纤维板适用于不同的加工和用途，如包装、工艺品、家具、门板等。纤维板的尺寸可以根据需求进行定制，常见的标准尺寸有1200mm×2400mm、1220mm×2440mm、1200mm×2700mm、1200mm×3000mm等。

纤维板特点：

1）材质均匀。纤维板由木质纤维素纤维交织成型并利用其固有的胶粘性能制成，具有材质均匀、纵横强度差小的特点。

2）不易开裂。纤维板具有较好的耐潮防火、寿命长等特点。

3）可加工性好。纤维板可进行锯截、钻孔、开榫、铣槽、砂光等加工，加工性能类似木材，有的甚至优于木材。

4）表面平整光滑。便于二次加工，如粘贴旋切单板、刨切薄木、油漆纸、浸渍纸，也可直接进行油漆和印刷装饰。

5）环保特性。纤维板使用植物纤维作为原材料，经过高温高压加工而成，没有使用过多的化学物质，使用过程中不会释放出有害气体，有益于人体健康。

6）耐用性能。纤维板具有很好的耐用性能，一般使用寿命较长，抗震能力也较强。

4. 细木工板

细木工板也被称作大芯板。它是一种特殊的人造板材，主要将厚度相同的木条同向平行排列拼合成芯板。细木工板的核心由木条板或空心板构成，两面覆盖着两层或多层胶合板，然后通过胶粘和压制而成，所以细木工板是具有实木板芯的胶合板，也称实心板（图12-4）。

细木工板的常用厚度规格有12mm、14mm、16mm、18mm、19mm、20mm、22mm、25mm等。常用细木工板的厚度为18mm，常用尺寸有1220mm×1830mm 、

1220mm × 2440mm等。

图12-4　细木工板

（1）细木工板优点

1）与实木板比较，细木工板幅面宽大、结构尺寸稳定；不易开裂变形、表面平整一致；利用边材小料、节约优质木材；板面纹理美观、不带天然缺陷；横向强度高、板材刚度大。

2）与胶合板相比，细木工板原料要求较低，用胶量少；与刨花板、纤维板相比，质量好、易加工。

3）细木工板的结构稳定，不易变形，加工性能好，强度和握钉力高，是木材本色保持得最好的优质板材，广泛用于家具生产和室内装饰，尤其适于制作台面板和坐面板部件以及结构承重构件。

（2）细木工板缺点

1）细木工板生产过程中大量使用尿醛胶，甲醛释放含量普遍较高，导致大部分细木工板味道刺鼻，环保标准普遍低。

2）部分细木工板在生产时偷工减料，拼接实木条时缝隙较大，板材内部普遍存在空洞，则会导致在此处打钉时没有握钉力。

3）细木工板内部的实木条材质不一样，密度大小不一，只经过简单干燥处理，易起翘变形；结构发生扭曲、变形，影响外观及使用效果。

5. 空心板

空心板是由轻质芯层材料（空心芯板）和覆面材料所组成的空心复合结构板材。家具生产用空心板的芯层材料多由周边木框和空芯填料组成。在家具生产中，通常把在木框和轻质芯层材料的一面或两面使用胶合板、硬质纤维板或装饰板等覆面材料胶贴制成的空心板称为包镶板。其中，一面胶贴覆面的为单包镶；两面胶贴覆面的为双包镶（图12-5）。

图12-5　空心板

空心板特点：

1）空心板具有质量轻、变形小、尺寸稳定、板面平整、有一定强度等特点，是家具生产和室内装修的良好轻质板状材料。

2）空心板在结构上是由轻质芯层材料（或空心芯板）和覆面材料所组成。

6. 集成材

集成材又称指接板，由多块木板拼接而成，上下不再粘压夹板，由于竖向木板采用锯齿状接口，类似两手手指交叉对接，使得木材的强度和外观质量获得增强改进，故称指接板。指接板算是真正意义上的实木板，区别于人造板（图12-6）。

图12-6 集成材

（1）集成材的主要优点

1）稳定性好：集成板由多层板材与胶粘剂紧密压制而成，其内部结构均匀。相比单一板材，集成材的强度和稳定性更高。

2）抗弯性好：由于集成材是复合结构，使得其具有较好的抗弯性能。在一定程度上避免因承重而导致的变形和开裂。

3）定制性强：集成材可以根据客户需求进行定制生产，形状、尺寸、颜色等都可以根据实际需求灵活调整。

4）环保系数高：这种材料由于没有改变木材的结构和特性，因此是一种天然的基材，含胶量少，环保性好。

（2）集成材的缺点　由于缺少了饰面的加持，外观比较单一，不一定能与装修风格相匹配。用于全屋定制的很少，用于成品家具会比较多，还有木工现场制作。

7. 单板层积材

单板层积材（简称LVL）是把旋切单板多层顺纤维方向平行地层积胶合而成的一种高性能产品（图12-7）。层积材标准与规格：非结构用LVL的规格，长度1800~4500mm、宽度300~1200mm、厚度9~50mm；结构用LVL的等级和规格，分为特级（12层以上）、1级（9层以上）、2级（6层以上）；厚度25mm以上，宽度300~1200mm，长度根据需要定。

图12-7 单板层积材

层积材特点：

1）强度性能高：单板层积材强重比优于钢材。单板层积材作为木质结构材料，其强度性能对其应用有很大影响。

2）加工性能高：单板层积材的加工与木材一样方便，可锯切、刨切、凿眼、开榫和钉钉等。

3）稳定性高：单板层积材的层积结构大大减少了发生翘曲和扭曲等变形的可能，因而稳定性好。

4）阻燃性能好：作为结构材的单板层积材耐火性比钢材好。日本对美式木结构房屋进行的火灾实验表明，其抗火灾能力不低于2h，而重量较轻的钢结构会在遇火后1h内丧失支撑能力。

5）经济性：单板层积材的经济性集中地表现在小材大用、劣材优用地增值效应，出材率可达到60%~70%。

8. 科技木

科技木也称工程木，是以普通木材为原料，采用计算机虚拟与模拟技术设计，经过高科技手段制造出来的仿真甚至优于天然珍贵树种木材的全木质新型材料。它既保持了天然木材的属性，又赋予了新的内涵。科技木既可制成木方，也可将木方刨切成薄木（又称人造薄木）（图12-8）。

图12-8 科技木

与天然木材相比，科技木具有以下特点：

1）物理性能优越：科技木的密度和物理性能如静曲强度优于天然木材，且具有防腐、防蛀、耐潮等特性，易于加工。

2）色彩丰富，纹理多样：科技木产品经过计算机设计，可以模拟珍贵树种的纹理，具有色泽鲜亮、纹理立体感强的特点，满足多样化的装饰需求。

3）环保性能高：科技木的制造过程环保，副产品可转化为热能、燃料或用于制造其他木制品，提高木材利用率至85%以上。

9. 装饰板

装饰板也被称作三聚氰胺树脂装饰板，是一种素色原纸或印刷装饰纸经浸渍氨基树脂，并干燥到一定程度，具有一定树脂含量和挥发物含量的胶纸。目前定制家具市场上的主流饰面纸加上基材做成板之后，更多的称呼是三胺板、双饰面板、免漆板、生态板等（图12-9）。

图12-9 装饰板

1）优点：表面很平整，结构均匀，不易变形，价格实惠，颜色多样，仿木纹、石纹等表面效果逼真。

2）缺点：三聚氰胺板在制作过程中会使用胶，胶是否合格会直接影响三聚氰胺板的环保级别。防潮性一般。

12.1.2 贴面材料

随着家具生产中各种木质人造板的应用，需用各种贴面和封边材料对人造板进行表面装饰和边部封闭处理。贴面（含封边）材料按其材质的不同有多种类型，其中，木质类的有天然薄木、人造薄木、单板等；纸质类的有印刷装饰纸、合成树脂浸渍纸、装饰板等；塑料类的有聚氯乙烯（PVC）薄膜、聚乙烯（PVE）薄膜、聚烯（Alkorcell奥克赛）薄膜等；其他的还有各种纺织物、合成革、金属箔等。贴面材料主要起表面保护和装饰两种作用。装饰用的贴面材料又称饰面材料，其花纹图案美丽、色泽鲜明雅致、厚度较小，表面用饰面材料的实心板称为饰面板，又称贴面板。如薄木贴（饰）面板、装饰纸贴（饰）面板、浸渍纸贴（饰）面板、装饰板贴（饰）面板、PVC塑料薄膜贴（饰）面板等。现分别介绍各类贴面材料的特点和用途（图12-10）。

图12-10 贴面材料

1. 木质贴面板

实木贴皮分天然木皮和科技木皮。天然木皮是以天然原木为原料，保留了实木的纹理，更自然；科技木皮是多种圆木皮层层重叠，经过树脂高压合成以及切片形成（图12-11）。

图12-11 木质贴面板

1）优点：具有实木的外观自然质感，可以做成各种各样的饰面和烤漆，适用于各种家具风格。实木贴皮板造价相较于实木比较便宜，工艺加工也相对简单。

2）缺点：容易受到环境的影响，温湿度都会导致贴皮翘起或裂开，影响整体美观性。防潮性、耐用性较差，受到撞击后会造成木皮脱落。

3）价格：价位仅次于纯实木，因木皮有国产和进口之分，名贵木材和普通木材之分，可选择范围较大，所以根据实木皮的材质种类及厚度决定了实木贴皮饰面价格和档次的高低。

2. 印刷装饰纸

装饰纸是一种通过图像复制或人工方法模拟出各种树种的木纹或大理石、布等图案花纹，并采用印刷滚筒和配色技术将这些图案纹样印刷出来的纸张，又常称木纹纸（图12-12）。

图12-12 印刷装饰纸

1）优点：具有良好的装饰性能。印刷装饰贴纸面是在基材表面贴上一层印刷木纹或图案的装饰纸，然后用树脂涂料涂饰，或用透明塑料薄膜再贴面。这种装饰方法的特点是工艺简单，能实现自动化和连续化生产；表面不产生裂纹，有柔软性、温暖感和木纹感，具有一定的耐磨、耐热、耐化学药剂性，适合制造中低档家具及室内墙面与顶棚等的装饰。

2）缺点：装饰纸的使用寿命相对较短，易受潮、变形或老化。此外，在施工过程中，需要注意避免刮伤或磨损装饰纸。

3）价格：根据不同的材质、设计和用途，价格也有所不同。

3. 浸渍纸

浸渍纸是将原纸浸渍热固性合成树脂后，经干燥使溶剂挥发而制成的树脂浸渍纸（又称树脂胶膜纸）。常用的合成树脂浸渍纸贴面不用涂胶，浸渍纸干燥后合成树脂未固化完全，贴面时加热熔融，贴于基材表面，由于树脂固化，在与基材粘结的同时，形成表面保护膜，表面不需要再用涂料涂饰即可制成饰面板（图12-13）。

图12-13 浸渍纸

1）浸渍纸包括耐磨、款式丰富、抗冲击、抗变形、耐污染、阻燃、环保、不褪色、易打理等优点。

2）浸渍纸缺点有：①缺乏木材质感：虽然外观美丽，但缺乏真实的木材质感；②涂饰工艺复杂：实木饰面板材的涂饰工艺相对复杂，可能导致耐磨性相对较差。

12.1.3 金属材料

金属材料是现代家具的重要材料，现代家具的主框架乃至接合零部件与装饰部件的加工等，许多都由金属材料构成。金属具有很多优越性：质地坚韧、张力强大，防火防腐，熔化后可借助模具铸造，固态时则可以通过辗轧、压轧、锤击、弯折、切割、车旋、冲压、焊接、铆接、辊压、磨光、镀层、复合、涂饰等加工方法而制成各种形式的构件。金属可分为铁金属和非铁类金属两大类。

1. 铁金属材料

铁金属又称黑色金属，包括铁和钢，强度和性能受碳元素影响，含碳量少时质软、强度小，容易弯曲而可锻性大，热处理效果欠佳；含碳量多时则质硬、可锻性小，热处理效果好。根据含碳量标准分为铸铁、锻铁、钢三种基本类型。非铁金属又称为有色金属，主要包括金、银、铜、铝、铅、锡及其合金等。应用于家具制造的金属材料通常是由两种或两种以上的金属所组成的合金，主要有铁、钢、铝合金、黄铜等。

根据含碳量的不同，铁又可以分为铸铁、锻铁和钢。

（1）铸铁　含碳量在2%以上的黑色金属称为铸铁。晶粒粗而韧性弱，硬度大而熔点低，适合铸件生产，在欧洲维多利亚时代是最受欢迎的家具材料，主要用在那些希望有一定质量的部件上，在家具上常用来制作座椅的底座、支架及装饰构件等（图12-14）。

（2）锻铁　含碳量在0.15%以下的黑色金属称为锻铁、熟铁或软钢。硬度小而熔点高，晶粒细而韧性强，在高温下具有良好的可塑性，可以被锻造和加工成各种复杂的形状和设计，使其在家具设计中具有很大的灵活性和创造空间。利用锻铁制造家具历史较久，传统的锻铁家具多为大块头，造型上繁复，粗犷者居多，可称为一种艺术气质极重的工艺家具，也称铁艺家具。锻铁家具线条玲珑，气质优雅，款式多变，由繁复的构图到简洁的图案装饰，式样繁多，能与多种类型的室内设计风格配合（图12-15）。

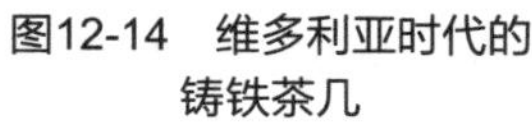

图12-14　维多利亚时代的铸铁茶几

图12-15　铁艺家具

（3）钢　含碳量在0.03%~2%，强度大而富弹性，抗拉及抗压强度均高，制成的家具强度大、断面小，能给人一种浑厚、沉着、朴实、冷静的感觉。钢材表面经过处理，可以加强其色泽、质地的变化，如钢管电镀后有银白色略带寒意的光泽，减少了钢材的重量感。不锈钢属于不发生锈蚀作用的特殊钢材，是现代家具的制作材料（图12-16）。

不锈钢是以铬为主要合金元素的合金钢。铬元素含量越高，其耐腐蚀性越好。不锈钢具有高耐腐蚀性，经过抛光加工可以得到很高的装饰性能和光泽保持能力，并具有良好的加工性能，是金属家具中常用的材料。另外采用表面加工技术可以在不锈钢板的表面做出金黄、红、紫等多种颜色，这种彩色不锈钢板保持了不锈钢材料耐腐蚀性好及机械强度高的特点，是综合性能远胜于铝合金彩色装饰板的新型高级装饰材料（图12-17）。

图12-16 钢艺家具

图12-17 不锈钢家具

2. 非铁类金属

（1）铝　铝具有很好的导电性、导热性、延展性及可塑性，易加工成板材及管材等；但铝的强度及硬度较低。应用到家具上主要是铝合金型材，通过挤压加工而成的铝型材可作家具骨架，需承受压力加工和弯曲加工的构件通过铸造可制成户外家具（图12-18）。

图12-18 铝合金

（2）铜　铜是我国使用最早、用途较广的一种有色金属，也是一种古老的建筑材料，并广泛用做装饰及各种零部件。在现代建筑装饰中，铜可用于拉手、门锁、铰链等家具五金配件，还可用于卫生器具的配件，如淋浴器配件、洗面器配件等。在铜中掺加锌、锡等元素可制成铜合金，铜合金主要有黄铜（铜和锌的合金）、青铜和白铜，家具制造中常用的是黄铜。家具中所用的黄铜主要有拉制黄铜管和铸造黄铜，主要用于制造铜家具的骨架及装饰件。而家具所用的黄铜拉手、合页等五金配件，一般采用黄铜棒、黄铜板加工而成。

青铜在家具上被用来制造高级拉手和其他配件。将金属材料广泛应用于家具设计是从20世纪20年代的德国包豪斯学院开始的，第一把钢管椅子是包豪斯的建筑师与家具师布鲁耶于 1925年设计，随后又由包豪斯的建筑大师密斯·凡德罗设计出了著名的MR椅，充分利用了钢管的弹性与强度的结合，并与皮革、藤条、帆布材料相结合，开创了现代家具设计的新方向。

12.1.4 玻璃

玻璃是一种透明性的人工材料，有良好的防水防酸碱的性能，以及适度的耐火耐磨的性质，并具有清晰透明、光泽悦目的特点。受光有反射现象，尤其是那些经过加工处理、可琢磨成各种棱面的玻璃，产生闪烁折光。也可经截锯、雕刻、喷砂、化学腐蚀等艺术处理，得到透明或不透明的效果，以形成图案装饰，丰富了家具造型立面效果。家具制造中常用的玻璃种类有以下几种。

1. 磨光玻璃

磨光玻璃是普通平板玻璃经过机械磨光抛光后制成的高透明度的玻璃。其特点为表面平整光亮、厚度均匀。常用作高级的镜面及家具台面等（图12-19）。

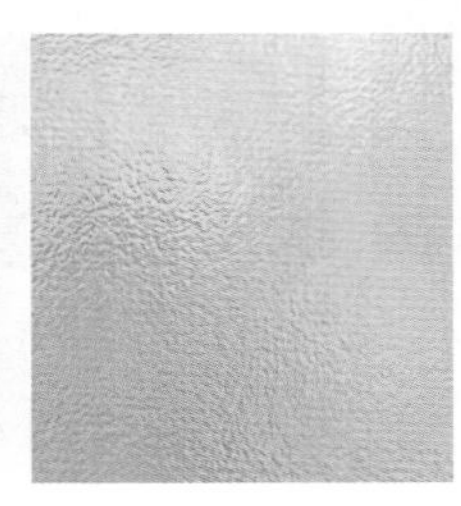

图12-19　磨光玻璃

2. 钢化玻璃

钢化玻璃是将玻璃加热到接近玻璃软化点的温度以迅速冷却或用化学方法钢化处理所得的玻璃深加工制品。钢化玻璃机械强度高，抗冲击性强，具有良好的热稳定性，是安全玻璃的一种。钢化玻璃不能进行切割和加工，只能在钢化前对玻璃进行加工至需要的形状，然后再进行钢化处理。安全性钢化玻璃按形状分为平面钢化玻璃和曲面钢化玻璃。平面钢化玻璃厚度有 4mm、5mm、6mm、8mm、10mm、12mm、15mm等规格；曲面钢化玻璃厚度有5mm、6mm、8mm三种规格，常用作家具台面等（图12-20）。

图12-20　钢化玻璃

3. 弯曲玻璃

弯曲玻璃是将玻璃置于模具上加热后依玻璃自身重量而弯曲，再经过冷却后而制成（图12-21）。

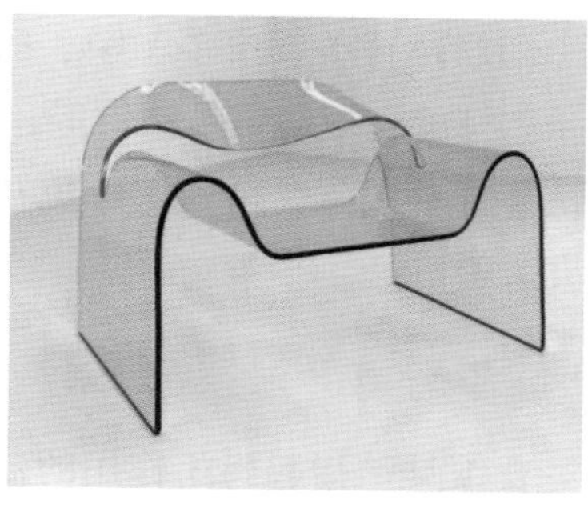

图12-21 弯曲玻璃

4. 彩色玻璃

彩色玻璃又称有色玻璃。它是在玻璃原料中加入一定量的金属氧化物的玻璃，不同的金属氧化物使玻璃具有不同色彩。彩色玻璃的颜色有蓝色、黑色、绿色、茶色、黄色等多种（图12-22）。

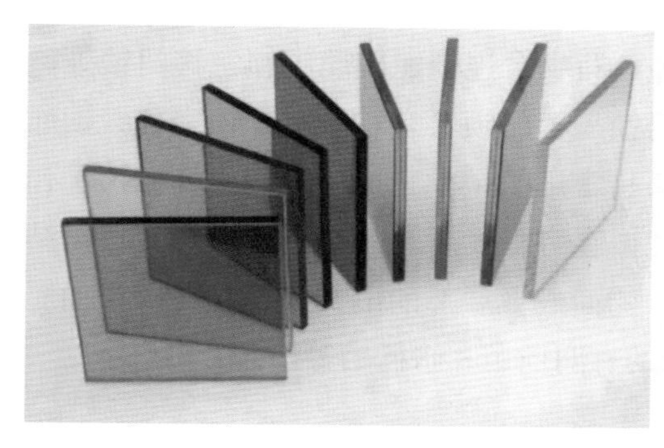

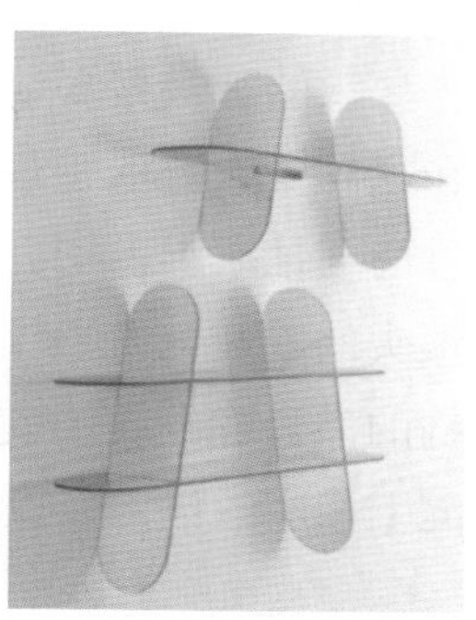

图12-22 彩色玻璃

5. 镜面玻璃

镜面玻璃是利用银镜反应或真空镀膜工艺在平板玻璃表面镀上一层银膜或铝膜，制成后的玻璃镜表面无波纹，适用于衣柜的立镜等（图12-23）。

图12-23 镜面玻璃

12.1.5 常用五金配件

五金配件是家具产品不可或缺的一部分，其重要性在板式家具和拆装家具中更为明显。五金配件对家具起到连接、紧固和装饰的作用的同时，还能够改善家具的造型与结构，直接影响产品内在的质量和外观的效果。家具五金配件按功能可分为活动件、紧固件、定位件及装饰件等；按结构分有铰链、连接件、抽屉滑轨、移门滑道、翻门吊撑（牵筋拉杆）、拉手、锁、插销、门吸、搁板承、挂衣棍承座、滚轮、脚套、支脚、嵌条、螺栓、木螺钉、圆钉等；依据国际标准（ISO）可将家具五金件分为锁、连接件、铰链、滑动装置（滑道）、位置保持装置、高度调整装置、支承件、拉手、脚轮及脚座这九大类。

1. 锁具

锁具是指起封闭作用的器具，它包括锁、钥匙及其附件，一般解释为“必须用钥匙方能开脱的封缄器”，锁具除了可以用钥匙开启外，还能够通过光、电、磁、声和指纹等指令开启。锁具具备保护功能，提高物品安全性的同时，还具备“管理”和“装饰”的作用。此外，钥匙在国际交往礼仪中象征友谊。

锁的种类繁多，有普通锁、箱搭锁、拉手锁、写字台连锁、玻璃门锁、移门锁等。在家具中，普通锁最常见，包含有抽屉锁和柜门锁，柜门锁又有左、右开锁之分，锁通过门与抽屉上的圆孔进行连接。写字台等办公家具常用的是整套连锁（又称转杆锁），锁头的安装与普通锁一样，只是有一通长的锁杆嵌在旁板上所开的专用槽口内。根据结构的差异和锁头的安装位置可分为在抽屉正面、侧面或者后部的形式，并且与每个抽屉配上相应的挂钩装置。插销也有多种类型，常用的有明插销和暗插销等。

2. 铰链

铰链主要是用于柜类家具柜门与柜体活动的连接件，起到柜门开闭的功能。依据构造类型可分为明铰链、暗铰链、门头铰、玻璃门铰等（表12-1）。

表12-1 铰链构造类型分析

构造名称	图片	安装位置	优点	缺点
明铰链		外露于家具表面	拆卸方便 承载力强 不易开裂等	抗破坏性、美观性不如暗铰链
暗铰链		暗藏于家具内部	美观度高 抗破坏性好	开启角度、承载力不如明铰链
门头铰		柜门上下两端与柜体顶底结合处	灵活性强 承受力大 耐用性强等	易生锈 用久弹力变小 成本较高等
玻璃门铰		柜体旁板内侧	美观度高 安装方便 便于维修	承重较小、轴在低温情况下易漏油等

3. 连接件

连接件是拆装式家具上各种部件之间的紧固构件，特点是具有多次拆装性。依据作用和原理可分为偏心式、螺旋式、挂钩式等（表12-2）。

表12-2 连接件样式及特点分析

样式名称	图片	连接构成	结构特点
偏心式连接件	偏心轮 连接杆 预埋件	偏心锁环与连接拉杆钩挂形成连接	接合度高 减震降噪 耐腐蚀性强 经济适用等
螺旋式连接件		各种螺栓或螺钉与各种形式的螺母配合连接	结构简单 连接可靠 精度较高 实用性强等
挂钩式连接件		挂钩螺钉与连接片或两块连接片相互挂扣、钩拉或插扎形成连接	持久耐用 稳定性强 承载力强等

4. 抽屉滑轨

抽屉滑轨的主要功能是使抽屉的推拉更具灵活性和便捷性，避免产生侧翻或歪斜的问题。目前，抽屉滑轨的种类很多，常用的可按以下分类：

1）按安装位置可分为托底式、侧板式、槽口式、隔板式等（图12-24）。

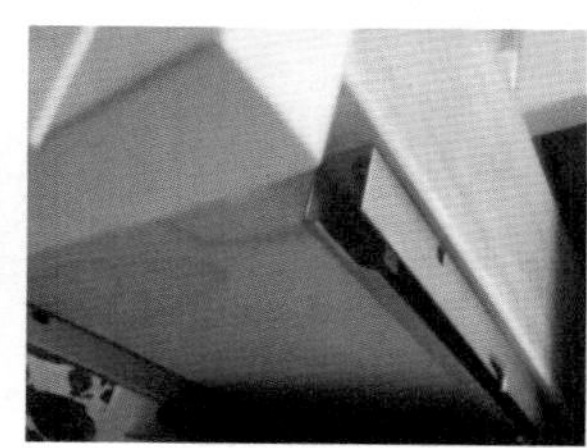

a）

b）

c）

图12-24 抽屉滑轨分类
a）托底式 b）侧板式 c）隔板式

2）按滑动形式可分为滚轮式（尼龙或钢制滚轮）、球式、滚珠式、滑槽式等。按滑轨拉伸形式可分为部分拉出（单节拉伸，每边一轨或两轨配合）和全拉出（两节拉伸，每边三轨配合）。

3）按安装形式可分为推入式（只要把抽屉放在滑轨上，往里推即可完成安装）、插入式（只要把抽屉放在拉出的滑轨上，使滑轨后端的钩子钩上，栓钉插入抽屉底部孔中即可完成安装）。

4）按抽屉关闭方式可分为自闭式（自闭功能使得抽屉不受重量影响能安全平缓关闭）、非自闭式（不含自闭功能，需要外力推入才能关闭）。按承载质量可分为每对10kg、12kg、15kg、20kg、25kg、30kg、35kg、40kg、45kg、50kg、60kg、100kg、150kg、160kg 等。

5. 移门滑道

移门滑道及其配件广泛应用于移门和折叠门，实现顺畅滑动开启。其主要由滑动槽、导向槽、滚轮等滑动配件和滚轮或销等导向配件构成。根据安装形式，可分为内置式和前置式；按结构，可分为重压式和悬挂式。滑动槽和导向槽材料可选塑料或金属，长度可根据需要截取。这些配件共同确保移门或折叠门的稳定、顺畅运行（图12-25）。

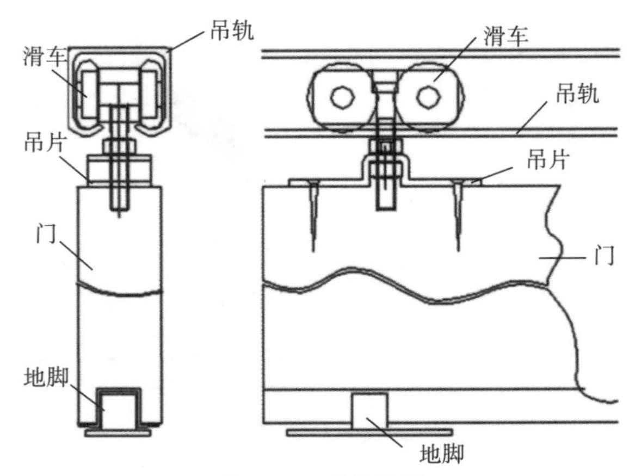

图12-25　移门滑道

（1）滑轨　滑轨也称滑道，主要用于家具的抽屉、移门等，可以使其开启和关闭时更具有弹性。因滑轨属于频繁使用的五金配件，在家具应用中十分重要，且滑轨的品质在一定程度上对抽屉的使用功能和寿命起着决定性的作用。质量好的滑轨具有较高的稳定性、耐用性、灵活性、精密性以及低摩擦性的特点，而质量差的滑轨上述特点的性能都会大大降低。因此，选择高质量的滑轨很重要（图12-26）。

图12-26　滑轨

滑轨的种类很多，几种常用的滑轨简介如下：

1）滚轮滑轨：也称轮式滑轨，其基本工作原理是通过轨道与轨道之间的滚轮滚动来实现伸缩。托底式是滚轮滑轨最常用的形式，滑轨可以被隐藏在抽屉底部，安装好后基本上看不到配件，实木抽屉较多使用。滚轮滑轨的优点是易于安装、方便快捷、稳定性高、耐久性强、承受力强、性价比较高等（图12-27）。

2）钢珠滑轨：也称滚珠滑轨，其基本工作原理是通过轨道与轨道之间的钢珠滚动来实现伸缩，钢珠是钢珠滑轨不可或缺的一部分。钢珠运行在滑轨轨道中，施加于滑轨上的荷载能够被分散到各个方向上，因此在为用户提供轻松便捷体验的同时，确保滑轨侧向的稳定性和安全性（图12-28）。钢珠滑轨有系列产品，可分为：部分拉出滑轨、全拉出滑轨和超全拉出滑轨。钢珠与轨道的滚动摩擦较小，滚动顺畅，且具有高承载力、耐磨性强、安装便捷、稳定性高的特点等。

图12-27 滚轮滑轨

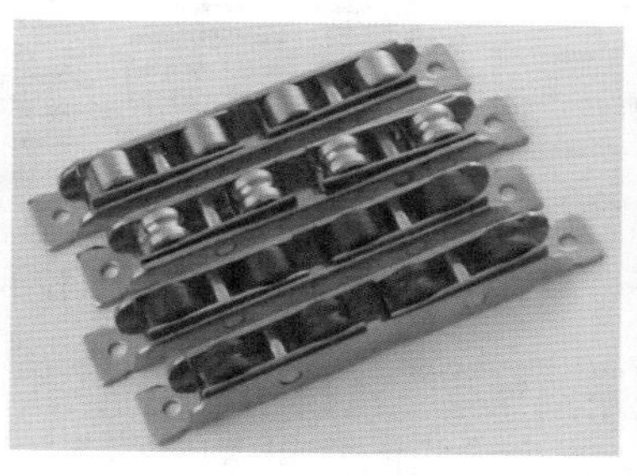

图12-28 钢珠滑轨

3）机械开启抽开系统：推弹器的选配更有助于抽屉顺畅自如地打开，只需轻触前面板即可。抽屉的承载重量即便达到50kg，也可轻松地打开。在家具设计理念中，任何无拉手设计的面板外观都会显得非常典雅。

4）配置电动开启系统：若要实现电动抽屉匀速、柔和地打开，只需轻触抽屉面板的任意位置即可。电动开启系统不仅能够实现抽屉便捷、平稳地打开，而且系统配置的集成静音阻尼系统具有静音关闭效果。

（2）桌面拉伸导轨与转盘　若要适应桌台面的拉伸或转动的要求，就需要安装桌面拉伸导轨或桌面转盘等配件（图12-29）。

（3）翻门吊撑　吊撑（又称牵筋拉杆）主要用于翻门（或翻板），使翻门绕轴旋转，最后被控制或固定在水平位置，以作搁板或台面等使用（图12-30）。

图12-29 桌面拉伸导轨与转盘

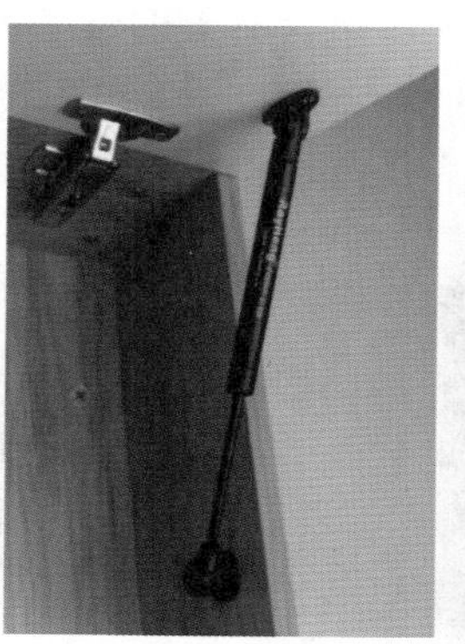

图12-30 翻门吊撑

6. 拉手

各种家具的柜门和抽屉几乎都要配置拉手，拉手除了具有启闭、拉伸、移动的功能外，还具有重要的装饰作用。拉手按材料可分为黄铜、不锈钢、锌合金、硬木、塑料、橡胶、玻璃、陶瓷等；按形式可分为突出（外露）式、平面（嵌入）式和吊挂式等；按造型可分为圆形、方形、菱形、长条形、曲线形及其他组合形等（图12-31）。

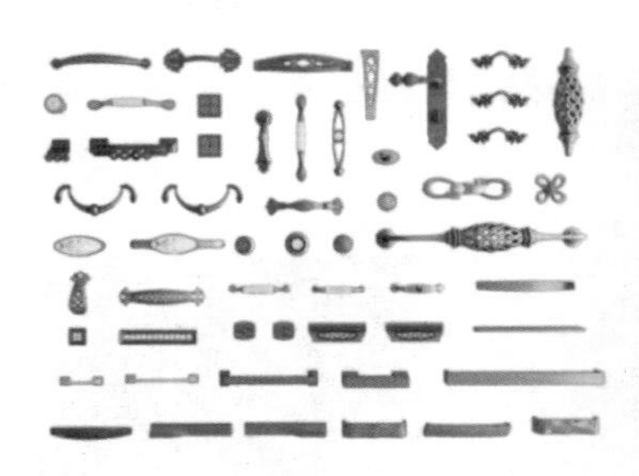
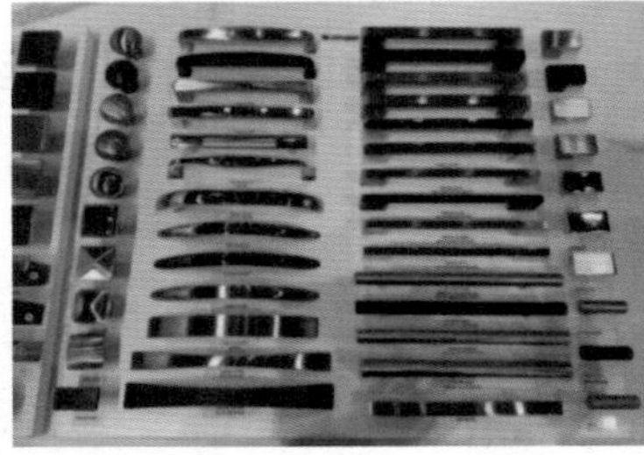
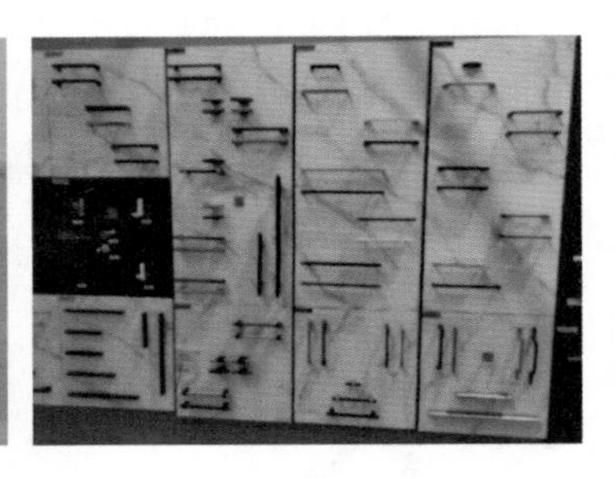

图12-31　拉手

（1）门吸　门吸又称碰头，其功能是用于柜门的定位。门吸具有保护房门和墙面、防止房门自动关闭、减少房门的空间占用等特点。常用的有磁性门吸、磁性弹簧门吸、钢珠弹簧门吸、滚子弹簧门吸等（图12-32）。

（2）搁板撑　搁板撑的主要功能是对柜类轻型搁板起到支撑和固定的作用。依据搁板固定形式，搁板撑包含活动搁板销（套筒销）、固定搁板销（主要有杯形连接件和T形连接件等）、搁板销轨等种类（图12-33）。

图12-32　门吸

图12-33　搁板撑

（3）挂衣棍承座　挂衣棍承座主要的功能是对衣柜内挂衣横管起到支承和固定的作用。依据安装位置，支承座包含有侧向型（固定在衣柜的旁板上）和吊挂型（固定在衣柜顶板或搁板上）；依据挂衣棍固定形式，支承座包含固定式（按端面形状可分为圆形管支承、长圆形管支承和方形管支承）和提升架式等类型（图12-34）。

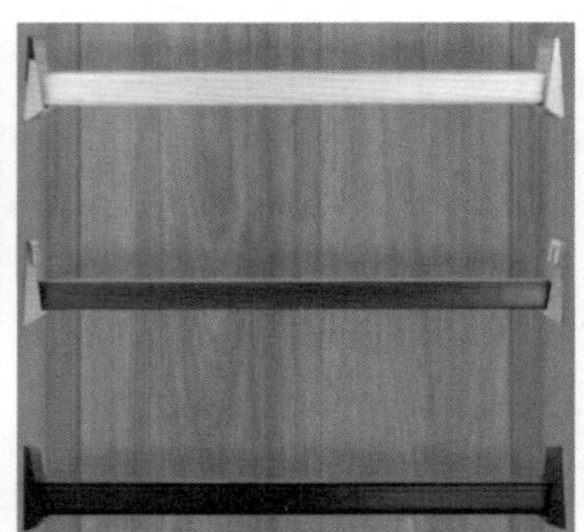

图12-34　挂衣棍承座

（4）脚轮与脚座　脚轮包括滚轮和转脚，两者的安装位置都在家具的底部，滚轮的功能是实现家具向各个方向的移动；转脚的功能则是实现家具向各个方向的转动。两者结合制成万向轮是目前最常见的形式，并且可以更好地实现家具（尤其是椅、凳、沙发等）的便捷使用。

脚座包括支脚和脚套（脚垫）。支脚是家具的结构支承构件，起到承受家具重量的作用，支脚通常含有高度调整装置，功能是用于调整家具的高度与水平；脚套或脚垫套于或安装于各种家具腿脚的底部，不仅能够起到减少与地面的直接接触和磨损的作用，而且能够增强家具外形的装饰作用（图12-35）。

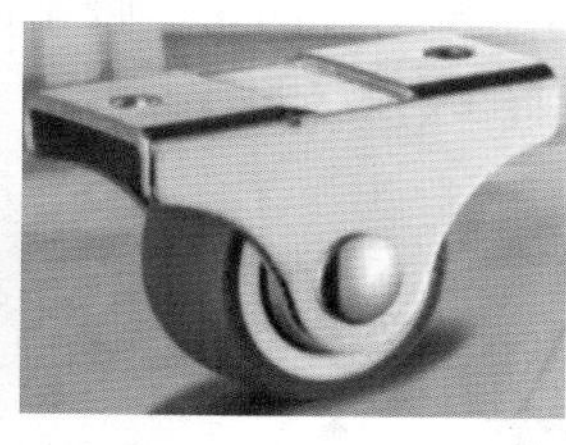

图12-35　脚轮与脚座

（5）螺钉与圆钉　螺钉、螺栓、螺柱一般用于五金件与木质家具构件之间的拆装式连接（图12-36）。

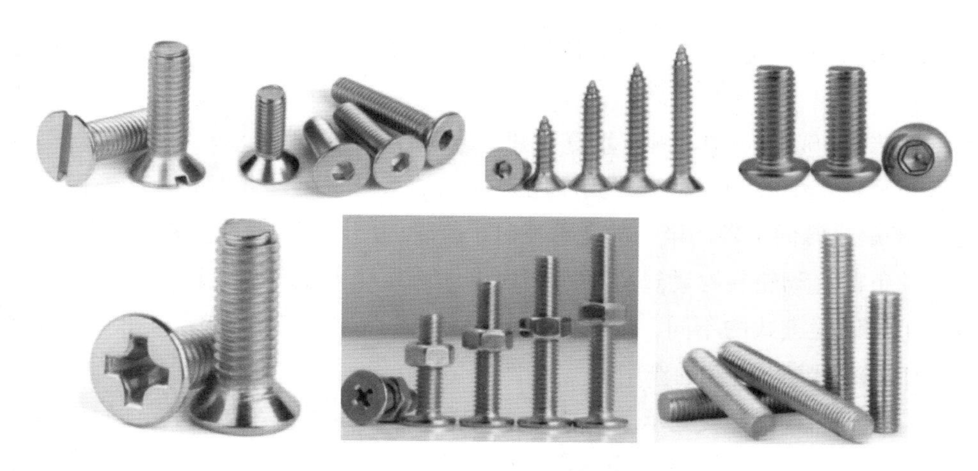

图12-36　螺钉与圆钉

木螺钉可分为两种类型：普通木螺钉（自攻螺钉、木螺丝）和空心木螺钉。①普通木螺钉适用于固定连接非拆装零部件，槽形有一字和十字之分；头部形状有沉头、半沉头、圆头之分。②空心木螺钉则适用于需经常拆装的部件，其拆卸不易损伤木材且不易滑牙。使用木螺钉连接时，可防止滑动，钉着力比圆钉强，尤其适用于震动部位的接合。

圆钉在木家具生产中主要起定位和紧固作用。圆钉在使用中不宜数量过多，不然会破坏木材的结构、降低结合强度。因此，达到需求的强度即可。圆钉的反复嵌入与拔出也会使木材受损，最终影响结合效果。

（6）镜子　将玻璃经镀银、镀铝等镀膜加工后成为照面镜子（镜片），具有物像不失真、耐潮湿、耐腐蚀等特点，可作衣柜的穿衣镜、装饰柜的内衬以及家具镜面装饰用。常用厚度有3mm、4mm、5mm 等规格。

（7）装饰嵌条　装饰嵌条一般采用铝合金、薄板条、塑料等材料制成，其主要功能是对镜框、家具表面、各种板件周边的镶嵌起到封边和装饰的作用（图12-37）。

（8）脚轮　脚轮是个统称，包括活动脚轮、固定脚轮和活动带刹车脚轮。活动脚轮也被称为万向轮，它的结构允许360° 旋转；固定脚轮也叫定向脚轮，无旋转结构，不能进行转动。通常是两种脚轮搭配使用，比如手推车的结构是前边选用两个定向轮，后边靠近推动扶手的选用两个万向轮。脚轮包含pp脚轮、PVC脚轮、PU脚轮、铸铁脚轮、尼龙脚轮、TPR脚轮等多种材质（图12-38）。

图12-37　装饰嵌条

图12-38　脚轮

1）构造特点。

①安装高度：脚轮的安装高度是指脚轮底板的最低点到轮子边缘最高点之间的距离。

②支架转向中心距：中心铆钉垂直线到轮芯中心的水平距离。

③转动半径：中心铆钉垂直线到轮胎外边缘的水平距离，合理的转动半径设计能够实现360° 的顺畅转向。转动半径的合理性对于脚轮的使用寿命具有直接影响。

④行驶负荷：脚轮在移动过程中所表现出的承重能力也称动负荷。脚轮的动负荷差异源自于工厂试验方式的不同，以及选取轮子材料的不同。支架的结构和质量对于脚轮的抗冲击和震荡起着决定性的作用。

⑤冲击负荷：当设备受到承载物冲击或震动时脚轮的瞬间承重能力。 静态负荷：脚轮在静止状态下能承受的重量。静态负荷一般情况应为行使负荷（动承载）的5～6倍，静态负荷至少应是冲击负荷的2倍。

⑥转向：硬质且窄小的轮子比软质且宽大的轮子更容易实现转向。此外，转动半径是评估轮子转动性能的重要参数，转动半径过短会增加转向难度，而转动半径过大又可能造成轮子在使用过程中的晃动，并缩短其使用寿命。

⑦行驶灵活性：影响脚轮灵活性的因素包含支架结构和钢材选取、轮子的大小和类型、轴承等，且轮子越大灵活性越好。在平稳的地面上，硬质、窄小的轮更具省力的优势；在不平稳的地面上，软质的轮子更省力且能够更好地保护设备和避震。

2）使用材质：脚轮按材质主要分为超级人造胶脚轮、聚氨酯脚轮、塑料脚轮、尼龙脚轮、钢铁脚轮、耐高温脚轮、橡胶脚轮、S形人造胶脚轮等（表12-3）。

表12-3 脚轮材质性能分析

性能特点	超级人造胶	聚氨酯	塑料	尼龙	钢铁	耐高温	橡胶	S形人造胶
承载/kg	27~502	31~1905	31~408	100~1400	181~2040	270~450	55~502	60~100
适用温度/℃	-43~85	-43~85	-43~85	-43~85	-43~126	-43~180	-43~85	-43~85
轮硬度	65（±5）A	55（±5）D	65（±5）D	—	—	—	75（±5）A	85（±5）A
转动灵活性	优	优	优	优	优	优	良	优
转动宁静	优	优	一般	一般	差	良	优	优
地板保护	优	优	一般	一般	差	良	优	优
无轮印	无	无	无	无	无	无	差	无
耐冲击	优	优	优	良	良	优	优	优
耐磨损	优	优	一般	良	优	优	优	优
防水性能	优	优	优	差	差	优	优	优
防化学品性能	优	优	优	良	良	优	差	优

12.2 设计规范

室内设计和家具设计是两个相互关联的领域，它们共同为人们创造一个舒适、美观、实用和安全的居住环境。在设计和选择家具时，需要遵循一定的规范，以确保人体工程学、功能性、安全性、环保性和美观性等方面的需求得到满足。

12.2.1 尺寸规范

1. 人体工程学原则

在定制家具的设计过程中，应充分考虑人体工程学原理，使家具的使用更加舒适、方便。例如，床的高度应根据使用者的身高进行调整，以保证使用者在使用时不会感到不适；书桌的高度应使使用者在使用时能够保持正确的坐姿，避免颈椎、腰椎等疾病的发生。此外，还应根据使用者的年龄、性别等因素，设计出符合人体工程学的家具。

2. 空间利用原则

定制家具的设计应充分利用空间，避免浪费。例如，衣柜的设计应考虑到衣物的收纳需求，合理设置挂衣区、抽屉区等；书柜的设计应考虑到书籍的摆放方式，合理设置层板高度，以便于书籍的取放。还应根据使用者的实际需求，设计出能够充分利用空间的家具。

3. 尺寸统一原则

定制家具的尺寸应尽量统一，以便于生产和安装。例如，橱柜的宽度应统一为50cm

或60cm，以便于生产时的材料切割和安装时的拼接。还应根据使用者的需求，设计出尺寸统一的家具。

（1）柜子　定制衣橱深度一般60~65cm；衣橱门宽度40~65cm；推拉门宽度75~150cm，高度190~240cm；矮柜深度35~45cm，柜门宽度：30~60cm。电视柜深度：45~60cm，高度：60~70cm。

（2）床　单人床宽度为90cm，105cm，120cm；长度：180cm，186cm，200cm，210cm。双人床宽度为135cm，150cm，180cm；长度180cm，186cm，200cm，210cm。圆床直径为186cm，212.5cm，242.4cm（常用）。

（3）分割式家具　室内门宽度：80~95cm；高度：190cm，200cm，210cm，220cm，240cm。厕所、厨房门宽度：80cm，90cm；高度：190cm，200cm，210cm。窗帘盒高度：12~18cm；深度：单层布12cm；双层布16~18cm（实际尺寸）。

（4）客厅家具　单人式沙发长度：80~95cm，深度：85~90cm；坐垫高：35~42cm；背高：70~90cm。茶几：小型，长方形长度60~75cm，宽度45~60cm，高度38~50cm（38cm最佳）；中型，长方形长度120~135cm；宽度38~50cm或者60~75cm；大型，长方形长度150~180cm，宽度60~80cm，高度33~42cm（33cm最佳）。双人式：长度126~150cm；深度：80~90cm。三人式：长度175~196cm；深度：80~90cm。四人式：长度232~252cm；深度80~90cm。圆形：直径75cm，90cm，105cm，120cm；高度：33~42cm。方形：宽度90cm，105cm，120cm，135cm，150cm；高度33~42cm。

（5）书桌　固定式：深度45~70cm（60cm最佳），高度75cm。

12.2.2　材料规范

1. 环保原则

定制家具的材料应选择环保、无污染的材质，以保证家具的使用安全。例如，板材应选择E1级或E0级的环保板材，甲醛释放量符合国家标准；油漆应选择水性漆，无毒无味，对人体无害。还应根据使用者的需求，选择环保、无污染的材质（表12-4）。

表12-4　人造板及其制品甲醛释放量分级

（单位：mg/m^3）

等级	限量值	标志
E_1级	≤0.124	E_1
E_0级	≤0.050	E_0
E_{NF}级	≤0.025	E_{NF}

2. 耐用原则

定制家具的材料应具有良好的耐用性，以保证家具的使用寿命。例如，五金件应选择品牌产品，质量可靠；木材应选择硬度高、耐磨的材质，如橡木、胡桃木等。还应根据使用者的需求，选择耐用性强的材质。

3. 美观原则

定制家具的材料应具有良好的美观性，以满足消费者的审美需求。例如，板材的颜色应与家居环境相协调，以营造和谐的家居氛围；五金件的颜色和款式应与家具的风格相一致，以增强家具的整体美感。还应根据使用者的需求，选择美观性强的材质。

12.2.3 工艺规范

1. 结构稳定原则

定制家具的结构应稳定可靠，以保证家具的使用安全。例如，橱柜的背板应采用双层结构，以提高橱柜的稳定性；衣柜的挂衣杆应采用加厚钢管，以保证承重能力。还应根据使用者的需求，设计出结构稳定的家具。

2. 连接牢固原则

定制家具的连接部位应牢固可靠，以保证家具的使用寿命。例如，橱柜的连接件应采用不锈钢螺钉，防锈性能好；衣柜的连接件应采用自攻螺钉，连接牢固。还应根据使用者的需求，设计出连接牢固的家具。

3. 表面处理原则

定制家具的表面处理应平整、光滑，以保证家具的美观性和使用舒适度。例如，橱柜的表面应采用砂光处理，使其手感细腻；衣柜的表面应采用喷涂处理，使其颜色均匀。还应根据使用者的需求，设计出表面处理良好的家具。

12.2.4 功能规范

1. 人性化原则

定制家具的功能设计应充分考虑使用者的生活习惯和需求，以提高家具的使用舒适度。例如，可以根据使用者的工作习惯，设计出有专门放置计算机、文件的区域；根据使用者的阅读习惯，设计出专门放置书籍、杂志的区域。还应根据使用者的需求，设计出人性化强的家具。

例如，床头柜的设计应考虑到使用者在夜间取放物品的需求，设置合理的照明和储物空间；餐桌的设计应考虑家庭成员的用餐习惯，设置合适的座位和餐具摆放空间。此外，定制家具设计流程包括需求分析、方案设计、方案确认、生产制作、安装调试和售后服务等环节。在定制家具设计中，安全性原则也是非常重要的。例如，儿童房的家具设计应注意防止儿童受伤，如床的高度不宜过高，避免儿童跌落；橱柜的设计应注意防止儿童误食药品等危险物品。

定制家具设计规范是保证家具质量和实用性的重要依据。设计师在进行定制家具设计时，应充分考虑人体工程学、空间利用、尺寸统一、材料环保、耐用美观、工艺稳定、功能实用等方面的要求，以满足消费者的需求，提高家具的使用价值。同时，设计师还需要与客户充分沟通，注重细节，考虑环保因素和工艺水平等方面，为客户提供满意的设计方案。在设计定制家具时，功能性是一个重要的考虑因素。设计师需要深入了解使用者的实际需求和生活习惯，以便为他们提供既美观又实用的家具。人体工程学是研究人与产品、环境、机器等之间的相互作用的科学。在室内设计和家具设计中，人体工程学主要关注人的生理和心理需求，以及如何通过设计来满足这些需求。具体来说，人体工程学在室内设计和家具设计中的应用主要包括以下几个方面。

1）空间布局：合理的空间布局可以提高人们的活动效率，减少不必要的体力消耗。例如，将常用的物品放在容易拿到的地方，将不常用的物品放在不易拿到的地方等。

2）家具尺寸：家具的尺寸应该适合人体的尺寸，以便人们在使用家具时感到舒适。例如，椅子的高度应该使人们的脚可以平放在地面上，桌子的高度应该使人们的手臂可以自然地放在桌面上等。

室内设计常用尺寸：

墙面尺寸：踢脚板高80~200mm。墙裙高800~1500mm。挂镜线高1600~1800（画中心距地面高度）mm。

餐厅：餐桌高750~790mm。餐椅高450~500mm。圆桌直径：二人500mm，三人800mm，四人900mm，五人1100mm，六人1100~1250mm，八人1300mm，十人1500mm，十二人1800mm。方餐桌尺寸：二人700mm×850mm，四人1350mm×850mm，八人2250mm×850mm。餐桌转盘直径：700~800mm。餐桌间距：应大于500mm（其中座椅占500mm）。

主通道宽：1200~1300mm。内部工作道宽：600~900mm。酒吧台高：900~1050mm，宽500mm。酒吧凳高；600~750mm。

3）家具形状：家具的形状在设计过程中扮演着至关重要的角色，它不仅关乎家具的美观度，更直接影响使用者的舒适度。因此，家具的形状应该充分考虑人体工程学原理，以便人们在使用家具时能够感受到舒适和便捷。家具的形状应该符合人体的曲线。以椅子为例，椅子的设计应充分考虑到人体的背部曲线，使靠背部分能够贴合人体背部的轮廓，为人们提供良好的支撑。这样，当人们坐在椅子上时，背部的肌肉可以得到放松，减轻长时间坐姿带来的疲劳感。同样，床的设计也应该考虑到人体的头部曲线，床头部分应该能够贴合头部的轮廓，为人们提供一个舒适的睡眠环境。这样的设计不仅可以提高人的睡眠质量，还能够保护人的颈椎和脊椎。

家具的形状还应该考虑人体的动作范围。例如，沙发的形状应该能够让人们在使用时自由伸展四肢，避免因为家具形状的限制而导致身体僵硬。餐桌和茶几的高度也应该适中，使人们在用餐或喝茶时能够保持正确的姿势，避免出现腰背疼痛等问题。家具的形状还可以通过创新设计来提升美观度。例如，现代家居设计中常见的圆形、椭圆形等流线型家具，不仅能够符合人体曲线，还能够为室内空间增添一份时尚感。同时，这些流线型家具还具有一定的趣味性，能够吸引人们的注意力，成为室内的一道亮丽风景线。

2. 功能性

定制家具的功能设计应满足使用者的实际需求，以提高家具的使用价值。例如，衣柜的设计应考虑到衣物的收纳需求，合理设置挂衣区、抽屉区等；书柜的设计应考虑到书籍的摆放方式，合理设置层板高度，以便于书籍的取放。在室内设计和家具设计中，功能性主要体现在以下几个方面：

（1）储物功能　家具不仅为人们提供舒适的休息和工作空间，还应该具有一定的储物功能。储物的设计可以让人们将物品整齐地存放起来，使家居环境更加整洁。例如，床下可以设计成抽屉式储物空间，这样人们就可以轻松地存放鞋子、衣物等日常用品，而不会影响床上的整洁。此外，书架也可以设计成多层式储物空间，这样人们可以将书籍、杂志等物品分门别类地摆放，方便查找和使用。

（2）多功能性　一款具有多功能性的家具可以让人们根据需要灵活地使用，既节省了空间，又提高了使用效率。例如，沙发床是一款非常实用的家具，它可以在白天作为沙发使用，让人们在客厅里舒适地看电视、聊天；到了晚上，它又可以变成一张床，供人们休息。

（3）空间利用　在有限的居住空间里，如何充分利用空间是一个值得关注的问题。一个好的室内设计应该让每个角落都能发挥出最大的作用，让人们可以充分利用空间进行各种活动。例如，客厅可以设计成既可以看电视又可以聊天的空间，人们可以在这里与家人朋友共享欢乐时光；卧室可以设计成既可以睡觉又可以工作的空间，让人们在享受舒适的休息环境的同时，也能高效地完成工作任务。通过合理的空间利用，让家变得更加温馨、舒适和实用。

3. 安全性

安全性是衡量家具和室内空间设计优劣的重要标准之一，它涉及人们在使用家具和室内空间时是否会遭受到身体上的伤害。在室内设计和家具设计的过程中，需从多个角度来保障安全性，主要包括以下几个方面：

1）材料安全是家具安全的基础。家具的材料应该是无毒、无害、无刺激性的，这样人们在使用家具时才不会受到伤害。例如，家具的表面材料应该是环保的、无毒的、无味的，这些材料不会对人体产生任何负面影响。此外，家具的内部结构材料也应该具有一定的强度和稳定性，以确保家具在承受压力时不会发生变形或损坏。

2）结构安全是家具安全的核心。家具的结构应该是稳定的、牢固的，这样人们在使用家具时才不会发生意外。例如，家具的连接部位应该是紧密的、牢固的，这样可以确保家具零件在使用过程中不会出现松动或脱落的情况。同时，家具的承重部位应该具有足够的强度，以防止因为承重不足而导致家具破损。

3）电气安全是家具安全的重要组成部分。随着科技的发展，越来越多的家具中都集成了电气设备，因此需要确保这些电气设备的安全性，这样人们在使用家具时才不会发生触电事故。例如，家具中的电线应该是符合国家标准的、有保护层的，这样可以防止电线在使用过程中由于磨损而暴露出金属导线。此外，家具中的插座应该是防水的、防火的，以防止因为插座进水或短路而引发火灾。

4. 环保性

环保性是指家具和室内空间在使用过程中对环境的影响程度。在室内设计和家具设计中，需要关注环保性，以减少对环境的污染。环保性主要体现在以下几个方面：

1）材料环保是保障室内环境质量的基础。家具的材料应该是可回收的、可降解的，这样人们在使用家具后可以将家具回收或降解，从而减少对环境的污染。例如，家具的表面材料可以是实木的、竹制的等，这些材料在使用完毕后可以进行再生利用或者自然降解。

2）节能降耗是提高室内环境质量的有效途径。在室内空间的设计和家具的选择过程中，应该充分考虑节能降耗的要求。例如，可以选择具有节能功能的照明设备，如LED灯等；可以选择具有保温功能的窗帘，如双层窗帘等。通过这些措施，可以在一定程度上降低室内空间的能耗，从而减少对环境的影响。

3）室内空气质量是影响人们生活品质的重要因素。在室内空间的设计和家具的选择过程中，应该关注室内空气质量的改善。例如，可以选择具有净化空气功能的植物，如吊兰、绿萝等；可以选择具有吸附甲醛功能的空气净化器，以减少室内空气中的有害物质。通过这些措施，可以提高室内空气质量，为人们创造一个更加舒适的生活环境。

5. 定制家具设计流程

（1）需求分析　在定制家具设计的初始阶段，设计师的首要任务是深入了解客户的需求，这包括但不限于客户的生活习惯、审美喜好、预算等因素。通过与客户的深度交流，设计师能够准确把握客户的实际需求，从而为客户提供最合适、最贴心的设计方案。这个过程不仅需要设计师具备敏锐的洞察力和良好的沟通能力，还需要对客户需求有深入的理解和把握。为了更好地满足客户的需求，设计师还需要关注市场动态，了解行业发展趋势和技术更新，以便为客户提供更具创新性和前瞻性的设计方案。

（2）方案设计　在明确了客户的需求后，设计师开始进行方案设计。这一阶段，设计师需要考虑的因素非常多，包括家具的尺寸、材料、工艺、功能等方面。在设计过程中，设计师需要充分考虑人体工程学、空间利用、尺寸统一、材料环保、耐用美观、工艺稳定、功能实用等方面的要求。这需要设计师具备丰富的专业知识和实践经验，以确保设计方案的科学性和实用性。同时，设计师还需要与客户保持密切沟通，确保设计方案能够满足客户的个性化需求，使定制家具既美观又实用。

（3）方案确认　设计方案完成后，设计师将其提交给客户进行确认。这是一个重要的环节，因为设计方案的最终确认需要客户的参与。客户可以对设计方案提出修改意见，设计师需要根据客户的意见进行相应的调整。这个过程需要设计师具备高度的专业素养和服务意识，以确保设计方案能够满足客户的需求。在与客户沟通的过程中，设计师还需要具备良好的说服力，以便在保证设计方案质量的前提下，尽可能地满足客户的期望。

（4）生产制作　设计方案确认后，厂家开始进行生产制作。在生产过程中，厂家需要严格按照设计方案进行生产，确保家具的质量和使用性能。这需要厂家具备严格的生产管理和质量控制能力，以确保家具的生产质量和生产效率。为了确保产品质量，厂家还需要对原材料进行严格的筛选和检测，确保所使用的材料符合国家标准和环保要求。此外，厂家还需要不断优化生产工艺，提高生产效率，以满足客户的需求。

（5）安装调试　家具生产完成后，厂家进行安装调试。安装调试过程中，厂家需要满足家具的结构稳定、连接牢固、表面处理平整光滑等要求。这需要厂家具备专业的安装和调试能力，以确保家具使用的安全性和舒适性。厂家还可以提供专业的安装服务，为客户提供一站式的购买体验。

（6）售后服务　家具安装调试完成后，厂家提供售后服务。售后服务包括家具的维修保养、使用指导等。这需要厂家具备完善的售后服务体系，以满足客户的各种需求；同时，这也是厂家提高客户满意度和忠诚度的重要手段。为了提供优质的售后服务，厂家需要建立专业的售后服务团队，定期对客户进行回访，了解客户对家具的使用情况和需求，及时解决客户在使用过程中遇到的问题。此外，厂家还可以提供家具使用培训和保养知识普及，帮助客户更好地使用和维护家具，从而提高客户的生活品质。

12.3　设计实践

12.3.1　家具设计的国家标准

家具作为居家生活的重要组成部分，对居住者的生活体验有着至关重要的影响。在国家标准的指导下，家具的生产与销售需要遵循一系列严谨的参数和规范，以确保消费者的利益得到保障。

1）居室空间的尺寸决定了家具的尺度选择。例如，根据国标规定，一张标准的单人床，长度应为1900~2000mm，宽度通常不超过1200mm，而高度则设置在400~500mm之间。双人床则相应更宽敞，长度推荐在2000mm以上，宽度不小于1500mm。这样的尺寸设计，不仅考虑到了人体工程学原理，也兼顾了室内布局的和谐性。再如餐桌和椅子的高度，国家标准也有明确要求。普通餐桌的高度一般在750~780mm之间，而餐椅座高通常设置在450mm左右，这样的搭配符合大多数人坐着进食时的自然姿势，有利于健康。

2）家具的质量和安全性也是国家标准重点规范的内容。以木制家具为例，国家标准对其材质、表面处理、五金配件等都有着细致的规定。木制家具应选用无腐朽、虫蛀、死节等缺陷的木材，以确保家具的结构稳固。在表面处理方面，涂料和胶粘剂等必须满足环保要求，不得含有超标的有害物质，以保护消费者的健康。家具的稳定性也是考量的关键因素之一，例如，衣柜类高家具需有合适的固定措施以防止其翻倒，造成安全事故；同时，家具的抽屉和门应保证开启灵活、关闭严密，不能存在危险的突出物或锐利边缘。在家具的生产过程中，工艺标准的严格程度直接关系到产品的质量和使用寿命。板材的裁剪要精准，接缝处的处理要求平整光滑，不可有明显的缝隙和毛刺，这些细节虽小，却极大地影响了家具的整体质感和用户的使用体验。

国家标准对家具尺寸的规定体现了对居住舒适性和空间利用的深入考虑；而对家具质量的严格要求则展现了对消费者生活安全的负责态度。制造商在遵循这些标准的同时，可以生产出既美观又实用的家具，而消费者也能够依据这些标准选购到符合自己期望的家具，营造出既安全又舒适的居住环境。这一系列标准的制定和实施，不仅保障了家具产品的质量，也为消费者提供了更多的选择和保障，最终促进了整个家居行业的健康发展。

12.3.2 家具设计的国标尺寸

家具设计的国标尺寸主要是为了确保家具在使用过程中的舒适性、实用性和安全性，同时也要考虑到不同类型家具和不同使用场景的具体需求。

1）以下是GB/T 3324—2017《木家具通用技术条件》中的主要尺寸（表12-5）。

表12-5 木家具的主要尺寸

（单位：mm）

<table>
<tr><th rowspan="2">序号</th><th rowspan="2">检验项目</th><th rowspan="2" colspan="3">要求</th><th colspan="2">项目分类</th></tr>
<tr><th>基本</th><th>一般</th></tr>
<tr><td>1</td><td rowspan="5">桌类主要尺寸</td><td colspan="3">桌面高：680~760</td><td></td><td>√</td></tr>
<tr><td>2</td><td colspan="3">中间净空宽：≥520</td><td>√</td><td></td></tr>
<tr><td>3</td><td colspan="3">中间净空高：≥580</td><td>√</td><td></td></tr>
<tr><td>4</td><td colspan="3">中间净空高与椅凳座面配合高差：≥200</td><td>√</td><td></td></tr>
<tr><td>5</td><td colspan="3">桌、椅（凳）配套产品的高差：250~320</td><td></td><td>√</td></tr>
<tr><td>6</td><td rowspan="2">椅凳类主要尺寸</td><td colspan="3">座高：硬面400~440，软面400~460（包括下沉量）</td><td></td><td>√</td></tr>
<tr><td>7</td><td colspan="3">扶手椅扶手内宽：≥480</td><td>√</td><td></td></tr>
<tr><td>8</td><td rowspan="7">柜类主要尺寸</td><td rowspan="5">衣柜</td><td rowspan="2">挂衣棍上沿至底板内表面间距</td><td>挂长衣≥1400</td><td></td><td>√</td></tr>
<tr><td>9</td><td>挂短衣≥900</td><td></td><td>√</td></tr>
<tr><td>10</td><td colspan="2">挂衣空间深度≥530（测量方向应与挂衣棍垂直）</td><td></td><td>√</td></tr>
<tr><td>11</td><td colspan="2">折叠衣物放置空间深≥450</td><td></td><td>√</td></tr>
<tr><td>12</td><td colspan="2">挂衣棍上沿至顶板内表面距离≥40</td><td></td><td></td></tr>
<tr><td>13</td><td rowspan="2">文件柜</td><td colspan="2">净深≥245</td><td></td><td>√</td></tr>
<tr><td>14</td><td colspan="2">层间净高≥330</td><td></td><td>√</td></tr>
<tr><td>15</td><td rowspan="3">床类主要尺寸</td><td rowspan="3">单层床</td><td colspan="2">床铺面长：1900~2220</td><td></td><td>√</td></tr>
<tr><td>16</td><td colspan="2">床铺面宽：单人床：700~1200，双人床1350~2000</td><td></td><td>√</td></tr>
<tr><td>17</td><td colspan="2">床铺面高 [不放置床垫（褥）]：≤450</td><td></td><td>√</td></tr>
</table>

（续）

序号	检验项目	要求		项目分类	
				基本	一般
18	床类主要尺寸	双层床	床铺面长：1900~2020		√
19			床铺面宽：800~1520		√
20			底床面高 [不放置床垫（褥）]：≤450		√
21			层间净高：放置床垫（褥）≥1150，不放置床垫（褥）≥980		√
22			安全栏板缺口长度≤600	√	
23			安全栏板高度：放置床垫（褥）：床褥上表面到安全栏板的顶边距离应≥200；不放置床垫（褥）：安全栏板的顶边与床铺面的上表面应≥300	√	
24		双层床	床褥的最大厚度应在床的相应位置标上永久性的标记线，显示床褥上表面的最大高度	√	
25			双层床安全栏板长边因设置梯子中断长度：6岁以下（包括6岁）儿童用床最小为300，最大为400；成人用床最小为500，最大为600	√	
26	尺寸偏差	所有尺寸偏差为 ± 5			√
27	产品外形尺寸偏差	产品外形宽、深、高尺寸的极限偏差为 ± 5，配套或组合产品的极限偏差应同取正值或负值			√

注：特殊规格尺寸由供需双方协定，并在合同中明示。
尺寸偏差每一项为一个不符合项。

2）GB/T 3324—2017《木家具通用技术条件》中的木家具形状和位置公差见表12-6。

表12-6　木家具形状和位置公差

序号	检验项目	要求				项目分类	
						基本	一般
1	翘曲度	面板、正视面板件对角线长度/mm	≥1400		≤3.0		√
			（700，1400）		≤2.0		
			≤700		≤1.0		
2	平整度	面板、正视面板件：≤0.20					√
3	邻边垂直度	面板、框架	对角线长度/mm	≥1000	长度差≤3		√
				<1000	长度差≤2		
			对边长度/mm	≥1000	对边长度差≤3		√
				<1000	对边长度差≤2		
4	位差度	门与框架、门与门相邻表面、抽屉与框架、抽屉与门、抽屉与抽屉相邻两表面间的距离偏差（非设计要求的距离）≤2.0					√
5	分缝	所有分缝（非设计要求时）≤2.00					√
6	底脚平稳性	≤2.0					√
7	抽屉下垂度	≤20					√
8	抽屉摆动度	≤15					√

3）GB/T 3324—2017《木家具通用技术条件》中的木家具外观见表12-7。

表12-7 木家具外观

序号	检验项目		要求	项目分类	
				基本	一般
1	木制件外观	贯通裂缝	应无贯通裂缝	√	
2		虫蛀	木家具中不应有虫蛀现象	√	
3		腐朽材	外表应无腐朽材，内表轻微腐朽面积不应超过零件面积的20%	√	
4		树脂囊	外表和存放物品部位用材应无树脂囊		√
5		节子	外表节子宽度不应超过材宽的1/3，直径不超过12mm（特殊设计要求除外）		√
6		死节、孔洞、夹皮和树脂道、树胶道	应进行修补加工（最大单个长度或直径小于5mm的缺陷不计），修补后缺陷数外表不超过4个，内表不超过6个（设计要求除外）	√	
7		*其他轻微材质缺陷	如裂缝（贯通裂缝除外）、钝棱等，应进行修补加工		√
8	人造板件外观	干花、湿花	外表应无干花、湿花		√
9			内表干花、湿花面积不超过板面的5%		√
10		污斑	同一板面外表，允许1处，面积在3~30mm^{2}内		√
11		表面划痕	外表应无明显划痕		√
12		表面压痕	外表应无明显压痕		√
13		色差	外表应无明显色差		√
14		鼓泡、龟裂、分层	外表应无鼓泡、龟裂、分层	√	
15	五金件外观	电镀件	镀层表面应无锈蚀、毛刺、露底	√	
16			镀层表面应光滑平整，应无起泡、泛黄、花斑、烧焦、裂纹、划痕和磕碰伤等		*√
17	五金件外观	喷涂件	涂层应无漏喷、锈蚀	√	
			涂层应光滑均匀，色泽一致，应无流挂 、疙瘩、皱皮、飞漆等		*√
18		金属合金件	应无锈蚀、氧化膜脱落、刃口、锐棱	√	
			表面细密，应无裂纹、毛刺、黑斑等		*√
19		焊接件	焊接部位应牢固，应无脱焊、虚焊、焊穿	√	
			焊缝均匀，应无毛刺、锐棱、飞溅、裂纹等缺陷		*√
20	玻璃件外观		外露周边应磨边处理，安装牢固	√	
			玻璃应光洁平滑，不应有裂纹、划伤、沙粒、疙瘩和麻点等缺陷		*√
21	塑料件外观		塑料件表面应光洁，应无裂纹、皱褶、污渍、明显色差		*√

（续）

序号	检验项目	要求	项目分类	
			基本	一般
22	软包件要求	包覆的面料拼接对称图案应完整；同一部位绒面料的绒毛方向应一致；不应有明显色差		*√
23		包覆的面料不应有划痕、色污、油污、起毛、起球		*√
24		软面包覆表面应：1）平服饱满、松紧均匀，不应有明显皱折；2）有对称工艺性皱折应匀称、层次分明		*√
25		软面嵌线应：1）圆滑挺直；2）圆角处对称；3）无明显浮线、明显跳针或外露线头		*√
26		外露泡钉：1）排列应整齐，间距基本相等；2）不应有泡钉明显敲扁或脱漆		*√
27	木工要求	人造板部件的非交接面应进行封边或涂饰处理	√	
28		板件或部件在接触人体或贮物部位不应有毛刺、刃口或棱角	√	
29		板件或部件的外表应光滑，倒棱、圆角、圆线应均匀一致		*√
30		贴面、封边、包边不应出现脱胶、鼓泡或开裂现象	√	
31		贴面应严密、平整，不应有明显透胶		√
32		榫、塞角、零部件等结合处不应断裂	√	
33		零部件的结合应严密、牢固		√
34		各种配件、连接件安装不应有少件、透钉、漏钉（预留孔、选择孔除外）	√	
35		各种配件安装应严密、平整、端正、牢固，结合处应无开裂或松动		√
36		启闭部件安装后应使用灵活		√
37		雕刻的图案应均匀、清晰、层次分明，对称部位应对称，凹凸和大挖、过桥、棱角、圆弧处应无缺角，铲底应平整，各部位不应有锤印或毛刺。每项缺陷数不超过4处		*√
38		车木的线形应一致，凹凸台阶应匀称，对称部位应对称，车削线条应清晰，加工表面不应有崩茬、刀痕、砂痕。每项缺陷数不超过4处		*√
39		家具锁锁定到位、开启应灵活	√	
40		脚轮旋转或滑动应灵活		√
41	漆膜外观要求	同色部件的色泽应相似		√
42		应无褪色、掉色现象	√	
43		涂层不应有皱皮、发粘或漏漆现象	√	
44		涂层应平整光滑、清晰，无明显粒子、涨边现象；应无明显加工痕迹、划痕、裂纹、雾光、白棱、白点、鼓泡、油白、流挂、缩孔、刷毛、积粉和杂渣。每项缺陷数不超过4处		*√

4）GB/T 3324—2017《木家具通用技术条件》中的木家具表面化性能要求见表12-8。

表12-8　木家具表面化性能要求

序号	检验项目		试验条件及要求	项目分类	
				基本	一般
1	漆膜	耐液性	10%碳酸钠溶液，24 h；10%乙酸溶液，24 h。应不低于3级	√	
2		耐湿热	20 min，70 ℃，应不低于3级	√	
3		耐干热	20 min，70 ℃，应不低于3级	√	
4		附着力	涂层交叉切割法，应不低于3级	√	
5		耐冷热温差	高温（40±2）℃，相对湿度（95±3）%，1 h。低温（–20±2）℃，1h。3周期。应无鼓泡、裂缝和明显失光	√	
6		耐磨性	1000转，应不低于3级	√	
7		抗冲击	冲击高度50 mm，应不低于3级	√	
8	软、硬质覆面	耐冷热循环	无裂缝、开裂、起皱、鼓泡现象	√	
9		耐干热	不低于3级	√	
10		耐湿热	不低于3级	√	
11		耐划痕	加载1.5N，表面无大于90%的连续划痕或表面装饰花纹无破坏现象	√	
12		耐污染性能	应不低于3级	√	
13		表面耐磨性	图案：磨100 r后应保留50%以上花纹	√	
			素色：磨350 r后应无露底现象		
14		抗冲击	冲击高度50 mm，不低于3级	√	
15		耐光色牢度（灰色样卡）	≥4级	√	

注：漆膜理化性能要求不适用于生漆涂层、打蜡层。

这些国标要求是为了保证家具在使用时的舒适性、实用性和安全性，这些尺寸是根据人体工程学、使用习惯和美观性等多方面因素综合考虑而得出的，在实际设计家具时，可以根据具体需求和场景进行适当的调整。同时，这些尺寸也仅作为参考，实际设计过程中还需考虑材料、工艺等因素。同时，家具的设计还应注重环保、耐用和美观，以满足人们的日常生活和工作需求。

参考文献

[1] 孙金楼，柳林. 住宅社会学 [M]. 济南：山东人民出版社，1985.

[2] 张玲，李明. 中国传统建筑与室内设计研究 [M]. 北京：光明日报出版社，2016.

[3] 娄承浩，薛顺生. 老上海石库门 [M]. 上海：同济大学出版社，2004.

[4] 叶丹. 筑技·筑道 [D]. 无锡：江南大学，2009.

[5] 石继杨. 走向国际市场的中国企业 [M]. 北京：中国金融出版社，2000.

[6] 徐南铁. 粤海风文丛：守望与守护 [M]. 广东：暨南大学出版社，2017.

[7] 郭琼，宋杰，杨慧. 定制家具设计·制造·营销 [M]. 北京：化学工业出版社，2017.

[8] 王瑞. 中国定制木质家居产业标准体系构建研究 [D]. 北京：中国林业科学研究院，2019.

[9] 任文东. 室内设计 [M]. 北京：中国纺织出版社，2010.

[10] 周大鸣，刘家佶. 城市记忆与文化遗产——工业遗产保护下的中国工人村 [J]. 青海民族研究，2012，23(2)：1-5.

[11] 刘树老. 室内设计系统概论 [M]. 北京：中国建筑工业出版社，2010.

[12] 刘树老，高嵬. 展示设计基础 [M]. 上海：东华大学出版社，2012.

[13] 刘锋，汪伟民. 装饰装修工程设计要点 [M]. 北京：化学工业出版社，2010.

[14] 张玲，沈劲夫，汪涛. 室内设计 [M]. 北京：中国青年出版社，2009.

[15] 毕亚楠，胡文昕，王俊. 室内外环境设计的基本原理与方法探索 [M]. 北京：中国纺织出版社，2017.

[16] 高文胜. 室内设计技术三合一实训教程 [M]. 北京：中国铁道出版社，2007.

[17] 毛春义. 服装展示 [M]. 武汉：湖北美术出版社，2006.

[18] 崔东晖. 居室空间设计基础 [M]. 沈阳：辽宁美术出版社，2014.

[19] 崔东晖. 居室空间设计 [M]. 沈阳：辽宁美术出版社，2011.

[20] 刘玉强，喻遒秋，陶以明. 代木材料以及应用 [M]. 北京：化学工业出版社，2005.

[21] 安藤忠雄. 追寻光与影的原点 [M]. 北京：新星出版社，2014.

[22] 李朝阳. 室内空间设计 [M]. 北京：中国建筑工业出版社，2021.

[23] 俞兆江. 空间与环境：室内设计的方法与实施 [M]. 成都：电子科技大学出版社，2018.

[24] 季翔. 建筑视知觉 [M]. 北京：中国建筑工业出版社，2011.

[25] 程大锦. 建筑：形式空间和秩序 [M]. 3版. 天津：天津大学出版社，2008.

[26] 蒋迎桂，肖德荣，魏朝俊，等. 室内空间设计 [M]. 北京：中国民族摄影艺术出版社，2010.

[27] 孙洪，刘宇. 室内环境装饰设计 [M]. 北京：人民邮电出版社，2012.

[28] 刘勇. 办公建筑内部空间构成设计研究 [D]. 哈尔滨：哈尔滨工业大学，2007.

[29] 王晖. 商业空间设计 [M]. 上海：上海人民美术出版社，2015.

[30] 郭旭. 室内空间规划设计 [D]. 沈阳：沈阳理工大学，2009.

[31] 汤敏. 室内空间的可持续设计策略研究 [J]. 上海包装，2023(2)：67-69.

[32] 刘香. 居家养老模式下老年人家具产品设计研究 [D]. 沈阳：沈阳建筑大学，2020.

[33] 熊先青，吴智慧. 大规模定制家具物料管理中的信息采集与处理技术 [J]. 中南林业科技大学学报，2012，32(11)：200-205.

[34] 吕长征. 基于人体工程原理设计的家具 [J]. 轻工科技，2011(12)：111-112.
[35] 刘日. 厨房空间通用设计应用研究 [D]. 沈阳：沈阳航空工业学院，2010.
[36] 吴义保. 面向装配和拆卸的家具设计研究 [D]. 合肥：合肥工业大学，2005.
[37] 程瑞香. 室内与家具设计人体工程学 [M]. 北京：化学工业出版社，2008.
[38] 葛绪君. 家具设计、材料与工艺 [M]. 哈尔滨：东北林业大学出版社，2009.
[39] 李路明. 基于服务设计理念的装修定制类APP设计研究 [D]. 杭州：浙江工商大学，2023.
[40] 陆璐，郁舒兰. 全屋定制设计中的住户需求分析 [J]. 家具，2023，44(1)：85-89.
[41] 鲍盈宇. 全屋定制家具设计的功能性与审美性 [J]. 建筑结构，2022，52(22)：142.
[42] 贾小琳，牛潇靓. 定制家具在室内装修中的应用探讨 [J]. 林产工业，2021，58(5)：101-103.
[43] 陈磊，刘小洪. 基于定制家具的家居空间设计探析 [J]. 美术教育研究，2021，(4)：78-79.
[44] 李雪. 面向基层图书馆分众阅读服务设计的用户阅读画像构建与应用研究 [D]. 武汉：华中师范大学，2021.
[45] 刘幸菱，余雅林. 基于用户体验的家具定制设计研究 [J]. 设计，2020，33(5)：79-81.
[46] 左翌. 面向大规模个性化家具定制服务流程设计研究 [D]. 天津：河北工业大学，2019.
[47] 郑旗理. 基于隐性需求获取的定制柜类设计研究 [D]. 杭州：浙江农林大学，2019.
[48] 张继娟. 面向即时顾客化定制的整体橱柜产品设计技术研究 [D]. 长沙：中南林业科技大学，2018.
[49] 刘雪芳. 基于经济适用房全屋定制设计应用研究 [D]. 保定：河北大学，2018.
[50] 高颖. 基于体验价值维度的服务设计创新研究 [D]. 杭州：中国美术学院，2017.
[51] SANDER E-B-N. Generative tools for co-designing [M]. London：Springer，2000.
[52] 张宁主. 名师装修设计秘笈系列客厅800 [M]. 北京：龙门书局，2011.
[53] 曹巍. 家居空间与软装布置搭配全书 [M]. 福州：福建科学技术出版社，2016.
[54] 李江军. 室内软装全案设计 [M]. 北京：中国电力出版社，2018.
[55] 牟跃，梁新，刘宝顺，等. 家具创意设计 [M]. 北京：知识产权出版社，2012.
[56] 金长明. 最新中小户型：客厅沙发背影墙 [M]. 沈阳：辽宁科学技术出版社，2013.
[57] 于晓华. 新中式风格在现代室内设计中的运用研究 [J]. 文化产业，2023(11)：156-158.
[58] 董文轩. 新中式风格样板间的适度设计研究 [D]. 青岛：青岛大学，2021.
[59] 徐宾宾. 小装饰大设计：家具 [M]. 武汉：华中科技大学出版社，2013.
[60] 余肖红. 室内与家具人体工程学 [M]. 北京：中国轻工业出版社，2011.
[61] 卓维松. 建筑施工技术 [M]. 北京：科学出版社，2012.
[62] 朱文珺. 复合家庭餐厨空间优化设计 [D]. 衡阳：南华大学，2021.
[63] 郜梓甯. 小户型住宅餐厨空间设计研究 [D]. 长沙：中南林业科技大学，2019.
[64] 陈杰，刘玮. 整体厨房的适老化设计原则 [J]. 家具，2023，44(01)：75-79+84.
[65] 陶建华. 基于住宅产业化的整体厨卫设计研究 [D]. 合肥：合肥工业大学，2021.
[66] 邓丰慧. 基于行为研究的后智能厨房设计探索 [D]. 武汉：武汉理工大学，2021.
[67] 沈朋. 老年人适用的厨房环境的研究 [D]. 南京：南京林业大学，2007.
[68] 黄悦欣. 基于交互行为引导的适老性厨房产品设计研究 [D]. 徐州：江苏师范大学，2017.
[69] 丁雅楠. 集合住宅厨卫及核心筒精致性设计实现研究 [D]. 北京：清华大学，2011.
[70] 苗国青，朱敏芳. 室内设计理论及应用 [M]. 上海：上海交通大学出版社，2004.
[71] 邓过皇. 现代住宅厨房空间环境与整体设计 [D]. 咸阳：西北农林科技大学，2006.
[72] 王熙元. 环境设计人机工程学 [M]. 上海：东华大学出版社，2010.

[73] 白舸. 风暴：创新思维与设计竞赛表达 [M]. 武汉：华中科技大学出版社，2018.
[74] 杨林源. 幼儿园建筑室内光环境研究 [D]. 天津：河北工业大学，2014.
[75] 王长永. 建筑设备概论：上 [M]. 武汉：武汉理工大学出版社，2008.
[76] 徐宾宾. 大型办公空间 [M]. 武汉：华中科技大学出版社，2011.
[77] 高敏. 基于医养导向下的养老设施建筑空间设计研究 [D]. 青岛：青岛理工大学，2016.
[78] 王培铭，王新友. 绿色建材的研究与应用 [M]. 北京：中国建材工业出版社，2004.
[79] 陶丹妮. 基于老龄化社会下的社区养老公共空间改造研究 [D]. 南昌：南昌大学，2019.
[80] 史平，赫强. 环境心理学在室内设计中的应用与研究 [J]. 山西建筑，2009，35(22)：31-33.
[81] 徐慧华. 环境心理学在居住区环境设计中的应用 [J]. 园林，2006(10)：32-33.
[82] 朱洁. 现代城市住宅中“空中别墅”设计研究 [D]. 合肥：合肥工业大学，2012.
[83] 郜梓甯. 小户型住宅餐厨空间设计研究 [D]. 长沙：中南林业科技大学，2019.
[84] 范郡胜. 基于东北地区的定制衣柜模块化设计研究与应用 [D]. 哈尔滨：东北林业大学，2021.
[85] 李芳. 住宅卧室空间的收纳设计研究 [J]. 才智，2017(19)：276.
[86] 张颖. 衣柜里的那些细节你注意到了么? [J]. 建材与装修情报，2011(9)：174-177.
[87] 倪明. 衣帽间设计初论 [J]. 大众文艺，2011(24)：74-75.
[88] 黄敬知，秦凡. 明式家具在现代室内设计风格中的应用——以新中式室内设计为例 [J]. 中国建筑装饰装修，2021(10)：130-131.
[89] 张玉平. 积极老龄化背景下老幼复合型建筑设计策略研究 [J]. 华中建筑，2023，41(7)：27-30.
[90] 孔鹏宇. 场景理论下的激光电视情感化设计 [D]. 青岛：青岛科技大学，2022.
[91] 王健. 人性化设计在室内环境艺术设计中的应用 [J]. 上海包装，2024(1)：99-101.
[92] 葛燕萍. 现代室内设计中人性化室内设计的应用于研究——以家装室内空间合理性布局为例 [J]. 居舍，2021(31)：28-30.
[93] 张雪玲. 视觉传达在室内设计改造中的应用 [J]. 工程抗震与加固改造，2023，45(6)：197-198.
[94] 闫凤. 箱式动态建筑单元模块化设计研究 [D]. 济南：山东建筑大学，2022.
[95] 王鸿志. 节能环保背景下的建筑装饰施工技术研究 [J]. 大众标准化，2024(10)：42-44.
[96] 李羽羽. 论办公空间设计对传统思想的借鉴 [D]. 广州：广东技术师范学院，2017.
[97] 尚鹏鹏. 小户型设计中的扩展艺术 [J]. 价值工程，2013，32(29)：102-103.
[98] 伊曼璐，赵红红，阎瑾. 新城CBD中央公园景观环境规划控制要素研究——以佛山东平新城CBD中央公园为例 [J]. 四川建筑科学研究，2015，41(2)：215-218.
[99] 赵琨. 基于Arduino的云平台智能家居控制系统设计与实现 [D]. 武汉：华中师范大学，2020.
[100] 徐进，张琦，郑景耀. 城市广场设计中地域性景观的表达 [J]. 山西建筑，2018，44(24)：1-3.
[101] 张雅文. 阁楼式住宅的储藏空间设计研究 [D]. 哈尔滨：东北林业大学，2012.
[102] 李江亮. 低层高密度住宅主卧室就寝空间精细化设计初探——以“成都龙湖牧马天堂”项目“A1套型”为例 [J]. 城市建筑，2013(2)：50.
[103] 陈越，余肖红. 数字化设计技术在定制家具中的应用探析 [J]. 家具与室内装饰，2021(4)：26-29.
[104] 易新童，彭昕. 现代家居空间优化实践分析 [J]. 山西建筑，2015，41(36)：20-22.
[105] 龚学胜. 现代汉语大词典 [M]. 北京：商务印书馆国际有限公司，2015.
[106] 刘叙杰. 中国古代建筑史 [M]. 北京：中国建筑工业出版社，2003.
[107] 孙希旦. 礼记集解 [M]. 沈啸寰，王星贤，点校. 北京：中华书局，1989.
[108] 傅熹年. 中国古代建筑史 [M]. 北京：中国建筑工业出版社，2001.

[109] 周密. 齐东野语 [M]. 高心露，高虎子，点校. 济南：齐鲁书社，2007.
[110] 潘谷西. 中国古代建筑史 [M]. 北京：中国建筑工业出版社，2003.
[111] 朱亚夫，王明洪. 书斋文化 [M]. 上海：学林出版社，2008.
[112] 孙大章. 中国古代建筑史 [M]. 北京：中国建筑工业出版社，2003.
[113] 吴智慧，熊先青，邹媛媛.《木家具制造工艺学》教材与课程协同共建的探索及实践 [J]. 家具，2021，42(3)：96-102.
[114] 董新定，陈华峰，侯文晓. 原木家具在材料结合运用上的创新设计研究——以椅子设计为例 [J]. 设计，2023，36(21)：100-103.
[115] 马健. 室内家具与陈设设计 [J]. 爱尚美术，2023(4)：101-103.
[116] 吴燕，王晶. “家具材料”全英文一流课程建设的教学模式探索 [J]. 家具，2020，41(6)：107-110.
[117] 刘庆丰. 文化墙装饰设计图集 [M]. 北京：中国电力出版社，2006.
[118] 史珂. 生物共生思想在绿色建筑设计中的应用 [J]. 建筑学报，2023(4)：125.
[119] 康海飞. 家具设计资料图集 [M]. 上海：上海科学技术出版社，2008.
[120] 戈登. 塑料制品工业设计 [M]. 北京：化学工业出版社，2005.
[121] 张婷芳. 关于室内设计中的光影与色彩元素的分析探讨 [J]. 艺术科技，2017，30(1)：321.
[122] 朱毅，孙建平. 木质家具贴面与特种装饰技术 [M]. 北京：化学工业出版社，2011.
[123] 董君，吴智慧. 室内木质装饰材料与装饰制品 [J]. 建筑人造板，2001(2)：9-14.
[124] 宗敏. 绿色建筑设计原理 [M]. 北京：中国建筑工业出版社，2010.
[125] 董君，吴智慧. 室内木质装饰材料与装饰制品 [J]. 建筑人造板，2001(2)：9-14.
[126] 贾娜. 木材制品加工技术 [M]. 北京：化学工业出版社，2015.
[127] 梁嘉文. 山水文化在现代家具设计中的融合与应用 [D]. 北京：北方工业大学，2020.
[128] 邓伟栋. 大规模的住宅精装修探究 [J]. 现代物业(上旬刊)，2011，10(11)：68-69.